面向新工科普通高等教育系列教材

机电传动控制

第 3 版

主　编　凌永成
参　编　刘国贵　王　强　张　涛
主　审　黄晓云

机 械 工 业 出 版 社

本书共 7 章，在简要介绍机电传动系统的构成与动力学分析方法之后，重点阐述和讲授了驱动用电动机、低压电器、电气控制系统、可编程序控制器以及变频器的使用等知识，对控制用电动机也做了充分的介绍，是一本既内容宽泛，又简明扼要地反映机电传动控制技术的教材。

本书既可作为全国应用型本科院校机械设计制造及其自动化（机自）类、机电类专业的教材，也可作为高等工程专科学校、高等职业技术学院以及职业培训学校的机自、机电类专业教材，还可作为从事机电行业的工程技术人员的参考读物。

本书配有微课视频，读者可通过封底"天工讲堂"刮刮卡获取；本书还配有授课电子课件、教学大纲、模拟试卷等教学资源，需要的教师可登录 www.cmpedu.com 免费注册，审核通过后下载，或联系编辑索取（微信：18515977506，电话：010-88379753）。

图书在版编目（CIP）数据

机电传动控制／凌永成主编． —3 版．—北京：机械工业出版社，2024.2
（2025.1 重印）
面向新工科普通高等教育系列教材
ISBN 978-7-111-74650-8

Ⅰ.①机…　Ⅱ.①凌…　Ⅲ.①电力传动控制设备-高等学校-教材
Ⅳ.①TM921.5

中国国家版本馆 CIP 数据核字（2024）第 036928 号

机械工业出版社（北京市百万庄大街 22 号　邮政编码 100037）
策划编辑：汤　枫　　　　责任编辑：汤　枫
责任校对：潘　蕊　李小宝　责任印制：张　博
北京建宏印刷有限公司印刷
2025 年 1 月第 3 版第 3 次印刷
184mm×260mm · 22.25 印张 · 551 千字
标准书号：ISBN 978-7-111-74650-8
定价：79.80 元

电话服务　　　　　　　　　　网络服务
客服电话：010-88361066　　机 工 官 网：www.cmpbook.com
　　　　　010-88379833　　机 工 官 博：weibo.com/cmp1952
　　　　　010-68326294　　金 书 网：www.golden-book.com
封底无防伪标均为盗版　机工教育服务网：www.cmpedu.com

前　言

党的二十大报告中提出，"实施科教兴国战略，强化现代化建设人才支撑。坚持教育优先发展、科技自立自强、人才引领驱动，加快建设教育强国、科技强国、人才强国，坚持为党育人、为国育才，全面提高人才自主培养质量，着力造就拔尖创新人才，聚天下英才而用之。"教材是教学之本，是教学质量稳步提高的基本保障。教材内容必须与时俱进，紧跟技术发展的步伐，反映工程技术领域的新结构、新工艺、新特点和新趋势。为适应工程教育认证和新工科建设的需要，并结合近年来广大读者的反馈意见，编者组织力量对本书第2版进行了全面的修订。

为进一步强化实践教学，切实培养和提高学生的机电传动控制系统设计、使用和维护技能，本书配套电子资源中有机电传动控制实验（实训）指导书，使实践教学更具可操作性，也便于任课教师组织实践教学活动。各学校可以结合自身的实验（实训）条件，参照执行。

本书条理清晰、层次分明、语言简练、图文并茂、内容全面、重点突出、详略得当，删除了冗长的理论分析，强化了机电传动控制系统设计、使用、维护实用技术的介绍，内容的取舍以充分满足机电传动系统现场工程师知识结构的要求为出发点，注重强化标准意识（全面采用以 GB/T 4942—2021、GB/T 4831—2016、GB/T 5094.2—2018 和 GB/T 20939—2007 为代表的国家标准）和工程意识，特别注重理论与实践的紧密结合，内容具有极强的针对性和实用性，旨在开阔学生的专业知识视野，切实培养和提高学生的技术应用能力，是一本具有鲜明特色的实用教材。

本书是按照60学时的教学时长编写的，各学校在选用本书作为教材时，可根据自己的教学大纲适当增减学时。

为方便任课教师授课，编者录制了与教材配套的、长达2000多分钟的教学视频，读者用手机扫描二维码即可观看。同时，编者还制作了与本书配套的电子课件，有需要的教师可登录机械工业出版社教育服务网 www.cmpedu.com 免费注册，审核通过后下载。

本书第1、2章由辽宁曙光汽车集团丹东黄海汽车有限责任公司刘国贵编写，第3、4、7章由沈阳大学凌永成编写，第5章由辽宁开放大学张涛编写，第6章由沈阳科技学院王强编写。在写作过程中，参考、借鉴了许多国内外公开出版和发表的文献，在此一并致谢！

此外，沈阳大学黄晓云教授作为主审，对全书进行了认真的审阅，并提出了许多宝贵意见，对书稿质量的提升贡献颇多，在此深表谢忱！

由于编者水平有限，书中难免存在不足或疏漏之处，恳请广大读者批评指正，以便再版时修订。

编　者

目　　录

第1章 绪 论

学习目标

- 熟悉机电传动系统的构成
- 熟悉机电传动系统的负载特性
- 熟练掌握机电传动系统的运动方程式
- 能够从动力学分析的角度提出加快机电传动系统过渡过程的方法

开篇语

高效、精益的工农业生产，有赖于机电传动系统控制水平的不断提升。尽管不同类别的生产机械，其负载特性各不相同，但机电传动系统的动力学特征对生产机械的稳定性和过渡过程均有决定性的影响。

本章在简要介绍机电传动控制技术的发展历程之后，以运动方程式为主要工具，从动力学分析的角度，剖析机电传动系统的稳态过程和动态过程，从而为实现精准的机电传动控制提供有效的技术手段。

1.1 机电传动系统

1.1.1 机电传动系统的组成与控制

机电传动系统

1. 机电传动系统的组成

机电传动系统一般由电力供应系统、电气控制系统、机电传动机构及生产机械组成（图1-1）。

电力供应系统主要包括工厂变电（配电）系统、电力变压器、供电线路以及整流器、逆变器、变频器等，其作用是为机电传动系统提供电源（能源），并采取必要的保护措施，以确保用电安全。

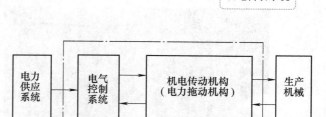

图 1-1 机电传动系统的组成

电气控制系统主要由各种常用的低压控制电器组成，其作用是对机电传动系统的电动机实施有效控制，以满足生产机械的各种控制要求。

机电传动机构是对以电动机为原动机驱动生产机械的系统的总称。由于现代生产机械广泛采用电动机为原动机，因此，机电传动又称为电力拖动。

生产机械则完成具体的生产任务，如金属切削、驱动工作机构等。

国民经济领域中的制造业（如各种机床、轧钢机、造纸机、印刷机）、高新技术产业

（如高速电力机车、磁悬浮列车、机器人、电动汽车）以及日常生活中的冰箱、空调、洗衣机等都属于机电传动系统的范畴。

2. 机电传动控制

电气控制系统和机电传动机构是机电传动系统的重要组成部分，也是机电传动控制学科的主要研究内容。

机电传动控制的任务，就是将电能转变为机械能，实现生产机械的起动、停止以及速度调节，满足各种生产工艺过程的要求，确保生产过程得以高效、可靠地进行。从广义上讲，就是使生产机械、车间、生产线，甚至整个工厂实现自动化和智能化。从狭义上讲，则专指控制电动机驱动生产机械，实现经济、优质、高效的生产。

1.1.2　机电传动系统的发展历程

1. 机电传动机构的发展

机电传动机构的发展，经历了成组驱动、单电动机驱动到多电动机驱动的演进历程。

（1）成组驱动

所谓成组驱动，就是由一台电动机驱动一根天轴运转，再由天轴通过带轮和传动带驱动多个生产机械工作（图1-2）。成组驱动系统结构复杂、传动效率低、能量损耗大、工作可靠性差，一旦电动机出现故障，将造成成组的生产机械停车。成组驱动属于电动机稀缺、昂贵时期的无奈之举，现今已被淘汰。

（2）单电动机驱动

单电动机驱动是指每一台生产机械都由一台电动机单独驱动（如立式钻床，图1-3），较成组驱动已有很大进步。但是，当生产机械的运动部件较多时，则需要设置分动箱、离合器等机构，总体结构仍显复杂，无法满足生产工艺的特殊要求。

图1-2　成组驱动（天轴分动）　　　　图1-3　单电动机驱动（立式钻床）

（3）多电动机驱动

随着电动机品种的丰富、价格的降低、机械特性的多样化，在机电传动领域，开始逐步普及多电动机驱动方案。

所谓多电动机驱动方案，是指在大型、复杂的生产机械上，同一台设备的每一个运动部件都由一台专门的电动机进行驱动，且电动机的功率、机械特性以及安装位置可以进行有针

对性的、个性化的配置，以充分满足生产
工艺的实际需求。例如，龙门刨床的工作
台、左垂直刀架、右垂直刀架、侧刀架、横
梁以及夹紧机构，就是各自由一台电动机驱
动的（图1-4）。

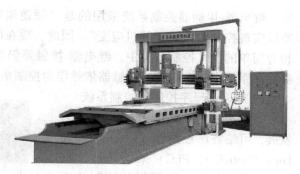

多电动机驱动方案的应用，使传动机
构得以大大简化，机电传动系统的运动精
度、工作可靠性大大提高，加之控制灵活，
极大地提升了生产过程的自动化水平，也
为生产过程的智能化奠定了基础。因此，
现代化的机电传动系统基本上都是采用多电动机驱动方案。

图1-4 龙门刨床采用多电动机驱动方案

2. 电气控制系统的发展

电气控制系统伴随控制技术和控制器件的发展而发展。随着控制器件、功率器件的不断
推陈出新，电气控制系统的发展日新月异，主要经历了以下几个阶段。

（1）继电器-接触器控制系统

继电器-接触器控制系统出现于20世纪初期。该系统通过继电器和接触器等低压控制器
件，实现对控制对象的起动、停车以及有级调速等控制（图1-5）。

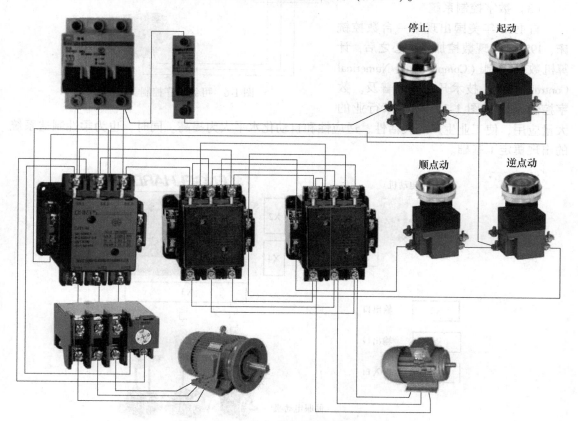

图1-5 继电器-接触器控制系统

继电器-接触器控制系统采用的是"硬逻辑"控制，在生产工艺要求复杂多变的场合，难以实现控制关系的"随机应变"，因此，现在已经被可编程序控制器控制系统取代。但在相对简单的电气控制系统中，继电器-接触器仍然占据着主导地位。同时，在可编程序控制器控制系统中，继电器、接触器依然作为控制系统的执行器件在大量使用。

（2）可编程序控制器控制系统

得益于微电子技术和计算机技术的发展，可编程序控制器（Programmable Logic Controller，PLC）采用的是"软逻辑"控制，当生产机械的控制关系发生变化时，只需更改控制程序（即对控制软件重新编程，很容易做到），就可以实现新的控制要求，而不需要对硬件做太多的调整（图1-6）。因此，在生产工艺要求复杂多变的场合，可编程序控制器可以大显身手，并已经成为机电传动控制系统的主流控制器件。

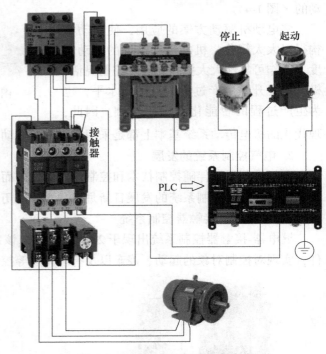

图1-6　可编程序控制器控制系统

（3）数字控制系统

自1952年美国出现第一台数控铣床、1958年出现数控加工中心之后，计算机数字控制（Computerized Numerical Control，CNC）技术开始逐渐普及。数字控制系统（图1-7）在机床行业的大量应用，使工业生产的灵活性、适应性和自动化水平大为提高。同时，也为柔性制造系统的出现奠定了基础。

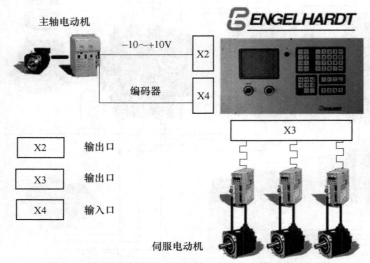

图1-7　德国恩格哈（Engelhardt）公司的数字控制系统

（4）柔性制造系统和计算机集成制造系统

柔性制造系统（Flexible Manufacturing System，FMS）由信息控制系统、物料储运系统和数字控制加工设备组成，是能够适应加工对象频繁变化的自动化机械制造系统。

柔性制造系统 FMS 与计算机辅助设计（Computer Aided Design，CAD）、计算机辅助制造（Computer Aided Manufacturing，CAM）相融合，又促使工业生产向计算机集成制造系统（Computer/Contemporary Integrated Manufacturing Systems，CIMS）迈进。

电气控制系统的发展除了与现代控制理论、计算机技术的发展息息相关之外，功率器件的发展也功不可没。正是由于晶闸管（Thyristor，亦称 Silicon Controlled Rectifier，SCR）、门极可关断晶体管（Gate-Turn-Off Thyristor，GTO）、电力晶体管（Giant Transistor，GTR）、功率场效应晶体管（Power-Metal Oxide Semiconductor FET，P-MOSFET）、绝缘栅双极型晶体管（Insulated-Gate-Bipolar Transistor，IGBT）等大功率电力电子器件（Power Electronic Device，亦称功率半导体器件）的快速发展，为机电传动系统提供了可靠的半导体变流设备，才使得上述各种控制系统的发展和应用成为可能。

1.2 机电传动系统的动力学分析

1.2.1 机电传动系统的运动方程式

机电传动系统是一个由电动机驱动、通过传动机构带动生产机械运转的整体。尽管电动机种类繁多、性能各异，生产机械的负载特性多种多样，但从动力学的角度去分析，它们都应服从动力学的统一规律。

1. 单轴驱动系统运动方程式

如图 1-8 所示，电动机通过联轴器直接与生产机械相连，由电动机 M 产生输出转矩 T_M，用来克服生产机械的负载转矩 T_L，带动生产机械以角速度 ω（或转速 n）进行运动。

单轴驱动系统运动方程式

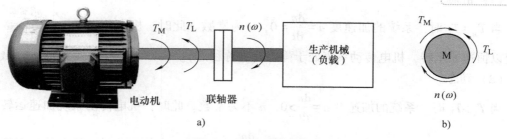

图 1-8 单轴驱动系统

a）系统组成 b）转矩方向

当电动机的输出转矩 T_M 与负载转矩 T_L 平衡时，转速 n 或角速度 ω 不变；加速度 $\dfrac{dn}{dt}$ 或角加速度 $\dfrac{d\omega}{dt}$ 等于零，即 $T_M = T_L$，这种运动状态称为静态（相对静止状态）或稳态（稳定运转状态）。

当 $T_M \neq T_L$ 时，转速或角速度就要发生变化，产生角加速度，速度变化的大小与传动系统的转动惯量 J 有关。

把上述各种参量的关系用方程式表示出来，则有

$$T_M - T_L = J \frac{d\omega}{dt} \tag{1-1}$$

式中，T_M 为电动机的输出转矩（亦称驱动转矩，$N \cdot m$）；T_L 为生产机械的负载转矩（$N \cdot m$）；J 为机电传动系统的转动惯量（$kg \cdot m^2$）；ω 为机电传动系统的角速度（rad/s）；t 为时间（s）。

式（1-1）就是机电传动系统的运动方程式。

在工程计算中，常用转速 n 代替角速度 ω，用飞轮惯量（亦称飞轮转矩）GD^2 代替转动惯量 J 来进行系统的动力学分析。

由于

$$\omega = \frac{2\pi}{60}n \tag{1-2}$$

$$J = m\rho^2 = \frac{G}{g}\left(\frac{D}{2}\right)^2 = \frac{GD^2}{4g} \tag{1-3}$$

式中，G 为机电传动系统的重力（N）；m 为机电传动系统的质量（kg）；g 为重力加速度（m/s^2）；ρ 为机电传动系统转动部分的转动惯性半径（m）；D 为机电传动系统转动部分的转动惯性直径（m）。

据此，机电传动系统的运动方程式可以转化为更为常用的工程形式：

$$T_M - T_L = \frac{GD^2}{375} \frac{dn}{dt} \tag{1-4}$$

式中，常数 375 包含着 $g = 9.81 m/s^2$，因此，常数 375 具有加速度的量纲；而 GD^2 是一个整体物理量。

工程形式的机电传动系统运动方程式是研究机电传动系统的最基本的方程式，它决定着机电传动系统的动力学特征。

（1）静态

当 $T_M = T_L$ 时，系统的加速度 $a = \frac{dn}{dt} = 0$，n 为常数。此时，机电传动系统以恒速 n 运转，机电传动系统处于静态（亦称稳态）。

运动方程式
的运用

（2）动态

当 $T_M > T_L$ 时，系统的加速度 $a = \frac{dn}{dt} > 0$，n 不为常数。此时，机电传动系统加速运转，处于加速状态；当 $T_M < T_L$ 时，系统的加速度 $a = \frac{dn}{dt} < 0$，n 不为常数。此时，机电传动系统减速运转，处于减速状态。

机电传动系统处于加速状态或减速状态时，称系统处于动态（亦称非稳态）。系统处于动态时，系统中必然存在一个动态转矩 T_d

$$T_d = T_M - T_L = \frac{GD^2}{375} \frac{dn}{dt} \tag{1-5}$$

正是因为动态转矩 T_d 的存在，才使得机电传动系统的运动状态发生了变化。因此，机

电传动系统的运动方程式（1-1）和式（1-4）还可以转化为系统的转矩平衡方程式

$$T_M - T_L = T_d$$

或者
$$T_M = T_L + T_d \tag{1-6}$$

也就是说，在任何情况下，电动机所输出的驱动转矩 T_M 总是被生产机械的负载转矩（即静态转矩）T_L 和系统动态转矩 T_d 之和所平衡。

当 $T_M = T_L$ 时，$T_d = 0$。此时，系统没有动态转矩，系统恒速运转，即系统处于稳态。系统处于稳态时，电动机输出转矩的大小仅由电动机所驱动的负载转矩决定。

2. 转矩方向的确定

由于传动系统有多种运动状态，相应的运动方程式中的转速和转矩的方向就不同，因此需要约定方向的表达规则。

因为电动机和生产机械以共同的转速旋转，所以，一般以 n（或 ω）的转动方向为参考来确定转矩的正负。

（1）T_M 的符号与性质

当 T_M 的实际作用方向与 n 的方向相同时（符号相同），T_M 取与 n 相同的符号，为驱动转矩；当 T_M 的实际作用方向与 n 的方向相反时，T_M 取与 n 相反的符号，为制动转矩。驱动转矩促进运动；制动转矩阻碍运动。

（2）T_L 的符号与性质

当 T_L 的实际作用方向与 n 的方向相同时，T_L 取与 n 相反的符号（符号相反），为驱动转矩；当 T_L 的实际作用方向与 n 的方向相反时，T_L 取与 n 相同的符号（符号相同），为制动转矩。

举例：如图1-9所示，电动机拖动重物上升和下降。设重物上升时速度 n 的符号为正，下降时 n 的符号为负。

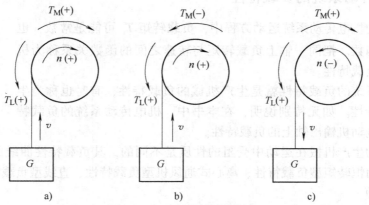

图1-9　T_M 和 T_L 符号的判定

a）系统起动时　b）系统制动时　c）重物下降时

当重物上升时，T_M 为正，T_L 也为正。T_M、T_L、n 的方向如图1-9a所示。此时，系统的运动方程式为

$$T_M - T_L = J \frac{2\pi}{60} \frac{dn}{dt} \tag{1-7}$$

因此，重物上升时，T_M 为驱动转矩，T_L 为制动转矩。

当重物在上升过程中制动（图 1-9b）时，T_M 为负，T_L 为正。此时，系统的运动方程式为

$$-T_M - T_L = J \frac{2\pi}{60} \frac{\mathrm{d}n}{\mathrm{d}t} \tag{1-8}$$

此时，动态转矩和加速度都是负的，它们使重物减速上升，直到停止为止，系统中由动能产生的动态转矩被电动机的制动转矩和负载转矩所平衡。

当重物下降时，T_M 为正，T_L 也为正。T_M、T_L、n 的方向如图 1-9c 所示。此时，系统的运动方程式为

$$T_M - T_L = -J \frac{2\pi}{60} \frac{\mathrm{d}n}{\mathrm{d}t}, \; 即 \; T_L - T_M = J \frac{2\pi}{60} \frac{\mathrm{d}n}{\mathrm{d}t} \tag{1-9}$$

因此，重物下降时，T_M 为制动转矩，T_L 为驱动转矩。

3. 多轴驱动系统的等效折算

由于许多生产机械都要求在低速状态下工作，而作为原动机的电动机，往往具有较高的额定转速。因此，多数生产机械在电动机与工作机构之间，都设有减速机构（齿轮减速器、蜗轮蜗杆减速器等）和变速机构（机床主轴箱变速器等），借此实现减速、增矩，以适应生产机械的工作要求。因此，在机电传动领域，绝大多数驱动系统实际上都是多轴驱动系统。

为了便于对多轴驱动系统进行运行状态的分析，一般是将多轴驱动系统等效折算为单轴驱动系统，即将多轴驱动系统中各转动部分的转矩和转动惯量或直线运动部分的质量折算到某一根轴（一般折算到电动机的输出轴）上，将其转化为等效的单轴驱动系统之后，再进行系统动力学分析。

负载转矩、转动惯量和飞轮转矩等效折算的基本原则：折算前的多轴系统和折算后的单轴系统在能量关系或功率关系上保持不变，即遵循能量守恒原则或功率守恒原则。

1.2.2　机电传动系统的负载特性

前面讨论的机电传动系统运动方程中，负载转矩 T_L 可能是常数，也可能是转速的函数。把同一轴上负载转矩与转速之间的函数关系称为机电传动系统的负载特性。

机电传动系统
的负载特性
及稳定运行

机电传动系统的负载特性就是生产机械的负载特性，有时也称为生产机械的机械特性。如无特别说明，在本书中，机电传动系统的负载特性均指折算到电动机输出轴上的负载特性。

不同类型的生产机械在运动中受阻的性质是不同的，其负载特性曲线的形状也有所不同，大致可分为恒转矩型负载特性、离心式通风机型负载特性、直线型负载特性和恒功率型负载特性等几种。

1. 恒转矩型负载特性

这一类型负载特性的特点是负载转矩为常数，如图 1-10 和图 1-11 所示。依据负载转矩与运动方向的关系不同，恒转矩型负载特性可分为反抗性转矩和位能性转矩两种。

（1）反抗性转矩

由摩擦、非弹体的压缩、拉伸与扭转等作用所产生的负载转矩称为反抗性转矩，又称为摩擦性转矩。反抗性转矩的方向恒与运动方向相反，阻碍运动；反抗性转矩的大小恒定不变。

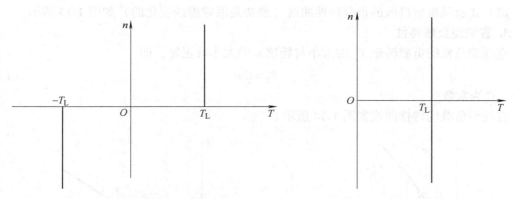

图 1-10　反抗性转矩的负载特性　　　　　图 1-11　位能性转矩的负载特性

根据转矩正方向的约定可知，反抗性转矩与转速 n 的方向相反时取正号，即 n 为正方向时，T_L 为正，特性在第一象限；n 为负方向时，T_L 为负，特性在第三象限（图 1-10）。

（2）位能性转矩

位能性转矩是由物体的重力或弹性体的压缩、拉伸、扭转等作用所引起的负载转矩。位能性转矩的大小恒定不变，作用方向不变，与运动方向无关，即在某一方向阻碍运动而在另一方向促进运动（图 1-11）。

卷扬机起吊重物（图 1-12）时，由于重力的作用方向永远向着地心，所以，由它产生的负载转矩永远作用在使重物下降的方向。当电动机驱动重物上升时，T_L 与 n 的方向相反；当重物下降时，T_L 和 n 的方向相同（图 1-11）。

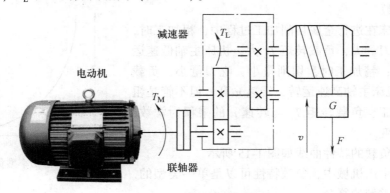

图 1-12　卷扬机起吊重物

假设 n 为正，T_L 阻碍运动；则 n 为负时，T_L 一定促进运动，其特性在第一、四象限。

不难理解，在运动方程式中，反抗性转矩 T_L 的符号总是与 n 相同；位能性转矩 T_L 的符号则有时与 n 相同，有时与 n 相反。

2. 离心式通风机型负载特性

离心式通风机型机械是按离心力原理工作的，如离心式鼓风机、水泵等，其负载转矩 T_L 的大小与转速 n 的二次方成正比（因此，这类负载特性又称为二次方特性），即

$$T_L = T_0 + Cn^2 \tag{1-10}$$

式中，T_0 为摩擦阻力矩；C 为常数。

离心式通风机型机械的负载特性曲线（最初是沿着虚线变化的）如图 1-13 所示。

3. 直线型负载特性

直线型负载的负载转矩 T_L 的大小与转速 n 的大小成正比，即

$$T_L = Cn \tag{1-11}$$

式中，C 为常数。

直线型负载的特性曲线如图 1-14 所示。

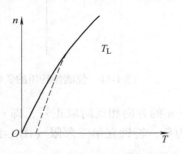　　　　　　　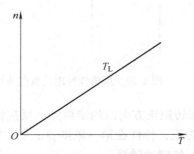

图 1-13　离心式通风机型负载特性曲线　　　　图 1-14　直线型负载特性曲线

4. 恒功率型负载特性

恒功率型负载的负载转矩 T_L 的大小与转速 n 的大小成反比，即

$$T_L = \frac{C}{n} \tag{1-12}$$

式中，C 为常数。

例如，机床在进行金属切削加工过程中，粗加工时，切削量大，吃刀量大，负载转矩 T_L 大，机床主轴低速运转，转速 n 低；精加工时，切削量小，吃刀量小，负载转矩 T_L 小，机床主轴高速运转，转速 n 高。但不管是粗加工还是精加工，负载转矩 T_L 与转速 n 的乘积为常数，即功率恒定不变。

恒功率型负载的特性曲线如图 1-15 所示。

在实际的生产机械中，负载特性可以是单一类型的，也可以是几种类型的复合。

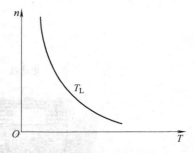

图 1-15　恒功率型负载特性曲线

1.2.3　机电传动系统的稳定运行

在机电传动系统中，电动机与生产机械连成一体，为了使整个系统运行合理，就要使电动机的机械特性与生产机械的负载特性尽量相匹配。特性配合的基本要求是系统能够稳定运行。

1. 机电传动系统稳定运行的含义

1）机电传动系统应能以一定速度匀速运行。

2）机电传动系统受某种外部干扰作用（如电压波动、负载转矩波动等）而使运行速度发生变化，应保证系统在干扰消除后能恢复到原来的运行速度。

2. 机电传动系统稳定运行的条件

（1）必要条件

如图 1-16 所示，电动机的输出转矩 T_M 和负载转矩 T_L 大小相等，方向相反。从 $T\text{-}n$ 坐标上看，就是电动机的机械特性曲线 $n = f(T_M)$ 和生产机械的机械特性曲线 $n = f(T_L)$ 必须有交点，其交点称为平衡点。

（2）充分条件

机电传动系统受到干扰后，要具有自动恢复到原平衡状态的能力，即：当干扰使速度上升时，有 $T_M < T_L$；当干扰使速度下降时，有 $T_M > T_L$。这是机电传动系统稳定运行的充分条件。符合稳定运行条件的平衡点称为稳定平衡点。

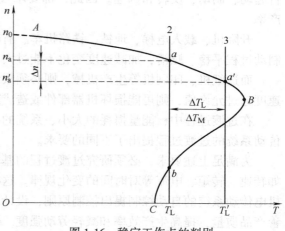

图 1-16　稳定工作点的判别

机电传动系统稳定运行的充分必要条件也可表述如下：

1）电动机的机械特性曲线 $n = f(T_M)$ 和生产机械的机械特性曲线 $n = f(T_L)$ 有交点。

2）$\dfrac{\mathrm{d}T_M}{\mathrm{d}n} < \dfrac{\mathrm{d}T_L}{\mathrm{d}n}$。

分析举例：在图 1-16 中，曲线 ABC 是三相异步电动机的机械特性曲线，铅垂线 $2\text{-}T_L$ 和 $3\text{-}T_L'$ 是负载的机械特性曲线。下面分析 a、b 两点是否为稳定平衡点。

对于 a 点，有 $T_M - T_L = 0$。当负载突然增加后，有 $T_M - T_L' < 0$，转速会由先前的 n_a 下降到 n_a'，系统工作点会由先前的 a 点漂移到 a' 点。在 a' 点，系统建立起新的转矩平衡关系，有 $T_M' - T_L' = 0$，因此，系统会在 a' 点稳定运行。当负载波动消除后，有 $T_M' - T_L > 0$，系统会自动加速，转速由 n_a' 上升到 n_a，并在 a 点建立起新的转矩平衡关系，即 $T_M - T_L = 0$，因此，系统会重新在 a 点稳定运行，故 a 点为系统的稳定平衡点。

按照同样的分析方法，依据特性曲线的变化关系进行分析，可知 b 点不是稳定平衡点。对此，读者可自行分析。提示一点：重点观察负载波动后，系统能否自动建立起新的转矩平衡关系。

1.2.4　机电传动系统的过渡过程

在实际工作中，机电传动系统具有两种运行状态，即静态（稳态）和动态（暂态）。处于静态时，系统的动态转矩为 0，电动机以恒速运转；处于动态时，系统的动态转矩非 0，电动机速度处于变化之中。

机电传动系统
的过渡过程

当机电传动系统中电动机的驱动转矩 T_M 或负载转矩 T_L 发生变化时，系统就要由一个稳定运行状态变化到另外一个稳定运行状态，这个变化过程称为过渡过程。

在过渡过程中，电动机的转速、转矩和电流都会按照一定的规律变化，它们都是时间的函数。

1. 过渡过程的影响

生产机械对机电传动系统的过渡过程都有各自的、多样化的要求。

如龙门刨床的工作台、可逆式轧钢机、轧钢机的辅助机械等，它们在工作中需要经常进行起动、制动、反转和调速。因此，都要求过渡过程尽量快，以缩短非生产时间，提高生产率。

升降机、载人电梯、地铁、铁路机车、有轨电车等生产机械和运输设备，则要求起动、制动过程平稳、顺滑，加减速度变化不能过大，以保证安全生产和乘坐舒适性。

而造纸机、印刷机等生产机械，则必须限制其加速度的大小，以确保产品质量。如果加速度超过允许值，则可能损坏机器部件或造成产品质量下降。

在过渡过程中，能量损耗的大小、系统的准确停车与各部分协调运转等方面，都对机电传动系统的过渡过程提出了不同的要求。

为满足上述要求，必须研究过渡过程的基本规律，研究系统各参量对时间的变化规律，如转速、转矩、电流等对时间的变化规律。这样，才能正确地设计、选择机电传动系统，为机电传动系统的自动控制提出控制原则，设计出完善的起动、制动等自动控制电路，以求改善产品质量，提高生产效率和减轻劳动强度。这就是研究机电传动系统过渡过程的目的和意义所在。

2. 过渡过程分析

机电传动系统之所以存在过渡过程，是因为存在以下惯性。

（1）机械惯性

机械惯性反映在转动惯量 J 或飞轮转矩 GD^2 上，机械惯性的存在使转速 n 不能发生突变。

机电传动系统的过渡过程分析

（2）电磁惯性

电磁惯性反映在电枢回路电感和励磁绕组电感上，电磁惯性的存在使电枢回路电流 I_a 和励磁磁通 Φ 不能突变。

（3）热惯性

热惯性反映在温度上，热惯性的存在使温度不能突变。

这三种惯性在机电传动系统中是互相影响的。如电动机运行发热时，电枢绕组和励磁绕组的电阻都会变化，从而会引起电枢电流 I_a 和磁通 Φ 的变化。

由于热惯性较大，温度变化较转速、电流等参量变化要慢得多，一般可不考虑，而只考虑机械惯性和电磁惯性。

由于存在机械惯性和电磁惯性，当对机电传动系统进行控制（如起动、制动、反向和调速）、系统的电气参数（如电压、电阻、频率）突然发生变化、传动系统的负载突然发生变化时，传动系统的转速、转矩、电流、磁通等不能马上跟着变化，其变化都要经历一定的时间，因而形成机电传动系统的电气机械过渡过程。

在有些情况下，如直流他励电动机电枢回路不串接电感，电磁惯性影响也不大，则只考虑机械惯性。在这种过渡过程中，仅转速 n 不能突变，电枢电流 I_a 和转矩 T_M 是可以突变的。

研究过渡过程的方法，一般是先列出反映变化规律的基本方程式，在此基础上使用数学解析法，或者使用图解法及实验方法来求得过渡过程。

3. 机电时间常数

深入的理论研究和数学分析表明，机电传动系统过渡过程的时间长短，与系统的飞轮转

矩 GD^2 和速度变化量成正比，而与动态转矩成反比。在这里，要引入一个反映机电传动系统机械惯性的物理量——机电传动系统的机电时间常数 τ_m。

τ_m 是反映机电传动系统机械惯性的物理量，通常称为机电传动系统的机电时间常数。τ_m 是指系统转速达到稳态值的 63.2% 所经历的时间。

$$\tau_m = \frac{GD^2}{375} \frac{n_0}{T_{st}} \tag{1-13}$$

式中，τ_m 为机电时间常数（s）；n_0 为理想空载转速（r/min）；T_{st} 为系统的起动转矩（N·m）；GD^2 为系统的飞轮转矩（N·m²）。

对于既定的机电传动系统而言，其 T_{st} 和 GD^2 为常数。

机电时间常数 τ_m 直接影响机电传动系统过渡过程的快慢。τ_m 大，则过渡过程进行得缓慢，过渡过程历时时间长；反之，τ_m 小，则过渡过程进行得快捷，过渡过程历时时间短。所以，τ_m 是机电传动系统中一个非常重要的动态参数。

4. 加快过渡过程的方法

由式（1-13）可知，要想有效地缩短机电传动系统的过渡过程，应设法降低 GD^2 和提高动态转矩 T_d（在系统起动过程中，系统的起动转矩 T_{st} 实际上就是系统的驱动转矩 T_M 与负载转矩 T_L 的差值，亦即系统的动态转矩 T_d）。

（1）降低系统的 GD^2

机电传动系统的飞轮转矩 GD^2 中，大部分是电动机转子的 GD^2，因此，降低电动机 GD^2，就成为加快过渡过程的关键措施之一。

在系统结构和条件允许的情况下，采用两台电动机同轴驱动系统生产机械，或者直接采用小惯量电动机，均可有效降低机电传动系统的 GD^2。

1）两台电动机同轴驱动。例如，龙门刨床采用两台电动机同轴驱动工作台，其目的之一就在于此。如用一台 46kW、转速为 580r/min 的直流电动机驱动工作台，则 GD^2 为 216N·m²；但采用两台 23kW、转速为 600r/min 的直流电动机同轴驱动工作台，则 GD^2 仅为 184N·m²。与采用一台电动机相比，系统的 GD^2 减小了 15%，使过渡过程得以显著加快。

2）采用小惯量电动机。小惯量电动机的电枢轴做得细而长，转动惯量小，且起动转矩大，起动快，从而能够加速过渡过程，提高系统的快速响应性能。

（2）提高动态转矩 T_d

提高系统的动态转矩 T_d，可以从电动机的选择和控制系统的设计两方面采取措施。

1）合理选择电动机。目前，大惯量直流电动机（亦称宽调速直流力矩电动机）已在很多场合下取代小惯量直流电动机。大惯量直流电动机的电枢做得短而粗，GD^2 较大（缺点），但其最大转矩 T_{max} 为额定转矩 T_N 的 5～10 倍（优点），因此，大惯量直流电动机的快速响应性指标 T_{max}/GD^2 仍然很好，并不比小惯量电动机差。

大惯量直流电动机低速时转矩大，可以不用齿轮减速机构直接驱动生产机械，也更容易与生产机械匹配。由于大惯量直流电动机省掉了齿轮减速机构，结构大大简化，没有齿隙的存在，使系统传动精度得以显著提高。

另外，因电枢粗短，散热良好，大惯量直流电动机的过载持续时间可以很长，性能好的大惯量直流电动机可在 3 倍于额定转矩（或电流）的过载条件下持续工作 30min 以上而不发生损坏。因此，大惯量直流电动机在快速直流驱动系统中已得到广泛应用。

2）优化控制系统的设计。动态转矩 T_d 越大，系统的加速度也越大，过渡过程的时间也就越短，系统的响应性也就越好。所以，希望在整个过渡过程中，电流（或转矩）大，以加快系统的过渡过程，但又要限制其最大值，使其不超过电动机所允许的最大电流 I_{max} （或最大转矩 T_{max}）。

为此，引入充满系数的概念——充满系数 K，表征在过渡过程中，电动机的起动电流与最大电流的接近程度。

充满系数 K 越接近于 1 越好。若 $K = 1$，则说明在整个动态过程中，电动机的工作电流保持在最大值不变，亦即动态转矩保持最大值不变，从而可以获得最短的过渡过程。在机电传动控制系统中，将在充满系数 $K = 1$ 条件下完成的过渡过程称为最优过渡过程。

例如，采用电枢串电阻多级起动的方法，其目的就是获得较大的平均起动转矩。起动电阻的级数越多，充满系数 K 越大，起动就越快。

再如，在晶闸管供电的直流驱动控制系统中，电流调节器的整定原则是尽量保证电枢电流波形在起动和制动过程中近似为矩形，从而使过渡过程最短，以接近最优过程。

思考与实训

1. 选择题

1）机电传动系统稳定运行的必要条件是电动机的输出转矩和负载转矩（　　　）。

（A）大小相等　　　　　　　　　　（B）方向相反

（C）大小相等，方向相反　　　　　　（D）无法确定

2）某机电传动系统中，电动机驱动转矩大于负载转矩，则系统正处于（　　　）状态。

（A）加速　　　　（B）减速　　　　（C）匀速　　　　（D）不确定

2. 问答题

1）简述机电传动系统稳定运行的充分和必要条件。

2）机电传动系统的机电时间常数的物理意义何在？

3）加快机电传动系统过渡过程的方法有哪些？

3. 实操题

1）在实习车间，现场分析车床（如 CA6140）的机电传动系统的构成。

2）在实习车间，现场分析万能铣床（如 X6132）的机电传动系统的构成。

3）在实习车间，现场分析摇臂钻床（如 Z3040）的机电传动系统的构成。

4）在实习车间，现场分析车间天车的机电传动系统的构成。

第2章 驱动用电动机

📖 **学习目标**

- 了解直流电动机的基本结构和特点
- 熟悉三相异步电动机的铭牌数据含义
- 熟练掌握三相异步电动机的结构组成和机械特性
- 锻炼初步的三相异步电动机的选用与维护技能

作为驱动工作机构工作的原动机，驱动用电动机的工作特性对生产机械的能耗、效率与运行可靠性影响极大。合理选择、使用与生产机械的负载特性相匹配的驱动用电动机，是构建完善的机电传动系统的前提条件。

本章以在工农业生产中使用量最大的三相交流异步电动机为重点，详细阐述其结构组成、工作原理和工作特性，以工程经济学原理为指导，为合理选择、使用驱动用电动机夯实技术基础，以期实现"人尽其才，物尽其用"。

2.1 电动机的分类与应用

电动机的分类
与应用

2.1.1 电动机的分类

电动机（Electric Machinery，Motor）是将电能转换成机械能的设备。可从电动机的用途、电源种类、运转特点等多个角度对电动机进行分类。

1. 按照电动机的用途分类

按照电动机的用途不同，可将电动机分成驱动用电动机和控制用电动机两大类（图2-1），每一类又都可以进行细分。

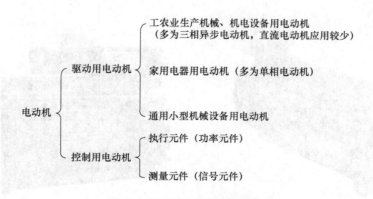

图2-1 按照电动机的用途分类

驱动用电动机主要用于驱动各种生产机械、完成生产任务。对于工农业生产机械、机电设备的驱动，多采用三相异步电动机（图2-2），直流电动机应用较少。直流电动机主要用于驱动对调速性能要求较高的设备（如可逆式轧钢机、高档电梯等）。对于洗衣机、电冰箱、空调器、电风扇等家用电器，则多采用单相电动机（图2-3）作为动力装置。

图2-2　三相异步电动机（皖南YE4系列）　　　图2-3　驱动洗衣机的单相异步电动机

控制用电动机主要用于实现对生产机械的运动控制，根据其在控制系统中的作用不同，可分为执行元件和测量元件两大类。

执行元件亦称功率元件，主要包括伺服电动机（Servo Motor，图2-4）、步进电动机（Stepping Motor，图2-5）和力矩式自整角机等。伺服电动机广泛应用于各种控制系统中，能将输入的电压信号转换为电动机轴上的机械输出量，驱动被控制元件，从而达到控制目的。一般来说，伺服电动机的转速要受所加电压信号的控制，且能够随着所加电压信号的变化而连续变化；同时，伺服电动机的输出转矩能通过控制器输出的电流进行控制。伺服电动机响应性好，运转速度可控，位置精度非常准确，主要应用在各种运动控制系统（尤其是随动系统）中。

测量元件主要包括测速发电机、控制式自整角机以及旋转变压器等。测量元件一般在自动控制系统中作为敏感元件或校正元件使用，其任务是将机械转速、转角以及转角差转换成电压信号。由于它们能够测量机械转速、转角以及转角差，故称其为测量元件；由于其作用是将机械量转换成电压信号并送入自动控制系统的，故亦称为信号元件。

目前，控制用电动机在高精度加工机床（如数控机床、数控加工中心等）、电动汽车上应用极为广泛。

图2-4　伺服电动机　　　　　　　　　图2-5　步进电动机

2. 从其他角度分类

按照使用的电源种类不同，电动机可分为交流电动机和直流电动机两大类；按照运转特点不同，电动机可分为同步电动机和异步电动机两大类。

同步电动机和异步电动机的区别在于其转子转速与定子旋转磁场的转速是否一致。如果电动机的转子转速与定子旋转磁场的转速相同，则称为同步电动机（Synchronous Motor）；如果电动机的转子转速与定子旋转磁场的转速不同，则称为异步电动机（Asynchronous Motor）。

同步电动机的功率因数可以调节，在大功率、低转速的应用场合（如水泥回转窑），应用大型同步电动机可以提高运行效率。近年来，永磁同步电动机（图2-6）在电动汽车领域的应用日渐增多。

异步电动机结构简单，制造、使用和维护均方便，运行可靠且成本较低，因此，在机电传动控制领域，异步电动机的应用极为普遍。

图 2-6　永磁同步电动机（用于电动汽车）

应该指出，上述分类方法是在宏观上，从不同角度对电动机进行的粗略的类别划分。对于一台具体的电动机，可能同时隶属于多个类别。例如，在机电传动系统中广泛应用的、用于驱动生产机械工作的电动机（图2-2），就属于驱动用三相交流笼型异步电动机。

2.1.2　电动机的应用

电动机在工农业生产和日常生活中的应用非常广泛。在机电传动系统中，电动机主要用于驱动生产机械和执行控制任务。

1. 驱动生产机械

异步电动机是各类电动机中应用最为广泛的一种。在我国，异步电动机的用电量约占总负荷的60%。在工业生产领域，三相异步电动机作为生产机械的驱动用电动机（原动机），应用极为普遍。因此，本章主要介绍三相异步电动机，对直流电动机仅做简要介绍。

2. 执行控制任务

在机电传动系统中，为了实现高效和精益生产，大量采用电动机执行控制任务。在自动控制系统中作为测量和比较元件、放大元件、执行和计算元件的电动机统称为控制用电动机。

在性能的要求上，对于驱动用电动机，着重于起动过程中和运转状态下的性能指标；而对于控制用电动机，则着重于输出量的大小、输出特性的精确度和灵敏度、工作的稳定性及输出特性的线性度等方面。

2.2　三相异步电动机的结构与工作原理

异步电动机
及其结构

2.2.1　异步电动机概述

由于异步电动机（Asynchronous Machines）的转子绕组电流是基于电磁感应原理产生的，因此，异步电动机又称为感应电动机（Induction Machines）。

异步电动机按照转子的结构不同，分为笼型异步电动机和绕线转子异步电动机两种。

1. 异步电动机的工作特点

笼型异步电动机的转子绕组不需与其他电源相连，其定子绕组电流直接取自交流电力系统。与其他类型的电动机相比，笼型异步电动机的结构简单、容易制造、使用和维护方便、运行可靠性高、重量轻、成本低。以三相异步电动机为例，与同功率、同转速的直流电动机相比，前者重量只及后者的 1/2，成本仅为 1/3。异步电动机还容易按不同环境条件的要求，派生出各种系列产品。异步电动机具有接近恒速的负载特性，能满足大多数工农业生产机械的驱动要求。

异步电动机的转速与其旋转磁场的同步转速有固定的转差率，因而其调速性能较差，在要求有较宽广的平滑调速范围的使用场合（如驱动轧钢机、卷扬机、大型机床等），不如直流电动机经济、方便。

此外，异步电动机运行时，需要从电力系统中吸取无功功率以励磁，这会导致电力系统的功率因数变差。因此，在大功率、低转速场合（如驱动球磨机、大型压缩机等）不如用同步电动机合理。

2. 异步电动机的应用

由于异步电动机生产量大、使用面广，要求其必须有繁多的品种、规格与各种机械配套。因此，异步电动机的设计、生产特别要注意标准化、系列化、通用化。在各类系列产品中，以产量最大、使用最广的三相异步电动机系列为基本系列。此外，还有若干派生系列（在基本系列基础上做部分改变而衍生的系列）、专用系列（为特殊需要设计的具有特殊结构的系列）。

异步电动机的种类繁多，有 YB 系列防爆型三相异步电动机，YS 系列小功率分马力三相异步电动机，Y、Y2、Y3 系列三相异步电动机，YX3、YE2 系列高效率三相异步电动机，YE3 和 YE4 系列超高效率三相异步电动机，YZTE3 系列铸铜转子超高效率三相异步电动机，YVF2、YVF3 系列变频调速电动机等。

2.2.2　电动机的结构

三相异步电动机的种类很多，但其基本结构是相同的，均由定子和转子这两大基本部分组成，在定子和转子之间具有一定的气隙。此外，还有端盖、轴承、接线盒、吊环等其他附件，如图 2-7a、b 所示。图 2-8 为三相异步电动机主要部件的拆分图。

1. 定子

定子（Stator）是用来产生旋转磁场的。三相异步电动机的定子一般由外壳、定子铁心和定子绕组等部分组成。

（1）外壳

三相异步电动机外壳包括机座、端盖、轴承盖、接线盒及吊环等部件。

机座是三相异步电动机机械结构的重要组成部分。机座多由铸铁或铸钢浇铸成型，其作用是保护和固定三相异步电动机的定子绕组。中、小型三相异步电动机的机座还有前、后两个端盖，用以支承转子。为提高散热性能，机座的外表一般都铸有散热片。

端盖多由铸铁或铸钢浇铸成型，其作用是把转子固定在定子内腔中心，使转子能够在定子中均衡、平稳地运转。

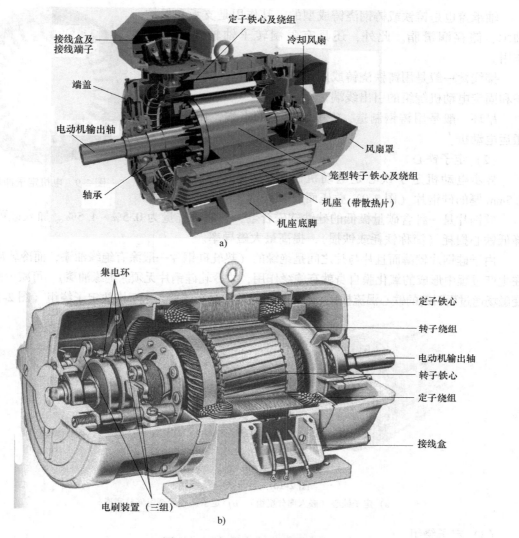

定子铁心及绕组

冷却风扇

接线盒及
接线端子

端盖

电动机输出轴

风扇罩

笼型转子铁心及绕组

轴承

机座（带散热片）

机座底脚

a)

集电环

定子铁心

转子绕组

电动机输出轴

转子铁心

定子绕组

接线盒

电刷装置（三组）

b)

图 2-7　三相异步电动机的结构

a）笼型异步电动机结构图　b）绕线转子异步电动机结构图

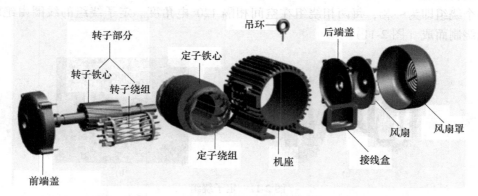

转子部分

吊环

后端盖

定子铁心

转子铁心

转子绕组

定子绕组

机座

接线盒

风扇

风扇罩

前端盖

图 2-8　三相异步电动机主要部件的拆分图

轴承盖也是铸铁或铸钢浇铸成型的，其作用是支承和保护轴承、储存润滑脂。此外，还具有限制转子轴轴向移动的作用。

接线盒一般是用铸铁浇铸或用钢板冲压成型，其作用是保护和固定电动机绕组的引出线端子。

吊环一般是用铸钢制造，安装在机座的上端，用来起吊、搬运电动机。

（2）定子铁心

异步电动机定子铁心是电动机磁路的一部分，由 0.35 ~ 0.5mm 厚的硅钢片（图 2-9）叠压而成。

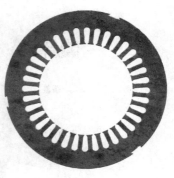

图 2-9　电机定子冲片

硅钢片是一种含碳量极低的硅铁软磁合金，一般含硅量为 0.5% ~ 4.5%。加入硅可显著降低铁心损耗（简称铁耗或铁损），提高最大磁导率。

由于硅钢片较薄而且片与片之间是绝缘的（热轧硅钢片一般涂有绝缘油漆，而冷轧硅钢片在生产过程中形成的氧化膜自身就有绝缘作用，故冷轧硅钢片无须涂绝缘油漆），可减少由于交变磁场通过而引起的铁心涡流损耗。铁心内圆有均匀分布的槽，用于嵌放定子绕组（图 2-10）。

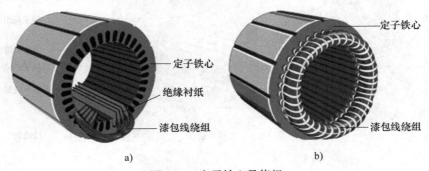

a)　　　　　　　　　　　　　　b)

图 2-10　定子铁心及绕组

a) 定子铁心（嵌入部分绕组）　b) 定子铁心（绕组嵌放完毕）

（3）定子绕组

定子绕组是三相电动机的电路部分，三相电动机有三相绕组，通入三相对称电流时，就会产生旋转磁场。三相绕组由三个彼此独立的绕组组成，且每个绕组又由若干线圈连接而成。每个绕组即为一相，每两相绕组在空间相隔 120° 电角度。定子绕组的线圈由绝缘铜线或铝线绕制而成（图 2-11）。

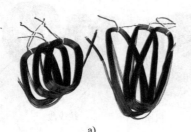
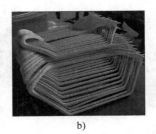

a)　　　　　　　　　　　　　　b)

图 2-11　定子绕组

a) 散嵌绕组　b) 成型绕组

中、小型三相电动机多采用圆漆包线，大、中型三相电动机的定子线圈则用较大截面的扁铜线或扁铝线绕制后，再按一定规律嵌入定子铁心槽内。

定子三相绕组的六个出线端都引至接线盒内，首端分别标为 U1、V1、W1，末端分别标为 U2、V2、W2。这六个出线端在接线盒内的排列如图 2-12 所示，可以接成星形或三角形。

2. 转子

转子（Rotor，图 2-13）是用于输出电磁转矩的，主要由转子铁心、转子绕组及转子轴组成。

（1）转子铁心

转子铁心（图 2-14）是用 0.5mm 厚的硅钢片叠压而成的，套在转子轴上，作用和定子铁心相同，一方面作为电动机磁路的一部分，另一方面用来安放转子绕组。定子铁心的特点是内圆开槽，而转子铁心的特点是外圆开槽。

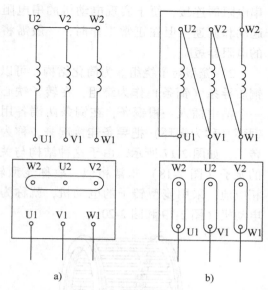

图 2-12　定子绕组的连接示意图

a）星形联结　b）三角形联结

图 2-13　笼型转子

图 2-14　转子铁心（半闭口槽）

（2）转子绕组

异步电动机的转子绕组分为绕线式与笼型两种，由此分为绕线转子异步电动机与笼型异步电动机。

1）绕线转子绕组。绕线转子绕组与定子绕组一样，也是一个三相对称绕组，一般接成星形，三相引出线分别接到转子轴上的三个与转子轴绝缘的集电环上，通过电刷装置与外电路相连（图 2-15）。

如图 2-16 所示，绕线转子绕组可以与外

转子铁心
转子绕组
电刷装置（三组）

集电环（三个）

图 2-15　绕线转子绕组

串电阻器连接，便于实现电动机的串电阻减压起动和调速。但在正常工作时，一般需将外接的电阻器短路。

2）笼型转子绕组。为简化结构，可以采用铜质导条（铜条）作为绕组，在转子铁心的每一个槽中插入一根铜条，在铜条两端各用一个铜环（称为端环）把导条连接起来，称为铜排转子，如图 2-17 所示。由于这种结构与关松鼠的笼子（图 2-18）非常相似，故称笼型转子。相应地，采用笼型转子的电动机，就称为笼型电动机（图 2-19 和图 2-20）。

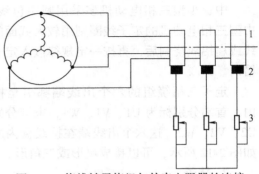

图 2-16　绕线转子绕组与外串电阻器的连接
1—集电环　2—电刷　3—外接的电阻器（可变电阻）

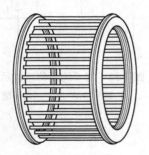

图 2-17　铜排转子

图 2-18　关松鼠的笼子

图 2-19　笼型电动机（1）

图 2-20　笼型电动机（2）

由于铜的价格高，为降低制造成本，可以以铝代铜，用铸铝的方法，把转子导条和端环、风扇叶片用铝液一次浇铸而成，称为铸铝转子，如图 2-21 和图 2-22 所示。100kW 以下的异步电动机一般均采用铸铝转子。

图 2-21　铸铝转子（未装输出轴）

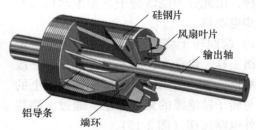

硅钢片
风扇叶片
输出轴
铝导条
端环

图 2-22　铸铝转子（装有输出轴）

3. 其他部分

电动机的其他部分包括端盖、风扇等。端盖除了起防护作用外，在端盖上还装有轴承，用以支承转子轴。风扇则用来强制通风，冷却电动机。

三相异步电动机的定子与转子之间的空气间隙，简称气隙（Air Space），一般仅为 0.2~1.5mm。气隙太大，电动机运行时的功率因数降低；气隙太小，则装配困难，运行不可靠，高次谐波磁场增强，从而使附加损耗增加并使起动性能变差。

与绕线转子电动机相比较，笼型电动机结构简单、价格低廉、工作可靠，但不能人为改变电动机的机械特性；绕线转子电动机结构复杂、价格较贵、维护工作量大，但转子外加电阻后，可人为改变电动机的机械特性。

2.2.3　电动机的工作原理

异步电动机的工作原理

1. 旋转磁场的产生

在定子绕组中，通入三相交流电所产生的旋转磁场，与转子绕组中的感应电流相互作用而产生的电磁力，形成电磁转矩，驱动转子转动，从而使电动机工作。

当将电动机的三相定子绕组通入式（2-1）所示的对称的三相电流（图 2-23）时，在不同时刻，三相交流电流产生的合成磁场如图 2-24 所示。

在图 2-24 中，⊗表示电流流入，⊙表示电流流出。

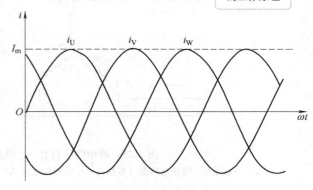

图 2-23　三相电流

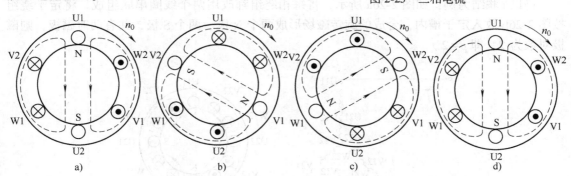

图 2-24　三相交流电流产生的合成磁场

a）$\omega t = 0°$时，$i_U = 0$，$i_V < 0$，$i_W > 0$　　b）$\omega t = 120°$时，$i_U > 0$，$i_V = 0$，$i_W < 0$

c）$\omega t = 240°$时，$i_U < 0$，$i_V > 0$，$i_W = 0$　　d）$\omega t = 360°$时，$i_U = 0$，$i_V < 0$，$i_W > 0$

$$\begin{cases} i_U = I_m \sin\omega t \\ i_V = I_m \sin(\omega t - 120°) \\ i_W = I_m \sin(\omega t + 120°) \end{cases} \quad (2\text{-}1)$$

式中，i_U、i_V、i_W 为 U、V、W 三相定子绕组中的电流瞬时值（A）；I_m 为 U、V、W 三相定子绕组中的电流有效值（A）；ω 为电角速度（rad/s）；t 为时间（s）。

由图2-24可知，三相交流电流产生的合成磁场是一个旋转的磁场，在一个电流周期内，旋转磁场在电磁空间内转过360°。旋转磁场的旋转方向，取决于三相电流的相序。任意调换两根电源进线，旋转磁场的方向即发生改变，相应地，电动机转子轴的旋转方向也就发生改变。

2. 同步转速

旋转磁场的转速 n_0 称为三相交流电动机的同步转速。同步转速 n_0 与电动机定子绕组的磁极对数 p 有关。

以丫联结为例，如图2-25a所示，当每相绕组只有一个线圈时，将定子绕组按图2-25b放入定子槽内，合成的旋转磁场形成一个N极、一个S极，共有一对磁极，则磁极对数为1，即 $p=1$。

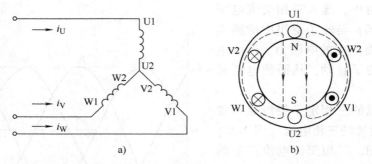

图2-25　每相绕组只有一个线圈时的磁场分布情况

a）三相绕组丫联结电路图（各相由一个线圈构成）　b）形成具有两个磁极（一对磁极）的旋转磁场

仍以丫联结为例，如图2-26a所示，将每相绕组都改用两个线圈串联组成。将定子绕组按图2-26b放入定子槽内，合成的旋转磁场形成两个N极、两个S极，共有两对磁极，则磁极对数为2，即 $p=2$。

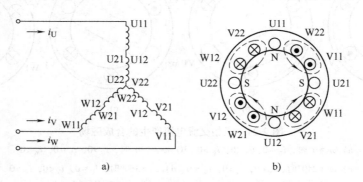

图2-26　每相绕组由两个线圈串联而成时的磁场分布情况

a）三相绕组丫联结电路图（各相由两个线圈串联而成）　b）形成具有四个磁极（两对磁极）的旋转磁场

当磁极对数 $p=1$ 时，电流变化一周→旋转磁场转一圈；电流每秒钟变化50周（即电源频率为50Hz）→旋转磁场转50圈；电流每分钟变化（50×60）周→旋转磁场转3000圈。

当磁极对数 $p=2$ 时，电流变化一周→旋转磁场转半圈；电流每秒钟变化 50 周（即电源频率为 50Hz）→旋转磁场转 25 圈；电流每分钟变化（25×60）周→旋转磁场转 1500 圈。

由此，可以推导出，当磁极对数 p 为任意整数值时，三相异步电动机的同步转速为

$$n_0 = \frac{60f}{p} \tag{2-2}$$

式中，n_0 为旋转磁场的同步转速（r/min）；f 为电源频率（Hz）；p 为磁极对数（简称极对数）。

当电源频率 $f=50$Hz 时，不同磁极对数的三相异步电动机的同步转速见表 2-1。

表 2-1　三相异步电动机的同步转速

磁极对数 p	1	2	3	4	5	6
同步转速 n_0/(r/min)	3000	1500	1000	750	600	500

3. 电磁转矩的产生

当向三相定子绕组中通入对称的三相交流电时，就产生了一个以同步转速 n_0 沿定子和转子内圆空间旋转的磁场。由于旋转磁场以 n_0 转速旋转，转子导体开始时是静止的，故转子导体将切割定子旋转磁场而产生感应电动势（感应电动势的方向用右手定则判定）。

由于转子导体两端被短路环短接，在感应电动势的作用下，转子导体中将产生与感应电动势方向基本一致的感应电流。转子的载流导体将在定子磁场中受到电磁力的作用（电磁力的方向用左手定则判定）。

电磁力对转子轴产生电磁转矩 T，驱动转子以转速 n 顺着 n_0 方向旋转，并在转子轴（亦即电动机的输出轴）上输出一定大小的机械功率 P。

简言之，三相异步电动机电磁转矩的产生过程如图 2-27 所示。

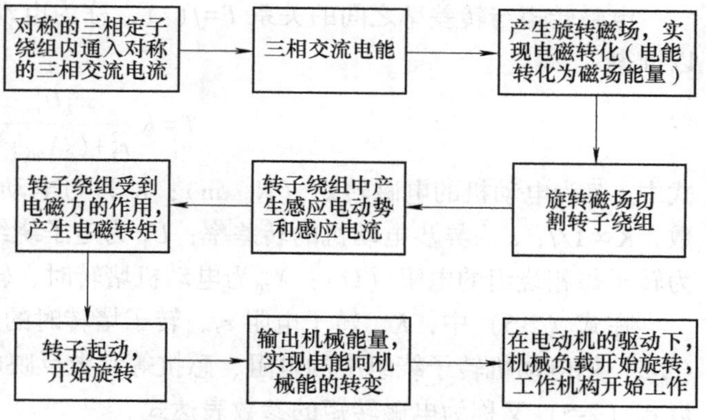

图 2-27　三相异步电动机电磁转矩的产生过程

4. "异步"运行与转差率

在实际工作中，三相异步电动机转子轴的转速 n 总是小于 n_0，不能等于 n_0。也就是说，异步电动机工作时，转子轴的转速 n 总是小于定子绕组旋转磁场的同步转速 n_0，这就是异步电动机名称中"异步"的由来。

由前面分析可知，异步电动机转子转动方向与旋转磁场的方向一致，但转子转速 n 不可能与旋转磁场的转速相等，即 $n < n_0$。旋转磁场的同步转速和异步电动机转子转速之差与旋转磁场的同步转速之比称为转差率，即

$$s = \frac{n_0 - n}{n_0} \times 100\% \tag{2-3}$$

式中，s 为转差率；n_0 为旋转磁场的同步转速（r/min）；n 为电动机转子的实际转速（r/min）。

异步电动机转子刚要起动时，$n=0$，$s=1$；普通电动机在额定工况下运行时，$s=0.6\% \sim 5\%$。

2.3　三相异步电动机的特性

三相异步电动机的特性

三相异步电动机转子轴上产生的电磁转矩是决定电动机输出机械功率大小的一个重要因素，也是电动机的重要性能指标。

2.3.1　电动机的转矩特性

1. 电磁转矩的物理表达式

由三相异步电动机的工作原理可知，异步电动机的电磁转矩是旋转磁场与转子绕组中感应电流相互作用而产生的。

由电机学原理可知，三相异步电动机的电磁转矩方程为

$$T = K_{\mathrm{T}} \Phi I_2 \cos\varphi_2 \tag{2-4}$$

式中，T 为电动机的电磁转矩（N·m）；K_{T} 为电动机常数，其值与电动机的结构有关；Φ 为旋转磁场每极的磁通量（Wb），在数值上，Φ 等于气隙中磁感应强度的平均值与每极面积的乘积，Φ 表征旋转磁场的强度；I_2 为转子电流（A）；$\cos\varphi_2$ 为转子电路的功率因数。

上述电磁转矩方程是分析三相异步电动机转矩特性的重要依据。

2. 转矩特性

电磁转矩与转差率之间的关系 $T = f(s)$，称为电动机的转矩特性。根据电机学知识，可以推得

$$T = K \frac{s r_2 U_1^2}{r_2^2 + (s X_{20})^2} \tag{2-5}$$

式中，T 为电动机的电磁转矩（N·m）；K 为与电动机结构参数和电源频率有关的一个常数，$K \propto 1/f$；s 为异步电动机的转差率；U_1 为定子绕组的相电压，亦即电源相电压（V）；r_2 为转子每相绕组的电阻（Ω）；X_{20} 为电动机堵转时，转子每相绕组的感抗（Ω）。

在式（2-5）中，K、转子电阻 r_2、转子堵转时的感抗 X_{20} 都是常数，且 $X_{20} \gg r_2$。由于式（2-5）用电动机转子绕组中的电阻、感抗等参数反映电磁转矩 T 和转差率 s 之间的关系，所以式（2-5）又称为电磁转矩的参数表达式。

由电磁转矩的参数表达式（2-5）可知，转差率 s 一定时，电磁转矩 T 与电动机外加电压 U_1 的二次方成正比，即 $T \propto U_1^2$。因此，电动机电源电压有效值的微小变动，也会导致电磁转矩产生很大的变化。

3. 转矩特性曲线

当电源电压 U_1 为恒定值时，电磁转矩 T 是转差率 s 的单值函数。图2-28绘出了三相异步电动机的转矩特性曲线。

如图2-28所示，根据电磁转矩的表达式（2-5），逐一改变转差率 s，并记录相应的电磁转矩 T，可绘制出一条 $T = f(s)$ 曲线。这条 $T = f(s)$ 曲线称为电动机的转矩特性曲线。

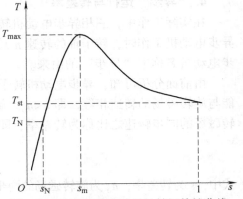

图2-28　三相异步电动机的转矩特性曲线

注意，由于异步电动机的转差率 s 不可能等于 0，因此，异步电动机的转矩特性曲线只是接近坐标原点（转差率 s 接近 0），但并不与坐标原点重合。

电动机输出额定转矩 T_N 时，所对应的转差率称为额定转差率 s_N；电动机输出最大转矩 T_{max} 时，电动机处于临界状态，此时，所对应的转差率称为临界转差率 s_m；电动机输出起动转矩 T_{st} 时，所对应的转差率 $s=1$。

2.3.2　电动机的机械特性

1. 机械特性

当电源电压 U 和转子电路参数为定值时，电动机的转速 n 和电磁转矩 T 的关系 $n=f(T)$ 称为异步电动机的机械特性。

异步电动机的机械特性曲线可直接从转矩特性曲线变换获得。将图 2-28 中的转矩特性曲线顺时针转动 90°，并借助转差率 s 与转子转速 n 的关系 $n=(1-s)n_0$，将 s 换成 n，就可以得到异步电动机的机械特性曲线，如图 2-29 所示。

异步电动机的机械特性有固有（自然）机械特性和人为机械特性之分。

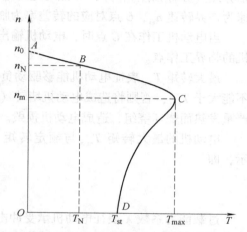

图 2-29　三相异步电动机的固有机械特性曲线

2. 固有机械特性

异步电动机在额定电压和额定频率下，用规定的接线方式进行接线，并且将在定子电路和转子电路中不串联任何电阻或电抗时的机械特性称为固有（自然）机械特性。

（1）固有机械特性曲线的特殊工作点

在固有机械特性曲线（图 2-29）上，有 A、B、C、D 四个具有典型意义的特殊工作点。

1）理想空载工作点 A。当电动机工作在 A 点时，电动机的输出转矩 $T=0$，转子转速 $n=n_0$，转差率 $s=0$。

但事实上，由于异步电动机的转差率 s 不可能等于 0，因此，其机械特性曲线只是在纵坐标上接近旋转磁场的同步转速 n_0，而不可能达到 n_0。因此，A 点只是理想的工作点，事实上并不存在，故称 A 点为理想空载工作点。注意，由于 A 点事实上并不存在，因此，在固有机械特性曲线上，A 点附近为虚线，而非实线。

2）额定工作点 B。当异步电动机工作在额定工作点 B 时，$T=T_N$、$n=n_N$、$s=s_N$。三相异步电动机驱动额定负载时，转子轴上输出的转矩，称为电动机的额定转矩，用 T_N 表示。

由于

$$T=\frac{P}{\dfrac{2\pi n}{60}}=9550\frac{P}{n}$$

则电动机的额定转矩为

$$T_N=9550\frac{P_N}{n_N}$$

式中，额定转矩 T_N 的单位为 N·m；额定功率 P_N 的单位为 kW。

例如，某车床主轴电动机的额定功率为 7.5kW，额定转速为 1440r/min，则该主轴电动机的额定转矩为

$$T_N = 9550\frac{P_N}{n_N} = 9550 \times \frac{7.5}{1440}N \cdot m = 49.7N \cdot m$$

一般三相异步电动机的额定转速 $n_N = (0.95 \sim 0.995)n_0$。

3）临界工作点 C。当电动机工作在 C 点时，$T = T_{max}$、$n = n_m$、$s = s_m$。从机械特性曲线可以看出，曲线的形状以 C 点为界，ABC 段与 CD 段的变化趋势是完全不同的，C 点就是一个临界点（亦称拐点），并且 C 点对应的电磁转矩即为电动机的最大转矩 T_{max}，C 点对应的转速为临界转速 n_m，C 点对应的转差率为临界转差率 s_m。

当电动机工作在 C 点时，电动机输出最大转矩，且处于临界状态。因此，C 点称为电动机的临界工作点。

最大转矩 T_{max} 表征电动机能够驱动负载的极限能力。电动机转子轴上的机械负载转矩 T_2 不能大于 T_{max}，否则将造成电动机堵转（俗称闷车）。长时间处于堵转状态时，电动机会因严重发热而烧坏绕组，造成电动机损毁。

电动机的最大转矩 T_{max} 与额定转矩 T_N 的比值称为电动机的过载能力系数，用 λ 表示，即

$$\lambda = \frac{T_{max}}{T_N} \tag{2-6}$$

过载能力系数 λ 表征电动机承受冲击载荷能力的大小，是电动机的一个重要性能指标。在国家标准中，对各种电动机的过载能力系数均有规定，如普通的 Y 系列笼型异步电动机，$\lambda = 2.0 \sim 2.3$，而供起重机械和冶金机械使用的 YZ（异重）系列电动机和 YR（异绕）系列绕线转子异步电动机，$\lambda = 2.5 \sim 3.0$。

4）起动工作点 D。当电动机工作在 D 点时，$T = T_{st}$、$n = 0$，电动机输出起动转矩，处于起动状态。因此，D 点称为电动机的起动工作点。

起动转矩 T_{st} 表征电动机在有载（驱动负载）状态下的起动能力。如果起动转矩 T_{st} 大于负载转矩 T_2，则电动机可以起动，否则电动机无法起动。

在电机学中，通常将在固有机械特性曲线上的起动转矩 T_{st} 与额定转矩 T_N 之比定义为电动机的起动能力系数，用 K_{st} 表示，即

$$K_{st} = \frac{T_{st}}{T_N} \tag{2-7}$$

起动能力系数 K_{st} 是衡量异步电动机起动能力强弱的一个重要指标，一般 $K_{st} = 1.0 \sim 2.2$。

（2）稳定工作区与非稳定工作区

如图 2-30 所示，固有机械特性曲线可分为两部分：ABC 部分（$0 < s < s_m$）称为稳定工作区，CD 部分（$s > s_m$）称为非稳定工作区。电动机稳定运行只限于曲线的 ABC 段。电动机在 $0 < s < s_m$ 区间运行时，只要负载转矩 T_2 小于最大转矩 T_{max}，则当负载

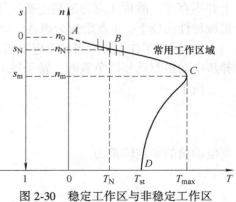
图 2-30　稳定工作区与非稳定工作区

发生波动时，电磁转矩总能自动调整到与负载转矩相平衡，使转子适应负载的增减，以稍低或稍高的转速继续稳定运转。

如果电动机在稳定运行中，负载转矩 T_2 的增加超过了最大转矩 T_{max}，电动机的运行状态将沿着机械特性曲线的 CD 部分下降，并越过临界点——C 点而进入非稳定工作区，从而导致电动机停止运转。因此，最大转矩 T_{max} 又称为崩溃转矩。

电动机的电磁转矩可以随负载的变化而自动调整的能力称为电动机的自适应负载能力。从机械特性曲线可以看出，电动机在 ABC 段运行时，具有良好的自适应负载能力，能够稳定地驱动机械负载工作。

在设计机电传动系统时，应确保电动机工作在 ABC 段，否则，机电传动系统将无法稳定工作。为了留有一定的安全裕度，在工程实践中，一般都会躲开临界工作点，而将电动机的工作区域选在图 2-30 中画短竖线的区域（以不越过 B 点右侧为宜），以确保机电传动系统能够稳定、可靠地工作。

自适应负载能力是电动机区别于其他动力机械的重要特点。如车用汽油机，当负载增加时，必须由操作者加大油门，才能带动新的负载，否则，就可能造成汽油机熄火。

由固有机械特性曲线可推知：

1）异步电动机稳定运行的条件是 $s < s_m$，即实际转差率应低于临界转差率。

2）如果从空载到满载时转速变化很小，就称该电动机具有较硬的机械特性。由图 2-30 可知，三相异步电动机具有较硬的机械特性。

3）需要说明的是，对于不随转速变化的恒转矩负载（如机床刀架平移机构等），电动机不能在 $s > s_m$ 区域稳定运行；但风机、水泵类负载，因其转矩与转速的二次方成正比，经深入分析，其电动机可以在 $s > s_m$ 区域稳定运行。

3. 人为机械特性

由式（2-5）可知，异步电动机的机械特性既与电动机本身的结构参数有关，也与外加电源电压、电源频率有关。将式（2-5）中的某些参数人为地加以改变而获得的机械特性，称为电动机的人为机械特性。

（1）电源电压 U_1 的变化对机械特性的影响

电源电压 U_1 的变化对机械特性的影响如图 2-31 所示。

由电机学可知，异步电动机的临界转差率 s_m、最大转矩 T_{max} 和起动转矩 T_{st} 与电动机的结构参数、运行参数之间的关系符合式（2-8）。

$$\begin{cases} s_m = \dfrac{r_2}{X_{20}} \\[2mm] T_{max} = K\dfrac{U_1^2}{2X_{20}} \\[2mm] T_{st} = K\dfrac{r_2 U_1^2}{r_2^2 + X_{20}^2} \end{cases} \quad (2\text{-}8)$$

由式（2-8）可知，电源电压 U_1 的变化对

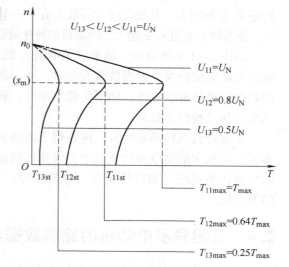

图 2-31　电源电压 U_1 的变化对机械特性的影响

理想空载转速 n_0 和临界转差率 s_m 没有影响，但对最大转矩 T_{max} 和起动转矩 T_{st} 均有显著影响。

最大转矩 T_{max} 和起动转矩 T_{st} 与电源电压 U_1 的二次方成正比，当电源电压 U_1 降低时，最大转矩 T_{max} 和起动转矩 T_{st} 会急剧减小，使电动机的人为机械特性急剧向左移动（收缩）。由此可见，电源电压 U_1 的变化对电动机的机械特性影响极大。

由于异步电动机的人为机械特性对电网电压的波动极为敏感，在工作过程中，若电网电压降低过多，将使电动机的过载能力和起动转矩大大降低，甚至会出现电动机带不动负载或电动机根本无法起动的现象。

例如，当电动机驱动额定负载 T_N 运行时，即便过载能力系数很大（假设 $\lambda = 2$），但如果电网电压下降到 $0.7U_N$，则异步电动机的最大转矩 T_{max} 会衰减到 $T_{max} = \lambda T_N \left(\dfrac{U_1}{U_N}\right)^2 = 2 \times$

$0.7^2 T_N = 0.98 T_N$。

此时，电动机的最大转矩 T_{max} 已经小于负载转矩 T_2，电动机会停转。即便是电网电压下降幅度不大，电动机仍可以驱动负载继续运行，在负载转矩不变的情况下，会造成电动机转速下降，转差率 s 增大，定子工作电流也相应增大，发热量增多。时间一长，就容易造成电动机过热，甚至烧毁电动机。电动机控制电路中的热继电器就是为了应对这一情况而设置的保护器件。

（2）转子电阻 r_2 的变化对机械特性的影响

转子电阻 r_2 的变化对机械特性的影响如图 2-32 所示。

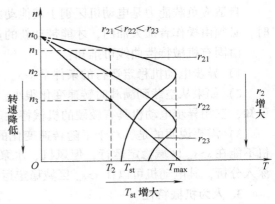

图 2-32　转子电阻 r_2 的变化对机械特性的影响

由式（2-8）可知，转子电阻 r_2 的变化对异步电动机的理想空载转速 n_0 和最大转矩 T_{max} 没有影响，但对临界转差率 s_m 和起动转矩 T_{st} 均有影响。随着转子电阻 r_2 的增大，电动机的起动转矩 T_{st} 逐渐增大，并最终增大到最大值——电动机的最大转矩 T_{max}。在驱动同样的负载转矩 T_2 时，随着转子电阻 r_2 的增大，电动机的转速将逐渐下降，临界转差率 s_m 也随之增大。

由图 2-32 不难看出，随着转子电阻 r_2 的增大，电动机的人为机械特性越来越软。如果电动机具有硬特性，则当负载变化时，转子轴的转速变化不大，电动机的运行特性会很好；如果电动机具有软特性，则当负载增加时，转子轴的转速会下降较快，但起动转矩较大，电动机的起动特性会很好。

在设计机电传动系统时，应根据不同场合和使用要求，选用机械特性不同的电动机。在金属切削机床的机电传动系统中，应选用机械特性较硬的电动机；而在重载起动状态下工作的机电传动系统（如起重设备、卷扬机等）中，则应选用机械特性较软的电动机。

2.4　三相异步电动机的铭牌数据与能效标识

根据相关国家标准的规定，在国产三相异步电动机的壳体上，均装

三相异步电动机的铭牌数据（1）

设电动机铭牌。同时，在电动机的风扇护罩上，均贴有电动机的能效标识。通过铭牌和能效标识（图2-33），即可了解电动机的主要技术参数和能效等级。正确识读铭牌数据和能效标识，对于合理选择、使用电动机，具有重要意义。

2.4.1　电动机的铭牌数据

在电动机的外壳上都会钉有铭牌（图2-34）。铭牌上注明该电动机的主要技术数据，是选择、安装、使用和修理（包括重新绕制定子绕组）电动机的重要依据，铭牌的主要内容如下。

图 2-33　三相异步电动机的铭牌和能效标识

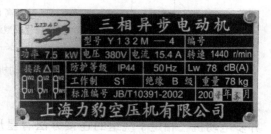

图 2-34　电动机的铭牌

1. 型号

电动机的型号用以表明电动机的系列、几何尺寸和极数等主要技术参数。GB/T 4831—2016《旋转电机产品型号编制方法》对国产异步电动机产品名称代号做出了明确规定，见表2-2。

表 2-2　异步电动机产品名称代号

产品名称	现行代号	汉字含义	老代号	汉字含义
异步电动机	Y	异	J、JO	交
绕线转子异步电动机	YR	异绕	JR、JRO	交绕
防爆式异步电动机	YB	异爆	JB、JBO	交爆
高起动转矩式异步电动机	YQ	异起	JQ、JQO	交起

例如，Y132M-4属于Y（异）系列三相异步电动机，其详细的型号含义如图2-35所示；YS63-1-4属于小功率分马力三相异步电动机，其详细的型号含义如图2-36所示；YX3-160L-4-W属于高效率三相异步电动机，其详细的型号含义如图2-37所示。

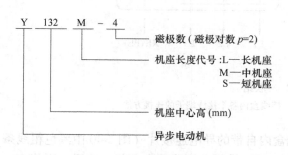

图 2-35　三相异步电动机型号含义（Y132M-4）

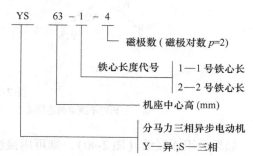

图 2-36　小功率分马力三相异步电动机型号含义（YS63-1-4）

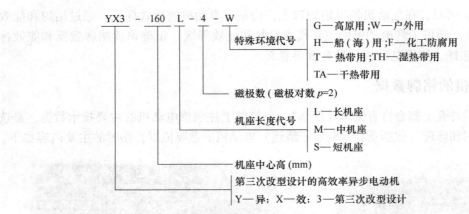

图 2-37　高效率三相异步电动机型号含义（YX3-160L-4-W）

2. 接法

异步电动机三相定子绕组的连接方法有星形（Y）联结和三角形（△）联结之分。在电动机出厂时，容量小于或等于 3kW 的电动机，通常采用星形联结；容量大于或等于 4kW 的电动机，通常采用三角形联结。

在电动机的接线盒内，三相定子绕组的 6 个端子，按照图 2-38 所示的方式列出。同名绕组的首端用数字 1 表示，末端用数字 2 表示。注意，同一相绕组的两个端子是错开的，并非排在同一列。

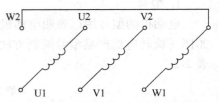

图 2-38　三相异步电动机端子的排列

如果采用Y联结（图 2-39），则可用接线盒内自带的导电连接片（图 2-39 中黑色粗线条所示）将 W2、U2、V2 三个端子连接在一起。然后，将 U1、V1、W1 三个端子分别与三相电源线 L1、L2、L3 连接起来。同时，将保护接地线可靠地连接在接线盒内的保护接地 XE（PE）端子上。

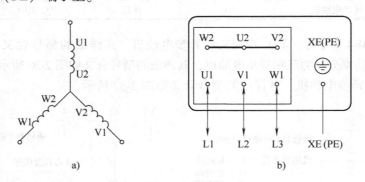

图 2-39　Y联结
a）三相定子绕组的连接关系　b）接线盒内各个接线端子的连接方法

如果采用△联结（图 2-40），则可用接线盒内自带的导电连接片（图 2-40 中黑色粗线条所示）将 W2 和 U1 端子、U2 和 V1 端子、V2 和 W1 端子分别连接在一起。然后，再将 U1、V1、W1 三个端子分别与三相电源线 L1、L2、L3 连接起来。同时，将保护接地线可靠地连接在接线盒内的保护接地 XE（PE）端子上。

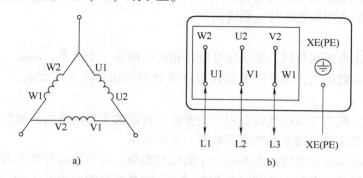

图 2-40　△联结

a）三相定子绕组的连接关系　　b）接线盒内各个接线端子的连接方法

异步电动机三相定子绕组的连接方法并不是一成不变的，用户可以根据使用要求，有意识地改变三相定子绕组的连接方法，以确保机电传动系统的正常工作。例如，在针对大容量电动机做丫-△转换起动控制的电路中，就可以借助继电电路，在电动机起动过程中，将三相定子绕组接成星形，以利减小电动机的起动电流；待完成起动之后，再将三相定子绕组接成三角形，以利电动机输出较大转矩，正常工作。

3. 额定频率

额定频率是指电动机所接的交流电源每秒钟内变化的次数，用 f_N 表示。我国规定标准电源频率为 50Hz。

4. 额定电压

电动机在额定工况下运行时定子绕组上应加的线电压的有效值，称为三相异步电动机的额定电压，用 U_N 表示。一般额定功率大于 3kW 的电动机，额定电压为 380V，其绕组出厂时为△联结。额定功率≤3kW 的电动机，额定电压为 380/220V，绕组为丫/△联结。其中，当电源电压为 380V 时，绕组应为丫联结；电源电压为 220V 时，绕组应为△联结。

一般规定，电动机的运行电压不能高于或低于额定值的 5%。因为在电动机满载或接近满载情况下运行时，电压过高或过低都会使电动机的工作电流大于额定值，从而使电动机过热。

三相异步电动机的额定电压有 380V、3kV、6kV 和 10kV 等多种。但以 380V 的应用最为广泛，其余几种规格只用于少数大容量的电动机。

5. 额定电流

电动机在额定运行时定子绕组的线电流的有效值，称为三相异步电动机的额定电流，用 I_N 表示，以安培（A）为单位。例如，丫/△　6.73/11.64 A 表示在丫联结下，电动机的线电流的有效值为 6.73A；在△联结下，电动机的线电流的有效值为 11.64A。

6. 额定功率与效率

额定功率是指在额定运行时电动机转子轴上所输出的机械功率，用 P_N 表示，以千瓦（kW）或瓦（W）为单位。

电动机的效率是指电动机转子轴输出功率与电网输入电动机的有功功率的比值。电动机的效率越高，说明电动机将电能转换为机械能的比例越大，在能量转换过程中的损失越小。

笼型三相异步电动机的效率 η 在 75%~96% 之间（大功率电动机取大值）。在条件允许的情况下，应优先选用高效率的电动机。

7. 功率因数

因为电动机是电感性负载，定子相电流比相电压滞后一个 φ 角，$\cos\varphi$ 称为功率因数。在数值上，功率因数是有功功率 P 与视在功率 S 的比值，即 $\cos\varphi = P/S$。

三相异步电动机的铭牌数据（2）

功率因数低，说明交流电气设备用于交变磁场转换的无功功率大，增加了电能损失。因此，国家标准对交流电气设备的功率因数有一定的要求。

三相异步电动机的功率因数并不是一个固定的数值，而与其运行状态有关。三相异步电动机的功率因数较低，在额定负载时为 0.7~0.9；空载或轻载时为 0.2~0.3。

为提高有功功率，应尽可能使电动机工作在额定工况下。为此，在实际使用中，应尽量选择容量合适的电动机，防止出现"大马拉小车"的现象，并力求缩短电动机的空载运行时间。

8. 额定转速

电动机在额定工况下运行时的转速，称为电动机的额定转速，用 n_N 表示。异步电动机的额定转速一般略小于其同步转速 n_0。如 $n_0 = 1500 \text{r/min}$ 时，$n_N = 1440 \text{r/min}$。

9. 绝缘等级

绝缘等级（Insulation Level，Insulation Class）是指电动机绝缘材料和绝缘系统能够承受的极限温度等级，故亦称绝缘热分级。GB/T 11021—2014《电气绝缘 耐热性和表示方法》采用预估耐热指数和相对耐热指数来评价电气设备的绝缘、耐热能力，详见表 2-3。

表 2-3　电气设备绝缘材料（或绝缘系统）的耐热性分级

ATE 或 RTE/℃		耐热等级（Thermal Class）	字母表示[①]
≥90	<105	90	Y
≥105	<120	105	A
≥120	<130	120	E
≥130	<155	130	B
≥155	<180	155	F
≥180	<200	180	H
≥200	<220	200	N
≥220	<250	220	R
≥250[②]	<275	250	—

① 为了便于表达，字母可以写在括号中，如 180 级（H）。如果电机铭牌的空间有限，则可仅以字母（如 H）来表征耐热等级。

② 耐热等级超过 250 的可以按照 25 间隔递增的方式表征。

预估耐热指数（Assessed Thermal Endurance Index，ATE）是一个摄氏温度数值，在该温度下基准电气绝缘材料（或电气绝缘系统）在特定的工作条件下具有已知的、符合绝缘要求的工作表现，亦即预估耐热指数 ATE 用于表征基准电气绝缘材料（或电气绝缘系统）的耐热能力。

相对耐热指数（Relative Thermal Endurance Index，RTE）也是一个摄氏温度数值。RTE 是指待评电气绝缘材料（或电气绝缘系统）在实际应用中，达到与基准电气绝缘材料（或电气绝缘系统）相同的使用寿命时，待评电气绝缘材料（或电气绝缘系统）所到达的温度值，亦即相对耐热指数 RTE 用于表征待评电气绝缘材料（或电气绝缘系统）所能耐受的最高工作温度。

以前国产电动机最常用的绝缘等级（耐热等级）为 B 级。但随着电动机制造工艺水平的不断提高，目前最常用的绝缘等级为 F 级，H 级也在逐步推广中。

10. 工作制

工作制（Duty）又称工作方式，指电动机所能承受的一系列负载状况的说明，包括起动、空载、电气制动、停机、断电及其持续时间、先后顺序等。GB/T 755—2019《旋转电机 定额和性能》将电动机的工作制分为 S1～S10 共 10 种，常用的有 S1、S2、S3 三种。

（1）S1—连续工作制

按照 S1 工作制设计、制造的电动机，在恒定负载下长时间运行时，电动机足以达到热稳定状态。

驱动通风机、水泵、纺织机械、造纸机械等负载的电动机，多采用 S1 工作制。

（2）S2—短时工作制

短时工作制是指电动机在恒定负载下按给定的时间（有 10min、30min、60min 及 90min 四种标准）运行，该时间不足以使电动机达到热稳定状态，随即断电、停机足够长的时间，使电动机冷却到与冷却介质的温度相近（两者温差在 2K 以内）后，方可再次起动运行的工作制。

按照 S2 工作制设计、制造的电动机，标注铭牌时，应在代号 S2 后面加上工作时限，如 S2—30min、S2—90min 等。

冶金行业用电动机、起重机械用电动机以及驱动水闸启闭机工作的电动机，多采用 S2 工作制。

（3）S3—断续周期工作制

断续周期工作制是指电动机按照一系列相同的工作周期运行，每一工作周期包括一段恒定负载运行时间（工作时段，如 4min）和一段断电、停机时间（停机时段，如 6min）。工作时段与整个工作周期之比，称为负载持续率，用百分数表示。标准的负载持续率有 15%、25%、40% 及 60% 四种，每个工作周期规定为 10min。

以 S3 工作制工作的电动机，在工作时段内，不足以使电动机达到热稳定状态；在停机时段内，也不足以使电动机的温升降低到零。

按照 S3 工作制设计、制造的电动机，标注铭牌时，应在代号 S3 后面加上负载持续率，如 S3—25%、S3—60% 等。

楼宇电梯的电动机、轧钢辅助机械中的电动机，多采用 S3 工作制。

11. 声功率级

根据 GB/T 10069.1—2006《旋转电机噪声测定方法及限值　第 1 部分：旋转电机噪声测定方法》的规定，旋转电机的稳定运行噪声用声功率级（L_W）表示，单位为 dB（A）。

声功率级（L_W）是电动机稳定运行时的声功率 W 与基准声功率 W_0 之比的以 10 为底的对数再乘以 10，以分贝 dB（A）计，即

$$L_{\mathrm{W}} = 10 \lg(W/W_0) \tag{2-9}$$

式中，W 为电动机稳定运行时的声功率，单位为 pW（10^{-12}W）；W_0 为基准声功率，其值为 1pW（10^{-12}W）。

声功率级（L_{W}）数值越小，说明电动机稳定运行时的噪声越低。例如，某电动机的声功率级数值为 $L_{\mathrm{W}} = 78$dB（A），表示该电动机的稳定运行噪声最高为 78dB（A）。

12. IP 防护等级

IP（Ingress Protection）防护等级是对电气设备（额定电压≤72.5kV，包括电动机，也包括其他电器）外壳防止固体（如灰尘）、液体（如水）进入电气设备内部的特性进行的分级，用于表征电气设备防止外物进入内部的能力。

根据 GB/T 4942—2021《旋转电机整体结构的防护等级（IP 代码）分级》的规定，电动机的 IP 防护等级由防护表征字母 IP+两个数字+补充字母三部分组成：第 1 个数字表征防固体（如灰尘）能力；第 2 个数字表征防液体（如水）能力；补充字母表示测试状态及附加措施（图 2-41）。IP 防护等级的数字越大，表示其防护等级越高。

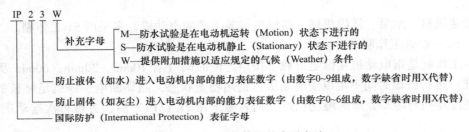

图 2-41　IP 防护等级的表示方法

防固体（如灰尘）能力表征数字及含义见表 2-4，防液体（如水）能力表征数字及含义见表 2-5。例如，国产 Y 系列三相异步电动机 Y132M-4 的防护等级为 IP44，表示该电动机既能防止直径大于 1.0mm 的固体外物侵入电动机内部，又能防止飞溅的水浸入电动机内部。

表 2-4　防固体（如灰尘）能力表征数字及含义

数字	简　述	防护能力
0	无防护	对外界的人或物无特殊的防护
1	防止直径大于 50mm 的固体外物侵入	防止人体（如手掌）因意外而接触到电器内部的零件，防止较大尺寸（直径大于 50mm）的外物侵入
2	防止直径大于 12mm 的固体外物侵入	防止人的手指接触到电器内部的零件，防止中等尺寸（直径大于 12mm）的外物侵入
3	防止直径大于 2.5mm 的固体外物侵入	防止直径或厚度大于 2.5mm 的工具、电线及类似的小型外物侵入而接触到电器内部的零件
4	防止直径大于 1.0mm 的固体外物侵入	防止直径或厚度大于 1.0mm 的工具、电线及类似的小型外物侵入而接触到电器内部的零件
5	防尘电动机	完全防止外物侵入，虽不能完全防止灰尘侵入，但灰尘的侵入量不会影响电器的正常运作
6	尘密电动机	完全防止灰尘侵入

表 2-5　防液体（如水）能力表征数字及含义

数字	简　述	防　护　能　力
0	无防护	对水或湿气无特殊的防护
1	防滴电动机	垂直滴水应无有害影响
2	15°防滴电动机	当电动机由正常位置向任意方向倾斜至 15°以内任一角度时，垂直滴水应无有害影响
3	防淋水电动机	与铅垂线成 60°范围内的淋水应无有害影响
4	防溅水电动机	承受任何方向的溅水应无有害影响
5	防喷水电动机	承受任何方向的喷水应无有害影响
6	防海浪电动机	承受猛烈的海浪冲击或强烈喷水时，电动机的进水量应达不到有害的程度
7	防浸水电动机	当电动机浸入规定压力的水中，经过规定的时间后，电动机的进水量应达不到有害的程度
8	持续潜水电动机	电动机在制造厂规定的条件下，能长期潜水工作
9	耐高温高压喷水电动机	电动机可耐受来自任意方向的高温（85℃±5℃）高压（8～10MPa）水流的喷射（如高压洗车），而不会影响电动机的正常工作

防爆电动机的外壳防护等级应不低于 IP44，户外使用的电动机外壳防护等级应不低于 IP54，粉尘防爆电动机的防尘式外壳防护等级应不低于 IP55，尘密式电动机的外壳防护等级应不低于 IP65。用于电动汽车的防浸水电动机，其防护等级应不低于 IP67；用于持续潜水泵的电动机，其防护等级应不低于 IP68；用于电动自行车的耐高温高压喷水电动机，其防护等级应不低于 IP69。

13. 冷却方法

GB/T 1993—1993《旋转电机冷却方法》规定，电动机冷却方法代号由冷却方式标志 IC+冷却介质回路的布置代号+初级冷却介质代号+初级冷却介质运动的驱动方式代号+次级冷却介质代号+次级冷却介质运动的驱动方式代号组成，如图 2-42 所示。

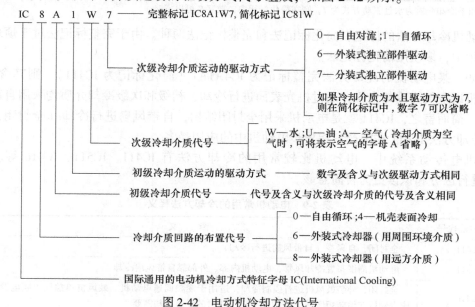

图 2-42　电动机冷却方法代号

其中，IC（International Cooling）是国际通用的电动机冷却方法的特征字母，冷却介质的回路布置代号含义见表2-6；初级和次级冷却介质代号含义见表2-7；初级和次级冷却介质运动的驱动方式代号含义见表2-8。

表2-6　冷却介质的回路布置代号含义（部分）

特征数字	含　义	简　述
0	冷却介质从周围环境中直接地自由吸入，然后直接返回到周围环境（开路）	自由循环
4	初级冷却介质在电动机内的闭合回路内循环，并通过机壳表面把热量传递到周围环境，机壳表面可以是光滑的或带肋的，也可以带外罩以改善热量传递效果	机壳表面冷却
6	初级冷却介质在闭合回路内循环，并通过装在电动机上的外装式冷却器，把热量传递给周围环境	外装式冷却器（用周围环境介质）
8	初级冷却介质在闭合回路内循环，并通过装在电动机上的外装式冷却器，把热量传递给远方介质	外装式冷却器（用远方介质）

表2-7　初级和次级冷却介质代号含义（部分）

冷却介质	特征代号	冷却介质	特征代号	冷却介质	特征代号
空气	A	水	W	油	U
二氧化碳	C	氮气	N	氢气	H

注：如果冷却介质为空气，则描述冷却介质的字母A可以省略（在实际应用中，采用的冷却介质基本上都是空气）。

表2-8　初级和次级冷却介质运动的驱动方式代号含义（部分）

特征数字	含　义	简　述
0	依靠温度差驱动冷却介质运动	自由对流
1	冷却介质的运动与电动机的转速有关，或因转子本身的作用，也可以是由转子驱动的整体风扇或泵的作用，促使介质运动	自循环
6	由安装在电动机上的独立部件（如外装式独立风机）驱动冷却介质运动，该部件所需动力与主机转速无关	外装式独立部件驱动
7	与电动机分开安装的独立的电气或机械部件（如独立油泵）驱动冷却介质运动，或者依靠冷却介质循环系统中的压力驱动冷却介质运动	分装式独立部件驱动

注：如果冷却介质为水且驱动方式为7，则在简化标记中，数字7可以省略。

电动机冷却方法的标记有简化标记法和完整标记法两种。由于完整标记法过于烦琐，在实际应用中，多使用简化标记法。

例如，某电动机的冷却方法完整标记为IC4A1A1（简化标记为IC411），则其含义是，该电动机以空气为冷却介质，通过机壳表面进行冷却，初级和次级冷却介质均采用自循环驱动方式。简而言之，IC411就是电动机采用全封闭结构，自带风扇进行冷却（全封闭，自扇冷）。冷却方法IC411在国产三相异步电动机中的应用最多。

在机电传动系统中，电动机比较常用的冷却方法有IC411、IC511、IC416等。按照表2-9进行区分和识读更为言简意赅。

表2-9　电动机常用的冷却方法释义

冷却方法代号	释　义
IC411	全封闭，自扇冷（自带风扇进行冷却）
IC511	电动机周围布置冷却风管，电动机内部、外部靠自带风扇冷却
IC416	全封闭，外装鼓风机进行强制冷却，适用于变频调速电动机。鼓风机单独接工频电源，以适应电动机在恒转矩区域（基频以下）工作时的强迫冷却需要

14. 电动机的结构型式和安装型式

GB/T 997—2022《旋转电机结构型式、安装型式及接线盒位置的分类（IM 代码）》对国产三相异步电动机的结构型式和安装型式做出了明确规定。

电动机的结构型式和安装型式代号由"国际安装"（International Mounting）的缩写字母"IM"、代表"卧式安装"的"B"和代表"立式安装"的"V"连同 1 位或 2 位阿拉伯数字组成，如 IM B35 或 IM V15 等。B 或 V 后面的阿拉伯数字代表不同的结构和安装特点。

（1）IM B3

采用 IM B3 安装方式（图 2-43）时，电动机有底脚，D 端无凸缘，有一个圆柱形轴伸。电动机靠底脚安装，底脚朝下。因此，IM B3 安装亦称为卧式安装。

所谓 D 端，是指电动机的驱动端（Drive-end of Electric Machine），亦即动力输出端。相应地，N 端指电动机的非驱动端（Non-drive-end of Electric Machine）。

（2）IM B5

采用 IM B5 安装方式（图 2-44）时，电动机无底脚，D 端有凸缘，有一个圆柱形轴伸。电动机靠 D 端凸缘安装。

图 2-43　IM B3 安装方式

图 2-44　IM B5 安装方式

（3）IM B35

采用 IM B35 安装方式（图 2-45）时，电动机有底脚，D 端有凸缘，有一个圆柱形轴伸。电动机既可以靠底脚安装，底脚朝下（主安装方式），又可以靠 D 端凸缘安装（辅助安装方式）。

（4）IM V1

采用 IM V1 安装方式（图 2-46）时，电动机无底脚，D 端有凸缘，有一个圆柱形轴伸。电动机靠 D 端凸缘安装，轴伸朝下。

图 2-45　IM B35 安装方式

图 2-46　IM V1 安装方式

常见的电动机结构型式与安装型式代号及图例见表 2-10。

表 2-10　常见的电动机结构型式与安装型式代号及图例

结构型式与安装型式代号	图　　例	结构型式与安装型式代号	图　　例
IM B3		IM V1	
IM B35		IM V3	
IM B5		IM V5	
IM B6		IM V6	
IM B7		IM V15	
IM B8		IM V36	

除上述数据之外，电动机铭牌上还有产品商标、产品执行标准、产品生产日期、产品编号以及制造商名称等其他信息。

2.4.2　电动机的效率及提高措施

1. 高效率电动机

三相异步电动机的选用与维护

高效率电动机出现于 20 世纪 70 年代第一次能源危机时期。与一般电动机相比，高效率电动机的损耗下降约 20%。由于能源供应的持续紧张，近年来又出现了所谓超高效率电动机，其损耗又比高效率电动机下降 15%~20%。

例如，我国 1982 年定型并广泛生产、使用的 Y 系列（IP44）三相异步电动机，其效率平均值仅为 87.3%，而后续开发的、2005 年定型的 YX3 系列（IP55）高效率三相异步电动机，其效率平均值已经提高到了 90.3%。2010 年定型的 YE3 系列（IP55）超高效率三相异步电动机，其效率平均值已经高达 91.7%。目前我国正在大力推广的 YE4 系列高效节能三相异步电动机的效率一般在 93%~97%，YE5 系列高效节能三相异步电动机的效率一般在 94%~97.4%。

高效率电动机和超高效率电动机在效率方面具有明显的优势，但其产品型谱、功率等级划分、安装尺寸系列以及其他使用要求则与传统的电动机完全相同。因此，高效率电动机和超高效率电动机既继承了传统电动机型谱齐全、覆盖面广、使用方便的优点，又具有突出的效率优势，对于节能减排、促进环保，推动人类社会和谐、健康发展具有重要意义。

2. 提高电动机效率的技术措施

当电能输入电动机后，电动机在"先将电能转换为磁能，再将磁能转换为机械能输出"的同时，在运转过程中，电动机自身还会产生一定的定子铜耗、定子铁耗、转子铜耗、通风摩擦损耗及其他杂散损耗，这些损耗会以热能的形式散发出去。

正是由于这些损耗的存在，才使得电动机的效率达不到 100%。统计数据表明，各种类型的损耗所占电动机总损耗的比例如图 2-47 所示。

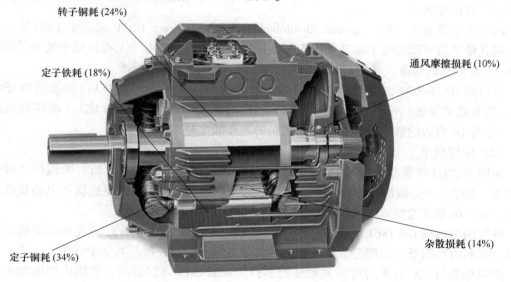

图 2-47　各种类型的损耗所占电动机总损耗的比例

提高电动机运行效率的关键是最大限度地降低电动机自身的损耗，从而获得最大的机械能输出。为解决这一关键问题，高效率电动机采取了新理论、新结构、新材料、新工艺等一系列先进技术措施。

1）"以冷代热"，即以冷轧电工硅钢板制造定子和转子铁心冲片，取代热轧电工硅钢板，以降低铁耗。国外工业发达国家早已停止了热轧电工硅钢板的生产和使用，而国内电机生产企业一直是热轧片和冷轧片并存使用。生产实践表明，对于高效率电动机的生产，只有采用质量稳定、损耗较低的冷轧片，才能保证较大幅度而且稳定地降低电动机的铁耗。

2）定子绕组采用低谐波绕组，以降低铜耗和杂散损耗。基于低谐波绕组理论，采用低谐波绕组改善电动机的磁动势波形，可以降低电动机的杂散损耗和定子、转子绕组的铜耗。

3）采用先进合理的通风结构，以降低机械损耗。高效率电动机均采用锥形风罩和带锥形挡风板的风扇结构，具有优良的通风效果，可以在通风损耗和摩擦损耗很小的情况下产生足够的风量，取得良好的冷却效果，并且可以有效降低机械噪声。

4）采用先进的工艺措施，以降低电动机的杂散损耗。在采用适当的定子、转子槽配合和转子槽斜度的同时，适当调整定子、转子间的气隙值并对加工后的转子进行多项技术处理，可以有效地降低和控制杂散损耗。

高效率电动机适用于耗能量大、负载长期连续运行的设备。设备运行时间越长，节能效果越显著。高效率电动机特别适合以下几种情况：新设计、新开工项目的选用；旧电动机损坏需要大修或更新时选用；淘汰老产品实施以高效电动机的替换时选用；节能、减排、降耗技术改造时选用。

2.4.3　能效等级的划分与能效标识

1. 电动机能效标准

目前，世界上已有国际电工委员会（IEC）、中国、美国、欧盟等十余个国家和地区/组织颁布了电动机能效标准，对电动机能效等级的划分做出了明确的规定。

（1）IEC 标准

国际电工委员会（International Electrotechnical Commission，IEC）成立于 1906 年，是世界上成立最早的国际性电工标准化机构，负责有关电气工程和电子工程领域中的国际标准化工作。IEC 颁布的标准，属于全球各国均承认的、事实上的国际标准。

现行的 IEC 60034-01 标准将电动机的能效等级划分为 5 级，即 IE1（标准效率等级）、IE2（较高效率等级）、IE3（高效率等级）、IE4（超高效率等级）和 IE5（超超高效率等级）。字母 IE 后边的数字越大，表征电动机的工作效率越高。

（2）中国标准

中国于 2002 年颁布了针对中小型三相异步电动机的能效标准。此后，为践行"绿色低碳发展"理念，"持续深入打好蓝天、碧水、净土保卫战"，并不断促进国产电动机技术的进步，又对电动机的能效标准做了多次修订。

现行国家标准 GB 18613—2020《电动机能效限定值及能效等级》将我国电动机的工作效率，按照由高到低的次序分成能效 1 级、能效 2 级和能效 3 级，共 3 个等级。

中国标准与 IEC 标准的对应关系见表 2-11。从表 2-11 可以看出，我国国产电动机的工作效率提高很快，与国际标准相比，丝毫不落下风。

表 2-11　中国标准与 IEC 标准的对应关系

IEC 60034-01 （国际标准）	GB 18613—2020 （2020 版标准）	GB 18613—2012 （2012 版标准）	GB 18613—2006 （2006 版标准）
IE5	能效 1 级	—	—
IE4	能效 2 级	能效 1 级	—
IE3	能效 3 级	能效 2 级	能效 1 级
IE2	—	能效 3 级	能效 2 级
IE1	—	—	能效 3 级

2. 我国电动机的能效等级

为进一步促进电机制造商提高产品技术水平，提高电动机的机械效率，推动整个社会的节能减排，GB 18613—2020《电动机能效限定值及能效等级》规定了三相异步电动机、单相异步电动机、空调器风扇用电动机的能效等级、能效限定值和试验方法。

本标准适用于额定电压 1000V 以下，由 50Hz 三相交流电源供电，额定功率在 120W ~ 1000kW 范围内，极数为 2 极、4 极、6 极和 8 极，单速封闭自扇冷式、N 设计 [以输出正常（Normal）起动转矩为以追求目标设计的电动机，称为 N 设计电动机]、连续工作制的一般用途电动机或一般用途防爆电动机；还适用于 690V 及以下的电压和 50Hz 交流电源供电的电容起动异步电动机（120 ~ 3700W）、电容运转异步电动机（120 ~ 2200W）、双值电容异步电动机（250 ~ 3700W）等一般用途电动机，以及空调器风扇用电容运转电动机（10 ~ 1100W）和空调器风扇用无刷直流电动机（10 ~ 1100W）。

电动机能效等级分为 3 级。其中，1 级能效最高。各能效等级电动机在额定输出功率下的实测效率应不低于表 2-12 的规定。各能效等级电动机在额定输出功率下的实测效率容差应符合 GB/T 755—2019、GB/T 5171.1—2014 的相关规定。表中未列出额定功率值的电动机，其效率可用线性插值法确定。

表 2-12　三相异步电动机的能效等级（GB 18613—2020）

额定功率 /kW	效率（%）											
	1 级				2 级				3 级			
	2 极	4 极	6 极	8 极	2 极	4 极	6 极	8 极	2 极	4 极	6 极	8 极
0.12	71.4	74.3	69.8	67.4	66.5	69.8	64.9	62.3	60.8	64.8	57.7	50.7
0.18	75.2	78.7	74.6	71.6	70.8	74.7	70.1	67.2	65.9	69.9	63.9	58.7
0.20	76.2	79.6	75.7	73.0	71.9	75.8	71.4	68.4	67.2	71.1	65.4	60.6
0.25	78.3	81.5	78.1	75.2	74.3	77.9	74.1	70.2	69.7	73.5	68.6	64.1
0.37	81.7	84.3	81.6	78.4	78.1	81.1	78.0	74.3	73.8	77.3	73.5	69.3
0.40	82.3	84.8	82.2	78.9	78.9	81.7	78.7	74.9	84.6	78.0	74.4	70.1
0.55	84.6	86.7	84.2	80.6	81.5	83.9	80.9	77.0	77.8	80.8	77.2	73.0
0.75	86.3	88.2	85.7	82.0	83.5	85.7	82.7	78.4	80.7	82.5	78.9	75.0
1.1	87.8	89.5	87.2	84.0	85.2	87.2	84.5	80.8	82.7	84.1	81.0	77.7
1.5	88.9	90.4	88.4	85.5	86.5	88.2	85.9	82.6	84.2	85.3	82.5	79.7
2.2	90.2	91.4	89.7	87.2	88.0	89.5	87.4	84.5	85.9	86.7	84.3	81.9

（续）

额定功率 /kW	效率（%）											
	1 级				2 级				3 级			
	2 极	4 极	6 极	8 极	2 极	4 极	6 极	8 极	2 极	4 极	6 极	8 极
3	91.1	92.1	90.6	88.4	89.1	90.4	88.6	85.9	87.1	87.7	85.6	83.5
4	91.8	92.8	91.4	89.4	90.0	91.1	89.5	87.1	88.1	88.6	86.8	84.8
5.5	92.6	93.4	92.2	90.4	90.9	91.9	90.5	88.3	89.2	89.6	88.0	86.2
7.5	93.3	94.0	92.9	91.3	91.7	92.6	91.3	89.3	90.1	90.4	89.1	87.3
11	94.0	94.6	93.7	92.2	92.6	93.3	92.3	90.4	91.2	91.4	90.3	88.6
15	94.5	95.1	94.3	92.9	93.3	93.9	92.9	91.2	91.9	92.1	91.2	89.6
18.5	94.9	95.3	94.6	93.3	93.7	94.2	93.4	91.7	92.4	92.6	91.7	90.1
22	95.1	95.5	94.9	93.6	94.0	94.5	93.7	92.1	92.7	93.0	92.2	90.6
30	95.5	95.9	95.3	94.1	94.5	94.9	94.2	92.7	93.3	93.6	92.9	91.3
37	95.8	96.1	95.6	94.4	94.8	95.2	94.5	93.1	93.7	94.0	93.3	91.8
45	96.0	96.3	95.8	94.7	95.0	95.4	94.8	93.4	94.0	94.2	93.7	92.2
55	96.2	96.5	96.0	94.9	95.3	95.7	95.1	93.7	94.3	94.6	94.1	92.5
75	96.5	96.7	96.3	95.3	95.6	96.0	95.4	94.2	94.7	95.0	94.6	93.1
90	96.6	96.9	96.5	95.5	95.8	96.1	95.6	94.4	95.0	95.2	94.9	93.4
110	96.8	97.0	96.6	95.7	96.0	96.3	95.8	94.7	95.2	95.4	95.1	93.7
132	96.9	97.1	96.8	95.9	96.2	96.4	96.0	94.9	95.4	95.6	95.4	94.0
160	97.0	97.2	96.9	96.1	96.3	96.6	96.2	95.1	95.6	95.8	95.6	94.3
200	97.2	97.4	97.0	96.3	96.5	96.7	96.3	95.4	95.8	96.0	95.8	94.6
250	97.2	97.4	97.0	96.3	96.5	96.7	96.5	95.4	95.8	96.0	95.8	94.6
315~1000	97.2	97.4	97.0	96.3	96.5	96.7	96.5	95.4	95.8	96.0	95.8	94.6

图 2-48　中国能效标识

限于篇幅，本书仅列出普通三相异步电动机的能效等级。关于电容起动异步电动机、电容运转异步电动机、双值电容异步电动机、空调器风扇用电容运转电动机、空调器风扇用无刷直流电动机的能效等级的划分，读者可自行查阅 GB 18613—2020《电动机能效限定值及能效等级》，在此不再赘述。

3. 能效标识

国家发展和改革委员会（简称国家发改委）、原国家质量监督检验检疫总局（简称国家质检总局）2004 年第 17 号令和 2016 年第 35 号令——《能源效率标识管理办法》均明确规定，新生产的电动机必须在机身上张贴中国能效标识（图 2-48），以促进节能减排意识的提高，推广高效率电动机的应用，推动全社会的和谐发展。

2.5　三相异步电动机的选用与维护

2.5.1　电动机的选择

由于电动机是机电传动系统的原动机，其工作能力、工作特性必须满足驱动机械负载的要求。因此，在选择电动机时，要综合考虑各方面的要求，如负载类型、机械转矩—转矩特性、工作制类型、起动频度、负载的转动惯量大小、是否需要调速、机械的起动和制动方式、是否需要反转及使用场合等。

1. 电动机种类的选择

选择电动机的种类是从交流或直流、机械特性、调速与起动性能、维护及价格等方面来综合考虑的。如果没有特殊要求，一般都应采用三相交流异步电动机。

绕线转子电动机的基本性能与笼型电动机相同，其特点是起动性能较好，并可在不大的范围内平滑调速。但是绕线转子电动机的价格较笼型电动机贵，维护也较麻烦。因此，一般应用场合应尽可能选用笼型电动机。只有在需要进行串电阻调速、不能采用笼型电动机的场合才选用绕线转子电动机。

2. 能效等级的选择

低碳环保、节能减排已经成为全社会的共识，在设计机电传动控制系统、选用电动机时，应顺应这一潮流，优先选用高效节能的电动机。

随着电动机制造工艺水平的提高，以前广泛使用的 Y 系列、Y2 系列、Y3 系列三相异步电动机已经被淘汰，只能在某些老旧设备上见到。目前，广泛使用的电动机有 YE4、YE5 系列等三相异步电动机。

其中，YE5 系列三相异步电动机以能耗低、效率高（达到 IEC 的 IE5 级能效标准，即 GB 18613—2020 的 1 级能效标准）、型号全为突出特点，代表着我国电机行业的最高水平，也是设计机电传动系统过程中的首选产品。

YE5 系列三相异步电动机的技术数据见表 2-13 ～ 表 2-16。

表 2-13　YE5 系列三相异步电动机产品技术数据（380V，50Hz，2 极，同步转速 3000r/min）

产品型号	功率 /kW	额定电流 /A	额定转速 /（r/min）	效率 （%）	功率因数	额定转矩 /N·m	堵转转矩 额定转矩	堵转电流 额定电流	最大转矩 额定转矩	噪声 /dB（A）
YE5-80M1-2	0.75	1.6	2905	86.3	0.83	2.47	2.2	8.5	2.3	62
YE5-80M2-2	1.1	2.3	2900	87.8	0.83	3.62	2.2	8.5	2.3	62
YE5-90S-2	1.5	3.0	2910	88.9	0.85	4.92	2.2	9.0	2.3	67
YE5-90L-2	2.2	4.3	2910	90.2	0.86	7.22	2.2	9.0	2.3	67
YE5-100L-2	3	5.8	2930	91.1	0.87	9.78	2.2	9.5	2.3	74
YE5-112M-2	4	7.5	2930	91.8	0.88	13.0	2.2	9.5	2.3	77
YE5-112S1-2	5.5	10.3	2955	92.6	0.88	17.8	2.0	9.5	2.3	79
YE5-112S2-2	7.5	13.7	2955	93.3	0.89	24.2	2.0	9.5	2.3	79
YE5-160M1-2	11	20.0	2975	94.0	0.89	35.3	2.0	9.5	2.3	81
YE5-160M2-2	15	27.1	2970	94.5	0.89	48.2	2.0	9.5	2.3	81
YE5-160L-2	18.5	33.3	2970	94.9	0.89	59.5	2.0	9.5	2.3	81
YE5-180M-2	22	39.5	2975	95.1	0.89	70.6	2.0	9.5	2.3	83
YE5-200L1-2	30	53.6	2975	95.5	0.89	96.3	2.0	9.0	2.3	84
YE5-200L2-2	37	65.9	2975	95.8	0.89	119	2.0	9.0	2.3	84
YE5-225M-2	45	80.0	2980	96.0	0.89	144	2.0	9.0	2.3	86

（续）

产品型号	功率/kW	额定电流/A	额定转速/ (r/min)	效率(%)	功率因数	额定转矩/N·m	堵转转矩额定转矩	堵转电流额定电流	最大转矩额定转矩	噪声/dB(A)
YE5-250M-2	55	97.6	2980	96.2	0.89	176	2.0	9.0	2.3	89
YE5-280S-2	75	133	2985	96.5	0.89	240	1.8	8.5	2.3	91
YE5-280M-2	90	159	2990	96.6	0.89	287	1.8	8.5	2.3	91
YE5-315S-2	110	194	2985	96.8	0.89	352	1.8	8.5	2.3	92
YE5-315M-2	132	233	2985	96.9	0.89	422	1.8	8.5	2.3	92
YE5-315L1-2	160	282	2985	97.0	0.89	512	1.8	8.5	2.2	92
YE5-315L-2	185	325	2985	97.1	0.89	592	1.8	8.5	2.2	92
YE5-315L2-2	200	351	2985	97.2	0.89	640	1.8	8.5	2.2	92
YE5-315L3-2	220	382	2985	97.2	0.90	704	1.8	8.5	2.2	92
YE5-315L4-2	250	429	2985	97.2	0.91	800	1.8	8.5	2.2	92
YE5-355M1-2	220	378	2985	97.2	0.91	704	1.8	8.5	2.2	97
YE5-355M-2	250	429	2985	97.2	0.91	800	1.6	8.5	2.2	97
YE5-355L1-2	280	481	2985	97.2	0.91	896	1.6	8.5	2.2	97
YE5-355L-2	315	541	2985	97.2	0.91	1008	1.6	8.5	2.2	97
YE5-355 1-2	355	610	2985	97.2	0.90	1136	1.9	8.6	1.8	97
YE5-355 2-2	375	644	2985	97.2	0.90	1200	1.9	8.6	1.8	97

表 2-14 YE5 系列三相异步电动机产品技术数据（380V，50Hz，4 极，同步转速 1500r/min）

产品型号	功率/kW	额定电流/A	额定转速/ (r/min)	效率(%)	功率因数	额定转矩/N·m	堵转转矩额定转矩	堵转电流额定电流	最大转矩额定转矩	噪声/dB(A)
YE5-80M1-4	0.55	1.3	1450	86.7	0.74	3.62	2.4	6.6	2.3	56
YE5-80M2-4	0.75	1.7	1450	88.2	0.74	4.94	2.3	8.5	2.3	56
YE5-90S-4	1.1	2.5	1460	89.5	0.75	7.20	2.3	8.5	2.3	59
YE5-90L-4	1.5	3.3	1460	90.4	0.76	9.81	2.3	9.0	2.3	59
YE5-100L1-4	2.2	4.6	1470	91.4	0.79	14.3	2.3	9.0	2.3	64
YE5-100L2-4	3	6.2	1470	92.1	0.80	19.5	2.3	9.5	2.3	64
YE5-112M-4	4	8.2	1470	92.8	0.80	26.0	2.3	9.5	2.3	65
YE5-132S-4	5.5	11.2	1480	93.4	0.80	35.5	2.0	9.5	2.3	71
YE5-132M-4	7.5	15.0	1475	94.0	0.81	48.6	2.0	9.5	2.3	71
YE5-160M-4	11	21.3	1485	94.0	0.83	70.7	2.0	9.5	2.3	73
YE5-160L-4	15	28.5	1485	95.1	0.84	96.5	2.0	9.5	2.3	73
YE5-180M-4	18.5	34.7	1485	95.3	0.85	119	2.0	9.5	2.3	76
YE5-180L-4	22	41.2	1485	95.5	0.85	141	2.0	9.5	2.3	76
YE5-200L-4	30	55.9	1485	95.5	0.85	193	2.0	9.0	2.3	76
YE5-225S-4	37	68.8	1490	96.1	0.85	237	2.0	9.0	2.3	78
YE5-225M-4	45	83.5	1490	96.3	0.85	288	2.0	9.0	2.3	78

（续）

产品型号	功率/kW	额定电流/A	额定转速/（r/min）	效率（%）	功率因数	额定转矩/N·m	堵转转矩 额定转矩	堵转电流 额定电流	最大转矩 额定转矩	噪声/dB（A）
YE5-250M-4	55	101	1490	96.5	0.86	353	2.0	9.0	2.3	79
YE5-280S-4	75	135	1495	96.7	0.87	479	2.0	8.5	2.3	80
YE5-280M-4	90	160	1490	96.9	0.88	577	2.0	8.5	2.3	80
YE5-315S-4	110	194	1490	97.0	0.89	705	1.8	8.5	2.2	88
YE5-315M-4	132	232	1490	97.1	0.89	846	1.8	8.5	2.2	88
YE5-315L1-4	160	278	1490	97.2	0.90	1026	1.8	8.5	2.2	88
YE5-315L-4	185	321	1490	97.3	0.90	1186	1.8	8.5	2.2	88
YE5-315L2-4	200	347	1490	97.4	0.90	1282	1.8	8.5	2.2	88
YE5-315L3-4	220	381	1490	97.4	0.90	1410	1.8	8.5	2.2	88
YE5-315L4-4	250	433	1490	97.4	0.90	1602	1.8	8.5	2.2	88
YE5-355M1-4	220	381	1490	97.4	0.90	1410	1.8	8.5	2.2	92
YE5-355M-4	250	433	1495	97.4	0.90	1597	1.8	8.5	2.2	92
YE5-355L1-4	280	485	1495	97.4	0.90	1789	1.8	8.5	2.2	92
YE5-355L-4	315	546	1490	97.4	0.90	2019	1.8	8.5	2.2	92
YE5-355 1-4	355	629	1490	97.4	0.88	2275	1.9	8.5	1.8	92
YE5-355 2-4	375	665	1490	97.4	0.88	2404	1.9	8.5	1.8	92

表 2-15 YE5 系列三相异步电动机产品技术数据（380V，50Hz，6 极，同步转速 1000r/min）

产品型号	功率/kW	额定电流/A	额定转速/（r/min）	效率（%）	功率因数	额定转矩/N·m	堵转转矩 额定转矩	堵转电流 额定电流	最大转矩 额定转矩	噪声/dB（A）
YE5-80M1-6	0.37	1.0	940	81.6	0.68	3.76	1.9	6.0	2.1	54
YE5-80M2-6	0.55	1.5	940	84.2	0.68	5.59	1.9	6.0	2.1	54
YE5-90S-6	0.75	1.9	970	85.7	0.70	7.38	2.1	7.5	2.1	57
YE5-90L-6	1.1	2.7	970	87.2	0.70	10.8	2.1	7.5	2.1	57
YE5-100L-6	1.5	3.6	980	88.4	0.71	14.6	2.1	7.5	2.1	61
YE5-112M-6	2.2	5.2	980	89.7	0.71	21.4	2.1	7.5	2.1	65
YE5-132S-6	3	7.1	985	90.6	0.71	29.1	2.0	7.5	2.1	69
YE5-132M1-6	4	9.2	985	91.4	0.72	38.8	2.0	8.0	2.1	69
YE5-132M2-6	5.5	12.6	985	92.2	0.72	53.3	2.0	8.0	2.1	69
YE5-160M-6	7.5	16.1	985	92.9	0.76	72.7	2.0	8.0	2.1	73
YE5-160L-6	11	23.2	985	93.7	0.77	107	2.0	8.5	2.1	73
YE5-180L-6	15	30.2	990	94.3	0.80	145	2.0	8.5	2.1	73
YE5-200L1-6	18.5	37.1	990	94.6	0.80	178	2.0	8.5	2.1	73
YE5-200L2-6	22	43.5	990	94.6	0.81	212	2.0	8.5	2.1	73
YE5-225M-6	30	58.3	990	95.3	0.82	289	2.0	8.3	2.1	74
YE5-250M-6	37	70.8	990	95.6	0.83	357	2.0	8.3	2.1	76

（续）

产 品 型 号	功率 /kW	额定 电流 /A	额定转速 / (r/min)	效率 (%)	功率 因数	额定 转矩 /N·m	堵转 转矩 额定 转矩	堵转 电流 额定 电流	最大 转矩 额定 转矩	噪声 /dB (A)
YE5-280S-6	45	86.0	995	95.8	0.83	432	2.0	8.5	2.0	78
YE5-280M-6	55	104	995	96.0	0.84	528	2.0	8.5	2.0	78
YE5-315S-6	75	141	990	96.3	0.84	723	1.6	8.0	2.0	83
YE5-315M-6	90	167	990	96.5	0.85	868	1.6	8.0	2.0	83
YE5-315L1-6	110	204	990	96.6	0.85	1061	1.6	8.0	2.0	83
YE5-315L2-6	132	241	990	96.8	0.86	1273	1.6	8.0	2.0	83
YE5-315L3-6	160	292	990	96.9	0.86	1543	1.6	8.0	2.0	83
YE5-315L4-6	185	337	990	97.0	0.86	1785	1.6	8.0	2.0	83
YE5-355M1-6	160	291	995	97.0	0.86	1536	1.6	8.0	2.0	85
YE5-355M-6	185	337	995	97.0	0.86	1776	1.6	8.0	2.0	85
YE5-355M2-6	200	364	995	97.0	0.86	1920	1.6	8.0	2.0	85
YE5-355L1-6	220	401	995	97.0	0.86	2112	1.6	8.0	2.0	85
YE5-355L-6	250	455	995	97.0	0.86	2399	1.6	8.0	2.0	85
YE5-355 1-6	280	522	995	97.0	0.84	2687	1.6	8.0	2.0	91
YE5-355 2-6	315	602	995	97.0	0.82	3023	1.9	7.9	1.8	91

表 2-16　YE5 系列三相异步电动机产品技术数据（380V，50Hz，8 极，同步转速 750r/min）

产 品 型 号	功率 /kW	额定 电流 /A	额定转速 / (r/min)	效率 (%)	功率 因数	额定 转矩 /N·m	堵转 转矩 额定 转矩	堵转 电流 额定 电流	最大 转矩 额定 转矩	噪声 /dB (A)
YE5-80M1-8	0.18	0.70	710	71.9	0.54	2.42	1.8	5.2	1.8	52
YE5-80M2-8	0.25	0.94	715	75.2	0.84	3.34	1.8	5.7	1.8	52
YE5-90S-8	0.37	1.2	710	78.4	0.60	4.98	1.8	6.2	1.9	56
YE5-90L-8	0.55	1.7	695	80.6	0.61	7.56	1.8	5.9	2.0	56
YE5-100L1-8	0.75	2.1	720	82.0	0.66	9.95	2.0	7.0	2.0	59
YE5-100L2-8	1.1	3.0	720	84.0	0.67	14.6	2.0	7.0	2.0	59
YE5-112M-8	1.5	3.9	720	85.5	0.69	19.9	2.0	7.0	2.0	61
YE5-132S-8	2.2	5.5	735	87.2	0.70	28.6	1.8	7.5	2.0	64
YE5-132M-8	3	7.4	735	88.4	0.70	39.0	1.8	7.8	2.0	64
YE5-160M1-8	4	9.6	735	89.4	0.71	52.0	1.8	7.9	2.0	68
YE5-160M2-8	5.5	12.8	735	90.4	0.72	71.5	1.8	8.1	2.0	68
YE5-160L-8	7.5	16.9	735	91.3	0.74	97.5	1.8	7.8	2.0	68
YE5-180L-8	11	24.5	735	92.2	0.74	143	1.8	7.9	2.0	70
YE5-200L-8	15	32.7	740	92.9	0.75	194	1.8	8.0	2.0	73
YE5-225S-8	18.5	40.2	740	93.3	0.75	239	1.8	8.1	2.0	73

（续）

产品型号	功率/kW	额定电流/A	额定转速/(r/min)	效率(%)	功率因数	额定转矩/N·m	堵转转矩额定转矩	堵转电流额定电流	最大转矩额定转矩	噪声/dB(A)
YE5-225M-8	22	47.0	740	93.6	0.76	284	1.8	8.3	2.0	73
YE5-250M-8	30	62.9	740	94.1	0.77	387	1.8	7.9	2.0	75
YE5-280S-8	37	76.3	745	94.4	0.78	474	1.8	7.9	2.0	76
YE5-280M-8	45	92.6	745	94.7	0.78	577	1.8	7.9	2.0	76
YE5-315S-8	55	110	735	94.9	0.80	715	1.6	8.2	2.0	82
YE5-315M-8	75	149	735	95.3	0.80	974	1.6	7.7	2.0	82
YE5-315L1-8	90	177	735	95.5	0.81	1169	1.6	7.7	2.0	82
YE5-315L2-8	110	216	735	95.7	0.81	1429	1.6	7.7	2.0	82
YE5-315L3-8	132	258	735	95.9	0.81	1715	1.6	7.7	2.0	82
YE5-355M1-8	132	258	740	96.1	0.81	1704	1.6	7.7	2.0	89
YE5-355M2-8	160	322	740	96.2	0.82	2065	1.6	7.7	2.0	89
YE5-355L1-8	185	356	740	96.3	0.82	2388	1.6	7.7	2.0	89
YE5-355L-8	200	385	740	96.3	0.82	2581	1.6	7.8	2.0	89
YE5-355 1-8	220	429	740	96.3	0.81	2839	1.6	7.8	2.0	89
YE5-355 2-8	250	493	740	96.3	0.80	3226	1.6	7.6	2.0	89

对于匹配风机、水泵类减速机的铸铜转子电动机，则可以选用 YZTJ（异铸铜减）系列减速机专用铸铜转子三相异步电动机，或选用 YZTE4 系列铸铜转子三相异步电动机。

对于以变频器为电源的、需要进行变频调速的电动机，则应优先选用 YVFE5 系列（达到 IEC 的 IE5 级能效标准，即 GB 18613—2020 的 1 级能效标准）变频调速专用的三相异步电动机。

3. 电动机功率的选择

功率选得过大，则运行不经济；功率选得过小，则电动机容易因过载而损坏。对于连续运行的电动机，所选功率应等于或略大于生产机械的功率。对于短时工作的电动机，允许在运行中有短暂的过载，故所选功率可等于或略小于生产机械的功率。

4. 结构型式的选择

可根据工作环境的具体条件选择电动机的结构型式。

（1）防护式电动机

防护式电动机（防护等级代号为 IP23）的机座和端盖下方有通风孔，散热性能好，能防止水滴和铁屑等杂物从上方落入电动机内，但潮气和灰尘仍可进入电动机内部。

（2）封闭式电动机

封闭式电动机（防护等级代号为 IP44）的机座和端盖上均无通风孔，完全是封闭的。外部的潮气和灰尘不易进入电动机内部，多用于灰尘多、潮湿、有腐蚀性气体、易引起火灾等恶劣环境中。

（3）密封式电动机

密封式电动机（防护等级代号为 IP68）的密封程度高，外部的气体和液体都不能进入电动机内部，可以浸在液体中使用，潜水泵电动机就是典型的密封式电动机。

（4）防爆式电动机

防爆式电动机不但有严密的封闭结构，外壳又有足够的机械强度，适用于有易燃、易爆气体的场所，如矿井、油库和煤气站等场所。

5. 冷却方式的选择

电动机冷却方式的选择一般是依据电动机的功率和安装、使用现场的条件而定，对于 2000kW 以下电动机采用空气冷却方式较好，结构简单，安装维护也方便；功率大于 2000kW 电动机，由于自身损耗发热量大，如采用空气冷却，需要有较大的冷却风量，导致噪声过大，如采用内风路为自带风扇循环空气，外部冷却介质为循环水，冷却效果很好，但要求有循环水站和循环水路，维护较复杂。

6. 电压和转速的选择

可根据电动机的类型、功率以及使用场所的电源电压来决定电动机的电压。Y 系列笼型电动机的额定电压多为 380V，只有大功率电动机才采用 3000V、6000V 等更高的电压等级。

可根据机电传动系统的负载特点、机电传动系统是否有减速器（减速、增矩系统）等因素选择电动机的转速。

7. 安装型式的选择

各种生产机械因整体设计和传动方式不同，因而在安装型式上对电动机也有不同的要求。尽管国产三相异步电动机的安装型式多种多样，但常用的安装型式主要有卧式和立式两种，可根据机电传动系统的具体情况选用。

2.5.2　电动机的安装与使用

1. 电动机的安装

电动机的安装地点，受机电传动系统总体布局的影响和制约，往往要视总体布局的要求而定。在满足机电传动系统总体布局要求的前提下，要尽量选择干燥、防雨、通风散热条件好，便于操作、维护、检修的地方作为电动机的安装地点，并确定好安装基础的结构型式（分为永久性、流动性和临时性三种）。

如图 2-49 所示，对于永久性安装，要事先打好混凝土基础（水泥墩），并做好养护工作。对于流动性和临时性安装，也要注意设置防振（隔振）垫板，力求减振。电动机的安装一定要牢固、可靠，不能松动。

2. 电气部分的接线

按照机电传动系统总体设计的要求，参照图 2-39 和图 2-40 进行三相异步电动机电气部分的接线，将电动机定子绕组接成 Y 或 △，并将接线盒内的接地保护端子做可靠接地（图 2-49），以保证安全。

3. 注意事项

1）实际负载情况要与电动机铭牌上标注的电压、频率、功率、转速等参数匹配。

2）对于额定电压在 380V 及以下的电动机，使用前要用 500V 绝缘电阻表（习称兆欧表或摇表）检查电动机的绝缘情况。绝缘电阻值大于 5MΩ 后方可使用，低于 5MΩ 时要做烘干处理，电动机应在 70~80℃下烘 7~8h。

　　3）要经常进行检查巡视，检查电动机各部件是否完好、地脚螺栓是否松动以及轴承润滑情况是否良好。

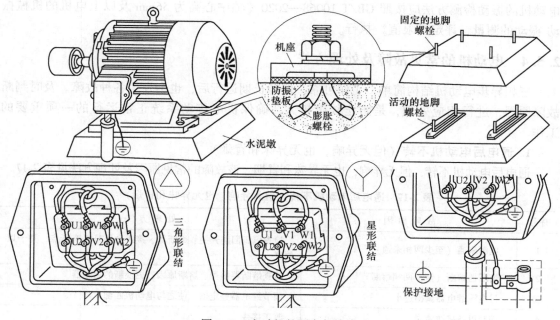

图 2-49　电动机的固定与接线

2.5.3　电动机的维护与保养

1. 起动前的准备和检查

1）检查电动机和起动设备接地是否可靠和完好，接线是否正确与良好。

2）检查电动机铭牌所示额定电压、额定频率是否与电源电压、频率相符合。

3）新安装或者长期停用的电动机（停用 3 个月以上），起动前应检查绕组相对相、相对地的绝缘电阻值（对于额定电压在 380V 及以下的电动机，宜用 500V 绝缘电阻表测量）。绝缘电阻应该大于 5MΩ。如果低于 5MΩ，应将绕组烘干。

4）对绕线转子应检查其集电环上的电刷以及提刷装置是否能正常工作，电刷的压力是否符合要求（电刷压力为 1.5~2.5N/cm）。

5）检查电动机转子的转动是否灵活，滑动轴承内的润滑油是否达到规定的油位。

6）检查电动机所用熔断器的额定电流是否符合要求。

7）检查电动机的各个紧固螺栓以及安装螺栓是否牢固并符合要求。

2. 运行中的检查

三相异步电动机运行时，值班人员每班应检查一次，检查项目如下。

1）检查电流是否超过允许值，有无增大或者减小现象。

2）检查轴承应无异常声音，润滑情况应正常，油量应充足，油环转动应灵活。

3）检查电缆接头是否漏电以及电动机外壳接地是否牢固。

4）用非接触式测温仪检测电动机温升。若电动机实际温升超过最大允许值，则及时停机、报修。

5）以手摸、耳听等经验方法检查电动机的振动是否正常，必要时停机、报修。规范的电动机的振动检测方法应按照 GB/T 10068—2020《轴中心高为 56mm 及以上电机的机械振动 振动的测量、评定及限值》执行。

2.5.4　电动机的常见故障及处理方法

三相异步电动机结构简单，工作可靠，但经长期运行后，也会发生各种故障。及时判断故障原因，进行相应处理，是防止故障扩大，确保机电传动系统正常运行的一项重要的工作。

1. 通电后电动机不转（但无异响，也无异味和冒烟）

通电后电动机不转，但无异响，也无异味和冒烟，该故障的常见原因及处理方法见表 2-17。

表 2-17　通电后电动机不转（但无异响，也无异味和冒烟）

序号	故 障 原 因	处 理 方 法
1	电源未通（至少两相未通）	检查电源回路开关、熔断器、接线盒处是否有断点，并予以修复
2	熔断器熔断（至少两相熔断）	检查熔断器型号、熔断原因，更换新的熔断器
3	过电流继电器调得过小	调节继电器整定值，使之与电动机匹配
4	控制设备接线错误	改正接线

2. 通电后电动机不转（熔断器熔断）

通电后电动机不转，稍后发现熔断器熔断，该故障的常见原因及处理方法见表 2-18。

表 2-18　通电后电动机不转（熔断器熔断）

序号	故 障 原 因	处 理 方 法
1	定子绕组出现相间短路	查出短路点，并予以修复
2	定子绕组接地	消除接地
3	定子绕组接线错误	查出误接，并予以更正
4	熔断器截面过小	更换合乎要求的熔断器
5	电源线短路或接地	排除短路故障，消除接地点

3. 通电后电动机不转（有"嗡嗡"声）

通电后电动机不转，仔细查听，电动机内部有"嗡嗡"声，该故障的常见原因及处理方法见表 2-19。

表 2-19　通电后电动机不转（有"嗡嗡"声）

序号	故 障 原 因	处 理 方 法
1	电源回路接点松动，接触电阻过大	紧固松动的接线螺钉，用万用表判断各接头是否虚接，并予以修复
2	电动机负载过大或转子被卡住	减载或查出并消除机械故障

（续）

序号	故　障　原　因	处　理　方　法
3	电源电压过低	检查是否把规定的△联结误接为Y联结，是否由于电源导线过细而使电压降过大，并予以纠正
4	小型电动机装配太紧或轴承内润滑脂过硬	重新装配使之运转灵活，更换合格的润滑脂
5	轴承卡住	修复轴承

4. 电动机起动困难（额定负载时，电动机转速低于额定转速较多）

电动机起动困难，额定负载时，电动机转速低于额定转速较多，该故障的常见原因及处理方法见表 2-20。

表 2-20　电动机起动困难（额定负载时，电动机转速低于额定转速较多）

序号	故　障　原　因	处　理　方　法
1	电源电压过低	测量电源电压，设法改善
2	△联结误接为Y联结	纠正接法
3	笼型转子开焊或断裂	检查开焊和断点并修复
4	定子、转子局部线圈错接、接反	查出误接处，并予以改正
5	修复电动机绕组时增加匝数过多	恢复至正确匝数
6	电动机过载	减载

5. 电动机空载电流不平衡（三相电流数值相差太大）

当三相电源平衡时，电动机的三相空载电流中的任何一相与三相平均值的偏差应不大于三相平均值的 10%。若超过 10%，即视为三相电流数值相差太大。

电动机空载电流不平衡，三相电流数值相差太大，该故障的常见原因及处理方法见表 2-21。

表 2-21　电动机空载电流不平衡（三相电流数值相差太大）

序号	故　障　原　因	处　理　方　法
1	重绕时，定子三相绕组匝数不相等	重新绕制定子绕组
2	绕组首尾端接错	检查并纠正
3	电源电压不平衡	测量电源电压，设法消除不平衡
4	绕组存在匝间短路、线圈反接等故障	排除绕组故障

6. 电动机工作电流不稳定

电动机工作电流不稳定，电动机空载或过载时，电流表指针不稳、频繁摆动，该故障的常见原因及处理方法见表 2-22。

表 2-22　电动机工作电流不稳定

序号	故　障　原　因	处　理　方　法
1	笼型转子导条开焊或断条	查出断条，并予以修复或更换转子
2	绕线转子故障（一相断路）或电刷、集电环短路装置接触不良	检查绕线转子回路并加以修复

7. 电动机工作电流数值偏大

电动机空载电流平衡，但工作电流数值偏大，该故障的常见原因及处理方法见表 2-23。

表 2-23　电动机工作电流数值偏大

序号	故 障 原 因	处 理 方 法
1	修复时，定子绕组匝数减少过多	重绕定子绕组，恢复正确匝数
2	电源电压过高	设法恢复额定电压
3	Y联结电动机误接为△联结	改接为Y联结
4	电动机装配中，转子装反，使定子铁心未对齐，有效长度减短	重新装配
5	气隙过大或不均匀	更换新转子或调整气隙
6	大修电动机拆除旧绕组时，操作不当，使铁心受损	检修铁心或重新计算绕组，适当增加匝数

8. 电动机运行时有异响

电动机可以正常工作，但运行时有异响，该故障的常见原因及处理方法见表2-24。

表 2-24　电动机运行时有异响

序号	故 障 原 因	处 理 方 法
1	转子与定子绝缘纸或槽楔相刮碰	修剪绝缘纸，削低槽楔
2	轴承磨损或油内有砂粒等异物	更换轴承或清洗轴承
3	定子、转子铁心松动	检修定子、转子铁心
4	轴承缺油	加油
5	风道堵塞或风扇叶片刮擦风扇护罩	清理风道；重新安装风扇护罩
6	定子、转子铁心相刮擦	消除擦痕，必要时车削转子
7	电源电压过高或不平衡	检查并调整电源电压
8	定子绕组错接或短路	消除定子绕组故障

9. 电动机运行中振动过大

电动机可以正常工作，但运行中振动过大，该故障的常见原因及处理方法见表2-25。

表 2-25　电动机运行中振动过大

序号	故 障 原 因	处 理 方 法
1	由于磨损，使轴承间隙过大	检修轴承，必要时更换新件
2	气隙不均匀	调整气隙，使之均匀
3	转子不平衡	校正转子，使之满足动平衡要求
4	转轴弯曲	校直转轴
5	铁心变形或松动	校正重叠铁心
6	联轴器（带轮）中心未校正	重新校正，使之符合规定
7	风扇不平衡	检修风扇，纠正其几何形状，使之满足动平衡要求
8	机壳或基础强度不够	进行加固
9	电动机地脚螺栓松动	紧固地脚螺栓
10	笼型转子开焊断路；绕线转子断路	修复转子绕组；修复定子绕组

10. 轴承过热

电动机可以正常工作，但轴承过热（温度超过95℃），该故障的常见原因及处理方法见表2-26。

表 2-26 轴承过热

序号	故 障 原 因	处 理 方 法
1	润滑脂过多或过少	按规定加注润滑脂（达到注脂空间的 1/3~2/3）
2	油质不好，含有杂质	更换清洁的润滑脂
3	轴承与轴颈或端盖配合不当（过松或过紧）	过松可用黏结剂修复，过紧应车、磨轴颈或端盖内孔，使之满足技术要求
4	轴承盖内孔偏心，与轴颈相刮擦	修理轴承盖，消除刮擦点
5	电动机端盖或轴承盖未装平	重新装配
6	电动机与负载之间的联轴器未校正，或传送带过紧	重新校正，调整传送带张紧力
7	轴承间隙过大或过小	更换新轴承
8	电动机轴弯曲	校正电动机轴或更换转子

11. 电动机过热（甚至冒烟）

运行中电动机过热，甚至冒烟，该故障的常见原因及处理方法见表 2-27。

表 2-27 电动机过热（甚至冒烟）

序号	故 障 原 因	处 理 方 法
1	电源电压过高，使铁心发热大大增加	降低电源电压（如调整供电变压器分接头），若是电动机Y、△联结错误引起，则应改正接法
2	电源电压过低，电动机驱动额定负载运行，电流过大使绕组发热	提高电源电压或换更粗的供电导线
3	修理拆除绕组时，操作不当，铁心受损	检修铁心，排除故障
4	定子、转子铁心相刮擦	消除刮擦点
5	电动机过载或频繁起动	减载；按规定次数控制起动
6	笼型转子断条	检查并消除转子绕组故障
7	电动机断相，两相运行	恢复三相运行
8	重绕后定子绕组浸漆不充分	采用二次浸漆及真空浸漆工艺
9	环境温度高，电动机表面污垢多，或通风道堵塞	清洁电动机，改善冷却条件，采取降温措施
10	电动机风扇故障，通风不良；定子绕组故障（相间、匝间短路；定子绕组内部连接错误）	检查并修复风扇，必要时更换；检修定子绕组，消除故障

2.6 直流电动机

2.6.1 直流电动机的基本结构

如图 2-50 所示，直流电动机的组成可分为定子、转子和换向机构三大部分。

1. 定子部分

定子部分主要由主磁极、换向极、机座和电刷装置组成。

主磁极（图 2-51）由主极铁心和套装在铁心上的励磁绕组组成，其作用是建立主磁场。换向极（亦称换向磁极）由铁心和绕组组成，其作用是改善直流电动机的换向情况，使电动机运行时不产生有害的电火花。机座通常由铸钢或厚钢板焊接而成，其作用是固定主磁极、换向极和端盖。同时，机座也是磁路的一部分。电刷装置（图 2-52）由电刷、刷握、刷杆和连线等组成，其作用是将直流电源引入电动机内部。

图 2-50　直流电动机的结构

1、6—电枢绕组　2—换向极　3—转子（电枢）　4—主磁极　5—机体（与机座焊成一体，同时作为磁路的一部分，亦称磁轭）　7、12—励磁绕组　8、16—风扇　9、15—轴承　10—输出轴　11—机座　13—换向器　14—电刷装置

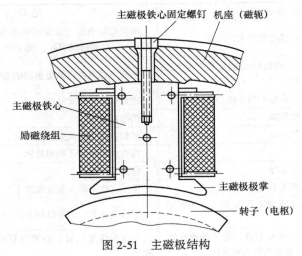

图 2-51　主磁极结构

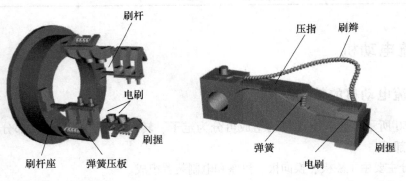

a)　　　　　　　　　　　　　　　　　b)

图 2-52　电刷装置

a）电刷装置的结构　b）电刷在刷握中的安放

2. 转子部分

转子（亦称电枢，图 2-53）部分主要由电枢铁心、电枢绕组、换向器以及转轴、风扇等组成。

电枢铁心一般用厚度为 0.5mm 且冲有齿和槽的硅钢片叠压夹紧而成，作为电枢绕组的支承部件。同时，电枢铁心也是主磁路的一部分。

电枢绕组一般用绝缘的圆形或矩形截面的导线绕制而成，上下层导线之间以及导线与电枢铁心之间做可靠绝缘，并用槽楔压紧。电枢绕组构成直流电动机的电路部分。

换向器（图 2-54）由多片燕尾形的换向片组成，换向片在圆周方向上排列成一个圆筒，换向片与换向片之间用 V 形云母绝缘。换向器和电刷装置配合，将直流电源引入电动机。

图 2-53　转子（电枢）部分

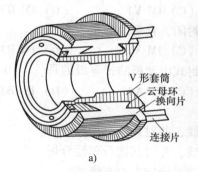

V 形套筒
云母环
换向片
连接片

a)

b)

图 2-54　换向器

a）结构示意图　b）实物照片

3. 换向机构

换向机构由换向器和电刷装置两部分组成，电刷装置固定在定子上，换向器与转子上的电枢绕组相连，换向器内的换向片与电刷保持滑动接触。换向机构的作用是将电刷上所通过的直流电流转换为绕组内的交变电流，并保证每一磁极下，电枢导体的电流方向不变，以产生恒定的电磁转矩。

2.6.2　直流电动机的特点及应用

1. 直流电动机的优点

直流电动机与交流电动机相比，具有优良的调速性能和起动性能：直流电动机的调速范围宽广，调速特性平滑，可实现频繁的无级快速起动、制动和反转，易于控制；直流电动机过载能力较强，起动和制动转矩较大。

2. 直流电动机的缺点

由于直流电动机存在换向器，因而制造工艺复杂，价格较高；运行时由于电刷与换向器之间容易产生火花，因而可靠性较差，维护比较困难。

在一些对调速性能要求不高的领域中，直流电动机已被交流变频调速系统所取代。但是在某些要求调速范围大、快速性高、精密度好、控制性能优异的场合，直流电动机的应用目前仍占有较大的比重。

3. 直流电动机的应用

由于直流电动机具有良好的起动和调速性能，常应用于对起动和调速有较高要求的场合，如大型可逆式轧钢机、矿井卷扬机、宾馆高速电梯、龙门刨床、电力机车、城市电车、地铁列车、电动自行车、造纸和印刷机械、船舶机械、大型精密机床和大型起重机等生产机械中。

思考与实训

补充内容：
安全用电知识

1. 选择题

1）在下列电动机结构型式代号中，属于卧式安装的是(　　)。

（A）IP68　　　　　（B）IC411　　　　　（C）IM V1　　　　　（D）IM B3

2）在下列电动机结构型式代号中，属于立式安装的是(　　)。

（A）IP68　　　　　（B）IC411　　　　　（C）IM V1　　　　　（D）IM B3

3）在下列电动机结构型式代号中，属于全封闭、自扇冷的是(　　)。

（A）IP68　　　　　（B）IC411　　　　　（C）IM V1　　　　　（D）IM B3

4）在下列电动机结构型式代号中，属于密封式电动机防护等级的是(　　)。

（A）IP68　　　　　（B）IC411　　　　　（C）IM V1　　　　　（D）IM B3

2. 问答题

1）绘制三相异步电动机的固有机械特性曲线，并对其进行理性分析。

2）绘制三相异步电动机的人为机械特性曲线，并对其进行理性分析。

3）何谓高效率电动机？提高电动机效率的技术措施主要有哪些？

3. 实操题

1）在实习车间，现场观察、研读电动机的铭牌数据，熟悉其技术参数。

2）在实习车间，按照三相异步电动机的维护与保养规范，现场分解、组装三相异步电动机，熟悉其结构组成和工作原理，掌握初步的电动机维护、保养技能。

3）在实习车间，按照直流电动机的维护与保养规范，现场分解、组装直流电动机，熟悉其结构组成和工作原理，掌握初步的电动机维护、保养技能。

4）在实习车间，按照星形联结和三角形联结，分别给三相异步电动机接线，并通电运转，培养和锻炼电气工程师必须具备的、基本的工作技能。

第 3 章 低 压 电 器

📖 **学习目标**

- 熟悉低压电器的类别与适用范畴
- 熟练掌握低压电器产品的结构组成和工作特性
- 能够根据控制系统的实际需要合理选择、使用低压电器
- 掌握初步的低压电器故障诊断与维护技能

作为在低压电路中起通断、保护、控制或调节作用的电器产品，低压电器是构成电气控制系统的基础元件。对于电气控制系统而言，低压电器是不可或缺的重要组成部分。

本章从低压电器的分类和型号命名规则入手，依次阐明熔断器、继电器、接触器、主令电器、断路器等常用低压电器的结构组成、动作原理、工作特性和适用范畴，为后续电气控制系统的设计夯实知识储备，为电气元件的合理选用奠定基础。

3.1 低压电器的分类与型号

低压电器通常是指在交流额定电压 1200V、直流额定电压 1500V 及以下的电路中起通断、保护、控制或调节作用的电器产品。

刀开关

低压电器种类繁多，用途广泛，按应用场所提出的不同要求可以分为配电电器与控制电器两大类。

配电电器主要用于低压配电系统中。配电系统对电器的要求是，在系统发生故障的情况下，动作准确，工作可靠，有足够的热稳定性和电稳定性。常见的配电电器有低压隔离开关、熔断器、断路器等。

控制电器主要用于机电传动控制系统和用电设备的通断控制，对控制电器的要求是工作准确可靠、操作频率高、寿命长等。

3.1.1 低压电器的分类

1. 按低压电器的用途分类

（1）控制电器

控制电器用来控制电动机的起动、制动、调速等动作，如开关电器、信号控制电器、继电器、接触器等。

（2）保护电器

保护电器用来保护电动机和生产机械，确保其安全运行，如熔断器、电流继电器和热继电器等。

（3）执行电器

执行电器用来驱动生产机械运行或执行控制任务的电器，如电磁阀、电磁离合器等。

2. 按低压电器的动作方式分类

（1）自动切换电器

自动切换电器依靠电器本身参数的变化或外来信号的作用，自动完成电器的接通或分断等动作。

（2）非自动切换电器

非自动切换电器主要依靠外力（如手控）操作来完成电器的接通或分断等动作，如按钮、组合开关等。

3. 按低压电器的执行机构分类

（1）有触点电器

该类电器利用触点的闭合和分断来实现电路的控制，如继电器、接触器、组合开关等。

（2）无触点电器

该类电器没有可分断的触点，利用半导体元器件的开关效应来实现电路的控制，如接近开关等。

3.1.2　低压电器的产品型号

低压电器产品包括刀开关和刀形转换开关、断路器、熔断器、控制器、接触器、起动器、继电器、主令电器、电阻器及变阻器、调整器、电磁铁、其他低压电器（触电保护器、信号灯与接线盒等）12 大类，其产品型号的命名应符合 JB/T 2930—2007《低压电器产品型号编制方法》的规定（图 3-1）。

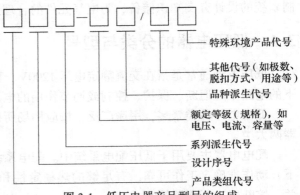

图 3-1　低压电器产品型号的组成

产品类组代号由 2~3 位汉语拼音字母组成，第 1 位为类别代号，第 2、3 位为组别代号，代表产品名称，按照表 3-1 确定。

注意：在编排产品类组代号时，表 3-1 中的横排字母在前，竖排字母在后。例如，开启式负荷刀开关的类组代号为 HK，而不是 KH。代号识别和含义举例：HK2-15/3——三极式开启刀开关，设计序号为 2，额定电流为 15A；HZ15-10/101——组合开关，设计序号为 15，额定电流为 10A，转换电路为 1。

表 3-1　低压电器产品类组代号

代号	H	R	D	K	C	Q	J	L	Z	B	T	M	A
名称	刀开关转换器	熔断器		控制器	接触器	起动器		主令电器	电阻器	变阻器	调整器	电磁铁	其他
A						按钮		按钮					
B									板型元件				触电保护
C			插入式			磁力			冲片元件	旋臂			插销
D	刀开关								带形元件		电压		灯
G				鼓形	高压				管形元件				
H	封闭式负荷	汇流排式											接线盒
J					交流	减压		接近开关					

（续）

代号	H	R	D	K	C	Q	J	L	Z	B	T	M	A
名称	刀开关转换器	熔断器		控制器	接触器	起动器		主令电器	电阻器	变阻器	调整器	电磁铁	其他
K	开启式负荷							主令控制					
L		螺旋式					电流			励磁			电铃
M		封闭式	灭磁										
P				平面	中频					频敏			
Q										起动		牵引	
R	熔断式						热						
S	刀型转换	快速	快速	时间	手动		时间	主令开关	烧结元件	石墨			
T		有填料管式		凸轮	通用		通用	足踏开关	铸铁元件	起动调试			
U					油浸			旋钮		油浸起动			
W			万能				温度	万能转换		液体起动		起重	
X		限流	限流			星-三角		行程开关	电阻器	滑线式			
Y	其他	其他	其他	其他	其他	其他	其他	其他	其他			液压	
Z	组合开关	塑料壳			直流	综合	中间					制动	

3.2 刀开关

刀开关主要用于在电气线路中隔离电源，也可作为不频繁地接通和分断空载电路或小电流电路之用。刀开关主要由动触刀和静插座组成，其结构类似于铡刀，故称刀开关。

另外，还有一种采用叠装式触点元件组成的、旋转操作的刀开关，称为组合开关或转换开关。

3.2.1 开启式刀开关

开启式刀开关由静插座、操作手柄、动触刀、铰链支座和绝缘底板等组成，典型结构如图 3-2 所示，型号命名规则如图 3-3 所示，文字与图形符号如图 3-4 所示。

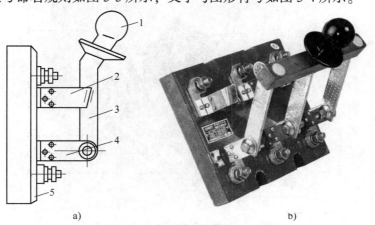

图 3-2　开启式刀开关的典型结构
a）结构简图　b）实物照片
1—操作手柄　2—静插座　3—动触刀　4—铰链支座　5—绝缘底板

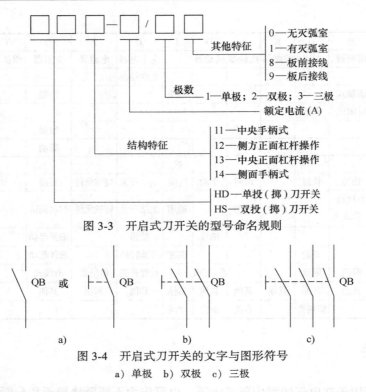

图 3-3 开启式刀开关的型号命名规则

图 3-4 开启式刀开关的文字与图形符号

a）单极 b）双极 c）三极

开启式刀开关一般用于额定电压交流 380V、直流 440V，额定电流 1500A 以下的配电设备中，作为电源隔离开关使用，也可用于不频繁接通和分断的电路。

3.2.2 开启式负荷开关

开启式负荷开关亦称瓷底胶壳刀开关，其典型结构如图 3-5 所示。在低压电路中，刀开关多用于不频繁接通、分断的电路中，或用来将电路与电源隔离。

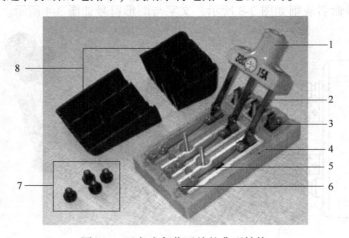

图 3-5 开启式负荷开关的典型结构

1—瓷质操作手柄 2—动触刀（亦称刀式动触点） 3—电源进线座 4—瓷质底座 5—熔体（熔丝）
6—出线座（接负载） 7—胶盖紧固螺母 8—灭弧胶盖

开启式负荷开关的型号命名规则如图 3-6 所示，文字与图形符号如图 3-7 所示，常用的 HK 系列开启式负荷开关（图 3-8）的主要技术数据见表 3-2。

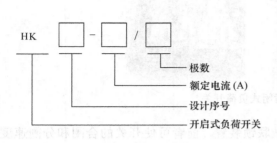

图 3-6 开启式负荷开关的型号命名规则

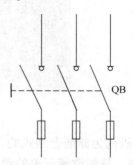

图 3-7 开启式负荷开关的文字与图形符号

图 3-8 常用的 HK 系列开启式负荷开关

表 3-2 常用的 HK 系列开启式负荷开关的主要技术数据

型号	极数	额定电流/A	额定电压/V	可控制电动机最大容量/kW		配用熔丝规格			
						熔丝成分（%）			熔丝线径/mm
				220V	380V	铅	锡	锑	
HK1-15	2	15	220	—	—				1.45~1.59
HK1-30	2	30	220	—	—				2.30~2.52
HK1-60	2	60	220	—	—	98	1	1	3.36~4.00
HK1-15	3	15	380	1.5	2.2				1.45~1.59
HK1-30	3	30	380	3.0	4.0				2.30~2.52
HK1-60	3	60	380	4.5	5.5				3.36~4.00

开启式负荷开关在早期的民用供电系统中应用极为普遍，但目前已经被具有漏电保护功能的低压断路器所取代。

3.2.3 封闭式负荷开关

封闭式负荷开关（图 3-9）主要由刀式触点、灭弧系统、熔断器、操作机构以及铁壳组成。

与开启式负荷开关相比，封闭式负荷开关有以下特点。

1）触点设有灭弧室（罩），电弧不会喷出，不会发生相间短路事故。

2）熔断器的分断能力高，一般为 5kA，高者可达 50kA 以上。

图 3-9　封闭式负荷开关

3）操作机构为储能合闸式的，且有机械联锁装置。前者可使开关的合闸和分闸速度与操作速度无关，从而改善开关的动作性能和灭弧性能；后者则保证了在合闸状态下打不开箱盖及箱盖未关妥前合不上闸，提高了安全性。

4）有坚固的封闭外壳，可保护操作人员免受电弧灼伤。

封闭式负荷开关的型号命名规则如图 3-10 所示，文字与图形符号与开启式负荷开关相同。

封闭式负荷开关有 HH3、HH4、HH10、HH11 等系列，其额定电流有 10~400A 可供选择，其中 60A 及以下的可用作异步电动机的全压起动控制开关。

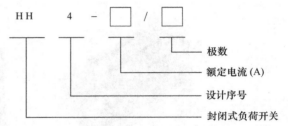

图 3-10　封闭式负荷开关的型号命名规则

用封闭式负荷开关控制电热设备和照明电路时，可按电路的额定电流选择。用于控制不频繁起动、制动的异步电动机时，可按表 3-3 进行选择。

表 3-3　HH 系列封闭式负荷开关与电动机容量的匹配

额定电流/A	可控制的电动机的最大容量/kW		
	220 V	380 V	500V
10	1.5	2.7	3.5
15	2.0	3.0	4.5
20	3.5	5.0	7.0
30	4.5	7.0	10
60	9.5	15	20

3.2.4　组合开关

组合开关（图 3-11）是一种凸轮式的做旋转运动的刀开关。组合开关也有单极、双极、三极和多极结构，主要用于电源引入或 5.5kW 以下电动机的直接起动、停止、反转、调速等场合（如木工机床等）。

组合开关的型号命名规则如图 3-12 所示，文字与图形符号如图 3-13 所示。常用的组合开关有 HZ3、HZ5、HZ5B、HZ10、BHZ51（防爆型）等系列。

图 3-11　HZ10 系列组合开关

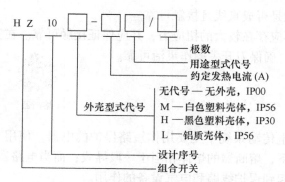

图 3-12 组合开关的型号命名规则

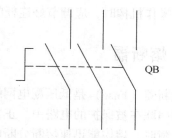

图 3-13 组合开关的文字与图形符号

3.2.5 刀开关的技术参数与选用

1. 刀开关的主要技术参数

（1）额定电压

刀开关在长期工作中能承受的最大电压称为额定电压。目前生产的刀开关的额定电压，一般为交流 500V 以下，直流 440V 以下。

（2）额定电流

刀开关在合闸位置允许长期通过的最大工作电流称为额定电流。小电流刀开关的额定电流有 10A、15A、20A、30A 及 60A 五级。

（3）操作次数

刀开关的使用寿命分为机械寿命和电寿命两种。机械寿命指不带电的情况下所能达到的操作次数。电寿命指刀开关在额定电压下能可靠地分断额定电流的总次数。

（4）电稳定性电流

发生短路事故时，刀开关不产生变形、破坏或触刀自动弹出现象时的最大短路电流峰值，称为刀开关的电稳定性电流。刀开关的电稳定性电流值为其额定电流的数十倍。

（5）热稳定性电流

如果能在一定时间（通常是 1s）内通以某一短路电流，刀开关不会因温度急剧上升而发生熔焊现象，则该短路电流称为刀开关的热稳定性电流。通常，刀开关的 1s 热稳定性电流值为其额定电流的数十倍。

2. 刀开关的选用

1）按用途和安装位置选择合适的型号和操作方式。

2）额定电流和额定电压必须符合电路要求。

3）校验刀开关的电稳定性和热稳定性，如不满足要求，则应选高一级额定电流的刀开关。

3. 刀开关的安装

1）刀开关必须垂直安装，确保闭合操作时，手柄操作方向为从下向上合闸（亦称闭合）；断开操作时，手柄操作方向为从上向下分闸（亦称分断）。不允许采用平装或倒装，以防止产生误合闸，造成触电事故。

2）安装后检查动触刀和静插座的接触是否成直线且接触可靠。

3）母线与刀开关接线端子相连时，不应存在较大的扭应力，并应保证接触可靠。在安装杠杆操作机构时，应调节好连杆的长度，确保刀开关操作灵活可靠。

3.3　熔断器

熔断器（Fuse）是低压配电网络和机电传动系统中主要用作短路保护的电器。使用时，熔断器串联在被保护的电路中。正常情况下，熔断器的熔体相当于一段导线；而当电路发生短路故障时，熔体能迅速熔断分断电路，起到保护线路和电气设备的作用。

3.3.1　熔断器的结构与主要技术参数

1. 熔断器的结构

熔断器主要由熔体、安装熔体的熔管和熔断器座三部分组成。熔体是熔断器的核心，常做成丝状、片状或栅状，制作熔体的材料一般有铅锡合金、锌、铜、银等。熔管是熔体的保护外壳，用耐热绝缘材料制成，在熔体熔断时兼有灭弧作用。熔断器座是熔断器的底座（安装基础），作用是固定熔管和外接引线。

2. 熔断器的主要技术参数

1）额定电压：熔断器长期工作所能承受的电压。

2）额定电流：保证熔断器能长期正常工作的电流。

3）分断能力：在规定的使用和性能条件下，在规定电压下熔断器能可靠分断的最大电流值。

4）时间-电流特性：表征在规定的条件下，流过熔体的电流与熔体熔断时间的关系曲线，如图3-14所示。熔断器的时间-电流特性亦称安秒特性。熔断器的熔断电流与熔断时间的关系见表3-4。

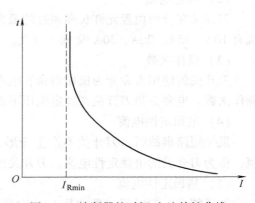

图3-14　熔断器的时间-电流特性曲线

表3-4　熔断器的熔断电流与熔断时间的关系

熔断电流 I_R/A	$1.25I_N$	$1.6I_N$	$2.0I_N$	$2.5I_N$	$3.0I_N$	$4.0I_N$	$8.0I_N$	$10.0I_N$
熔断时间 t/s	∞	3600	40	8	4.5	2.5	1	0.4

3.3.2　熔断器的类型

1. 熔断器的型号及含义

熔断器的型号命名规则如图3-15所示，其文字与图形符号如图3-16所示。

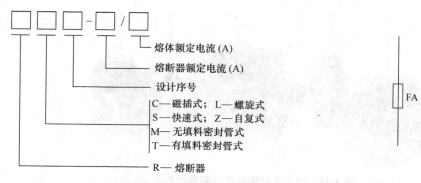

图 3-15 熔断器的型号命名规则

图 3-16 熔断器的文字与图形符号

2. 瓷插式熔断器

瓷插式熔断器由瓷盖、瓷座、动触点、静触点及熔丝五部分组成，常用的 RC1A 系列瓷插式熔断器的外形及结构如图 3-17 所示。

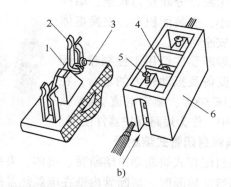

图 3-17 RC1A 系列瓷插式熔断器外形及结构
a）实物照片 b）结构示意图
1—熔丝 2—动触点 3—瓷盖 4—空腔 5—静触点 6—瓷座

瓷盖和瓷座均用电工陶瓷制成，电源线及负载线可分别接在瓷座两端的静触点上，瓷座中间有一个空腔，熔丝穿过空腔与熔断器的两个触点相连，空腔与瓷盖的突出部分对熔丝构成灭弧室。

瓷插式熔断器结构简单，价格低廉，更换方便（拔下瓷盖便可更换熔丝）。使用时将瓷盖插入瓷座，接上引线即可投入使用。

瓷插式熔断器主要应用于额定电压为 380V 及以下、额定电流为 5~200A 的低压电路末端或分支电路中，作为电路和用电设备的短路保护器件使用，在照明电路中还可起过载保护作用。

3. 螺旋式熔断器

螺旋式熔断器由瓷帽、熔断管、瓷套、上接线座、下接线座及瓷座等部分组成（图 3-18）。常用的 RL1 系列螺旋式熔断器如图 3-19 所示。

熔断管内装有熔丝和石英砂以及带小红点的熔断指示器。石英砂用于增强灭弧性能，熔断指示器在熔丝熔断后有明显指示，易于观察。

图 3-18　RL1 系列螺旋式熔断器结构
1—瓷套　2—熔断管　3—下接线座　4—瓷座　5—上接线座　6—瓷帽

　　螺旋式熔断器的作用与瓷插式熔断器相同，用于电气设备的过载及短路保护。螺旋式熔断器分断能力较强，结构紧凑，体积小，安装面积小，更换熔体方便，工作安全可靠。

　　螺旋式熔断器广泛用于控制箱、配电屏、机床设备及振动较大的场合，在交流额定电压 500V、额定电流 200A 及以下的电路中，作为短路保护器件使用。

图 3-19　RL1 系列螺旋式熔断器实物照片

4. 无填料封闭管式熔断器

　　无填料封闭管式熔断器由熔断管、熔体、夹头、夹座等组成（图 3-20）。其熔断管由钢纸制成，当熔体熔断时，熔断管内壁在电弧热量的作用下，产生高压气体，可促使电弧迅速熄灭。另外，采用变截面锌片作熔体，熔断时灭弧容易，且更换熔体也较方便。

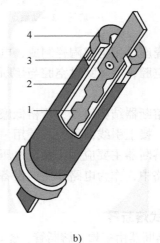

a)　　　　　　　　　　　　　　　　b)

图 3-20　RM10 系列封闭管式熔断器
a) 实物照片　b) 结构示意图
1—变截面熔体　2—熔断管　3—钢纸管　4—黄铜帽

RM10 型无填料封闭管式熔断器适用于额定电压至交流 380V 或直流 400V 的低压电力网络或配电装置中，作为电缆、导线及电气设备的短路保护及过载保护之用。

5. 有填料封闭管式熔断器

有填料封闭管式熔断器的熔体（图 3-21）是两片网状纯铜片，中间用锡桥连接。熔体周围填满石英砂，起灭弧作用。

RT0 系列有填料封闭管式熔断器（图 3-22）主要用于交流 380V 及以下、短路电流较大的电力输配电系统中，作为电路及电气设备的短路保护及过载保护。

图 3-21　有填料封闭管式熔断器熔体　　　　图 3-22　RT0 系列有填料封闭管式熔断器

6. 有填料封闭管式圆筒帽形熔断器

熔断器由熔管、熔体、填料组成，由纯铜片制成的变截面熔体封装于高强度熔管内，熔管内充满高纯度石英砂作为灭弧介质，熔体两端采用点焊与端帽牢固连接。

NG30 系列有填料封闭管式圆筒帽形熔断器（图 3-23）用于交流 50Hz、额定电压 380V、额定电流 63A 及以下工业电气装置的配电线路中。

7. 有填料快速熔断器

RS0、RS3 系列有填料快速熔断器（图 3-24）在流过 6 倍额定电流时，熔断时间不大于 20ms，熔断时间短，动作迅速，主要用于半导体硅整流器件的过电流保护。

图 3-23　NG30 系列有填料封闭管式圆筒帽形熔断器　　　图 3-24　RS3 系列有填料快速熔断器

8. 自复式熔断器

在短路电流产生的高温下，自复式熔断器（图 3-25）中的局部液态金属钠能迅速气化而蒸发，使阻值剧增，瞬间呈现高阻状态，从而限制了短路电流。

当故障消失后，温度下降，金属钠蒸气会冷却并凝结，自动恢复至原来的导通状态，故称这类熔断器为自复式熔断器。

自复式熔断器用于交流 380V 的电路中，多与断路器配合使用。熔断器的额定电流有 100A、200A、400A、600A 四个等级。

图 3-25　自复式熔断器

熔断器的常用型号有 RL1、RL2、RL6、RL7、RC1A、RM10、RT0、RT12、RT14、RT15、RT16（NT）、RT18、RT19（AM3）等，其主要技术参数见表 3-5，可根据使用场合的实际需要酌情选择、使用。

表 3-5　常用低压熔断器的主要技术参数

类别	型号	额定电压/V	额定电流/A	熔体额定电流等级/A	极限分断能力/kA	功率因数
瓷插式熔断器	RC1A	380	5	2、5	0.25	0.8
			10	2、4、6、10	0.5	
			15	6、10、15		
			30	20、25、30	1.5	0.7
			60	40、50、60		
			100	80、100	3	0.6
			200	120、150、200		
螺旋式熔断器	RL1	500	15	2、4、6、10、15	3	≥0.3
			60	20、25、30、35、40、50、60	3.5	
			100	60、80、100	20	
			200	100、125、150、200	50	
	RL2	500	25	2、4、6、10、15、20、25	1	
			60	25、35、50、60	2	
			100	80、100	3.5	
无填料封闭管式熔断器	RM10	380	15	6、10、15	1.2	0.8
			60	15、20、25、35、45、60	3.5	0.7
			100	60、80、100	10	0.35
			200	100、125、160、200		
			350	200、225、260、300、350		0.35
			600	350、430、500、600	12	
有填料封闭管式熔断器	RT0	交流 380 直流 440	100	30、40、50、60、100	交流 50 直流 25	>0.3
			200	120、150、200、250		
			400	300、350、400、450		
			600	500、550、600		

3.3.3　熔断器的选用

1. 熔断器类型的选用

根据使用环境、负载性质和短路电流的大小选用适当类型的熔断器。例如，如果作电网配电保护用，应选择一般工业用熔断器；如果作硅整流器件保护用，应选择快速熔断器；如果供家庭供电使用，宜选用螺旋式或半封闭瓷插式熔断器。

2. 熔断器额定电压和额定电流的选用

熔断器的额定电压必须等于或大于线路的额定电压；熔断器的额定电流必须等于或大于所装熔体的额定电流。

3. 熔体额定电流的选用

1）对照明灯具和电热电路等的短路保护，熔体的额定电流应等于或稍大于负载的额定电流。

2）对单台不经常起动，且起动时间不长的电动机的短路保护，应有

$$I_{RN} = (1.5 \sim 2.5) I_N \tag{3-1}$$

式中，I_{RN} 为熔体的额定电流（A）；I_N 为电动机的额定电流（A）。

3）对多台电动机的短路保护，应有

$$I_{RN} = (1.5 \sim 2.5) I_{Nmax} + \sum_{i=1}^{n} I_N \tag{3-2}$$

式中，I_{RN} 为熔体的额定电流（A）；I_{Nmax} 为多台电动机中，功率（容量）最大的那台电动机的额定电流（A）；I_N 为各电动机的额定电流（A）。

例 3-1 某机床电动机的型号为 YE4-112M-4，额定功率为 4kW，额定电压为 380V，额定电流为 8.8A，该电动机正常工作时不需要频繁起动。若用熔断器为该电动机提供短路保护，试确定熔断器的型号规格。

解：① 选择熔断器的类型：用 RL1 系列螺旋式熔断器。

② 根据式（3-1）选择熔体额定电流：$I_{RN} = (1.5 \sim 2.5) I_N = (1.5 \sim 2.5) \times 8.8A \approx 13.2 \sim 22A$。查表 3-5 得熔体额定电流为 $I_{RN} = 20A$。

③ 选择熔断器的额定电压和额定电流：查表 3-5，可选用 RL1-60/20 型熔断器。该熔断器的额定电压为 500V，额定电流为 60A，选用额定电流为 20A 的熔体，完全可以满足使用要求。

④ 多级熔断器保护。为了防止越级熔断、扩大停电范围，各级熔断器间应有良好的协调配合，使下一级熔断器比上一级的先熔断，从而满足选择性保护的要求。

选择时，上下级熔断器应根据其保护特性曲线上的数据及实际误差来选择。一般地，老产品的选择比为 2：1，新型熔断器的选择比为 1.6：1。

例如，下级熔断器额定电流为 100A，上级熔断器的额定电流最小也要为 160A，才能达到 1.6：1 的要求，若选择比大于 1.6：1 会更可靠地达到选择性保护。

值得注意的是，这样将会牺牲保护功能的快速性，因此实际应用中应综合考虑、妥善处理。

3.3.4 熔断器的使用与故障处理

1. 熔断器的安装与使用

安装与使用熔断器时，应注意以下事项。

1）用于安装使用的熔断器应完好无损。

2）熔断器安装时应保证熔体与夹头、夹头与夹座之间接触良好。

3）熔断器内要安装合格的熔体。

4）更换熔体或熔管时，必须切断电源。

5）对 RM10 系列熔断器，在切断过三次相当于分断能力的电流后，必须更换熔管。

6）熔体熔断后，应分析原因，排除故障后，再更换新的熔体。

7）熔断器兼作隔离器件使用时，应安装在控制开关的电源进线端。

2. 熔断器的常见故障及处理方法

熔断器的常见故障及处理方法见表 3-6。

表 3-6　熔断器的常见故障及处理方法

故 障 现 象	可 能 原 因	处 理 方 法
电路接通瞬间，熔体熔断	熔体电流等级选择过小	更换电流等级合适的熔体
	负载侧存在短路或接地故障	排除负载侧故障
	熔体安装时受到机械损伤	更换完好的熔体
熔体未熔断，但电路不通	熔体或接线座接触不良	重新连接，确保接触良好

3.4　接触器

接触器

3.4.1　接触器的结构和工作原理

接触器（图 3-26）是一种能频繁地接通和分断远距离用电设备主电路及其他大容量用电电路的电磁式自动控制电器，分为直流和交流两大类。接触器的主要控制对象是电动机，能实现远距离控制，并具有欠（零）电压保护功能。

接触器主要由电磁机构、触点系统和灭弧装置三部分组成（图 3-27）。

图 3-26　CJX2 系列交流接触器

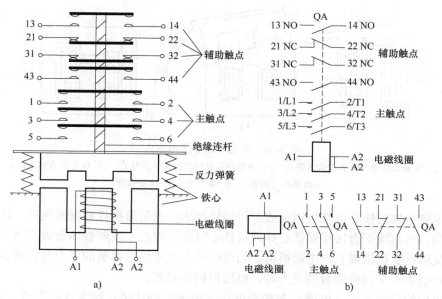

图 3-27 交流接触器的结构与文字图形符号

a) 接触器结构示意图　b) 接触器的文字图形符号

1. 电磁机构

如图 3-28 所示，电磁机构包括电磁线圈和铁心，铁心由静铁心和动铁心（即衔铁）组成，铁心的活动部分与受控电路的触点系统相连。在电磁线圈中通入励磁电流，铁心中就会产生磁场，从而产生电磁吸力 F_{at}，吸引衔铁，带动触点系统接通或断开受控电路。

电磁线圈断电后，铁心中的磁场消失，衔铁则在回位弹簧的作用下复位，触点系统自动恢复到初始状态。

在接触器实体上，电磁线圈的两个接线端子常用 A1 和 A2 表示。有的

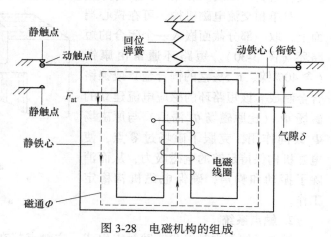

图 3-28 电磁机构的组成

接触器电磁线圈配置了两个 A2 端子，并将两个 A2 端子分别布置在接触器的两侧，以方便用户接线（图 3-27）。

电磁机构的结构型式如图 3-29 所示。图 3-29a 为衔铁沿棱角转动的拍合式铁心，主要应用于直流接触器；图 3-29b 为衔铁沿转轴转动的拍合式铁心，多用于触点容量较大的交流接触器；图 3-29c 为双 E 形直动式铁心，衔铁在电磁线圈内做直线运动，多用于中小容量的交流接触器、继电器。

交流电磁机构的铁心由硅钢片叠铆而成，有磁滞损耗和涡流损耗，由于铁心和线圈都发热，所以在铁心和线圈之间设有骨架，铁心、线圈整体做成矮胖型，以利于各自散热。

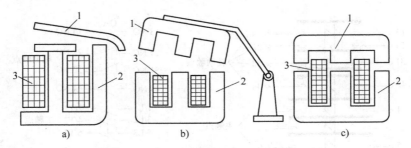

图 3-29　电磁机构的结构型式

a) 衔铁沿棱角转动的拍合式铁心　　b) 衔铁沿转轴转动的拍合式铁心　　c) 双 E 形直动式铁心

1—动铁心（衔铁）　2—静铁心　3—电磁线圈

直流电磁机构的铁心由整块钢材或工程纯铁制成，无磁滞损耗和涡流损耗，线圈发热而铁心不发热，所以线圈直接接触铁心并通过铁心散热，铁心、线圈整体做成瘦高型。

无论交流电磁机构或直流电磁机构，当电磁吸力大于回位弹簧的反力时，电磁机构将吸合；当电磁吸力小于回位弹簧的反力时，电磁机构将释放。

电磁机构的释放电压（电流）与吸合电压（电流）的比值，称为返回系数，用 β 表示。返回系数 β 表征电磁机构的灵敏度。返回系数 β 越大，电磁机构的灵敏度越高。

在使用单相交流电源的电磁机构中，由于电磁吸力的瞬时值是脉动的，且有过零点，衔铁吸合后会出现震颤和噪声，影响受控电路稳定通电。

对单相交流电磁机构，可在铁心端面上，取一部分截面嵌入一个闭合的短路环（图 3-30）。短路环通常由康铜（含 40% 镍、1.5% 锰的铜合金）或镍铬合金制成。该短路环的感应电流建立的磁场 Φ_2（比原磁场 Φ_1 滞后）与原磁场 Φ_1 共同作用，克服了磁场过零点，使电磁机构保持足够的电磁吸力，从而消除了振动和噪声，确保电磁机构稳定工作。

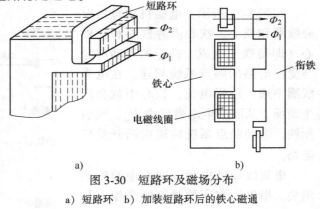

图 3-30　短路环及磁场分布

a) 短路环　b) 加装短路环后的铁心磁通

2. 触点系统

触点系统由主触点和辅助触点组成。主触点接在控制对象的主电路中（常串接在低压断路器之后）控制其通断，辅助触点一般容量较小，用来切换控制电路。

每对触点均由静触点和动触点共同组成，动触点与电磁机构的衔铁相连，当接触器的电磁线圈得电时，衔铁带动动触点动作，使接触器的触点状态发生变化。

触点有常开触点和常闭触点之分。在常态（即接触器电磁线圈不通电）下处于断开状态的触点叫作常开触点，亦称动合触点，在接触器上多用 NO（Normally Open）表示；在常态下处于闭合状态的触点叫作常闭触点，亦称动断触点，在接触器上多用 NC（Normally Closed）表示（图 3-27）。

主触点一般为动合触点。主触点的进线端子常用 1、3、5 表示，也有采用 1/L1、3/L2、5/L3 表示的；主触点的出线端子常用 2、4、6 表示，也有采用 2/T1、4/T2、6/T3 表示的（图 3-27）。

当电磁线圈得电时，动断触点先断开，动合触点再闭合。当电磁线圈失电时，动合触点先断开，动断触点再闭合复位。

触点有点接触、面接触和线接触三种（图 3-31），接触面越大则通电电流越大。常用的触点材料有铜、银、铂等，银质触点质量最好。

点接触触点由两个半球形触点或一个半球形触点与一个平面形触点构成，常用于小电流的电器中，如接触器的辅助触点和继电器触点。

线接触触点常做成指形（指式）触点结构，其接触区是一条直

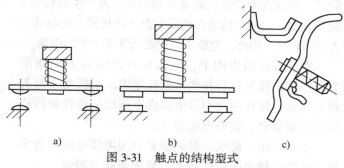

a)   b)   c)

图 3-31　触点的结构型式

a) 桥式点接触　b) 桥式面接触　c) 指式线接触

线，触点接通、分断过程是滚动接触并产生滚动摩擦，能去掉触点表面的氧化膜，从而减小触点的接触电阻。线接触触点适用于通电次数多、电流大的场合，多用于中等容量的电器。

面接触触点一般在接触表面镶有合金，允许通过较大电流，在中、小容量接触器的主触点中多采用这种结构。

为了消除触点在接触时的振动，减小接触电阻，在触点上装有压力弹簧，该弹簧在触点刚闭合时产生较小的压力，闭合后压力增大。

3. 灭弧装置

当一个较大电流的电路突然断电时，如触点间的电压超过一定数值，触点间的空气在强电场的作用下会产生电离放电现象，在触点间隙产生大量带电粒子，形成炽热的电子流，该电子流称为电弧。电弧伴随高温、高热和强光，可能造成电路不能正常分断、烧毁触点，甚至引起火灾等事故，因此对切换较大电流的触点系统必须设置灭弧措施。

常用的灭弧装置有灭弧罩、灭弧栅和磁吹灭弧装置等。灭弧装置主要用于熄灭触点在分断电流的瞬间，动触点和静触点之间产生的电弧，以防止电弧烧坏触点或引发其他事故。

（1）栅片灭弧

栅片灭弧装置（图 3-32）常用于低压断路器、交流接触器等交流系统中。灭弧栅由多片镀铜的薄钢片（称为栅片）制成，置于灭弧罩内触点的上方，彼此之间相互绝缘，栅片内距离为 2 ~ 5mm。当触点分断电路时，在触点之间产生电弧，电弧电流产生磁场，由于钢片磁阻比空气磁阻小得多，使灭弧栅上方磁通非常稀疏，而灭弧栅处的磁通非常密集，这种"上疏下密"的磁场将电弧拉入灭弧罩中，进入灭弧栅内，电弧被栅片分割成许多短电弧，当交流电压过零时电弧自然熄灭。两栅片间必须有 150 ~ 250V 的电压，电弧才能重燃。而一方面电源电压不足以维持电弧，另一方面由于栅片的散热作用，电弧自然熄灭后很难重燃。

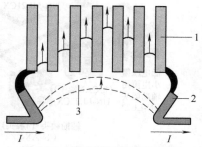

图 3-32　栅片灭弧装置示意图

1—灭弧栅片　2—触点　3—电弧

（2）磁吹灭弧

磁吹灭弧广泛应用于直流灭弧装置中，其灭弧原理如图 3-33 所示。

在触点电路中串入一个磁吹线圈。当触点电流通过磁吹线圈时产生磁场，该磁场由导磁夹板引向触点周围。磁吹线圈产生的磁场 6 与电弧电流产生的磁场 7 相互叠加，这两个磁场在电弧下方方向相同，在电弧上方方向相反，因此，电弧下方的磁场强于上方的磁场。

在下方磁场作用下，电弧受力方向为 F 所指的方向，故电弧被拉长并吹入灭弧罩中。引弧角 4 与静触点相连，其作用是引导电弧向上运动，将热量传递给灭弧罩罩壁，促使电弧熄灭。

不难看出，磁吹灭弧装置是利用电弧电流本身实现灭弧的，故电弧电流越大，其灭弧能力越强。

接触器除上述三个主要部分外，还包括反作用弹簧、复位弹簧、缓冲弹簧、触点压力弹簧、传动机构、接线柱外壳、接地保护接线端子、标准安装卡槽等部件。

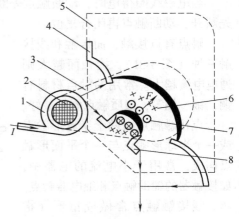

图 3-33 磁吹灭弧示意图
1—磁吹线圈 2—铁心 3—导磁夹板
4—引弧角 5—灭弧罩 6—磁吹线圈磁场
7—电弧电流磁场 8—动触点

为了拓展接触器的控制功能，并便于实现网络控制，在适应工业网络控制系统应用的接触器上，还可以安装种类繁多、功能丰富的附件，如浪涌电压吸收器、故障检测附件、CAN 通信端子等（图 3-34）。

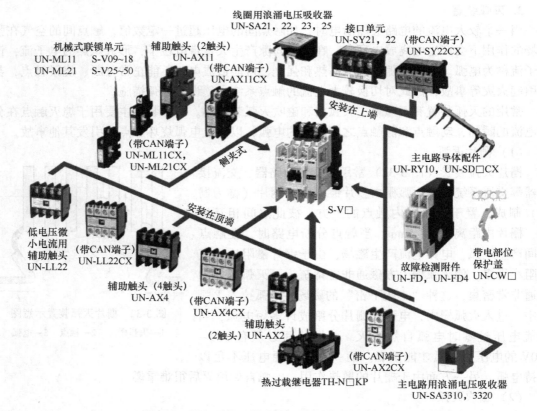

图 3-34 日本三菱公司的 S-V 系列接触器

直流接触器工作原理与交流接触器基本相同，只是在铁心结构、线圈形状、触点形状和数量、灭弧方式等方面略有不同。

4. 接触器的型号与电气符号

交流接触器的型号命名规则如图 3-35 所示，直流接触器的型号命名规则如图 3-36 所示。接触器的文字与图形符号如图 3-27 所示。

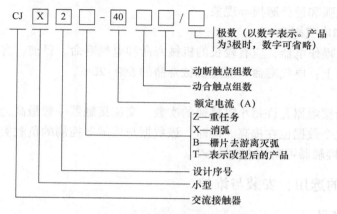

图 3-35 交流接触器的型号命名规则

如 CJX2-4011，该型号的含义为 CJX（触交小）系列交流接触器，设计序号为 2，额定电流为 40A，具有 1 组动合触点、1 组动断触点，主触点为 3P（3 极）。再如 CJX2-0910，该型号的含义为 CJX（触交小）系列交流接触器，设计序号为 2，额定电流为 9A，具有 1 组动合触点、0组（无）动断触点，主触点为 3P（3 极）。

CZ0-100/20 为 CZ0 系列直流接触器，设计序号为 0，额定电流为 100A，动合主触点为双极，无动断主触点。

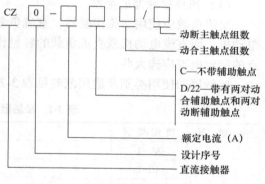

图 3-36 直流接触器的型号命名规则

3.4.2 接触器的主要技术参数

1. 额定电压

按触器的额定电压是指主触点的额定工作电压。交流接触器的额定电压等级有 220V、380V、500V、660V、1140V；直流接触器的额定电压等级有 220V、440V、660V。

2. 额定电流

接触器的额定电流是指在正常工作条件下主触点中允许通过的长期工作电流。交流接触器的额定电流有 10A、15A、25A、40A、60A、100A、150A、250A、400A、600A；直流接触器的额定电流有 25A、40A、60A、100A、150A、250A、400A、600A。

3. 电磁线圈的额定电压

交流电磁线圈的额定电压等级有 36V、110V、127V、220V、380V；直流电磁线圈的额定电压等级有 24V、48V、220V。

4. 动作值

动作值是指接触器的吸合电压与释放电压。国家标准规定，接触器在额定电压 85% 以上时，应可靠吸合；接触器的释放电压不高于线圈额定电压的 75%。

5. 接通与分断能力

接通与分断能力指接触器的主触点在规定的条件下，能可靠地接通和分断的电流值，而不应发生熔焊、飞弧和过分磨损等现象。

6. 机械寿命和电气寿命

接触器是频繁操作电器，应有较长的机械寿命和电气寿命。目前，有些接触器的机械寿命已达一千万次以上；电气寿命一般是机械寿命的 5%～20%。

7. 操作频率

操作频率是指接触器允许每小时接通的次数。交流接触器一般最高为 600 次/h（随着制造技术的进步，这个数据也在提高。同时，该数据与接触器控制的负载类别有关，并不是一个固定值）；直流接触器可高达 1200 次/h。

3.4.3　接触器的选用、安装与维护

1. 接触器的选用

应根据负荷的类型和工作参数合理选用接触器。

（1）选择接触器的类型

交流负载应使用交流接触器，直流负载应使用直流接触器。如果控制系统中主要是交流电动机，而直流电动机或直流负载的容量比较小时，也可以选用交流接触器进行控制，但触点的额定电流应选大些。

接触器的使用类别及适用范畴见表 3-7。

表 3-7　接触器的使用类别及适用范畴

接触器	使用类别	适用范畴
交流接触器	AC-1	无感或微感负载（如白炽灯、电阻炉等）
	AC-2	绕线转子异步电动机的起动和停止
	AC-3	笼型异步电动机的运转和运行中分断
	AC-4	笼型异步电动机的起动、反接制动、反转和点动
	AC-5a	气体放电灯的通断
	AC-5b	白炽灯的通断
	AC-6a	变压器的通断
	AC-6b	电容器组的通断
	AC-7a	家用电器和类似用途的低感负载
	AC-7b	家用的电动机负载
	AC-8a	具有手动复位过载脱扣器的密封制冷压缩机中的电动机
	AC-8b	具有自动复位过载脱扣器的密封制冷压缩机中的电动机
直流接触器	DC-1	无感或微感负载、电阻炉等
	DC-3	并励电动机的起动、反接制动或反向运转、点动以及电动机在运行中分断
	DC-5	串励电动机的起动、反接制动或反向运转、点动以及电动机在运行中分断
	DC-6	白炽灯的通断

（2）选择接触器的额定参数

根据被控对象和工作参数（如电压、电流、功率、频率及工作制等）确定接触器的额定参数。

1）接触器的线圈电压，一般应低一些为好。这样，对接触器的绝缘要求可以降低，使用时也较安全。但为了简化控制系统的结构、减少设备、降低成本，常按实际电网电压选取。

2）对于驱动压缩机、水泵、风机、空调、冲床等设备的电动机，其操作频率不高，只需使接触器额定电流大于负荷额定电流即可，可选用 CJX1、CJX2、CJX2F、CJX8 系列接触器。

3）对重任务型电动机，如驱动机床主轴、升降机、绞盘、破碎机等设备的电动机，其平均操作频率超过 100 次/min，经常运行于起动、点动、正/反转、反接制动等状态，可选用 CJ12、TGC20（CJ20）系列接触器。为了保证电气寿命，可将接触器降容使用。选用时，接触器额定电流要大于电动机的额定电流。

4）对特重任务电动机，如驱动印刷机、镗床等设备的电动机，其操作频率很高，可达 600~12000 次/h，经常运行于起动、反接制动、正/反转等状态。接触器可按电气寿命及起动电流进行选择，选用 CJ12、CJ24 系列接触器。

5）交流电路中的电容器投入电网或从电网中切除时，应考虑电容器的合闸冲击电流。一般来说，接触器的额定电流可按电容器额定电流的 1.5 倍选取，选用专门用于切换电容器类负载的 CJ16、CJ19 系列接触器。

6）用接触器对变压器进行控制时，应考虑浪涌电流的大小。例如交流电弧焊机、电阻焊机等，一般可按变压器额定电流的 2 倍选取接触器，选用 CJ12、TGC20（CJ20）系列接触器。

7）对于电热设备，如电阻炉、电热器等，负荷的冷态电阻较小，因此起动电流相应要大一些。选用接触器时可不用考虑起动电流，直接按负荷额定电流选取，选用 CJ12、TGC20（CJ20）系列接触器。

8）由于气体放电灯起动电流大、起动时间长，对于照明设备的控制，可按额定电流 1.1~1.4 倍选取交流接触器，选用 CJX1、CJX2、CJ12、TGC20（CJ20）系列接触器。

9）接触器额定电流是指接触器在长期工作下的最大允许电流，持续时间≤8h，且安装于敞开的控制板上。如果冷却条件较差，选用接触器时，接触器的额定电流按负荷额定电流的 110%~120%选取。对于长时间工作的电动机，由于其氧化膜没有机会得到清除，使接触电阻增大，导致触点发热超过允许温升，实际选用时，可将接触器的额定电流减小 30%使用。

目前，国产的交、直流接触器规格系列见表 3-8。

表 3-8 国产的交、直流接触器规格系列

接触器系列	额定工作电流/A	产品规格/个
CJX1	9~170	12
CJX2	9~95	10
CJX2F	115~800	10
CJX8	9~250	12
TGC40（CJ40）	63~800	12
TGC20（CJ20）	10~630	10

（续）

接触器系列	额定工作电流/A	产品规格/个
CJT1	10~150	7
CJ12	100~600	5
CJ15	1000~4000	3
CJ16（19）	25~63	4
CJ24	63~630	10
CZ0	40~1600	16
CZ18	40~1600	17
CZ21	25	1
CZ22	63	1

CJX1 系列交流接触器是引进德国西门子公司 3TB/3TF 系列交流接触器技术生产的，适用于交流 50Hz（或 60Hz），额定电压至 660V，在 AC-3 使用类别下额定电压为 380V，额定电流为 9~170A 的电路中，供远距离接通和分断电路及频繁起动和控制交流电动机，并可与适当的热（过载）继电器组成电磁起动器，以保护可能出现电气负荷过载的电路。

CJX2 系列交流接触器是在法国 TE 公司 LC1-D 系列的基础上进行改进设计、生产的，完全可以替代进口产品。CJX2 系列交流接触器主要用于交流 50Hz（或 60Hz），电压至 660V，电流为 9~95A 的电路中，供远距离接通和分断电路、频繁地起动和控制交流电动机，可按使用要求进行组合派生，配置积木式辅助触点组、空气延时动作触点、机械联锁机构等附件，组成延时接触器、机械联锁接触器、星-三角起动器等，并且可以和热继电器直接插接安装组成电磁起动器。

CJX2 系列交流接触器除用螺钉安装之外，还可用 35mm/75mm 的标准卡轨安装，安装、拆卸快捷方便。同时，在金属安装底板上设计有接地保护 XE（PE）端子，进一步提高了使用安全性。

CJX2 系列交流接触器的技术参数见表 3-9。

表 3-9　CJX2 系列交流接触器的技术参数

参　　数		型　　号									
		CJX2-09	CJX2-12	CJX2-18	CJX2-25	CJX2-32	CJX2-40	CJX2-50	CJX2-65	CJX2-80	CJX2-95
AC-3 额定工作电流/A	380V	9	12	18	25	32	40	50	65	80	95
	660V	6.6	8.9	12	18	21	34	39	42	49	55
AC-4 额定工作电流/A	380V	3.3	5	7.7	8.5	12	18.5	24	28	37	44
	660V	1.5	2	3.8	4.4	7.5	9	12	14	17.3	21.3
操作频率/h⁻¹	AC-3	1200				600					
	AC-4	300									
辅助触点	约定发热电流	10A									
	可控最小负载	6V，10mA									
电磁线圈	额定电压 U_S	24V、48V、110V、220V、380V									
	吸合电压	$(0.85~1.10)U_S$									
	释放电压	$(0.20~0.75)U_S$									

2. 接触器的安装

接触器使用寿命的长短，不仅取决于产品本身的技术性能，而且与产品的使用维护是否符合要求密切相关。在安装、调整及使用接触器时应注意以下各点。

1）安装前，应检查产品的铭牌及线圈上的技术数据（如额定电压、额定电流、操作频率和通电持续率等）是否符合实际使用要求；手动分合接触器的活动部分，要求产品动作灵活无卡滞现象；将铁心极面上的防锈油擦净，以免油垢黏滞而造成接触器断电不能可靠释放；检查与调整触点的工作参数（开距、超程、初压力和终压力等），并确保各极触点动作同步。

2）安装时应将螺钉拧紧，以防振动松脱；检查接线正确无误后，应在主触点不带电情况下，先使吸引线圈通电分合数次，检查产品动作是否可靠，然后才能投入使用。

3. 接触器的维护

在机电传动控制系统中，接触器数量多、使用面广，加之操作频繁，因此，其故障率相对较高。接触器的常见故障及处理方法见表 3-10。

表 3-10　接触器的常见故障及处理方法

故障现象	可能原因	处理方法
不动作或动作不可靠	电源电压过低或电压波动过大	调整电源电压，使之稳定
	操作回路电源容量不足或发生断线、接线错误及控制触点接触不良	增加电源容量，校正、修理控制触点
	控制电源电压与线圈电压不符	更换线圈
	产品本身受损（如线圈断线或烧毁、机械可动部分被卡死、转轴歪斜等）	更换线圈，排除机件卡死故障
	触点弹簧压力与超程过大	按要求调整触点参数
	电源离接触器太远，连接导线过细	更换较粗的连接导线
不释放或释放缓慢	触点弹簧压力过大	调整触点参数
	触点熔焊	排除熔焊故障，修理或更换触点
	机械可动部分被卡死、转轴歪斜	排除卡死故障，修理受损零件
	反力弹簧损坏	更换反力弹簧
	铁心极面有油污或灰尘	清洁铁心极面
	E 形铁心使用时间过长，去磁气隙消失，剩磁增大，使铁心不释放	更换铁心
线圈过热或烧损	电源电压过高或过低	调整电源电压
	线圈技术参数（如额定电压、频率、负载因数及适用工作制等）与实际使用条件不符	调换线圈或接触器
	操作频率过高	选择其他合适的接触器
	线圈制造不良或存在机械损伤、绝缘损坏等	更换线圈
	使用环境条件过于恶劣（如空气潮湿，含有腐蚀性气体或环境温度过高）	采用特殊设计的线圈
	运动部分卡死	排除卡死现象
	交流铁心极面不平或去磁气隙过大	更换铁心，调整去磁气隙
	交流接触器派生直流操作的双线圈，因动断联锁触点熔焊不释放，从而使线圈过热	调整联锁触点参数，更换烧损的线圈

（续）

故障现象	可能原因	处理方法
电磁铁（交流）噪声大	电源电压过低	提高控制回路的电压
	触点弹簧压力过大	调整触点弹簧压力
	电磁系统歪斜或存在机械干涉、卡滞现象，使衔铁与铁心不能平稳吸合	校正电磁系统，排除机械卡死故障
	铁心极面生锈或有异物（如油垢、尘埃）黏附于铁心极面	清洁铁心极面
	短路环断裂	调换铁心或短路环
	铁心极面因磨损过度而高低不平	更换铁心
触点熔焊	操作频率过高或产品超负荷使用	调换合适的接触器
	负载侧短路	排除短路故障，更换触点
	触点弹簧压力过小	调整触点弹簧压力
	触点表面有金属颗粒突起或有异物	清洁触点表面
	控制回路电压过低或机械上卡住，致使吸合过程中有停滞现象，触点停顿在刚接触的位置上	提高控制回路的电源电压，排除机械卡住故障，使接触器吸合可靠
八小时工作制的触点过热或灼伤	触点弹簧压力过小	调高触点弹簧压力
	触点上有油污，或表面高低不平，金属颗粒突出	清洁触点表面
	环境温度过高或使用在密闭的控制箱中	将接触器降容使用
	铜触点用于长期工作制系统中	将接触器降容使用
	触点的超程太小	调整触点超程或更换触点
短时间内触点过度磨损	接触器选用欠妥，在以下使用场合时，容量不足： （1）反接制动 （2）有较多密接操作（高频点动操作） （3）操作频率过高	将接触器降容使用或改用适于繁重任务的接触器
	三相触点不同时接触	调整至触点同时接触
	负载侧短路	排除短路故障，更换触点
	接触器不能可靠吸合	见"动作不可靠"的处理方法
相间短路	可逆转换的接触器联锁不可靠，由于误动作，致使两台接触器同时投入运行而造成相间短路，或因接触器动作过快，转换时间过短，在转换过程中发生电弧短路	检查电气联锁与机械联锁系统；在控制线路上加中间环节，以延长可逆转换时间，消除电弧
	尘埃堆积或粘有水汽、油垢，使绝缘劣化	加强维护，保持清洁
	产品零部件损坏（如灭弧罩破损）	更换损坏的零部件

3.5　继电器

普通电磁式继电器和热继电器

继电器是一类用于监测各种电量或非电量的电器，广泛用于电动机、电路的保护以及生产过程的自动化控制。

一般来说，继电器通过测量环节输入外部信号（如电压、电流等电量或温度、压力、速度等非电量）并传递给中间机构，将其与整定值（即设定值）进行比较，当达到整定值时，中间机构就使执行机构产生输出动作，从而闭合或分断电路，达到控制电路的目的。

常用的继电器有中间继电器、电压继电器、电流继电器、热继电器、时间继电器和速度继电器等。

继电器的主要技术参数有额定参数、吸合时间和释放时间、整定参数、灵敏度、触点的接通和分断能力、使用寿命等。

3.5.1 普通电磁式继电器

普通电磁式继电器的结构、工作原理与接触器类似，主要由电磁机构和触点系统组成，但没有灭弧装置，也没有主触点和辅助触点之分。

普通电磁式继电器的结构简图如图 3-37 所示，其文字与图形符号如图 3-38 所示。

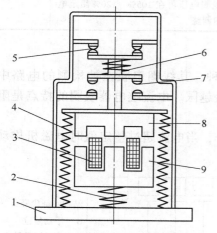

图 3-37　普通电磁式继电器结构简图
1—底座　2—铁心弹簧　3—电磁线圈
4—衔铁弹簧　5—动断触点　6—触点弹簧
7—动合触点　8—衔铁　9—铁心

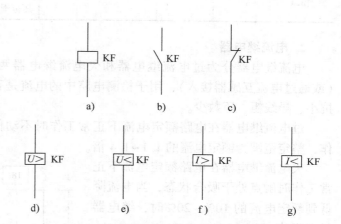

图 3-38　电磁式继电器的文字和图形符号
a）电磁式继电器的电磁线圈的一般符号　b）动合触点
c）动断触点　d）过电压继电器　e）欠电压继电器
f）过电流继电器　g）欠电流继电器

继电器与接触器的主要区别在于，继电器能灵敏地对电压、电流变化做出反应，触点数量很多但容量较小，主要用来切换小电流电路或用作信号的中间转换。

1. 电压继电器

电压继电器分为过电压继电器、欠电压继电器和零电压（失电压）继电器几种，其线圈并联在被检测的电路中，用于检测电路中的电压是否越限。电压继电器线圈的特点是阻抗大、导线细、匝数多。

电压继电器可以对所接电路上的电压的高低做出反应。过电压继电器在额定电压下触点不吸合，当线圈电压达到额定电压的 105%~120%以上时动作。欠电压继电器在额定电压下吸合，当线圈电压降低到额定电压的 40%~70%时释放；零电压继电器在额定电压下也吸合，当线圈电压达到额定电压的 5%~25%时释放。

电压继电器常用于构成机电传动系统的过电压保护、欠电压保护和零电压保护。

电压继电器的型号命名规则如图 3-39 所示。

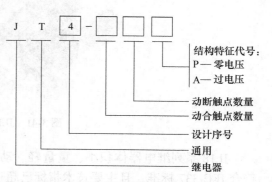

图 3-39　电压继电器的型号命名规则

常用的 JT4 系列电压继电器技术数据见表 3-11。

表 3-11 常用的 JT4 系列电压继电器技术数据

型号	电磁线圈规格/V	消耗功率/W	触点数目	复位方式	动作电压	返回系数
JT4-P	110、127、220、380	75	2动合、2动断 或者 1动合、1动断	自动	电磁线圈电压可在线圈额定电压的 60%~85% 范围内调整，释放电压在线圈额定电压的 10%~35%	0.2~0.4
JT4-A					电磁线圈电压可在 105%~120% 额定电压范围内调整	

2. 电流继电器

电流继电器分为过电流继电器和欠电流继电器两种，其线圈串联在被检测的电路中（或通过电流互感器接入），用于检测电路中的电流是否越限。电流继电器线圈的特点是阻抗小、导线粗、匝数少。

过电流继电器在电路额定电流下正常工作时不动作，当电流超过整定值时电磁机构动作，整定范围为额定电流的 1.1~1.4 倍。

欠电流继电器在电路额定电流下正常工作时触点处于吸合状态，当电流降低到额定电流的 10%~20% 时，继电器触点释放。

电流继电器常用于构成机电传动系统的过电流保护和欠电流保护。

电流继电器的型号命名规则如图 3-40 所示。JL18 系列过电流继电器（图 3-41）适用于交流 50Hz，电压至 380V 或直流电压至 440V，电流至 630A 的机电传动系统中，作过电流保护之用。

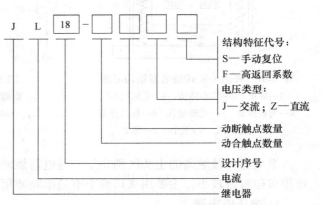

图 3-40 电流继电器的型号命名规则

图 3-41 JL18 系列过电流继电器

JL18 系列继电器体积小、重量轻、动作值调整方便、动作可靠、安装维修方便，产品符合 IEC 337 标准，且主要技术指标已超过 IEC 337 及某些发达国家标准中的相应指标。全系列品种齐全，包括交直流自动复位、手动复位、高返回系数型继电器，已经逐步取代了JL14、JL15、JL17 系列过电流继电器。

3. 中间继电器

中间继电器实质是一种电压继电器，其特点是触点多（有 6 对甚至更多）、触点电流小（额定电流一般为 5~10A）、动作灵敏（动作时间不长于 0.05s）。中间继电器主要用来对外部开关量的接通能力和触点数量进行放大。

中间继电器的型号命名规则如图 3-42 所示。以前常用的 JZ7 系列中间继电器现在已经被灵敏度更高、机械惯性更小的 JZ8、JZ14、JZ15、JZ17 系列中间继电器所取代。

JZ8 系列中间继电器（图 3-43）适用于交流 50Hz 或 60Hz，电压 500V 以下，直流电压220V 及以下的控制电路中。JZ14 系列中间继电器是在 JZ8 系列的基础上改进的，增加了手动测试功能。

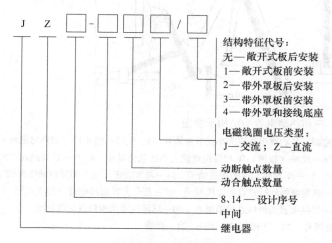

结构特征代号：
无——敞开式板后安装
1——敞开式板前安装
2——带外罩板后安装
3——带外罩板前安装
4——带外罩和接线底座

电磁线圈电压类型：
J——交流；Z——直流

动断触点数量
动合触点数量
8、14——设计序号
中间
继电器

图 3-42　中间继电器的型号命名规则

图 3-43　JZ8 系列中间继电器

3.5.2　热继电器

热继电器（亦称为热过载继电器，图 3-44 和图 3-45）是利用流过继电器的电流所产生的热效应而反时限动作的自动保护电器，多用作三相异步电动机的过载保护、断相（缺相）保护和电流不平衡保护，以防止电动机因上述故障导致过热而损坏。

图 3-44　JR36 系列热继电器

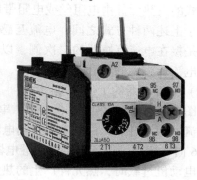

图 3-45　西门子 3UA 系列热继电器

1. 热继电器的结构与工作原理

（1）热继电器的结构

三相热继电器的结构示意图如图 3-46 所示。热继电器中产生热效应的发热元件，串接在电动机的电源电路中。这样，热继电器便能直接检测电动机的过载电流。热继电器的动断触点串入控制回路，动合触点可接入信号回路。

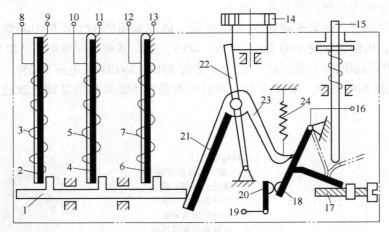

图 3-46 三相热继电器的结构示意图

1—导板（由绝缘电木制成，很轻） 2—反映（检测）U 相绕组电流大小的双金属片 3、5、7—热元件（加热电阻丝）
4—反映（检测）V 相绕组电流大小的双金属片 6—反映（检测）W 相绕组电流大小的双金属片 8、9—U 相元件的
接线端子 10、11—V 相热元件的接线端子 12、13—W 相热元件的接线端子 14—调节旋钮（用于调节热继电器的
整定动作电流） 15—手动复位按钮 16、19—热继电器动断触点的接线端子 17—复位方式选择螺钉（用于设定
热继电器是手动复位还是自动复位） 18—热继电器动断触点的动触点 20—热继电器动断触点的静触点
21—温度补偿双金属片 22—摆杆 23—推杆 24—弹簧

热继电器的检测元件，一般采用双金属片。所谓双金属片，就是将两种线膨胀系数不同的金属片以机械辗压方式使之形成一体。膨胀系数大的称为主动层，膨胀系数小的称为被动层。双金属片受热后产生线膨胀，由于两层金属的线膨胀系数不同，且两层金属又紧密地贴合在一起，因此，使得双金属片向被动层一侧弯曲，由双金属片弯曲产生的机械力便促使触点动作。

双金属片的受热方式有 4 种，即直接受热式、间接受热式、复合受热式和电流互感器受热式。直接受热式是将双金属片当作发热元件，使电动机的工作电流直接通过双金属片；间接受热式的发热元件由电阻丝或电阻带制成，缠绕在双金属片上且与双金属片绝缘；复合受热式介于上述两种方式之间；电流互感器受热式的发热元件不直接串接于电动机电源电路中，而是接在电流互感器的二次侧，以减少通过发热元件的电流（这种方式多用于电动机的工作电流比较大的场合）。

（2）热继电器的工作原理

如图 3-46 所示，热元件 3、5、7 串接在电动机定子绕组的电源电路中，电动机绕组的工作电流即为流过热元件的电流。当电动机正常运行时，热元件产生的热量虽能使双金属片 2、4、6 向右弯曲，但还不足以使继电器动作，热继电器的动断触点 18、20 保持闭合状态。

当电动机过载时，热元件产生的热量增多，使双金属片向右弯曲的变形增大。经过一定时间后，双金属片弯曲到推动导板 1，并通过温度补偿双金属片 21 与推杆 23 将动断触点 18

和 20 顶开。

触点 18 和 20 是串接在接触器（用于控制电动机电源电路）电磁线圈得电回路中的热继电器动断触点，该触点断开后将使接触器的电磁线圈失电。接触器的电磁线圈失电后，接触器的主触点立即分断，断开电动机的电源，以保护电动机。

温度补偿双金属片 21 起温度补偿作用，用于消除环境温度对热继电器动作的影响。其制造材料与双金属片 2、4、6 完全相同，热特性也完全相同。当环境温度发生变化时，温度补偿双金属片 21 产生的弯曲挠度（位移量）、弯曲方向与双金属片 2、4、6 产生的弯曲挠度（位移量）、弯曲方向完全一致，可确保热继电器的动作只与电动机绕组的过载电流有关，而与环境温度无关。

调节旋钮 14 是一个偏心轮，它与摆杆 22 构成一个杠杆。转动偏心轮，改变其半径，即可改变温度补偿双金属片 21 与导板 1 的接触距离，进而达到调节热继电器整定动作电流的目的。

此外，调节（拧动）复位方式选择螺钉 17，可改变动断触点 18 的初始位置，能使热继电器工作在手动复位和自动复位两种工作状态。调试手动复位时，在故障排除后要按下手动复位按钮 15，才能使动触点 18 与静触点 20 恢复闭合。

热继电器动作前后，其触点状态如图 3-47 所示。热继电器的调节旋钮与复位按钮如图 3-48 所示。

（3）具有断相保护功能的热继电器

三相电动机的一相接线松脱或一相熔断器熔断，是造成三相异步电动机定子绕组烧损的主要原因之一。

如果热继电器所保护的电动机定子绕组采用的是 Y 联结，则当电路发生一相断电时，另外两相绕组的电流便增大很多。由于线电流等于相电流，流过电动机绕组的电流和流过热继电器的电流增加比例相同。

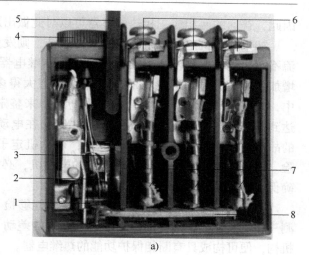

a)

b)

图 3-47　热继电器的触点状态

a）发生过载之前　b）发生过载之后

1—动合触点的静触点　2—动触点臂（其端部即为动触点）
3—动断触点的静触点　4—调节旋钮（用于整定电流的调节）
5—复位推杆　6—主电路接线端子　7—热元件
8—导板（由绝缘电木制成，很轻）

图 3-48　热继电器的调节旋钮与复位按钮

1—调节旋钮（用于调节热继电器的整定
动作电流）　2—手动复位按钮

因此，普通的两相或三相热继电器可以对此做出断电保护。

如果电动机定子绕组采用的是△联结，则发生断相故障时，由于电动机的相电流与线电流不等，流过电动机绕组的电流和流过热继电器的电流增加比例不同（电动机绕组电流的增加值要比流过热继电器的电流的增加值大得多），而热元件又串联在电动机的电源电路中，是按电动机的额定电流（即线电流）来整定的，且整定值较大。因此，当故障线电流达到热继电器的额定电流（整定值）时，在电动机定子绕组内部，电流较大的那一相绕组的故障电流将远远超过额定相电流，电动机定子绕组早已不堪重负，有因过热而烧毁的危险。所以，对定子绕组采用△联结的电动机，必须采用具有断相保护功能的热继电器，才能确保无虞。

在普通热继电器的基础上，增加一套能够检测三相电流变化，并可加快动断触点断开的差动机构，便可构成具有断相保护功能的热继电器。

差动式断相保护装置的结构原理如图 3-49 所示。热继电器的导板改为差动机构，由内导板、外导板及杠杆组成，它们之间都用铰链（转轴）连接。

图 3-49a 为通电前，热继电器各部件的位置。此时，热继电器的动断触点处于闭合状态。反映 U、V、W 三相电流大小的双金属片抵靠在外导板的三个驱动端上。

图 3-49b 为电动机正常工作时，热继电器各部件的位置。此时，反映 U、V、W 三相电流大小的双金属片都受热向左弯曲，驱动外导板（连同内导板）向左移动。但由于电动机工作正常，U、V、W 三相电流在额定值范围之内，因此，双金属片弯曲变形量（挠度）较小，故外导板仅向左移动一小段距离，热继电器不动作，其动断触点仍保持闭合。

图 3-49c 是三相定子绕组同时过载时，热继电器各部件的位置。此时，三相双金属片同时向左弯曲，且弯曲变形量（挠度）较大，故外导板（连同内导板）向左移动一段较大的距离，并通过杠杆将动断触点顶开，即热继电器动作，

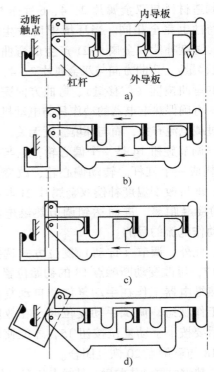

图 3-49　差动式断相保护装置的结构原理
a) 通电前，热继电器各部件的位置
b) 电动机正常工作时，热继电器各部件的位置
c) 三相定子绕组同时过载时，热继电器各部件的位置
d) W 相绕组断线（断相）时，热继电器各部件的位置

其动断触点断开、动合触点闭合（图中未示出动合触点），对电动机实施断电保护。

图 3-49d 是 W 相绕组断线（断相）时，热继电器各部件的位置。如果电动机在工作中，突然出现某一相绕组（例如 W 相）断线，则 W 相的电流值为零，而另外两相（U 相和 V 相）的电流会立刻增大很多。此时，反映 W 相电流值大小的双金属片会逐渐冷却降温，其端部向右移动，并推动内导板向右移动；而反映 U 相和 V 相电流值大小的双金属片会迅速升温，并以较快的速度向左弯曲，其端部推动外导板也以较快的速度向左弯曲。

此时，由于内导板向右移动，外导板向左移动，产生了差动作用，并通过杠杆的放大作用，促使动断触点更早、更快地被顶开。不难看出，采用具有断相保护功能的热继电器之后，定子绕组一旦发生断相故障，热继电器会加速动作，能够及时为电动机提供断电保护。

2. 热继电器的型号和主要技术参数

热继电器的型号命名规则如图 3-50 所示，其文字与图形符号如图 3-51 所示。

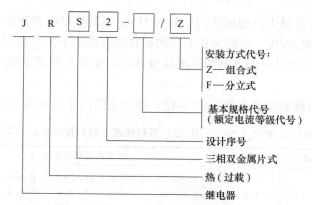

图 3-50　热继电器的型号命名规则

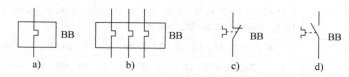

图 3-51　热继电器的文字与图形符号
a）单相热元件　b）三相热元件　c）动断触点　d）动合触点

热继电器的主要技术参数有额定电压、额定电流、相数、热元件编号、整定电流及刻度电流调节范围等。

热继电器的额定电流是指可装入的热元件的最大额定电流值。每种额定电流的热继电器可装入几种不同整定电流的热元件。为了便于用户选择，某些型号中的不同整定电流的热元件是用不同编号表示的。

热继电器的整定电流是指热元件能够长期通过而不致引起热继电器动作的电流值。手动调节整定电流的范围，称为刻度电流调节范围，可用来使热继电器更好地实现过载保护。

常用的热继电器有 JR20、JR36、JRS2 等系列。JR36 系列热继电器的技术参数见表 3-12。

表 3-12　JR36 系列热继电器的技术参数（部分）

型　　号	额定电流/A	热元件等级	
		热元件额定电流/A	电流调节范围
JR36-20	20	0.35	0.25～0.35
		11	6.8～11
		16	10～16
JR36-32	32	16	10～16
		32	20～32

（续）

型　号	额定电流/A	热元件等级	
		热元件额定电流/A	电流调节范围
JR36-63	63	22	14~22
		63	40~63

JRS2 系列热继电器是引进德国西门子公司 3UA5 系列热继电器技术生产的，主要适用于交流 50/60Hz、电压至 660V、电流为 0.1~630A 的电力系统中，供三相交流异步电动机作过载和断相保护之用，还能与 CJX1 系列交流接触器组合安装于封闭的壳体内，作为电动机电磁起动器使用。

JRS2 系列热继电器的技术参数（表 3-13）等同于西门子公司的 3UA5 系列。

表 3-13　JRS2（西门子 3UA5）系列热继电器的技术参数（部分）

型　号	额定工作电流/A	整定电流调节范围/A
JRS2-12.5	14.5	0.1~0.16，0.16~0.25，0.25~0.4，0.32~0.5，0.4~0.63，0.63~1，0.8~1.25，1~1.6，1.25~2，1.6~2.5，2~3.2，2.5~4.3，3.2~5.4，4~6.3，5~8，6.3~10，8~12.5，10~14.5
JRS2-25	25	0.1~0.16，0.16~0.25，0.25~0.4，0.4~0.63，0.63~1，0.8~1.25，1~1.6，1.25~2，1.6~2.5，2~3.2，2.5~4.3，3.2~5.4，4~6.3，5~8，6.3~10，8~12.5，10~16，12.5~20，16~25
JRS2-32	36	4~6.3，6.3~10，10~16，12.5~20，16~25，20~32，25~36
JRS2-80	88	12.5~20，16~25，20~32，25~40，32~50，40~57，50~63，57~70，63~80，70~88
JRS2-180	180	55~80，63~90，80~110，90~120，110~135，120~150，135~160，150~180
JRS2-400	400	80~125，125~200，180~250，220~320，250~400
JRS2-630	630	320~500，400~630

JRS2 系列热继电器为三相双金属片式，其断相保护为差动式结构；温度补偿装置可使保护特性免受周围环境温度变化的影响。

JRS2 系列热继电器具有手动和自动复位功能，当调到手动复位位置时，热继电器脱扣后会有绿色指示灯显示。

JRS2 系列热继电器具有手动红色测试按钮和蓝色复位按钮。当按下红色测试按钮时，热继电器脱扣，动断触点断开，动合触点闭合；按下蓝色复位按钮时，动断触点闭合，动合触点断开恢复到初始状态。

JRS2 系列热继电器既可独立插入接触器，又可通过标准卡轨（导轨）安装。JRS2-12.5 Z 热继电器可直接与 CJX1-09~12 接触器插接；JRS2-25 Z 热继电器可直接与 CJX1-16~22 接触器插接；JRS2-32 Z 热继电器可直接与 CJX1-32 接触器插接；JRS2-63 Z 热继电器可直接与 CJX1-45~63 接触器插接。

JRS2 系列热继电器热元件的额定电流为交叉式的重叠排列，实现了常用电流范围的全覆盖，方便用户选用。

JRS2 系列热继电器使用寿命长，可进行 1000 次的过载保护。

3. 热继电器的选用

热继电器主要用于电动机的过载保护，因此，在选用时必须了解被保护对象的工作环境、起动情况、负载性质、工作制以及电动机的过载能力。

选用热继电器的基本原则是，确保热继电器的保护特性（亦称安-秒特性）曲线位于电动机的过载特性曲线的下方（图 3-52），并使两者尽可能地接近，甚至重合，以充分发挥电动机的过载能力，同时使电动机在短时过载和起动（起动电流可达额定电流的 5~7 倍）时，热继电器不致产生误动作。

一般情况下，常按电动机的额定电流选取，使热继电器的整定值为 $(0.95 \sim 1.05)\, I_N$（I_N 为电动机的额定工作电流）。使用时，热继电器的调节旋钮应调到该额定值，否则将不能起到保护作用。

对于定子绕组采用三角形联结的电动机，某相断线后，流过热继电器的电流与流过电动机绕组的电流增加比例是不同的，其中最严重的一相比其余两相绕组电流要大一倍，增加比例也最大。这种情况应该选用具有断相保护功能的热继电器。

对于频繁正转、反转，频繁起动、制动的电动机不宜采用热继电器来保护，而应使用埋入电动机绕组内的热敏电阻来实施过载保护。

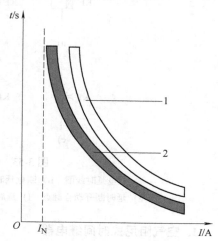

图 3-52 电动机的过载特性和
热继电器的保护特性及其匹配
1—电动机的过载特性 2—热继电器的保护特性
注：考虑各种误差的影响，电动机的过载特性和热继电器的保护特性都不是一条曲线，而是一条工作带。显而易见，误差越大，工作带越宽；误差越小，工作带越窄。

例 3-2 某机床电动机的型号为 YE5-132M1-6，定子绕组为△联结，额定功率为 4kW，额定电流为 9.46A，额定电压为 380V，要对该电动机进行过载保护，试选用热继电器的型号、规格。

解：根据电动机的额定电流值 9.46A，查表 3-12 可知，应选择额定电流为 20A 的热继电器，其整定电流可取电动机的额定电流 9.46A，热元件的电流等级选用 11A，其调节范围为 6.8~11A；由于电动机的定子绕组采用△联结，应选用带断相保护装置的热继电器。

因此，可选用 JR36-20 型热继电器，热元件的额定电流选用 11A。亦可查表 3-13，选择 JRS2-25 型热继电器，热元件的额定电流选用 12.5A，其调节范围为 8~12.5A。

3.5.3 时间继电器

在生产中经常需要按一定的时间间隔来对生产机械进行控制，时间控制通常是利用时间继电器来实现的。

时间继电器

时间继电器是一种利用电磁原理、机械动作原理或电子电路原理实现触点延时接通（闭合）或断开的自动控制电器。常用的时间继电器有空气阻尼式、电动式、晶体管式和集成电路数字显示式等多种。

时间继电器的文字与图形符号如图 3-53 所示。

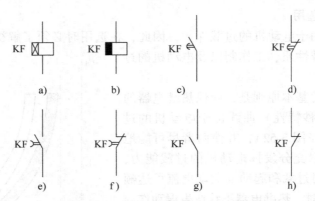

图 3-53　时间继电器的文字与图形符号

a）通电延时线圈　b）断电延时线圈　c）延时闭合动合触点　d）延时断开动断触点

e）延时断开动合触点　f）延时闭合动断触点　g）瞬动动合触点　h）瞬动动断触点

1. 空气阻尼式时间继电器

空气阻尼式时间继电器是基于空气阻尼原理获得延时的，有通电延时型和断电延时型两种。常用的空气阻尼式时间继电器有 JS7 系列等。

空气阻尼式时间继电器的延时范围较大，一般为 0.4~180s，但其延时误差也较大，难以精确地整定延时时间，且体积也大，因此，已经逐渐被晶体管式、电子式时间继电器取代。

2. 晶体管式时间继电器

晶体管式时间继电器也称为半导体式时间继电器，是基于电容对电压变化的阻尼作用原理实现延时控制的，其特点是延时范围广、整定精度高、体积小、寿命长，整定调节也非常方便。

常用的 JS20 系列晶体管式时间继电器（图 3-54）是全国统一设计的产品，与同类产品相比，具有通用性好、工作稳定可靠、延时精度高、延时范围广、输出触点容量较大等特点。

图 3-54　JS20 系列晶体管式
时间继电器

JS20 系列晶体管式时间继电器适用于交流 50Hz、电压 380V 及以下或直流电压 110V 及以下的控制电路中，作为控制时间的元件，以延时接通或开断电路。

JS20 系列晶体管式时间继电器的型号命名规则如图 3-55 所示，其主要技术参数见表 3-14，延时范围见表 3-15。

表 3-14　JS20 系列晶体管式时间继电器的主要技术参数

型　号	JS20	JS20-D
工作方式	通电延时	断电延时
触点数量	延时 2 转换	—
触点容量	AC 220V，5A，$\cos\varphi=1$；DC 28V，5A	AC 220V，1A，$\cos\varphi=1$
工作电压	AC 50Hz 36V、110V、127V、220V、380V，DC 24V	
安装方式	装置式、面板式、外接式	
机械寿命/次	1×10^5	
电气寿命/次	1×10^5	

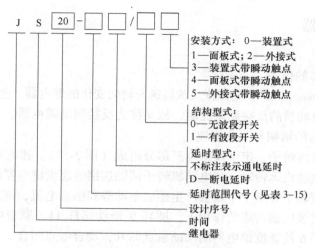

图 3-55 时间继电器的型号命名规则

安装方式： 0—装置式
1—面板式；2—外接式
3—装置式带瞬动触点
4—面板式带瞬动触点
5—外接式带瞬动触点

结构型式：
0—无波段开关
1—有波段开关

延时型式：
不标注表示通电延时
D—断电延时

延时范围代号（见表 3-15）
设计序号
时间
继电器

表 3-15　JS20 系列晶体管式时间继电器的延时范围

延时范围代号	1	5	10	30	60	120	180
延时范围/s	0.1~1	0.5~5	1~10	3~30	6~60	12~120	18~180
延时范围代号	300	600	900	1200	1800	3600	—
延时范围/s	30~300	60~600	90~900	120~1200	180~1800	360~3600	—

3. 带数字显示功能的电子式时间继电器

带数字显示功能的电子式时间继电器（简称数显式时间继电器）采用集成电路构成延时电路，并以发光二极管（LED）显示延时时间。数显式时间继电器延时时间长、延时精度高、计数清晰、准确直观、工作稳定可靠，已经在各种生产工艺过程的自动控制系统中广泛使用。

常用的 JS11 系列电子式时间继电器如图 3-56 所示，对于其主要技术参数，读者可自行查阅相关资料，为节省篇幅，在此不再赘述。

图 3-56　JS11 系列电子式时间继电器

4. 时间继电器的选用

1）根据控制系统的延时范围和延时精度要求选择时间继电器的类型和系列。

2）根据控制电路的要求选择时间继电器的延时方式。

3）根据控制电路的电压选择时间继电器的工作电压。

5. 时间继电器的安装与使用

1）时间继电器应按说明书规定的方向安装。

2）时间继电器的整定值应预先在不通电时整定好。

3）时间继电器金属底板上的接地螺钉必须与接地线可靠连接。

4）通电延时型和断电延时型时间继电器的延时时间可在整定范围内自行调换。

5）对于空气阻尼式时间继电器，应经常清除灰尘及油污，否则延时误差会增大。

3.5.4　其他继电器

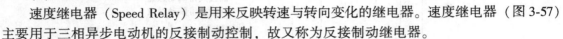
其他继电器

1. 速度继电器

（1）速度继电器的作用

速度继电器（Speed Relay）是用来反映转速与转向变化的继电器。速度继电器（图 3-57）主要用于三相异步电动机的反接制动控制，故又称为反接制动继电器。

（2）速度继电器的结构与工作原理

速度继电器主要由转子、定子及触点三部分组成（图 3-58）。速度继电器是基于电磁感应原理工作的，当电动机运转时，与电动机转子同轴连接的速度继电器转子也随之旋转。此时，速度继电器笼型转子导条 7 中就会产生感应电动势和感应电流，该感应电流与磁场作用而产生电磁转矩。在该电磁转矩的作用下，圆环 9 带动摆杆 11，顺着电动机运转方向偏转一定角度，通过推杆 6 使速度继电器的动断触点断开，动合触点闭合。

图 3-57　JY1 型速度继电器

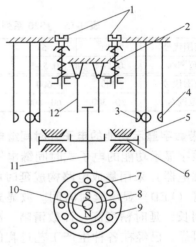

图 3-58　速度继电器的结构示意图

1—调节螺钉　2—反力弹簧　3—动断触点　4—动合触点
5—动触点　6—推杆　7—笼型转子导条　8—永磁转子
9—圆环　10—转子　11—摆杆　12—返回杠杆

当电动机转速下降到一定数值时，电磁转矩减小，返回杠杆 12 使摆杆 11 复位，各触点也随之复位。

当电动机反转时，将使另一对触点动作。通常，当速度继电器转子的转速达到 120r/min 时，触点即动作；当转速低于 100r/min 时，触点即复位。

速度继电器的文字和图形符号如图 3-59 所示。常用的速度继电器有 JY1 型和 JFZ0 型两种，其主要技术参数见表 3-16。

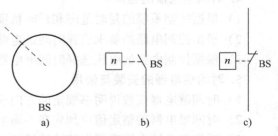

图 3-59　速度继电器的文字和图形符号

a）转子　b）动合触点　c）动断触点

表 3-16　速度继电器的主要技术参数

型号	触点容量		触点数量		额定工作转速/(r/min)	允许操作频率/(次/h)
	额定电压/V	额定电流/A	正转时动作	反转时动作		
JY1	380	2	1 组转换触点	1 组转换触点	100~3600	<30
JFZ0					300~3600	

2. 固态继电器

固态继电器（Solid State Relay，SSR，图 3-60）又叫半导体继电器，是由半导体器件组成的继电器。

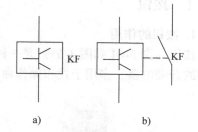

固态继电器是一种无触点继电器，它能够实现强、弱电的良好隔离，其输出信号又能够直接驱动强电电路（几安培）的执行元件。

固态继电器具有可靠性高、开关速度快、工作频率高、使用寿命长、便于小型化、输入控制电流小（几毫安）等特点，还具有可与 TTL、CMOS 等集成电路兼容等突出优点。

固态继电器有多种产品，按照负载电源类型可分为直流型固态继电器和交流型固态继电器。直流型以功率晶体管作为开关器件，交流型以晶闸管作为开关器件。按照输入、输出之间的隔离形式可分为光耦合隔离型和电磁隔离型。按照控制触发的信号可分为过零型和非过零型、有源触发型和无源触发型。

图 3-60　光耦合式交流固态继电器

固态继电器的文字和图形符号如图 3-61 所示。

目前，固态继电器主要应用于自动控制装置、微型计算机数据处理系统的终端装置、可编程序控制器的输出模块、数控机床的数控装置以及微机控制的测量仪表中。

使用固态继电器时，应注意以下两点：

1）选择固态继电器时应根据负载类型（阻性、感性）来确定，并且要采取有效的过电压保护措施。

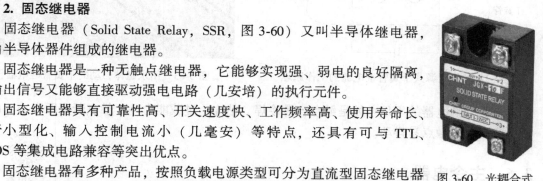

图 3-61　固态继电器的文字和图形符号
a）驱动器件　b）触点

2）过电流保护应采用专门保护半导体器件的熔断器或动作时间小于 10ms 的断路器。

3. 干簧管继电器

干簧管继电器（亦称为舌簧继电器）可以反映电压、电流、功率以及电流极性等信号，在自动检测、自动控制、计算机计数等领域应用广泛。

外接电源式干簧管继电器的工作原理如图 3-62 所示。线圈通电后，玻璃管中的两个舌簧片被磁化成 N 极和 S 极而相互吸引，进而吸合，向外界发出信号。

干簧管继电器还可以用永磁体来驱动（图 3-63），反映非电信号，用于限位、行程控制以及非电量检测等。

干簧管继电器的吸合功率小，灵敏度高；触点密封，不受尘埃、潮气及有害气体的影响，触点电寿命长（一般可达 10^8 次左右）；簧片质量小、行程短，动作速度快；结构简单，体积小；价格低廉。

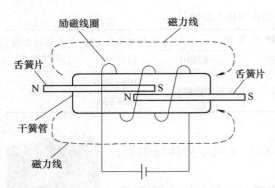

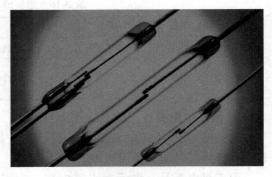

图 3-62　外接电源式干簧管继电器的工作原理　　　　图 3-63　用永磁体驱动的干簧管继电器

　　干簧管继电器的不足之处是触点容易冷焊、粘连，过载能力差，触点断开距离小，耐压低，断开瞬间触点易抖动。

3.6　主令电器

　　主令电器用于发布操作命令以接通和分断控制电路。常见类型有按钮、位置开关、万能转换开关、主令控制器和指示灯等。

3.6.1　按钮

1. 按钮的作用

　　按钮（图 3-64 和图 3-65）是一种用人力（一般为手指或手掌）操作，并具有储能复位功能的开关电器，多用于发布操作命令或形成电气联锁。

图 3-64　单体按钮　　　　　　　　图 3-65　复合按钮（LA25 系列通用型按钮）

2. 按钮的结构组成

　　如图 3-66 所示，按钮主要由按钮帽、复位弹簧、桥式动触点、动合静触点、动断静触点和装配基座等组成。

　　按钮的文字和图形符号如图 3-67 所示。

　　操作时，将按钮帽往下按，桥式动触点就向下运动，动断触点先行分断，动合触点才能接通。

　　一旦操作人员的手指离开按钮帽，在复位弹簧的作用下，先是动合触点分断，然后是动断触点闭合。

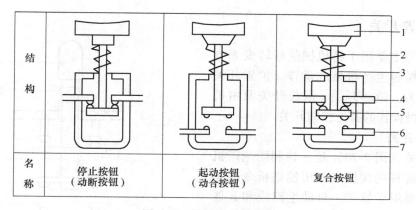

图 3-66　按钮的一般结构

1—按钮帽　2—复位弹簧　3—支柱连杆　4—动断静触点　5—桥式动触点
6—动合静触点　7—外壳（装配基座）

3. 按钮的型号及选用

按钮的型号命名规则如图 3-68 所示。

按钮的使用场合非常广泛，规格品种很多。目前生产的按钮产品有 LA10、LA18、LA19、LA20、LA25、LA30 等系列，引进产品有 LAY3、LAY4、PBC 等系列。其中，LA25 是通用型按钮的更新换代产品。

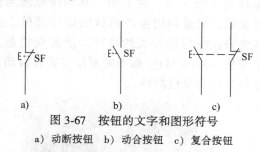

图 3-67　按钮的文字和图形符号

a）动断按钮　b）动合按钮　c）复合按钮

可根据动合触点数、动断触点数及控制现场的具体要求选用按钮的型号和规格。为确保发生事故时能够迅速切断系统电源，及时救援，一般多选择红色或橙色的蘑菇头式紧急停车按钮（图 3-69）作为机电传动系统的总停车按钮。紧急停车按钮一般都具有自锁功能，待故障抢修完毕后，需沿着箭头方向旋转按钮，按钮方可复位。紧急停车按钮的自锁功能，进一步提高了电气控制系统的操作安全性。

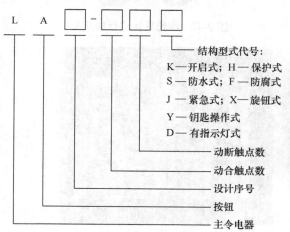

结构型式代号：
K—开启式；H—保护式
S—防水式；F—防腐式
J—紧急式；X—旋钮式
Y—钥匙操作式
D—有指示灯式
动断触点数
动合触点数
设计序号
按钮
主令电器

图 3-68　按钮的型号命名规则

图 3-69　蘑菇头式紧急停车按钮

3.6.2　位置开关

位置开关主要用于将机械位移转变为电信号，用来控制生产机械的动作。位置开关包括行程开关、微动开关、限位开关及由机器部件或机械操作的其他控制开关。

1. 行程开关

行程开关（图 3-70）是一种利用生产机械某些运动部件的碰撞来发出控制指令的主令电器，主要用于机床、自动生产线和其他生产机械的限位及流程控制。

行程开关分为直动式（图 3-71）和滚轮旋转式（图 3-72）两大类。其动作原理与按钮类似，只是利用生产机械的运动部件上的撞块来碰撞行程开关的推杆，使触点状态发生变化（图 3-73）。触点的复位方式有自动复位和非自动复位两种。

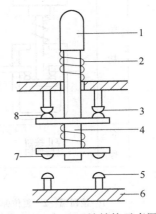

图 3-70　行程开关结构示意图

1—碰撞杆盖帽　2—复位弹簧　3—上部静触点
（与上部动触点 8 组成动断触点）　4—碰撞杆（连杆）
5—下部静触点（与下部动触点 7 组成动合触点）
6—安装基体（壳体）　7—下部动触点　8—上部动触点

图 3-71　直动式行程开关

图 3-72　滚轮旋转式行程开关

a)

b)

图 3-73　行程开关的触点状态

a）碰撞之前的触点状态　b）碰撞之后的触点状态

行程开关的型号命名规则如图 3-74 和图 3-75 所示，其文字和图形符号如图 3-76 所示。

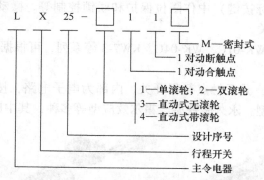

图 3-74　LX25 系列行程开关型号命名规则

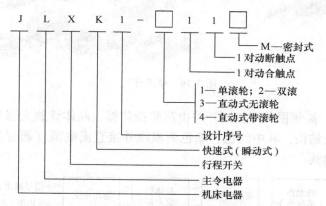

图 3-75　JLXK1 系列机床用行程开关型号命名规则

目前国产产品有 JLXK1、LX19、LX22、LX25、LX32、LX33 等系列行程开关，引进产品有 3SE3 等系列行程开关。

行程开关的主要技术参数有额定电压、额定电流、触点状态切换时间、动作力、动作角度或工作行程、触点数量、结构型式和操作频率等。可查阅相关技术资料，结合实际需要，依据主要技术数据选择和使用行程开关。

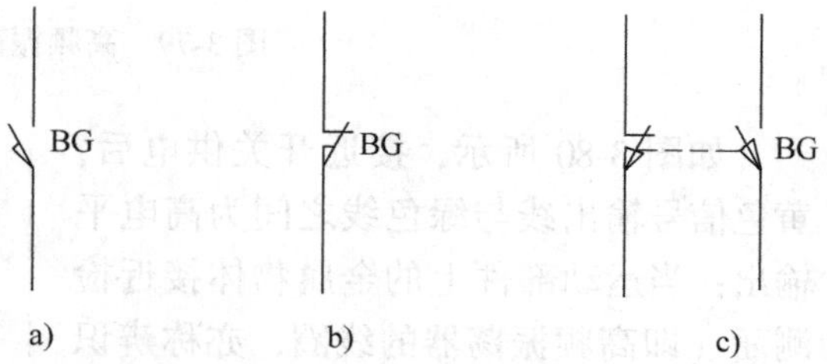

图 3-76　行程开关的文字和图形符号

a）动合触点　b）动断触点　c）复合触点

2. 微动开关

微动开关（图 3-77）是行程非常小的瞬时动作开关，其特点是操作力小和操作行程短

图 3-77　微动开关

且使用寿命长（可长达 3000 万次），用于机械、纺织、轻工、电子仪器等各种机械设备和家用电器（如计算机鼠标按键）中作限位保护和联锁控制等。微动开关也可看成尺寸甚小而又非常灵敏的行程开关。

常用的微动开关有 WK-01C、WK-04C、KW7-3 等系列，可根据实际需要选用。

3. 接近开关

接近开关（图 3-78）是无触点行程开关，内部为电子电路，按工作原理分为高频振荡型、电容型、感应电桥型、永久磁铁型、霍尔效应型等多种，其中以高频振荡型最为常用。

图 3-78　接近开关

如图 3-79 所示，高频振荡型接近开关由高频振荡器、晶体管放大器和输出电路三部分组成。一般为三线制结构，其中红色、绿色两根线外接直流电源（通常为 DC 24V），另一根黄色线为信号输出线。

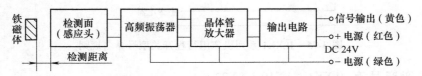

图 3-79　高频振荡型接近开关组成框图

如图 3-80 所示，接近开关供电后，黄色信号输出线与绿色线之间为高电平输出；当运动部件上的金属物体接近检测面（即高频振荡器的线圈，亦称辨识头）时，由于该金属物体内部产生涡流损耗，造成振荡回路等效电阻增大，能量损耗增加，使振荡减弱直至终止，黄色信号输出线与绿色线之间翻转成低电平。可利用该信号驱动一个继电器或直接将该信号输入可编程序控制器（PLC）等控制回路，以实现电路的自动控制。

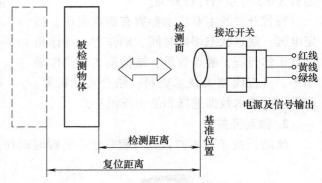

图 3-80　接近开关工作原理简图

接近开关的图形和文字符号如图 3-81 所示。常用的接近开关有 LJ（令接）1、LJ2、JX10、JK 等系列。

接近开关具有工作稳定可靠、使用寿命长、重复定位精度高、操作频率高、动作迅

速、体积小巧、便于布置等优点，在机电传动
控制系统，特别是数控机床控制系统中的应用
非常广泛。

可根据使用目的、使用场所的条件以及与控
制装置的相互关系等来选择、使用接近开关。选
用接近开关时，还要充分考虑被检测物体的形
状、大小、有无镀层、被检测物体与接近开关的
相对运动方向及其检测距离等因素。

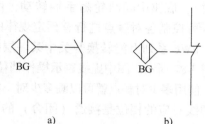

a) b)

图 3-81 接近开关的图形和文字符号
a）动合触点 b）动断触点

4. 光电开关

光电开关（亦称为光电传感器，图 3-82）利用被检测物体对光束的遮挡或反射，由同
步回路选通电路，从而检测物体的有无（靠近或远离）。被检测物体不限于金属，所有能遮
挡或反射光线的物体均可被检测。

光电开关将输入电流在发射器上转换为光信
号射出，接收器再根据接收到的光线的强弱或有
无对目标物体进行探测，将光信号转变成电信号
后经放大去控制输出（图 3-83）。

光电开关在机电传动控制系统，特别是数控
机床领域应用广泛，如用光电开关来检测工件的
数量、计量机械臂的运动次数等。

光电开关的图形和文字符号如图 3-84 所示。
常用的光电开关有 G 系列、E 系列等，可根据实
际需要，结合光电开关的技术参数进行选用。

图 3-82 光电开关

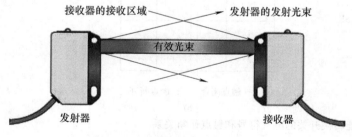

图 3-83 光电开关的工作示意图

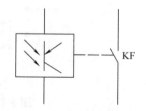

图 3-84 光电开关的图形和文字符号

3.6.3 万能转换开关与主令控制器

1. 万能转换开关

万能转换开关（Highly Versatile Change-over Switch，亦称为 CAM Switch，图 3-85）主要
用于电气控制线路的转换、配电设备的远距离控制、电气测量仪表的转换和微电机的控制，
也可用于小容量笼型异步电动机的起动、换向和变速。由于它能控制多个回路，适应复杂线
路的要求，故有"万能"转换开关之称。

LW（令万）6 系列万能转换开关由操作机构、面板、手柄和触点安装座等组成，触点
安装座最多可以安装 10 层，每层均可安装 3 对触点，操作手柄有多档停留位置（最多 12 个

档位），底座中间凸轮随手柄转动，由于每层凸轮设计的形状不同，所以用不同的手柄档位，可控制各对触点进行有预定规律的接通或分断。

LW6 系列万能转换开关中某一层的结构示意图如图 3-86 所示，电气符号和触点通断关系如图 3-87 所示。图中虚线表示操作档位，有几个档位就画几根虚线，实线与成对的端子表示触点，使用多少对触点就可以画多少对。在虚实线交叉的地方只要标黑点就表示实线对应的触点，在虚线对应的档位是接通（闭合）的，不标黑点就意味着该触点在该档位被分断（断开）。

图 3-85　万能转换开关

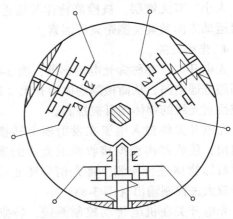

图 3-86　LW6 系列万能转换开关某一层的结构示意图

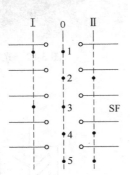

a)

触点号	I	0	II
1	+	+	−
2	−	+	+
3	+	+	−
4	−	+	+
5	−	+	+

+：触点闭合　−：触点断开

b)

图 3-87　万能转换开关的电气符号和触点通断关系

a）图形符号及文字符号　b）触点通断表

常用的万能转换开关有 LW8、LW6、LW5、LW2 系列等，可根据实际需要，结合控制回路数量进行选择和使用。

2. 主令控制器

主令控制器（Master Controller，又称为主令开关，图 3-88），主要用于在机电传动控制系统中，按照预定程序分合触点，转换控制电路，达到发布命令或实现控制电路联锁、转换的目的。

主令控制器适用于对电路进行频繁接通和分断的场

图 3-88　主令控制器

合，通过接触器实现对电动机的起动、制动、调速、反转控制及远距离控制，广泛用于各类起重机械的驱动电动机的控制系统中。主令控制器的控制对象是二次电路，其触点工作电流较小。

主令控制器的电气符号与万能转换开关相同。

常用的主令控制器有 LK（令控）5、LK16、LK17、LK18、LK22 等系列，可根据实际需要，结合控制回路数量进行选择和使用。

3.6.4　信号电器

信号电器用于指示电气控制系统的工作状态，或发出报警信息。常用的信号电器有指示灯、蜂鸣器和电铃等。

1. 指示灯

指示灯（亦称信号灯，图 3-89）在各类电气设备及电气线路中做电源指示及指挥信号、预告信号、运行信号、事故信号及其他信号的指示。

指示灯主要是以光亮指示的方式引起操作者注意或者指示操作者进行某种操作，并作为某一种状态或指令正在执行或已被执行的指示。

指示灯的文字和图形符号如图 3-90 所示。不同颜色的指示灯，用于表征控制系统的不同状态，其具体应用情况见表 3-17。

图 3-89　指示灯　　　　　　　　　　　　　　　图 3-90　指示灯的文字和图形符号

表 3-17　指示灯的颜色与含义

颜　色	系 统 状 态	含　义
红色	紧急情况	危险状态或需立即采取行动，压力/温度超越安全范围；因保护器件动作而停机；有触及带电或运动的部件的危险
黄色	不正常	系统处于异常状态；接近临界状态，压力/温度超过正常范围；保护装置已经动作；当前仅能承受短时过载
绿色	安全	系统状态正常，允许进行下一步操作；压力/温度处于正常状态；自动控制系统运行正常
蓝色	强制性	表示控制系统需要操作人员介入，并采取必要的措施
白色	没有特殊意义	其他状态，如对红色、黄色、绿色或蓝色存在不确定时，允许使用白色

指示灯耗电少、寿命长（可连续工作 30000h 以上），在机电传动控制系统中应用广泛。常用的指示灯有 LD（令灯）11、XDJ（信灯节）1、AD（按灯）3、AD11 等系列，可根据实际需要，结合灯管颜色进行选用。

2. 蜂鸣器和电铃

蜂鸣器和电铃常用于发出声响报警信号。蜂鸣器（图 3-91）多用于控制系统的报警，而电铃（图 3-92）多用于比较空旷或比较嘈杂的工作现场。

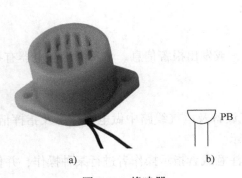

图 3-91　蜂鸣器
a）实物照片　b）文字和图形符号

图 3-92　电铃
a）实物照片　b）文字和图形符号

3.7　断路器

断路器的用途、
分类和工作原理

3.7.1　断路器的用途、分类和工作原理

1. 断路器的用途和分类

断路器（Circuit Breaker，图 3-93 ~ 图 3-95）用于不频繁接通、分断线路的正常工作电流，也能在电路中出现短路、过载、欠电压等故障时，在一定时间内自动断开电源电路。

低压断路器是用于交流电压 1200V、直流电压 1500V 及以下电压范围的断路器，有多种分类。按使用类别可分为非选择型（A 类，在短路情况下，没有用于选择性的人为短延时）和选择型（B 类，在短路情况下，具有用于选择性的人为短延时，且可调节）两类；按极数可分为单极、双极、三极和四极等；按动作速度可分为快速型和一般型；按结构型式分有塑料外壳式和万能式两大类；按灭弧介质可分为空气式和真空式，目前应用最广泛的是空气式断路器。

2. 断路器的工作原理

断路器的工作原理如图 3-96 所示。三个主触点 1 是动合触点，靠断路器外部的操作手柄或电磁铁合闸（图中未示出）。合闸后，合闸杆拉簧 14 被拉伸，锁扣 3 将

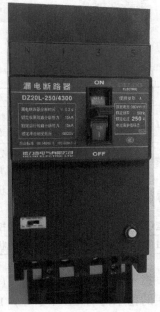

图 3-93　DZ20L 系列漏电断路器

合闸杆 2 和自由脱扣器 4 扣住，保持主触点闭合。

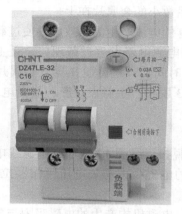

图 3-94 DZ47LE-32 断路器

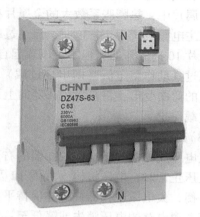

图 3-95 DZ47S-63 断路器

当受控电路工作正常时，流过断路器的电流也在其整定电流范围内。此时，合闸杆 2 和自由脱扣器 4 被锁扣 3 扣住，三个主触点 1 保持闭合。

自由脱扣器呈"王"字形，在其下部分别设置有过电流脱扣器、过载脱扣器、欠电压脱扣器和分励脱扣器。任何一个脱扣器动作，都会将自由脱扣器向上顶起，并绕着右侧的铰接点做顺时针偏转，使锁扣 3 脱扣（Tripping/Releasing，即搭钩被分开）。锁扣 3 脱扣后，合闸杆 2 在合闸杆拉簧 14 的作用下回位，使三个主触点 1 保持在断开位置，完成主触点的分断。

（1）过电流保护

过电流脱扣器线圈 5 和过电流脱扣器拉簧 6 置于过电流脱扣器杠杆的左右两侧。过电流脱扣器线圈 5 串联于主电路中，在主电路电流为正常值时，电磁机构（线圈及铁心）产生的电磁吸力与过电流脱扣器拉簧 6 的拉力平衡，过电流脱扣器杠杆亦保持平衡。

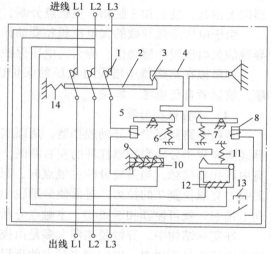

图 3-96 断路器的工作原理

1—主触点 2—合闸杆 3—锁扣（搭钩） 4—自由脱扣器（综合脱扣器） 5—过电流脱扣器线圈 6—过电流脱扣器拉簧 7—分励脱扣器拉簧 8—分励脱扣器线圈 9—过载脱扣器线圈 10—过载脱扣器双金属片 11—欠电压脱扣器拉簧 12—欠电压脱扣器线圈 13—分励脱扣器按钮 14—合闸杆拉簧

当发生短路故障，使任何一相主电路的电流超过其动作整定值（即出现过电流）时，电磁机构产生的电磁吸力将大于过电流脱扣器拉簧 6 的拉力，使过电流脱扣器杠杆绕其铰接点做逆时针偏转，将自由脱扣器向上顶起，使锁扣 3 脱扣、主触点分断，切断电源电路，实现过电流保护。

（2）过载保护

过载脱扣器（亦称热脱扣器）置于自由脱扣器的左下方，由一组热膨胀系数不同的双金属片和线圈组成。在过载脱扣器双金属片 10 上缠绕着与主电路串联的过载脱扣器线圈 9。在双金属片中，热膨胀系数大的金属片在下，热膨胀系数小的金属片在上。

在主电路电流为正常值时，流过过载脱扣器线圈 9 的电流产生的热效应，使过载脱扣器双金属片 10 向上弯曲，但不足以顶起自由脱扣器。当电源电路发生过载现象，且主电路的电流超过其动作整定值（即出现过载）并且经过一定时间后，过载脱扣器双金属片会产生足够大的弯曲变形，将自由脱扣器向上顶起，使锁扣 3 脱扣、主触点分断，切断电源电路，实现过载保护。

（3）欠电压保护

欠电压脱扣器置于自由脱扣器的右下方，欠电压脱扣器线圈 12 上加有电源线电压。在电源电压正常时，电磁机构（线圈 12 及铁心）产生的电磁吸力与欠电压脱扣器拉簧 11 的拉力平衡，欠电压脱扣器杠杆亦保持平衡。

当电源电路的电压消失或降低至一定数值以下时，电磁机构产生的电磁吸力与欠电压脱扣器拉簧 11 的拉力失去平衡，使欠电压脱扣器杠杆绕其铰接点做顺时针偏转，将自由脱扣器向上顶起，使锁扣 3 脱扣、主触点分断，切断电源电路，实现欠电压保护。

由于电压降低导致的欠电压脱扣器动作，称为欠电压保护；由于电压消失（亦称零压）导致的欠电压脱扣器动作，称为失电压保护，亦称零压保护。

如果拟在断路器中增设过电压的保护机构（过电压脱扣器），该如何设计呢？这个问题，请读者自己思考、解决。

（4）远程遥控分断

有些断路器还设有分励脱扣器，用以实现远程遥控分断。分励脱扣器拉簧 7 和分励脱扣器线圈 8 置于分励脱扣器杠杆的左右两侧。平时，分励脱扣器杠杆在拉簧 7 的作用下，不与自由脱扣器接触。当需要分断主触点时，只需按下按钮 13，使分励脱扣器线圈 8 产生的电磁吸力克服拉簧 7 的拉力，进而使分励脱扣器杠杆绕其铰接点做顺时针偏转，将自由脱扣器向上顶起，就可使锁扣 3 脱扣、主触点分断。

在实际结构中，分励脱扣器大多是由控制电源供电的，其线圈可根据操作人员的命令或继电保护信号而通电，以实现主触点的远程遥控分断。

根据实际需要，一台断路器上可装设两只或三只过电流脱扣器。欠电压脱扣器和分励脱扣器则可选装其中之一或两者都装，小型断路器也可不装。此外，在电磁式过电流脱扣器上，还可以增设延时装置，使主触点的分断具有选择性，进一步拓展断路器的保护特性。

需要注意的是，对于带有欠电压脱扣器的断路器，只有在进线端子已经上电的情况下，断路器方能合闸。否则，即便使用外力强制合闸，由于欠电压脱扣的保护作用，断路器也会自动跳闸。

另外还需指出，图 3-96 中的"王"字形自由脱扣器，是为了便于说明断路器的工作原理而绘制的，断路器中实际采用的脱扣器结构形式多种多样，可以与"王"字形脱扣器相同，但并不限于这种结构形式。

常用的微型断路器的内部实际结构如图 3-97 所示。

3. 断路器的型号命名规则

断路器的型号命名规则如图 3-98 所示，其文字与图形符号如图 3-99 所示。

图 3-97 微型断路器的内部实际结构

1—接线端子（上部接电源，下部接负载） 2—双金属片脱扣器（受热后变形，以分离主触点，实现脱扣，主要响应数值较小、持续时间较长的过电流） 3—主触点（闭合时承载负载电流，分断时切除负载电流） 4—电弧室（将等离子电弧引至灭弧器） 5—灭弧器（将强大的主电弧分化成若干个较弱小的电弧后将其熄灭） 6—电磁线圈（通电时产生电磁吸力，使脱扣器脱扣、切除负载电流，主要响应数值较大的过电流，如短路电流） 7—操作手柄（用于手动分闸或复位断路器） 8—执行机构（驱动主触点闭合或分断）

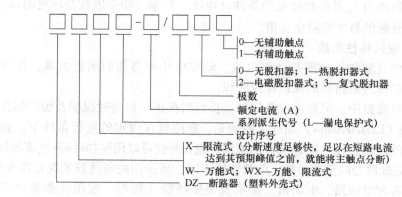

图 3-98 断路器的型号命名规则

- 0—无辅助触点
- 1—有辅助触点
- 0—无脱扣器；1—热脱扣器式
- 2—电磁脱扣器式；3—复式脱扣器
- 极数
- 额定电流（A）
- 系列派生代号（L—漏电保护式）
- X—限流式（分断速度足够快，足以在短路电流达到其预期峰值之前，就能将主触点分断）
- W—万能式；WX—万能、限流式
- DZ—断路器（塑料外壳式）

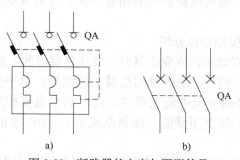

图 3-99 断路器的文字与图形符号

a）标准的图形符号 b）简化的图形符号

3.7.2　断路器的主要技术参数

断路器的主要
技术参数

1. 额定电压

断路器的额定电压分为额定工作电压、额定绝缘电压和额定脉冲耐压三种。

额定工作电压 U_N 是指与通断能力以及使用类别相关的电压值，对多相电路是指相间的电压值。

一般情况下，额定绝缘电压 U_i 就是断路器最大额定工作电压。

开关电器工作时，要承受系统中可能出现的过电压，因此开关电器（包括断路器）的额定电压参数中给定了额定脉冲耐压值 U_{imp}，其数值应大于或等于系统中可能出现的最大过电压峰值。

额定绝缘电压值 U_i 和额定脉冲耐压值 U_{imp} 共同决定了开关电器的绝缘水平。

2. 额定电流

对于断路器来说，额定电流 I_N 就是额定持续电流，也就是脱扣器能长期通过的电流。对于带有可调式脱扣器的断路器，额定电流 I_N 为可长期通过的最大工作电流。

断路器壳架等级额定电流 I_{NM} 用基本尺寸相同和结构相似的框架或塑料外壳中能容纳的最大脱扣器额定电流表示。同一个壳架等级可包含数个额定电流。

3. 额定短路分断能力

额定短路分断能力 I_{cn} 是指在规定的条件（电压、频率、功率因数及规定的试验程序等）下，断路器能够分断的最大短路电流值。

4. 断路器的脱扣特性曲线

断路器的动作（脱扣）时间与动作电流、动作电压等参数的函数关系，称为断路器的脱扣特性曲线，亦称为断路器的保护特性曲线。

断路器在电气线路中，可提供过载保护、长延时保护、短延时保护及瞬时短路保护。脱扣特性（Tripping Characteristics）曲线反映的是，断路器在规定的运行条件下，脱扣器脱扣时间与预期电流的函数曲线，即 $t=f(I)$ 的关系。脱扣特性可以用脱扣时间-电流特性曲线表示出来。脱扣特性是断路器的重要参数，负载性质不同，所选用的断路器的脱扣特性也不同。

常见的负载有配电线路、电动机、家用及类似场所（照明、家用电器等）三大类。与之相对应，断路器按照脱扣特性的保护特点不同，也分为配电保护型、电动机保护型、家用及类似场所保护型三大类。对配电保护型断路器而言，还有 A 类（非选择型）和 B 类（选择型）之分。

（1）断路器的过电流脱扣特性分析

当在线路支路中安装有电动机或变压器时，在线路接通的一瞬间，设备的起动电流或浪涌电流会是其额定电流的 x 倍（x 的数值随负载不同而异，对于笼型三相异步电动机而言，$x=5\sim7$），其值比电气设备的额定电流大得多。这一起动电流或浪涌电流并不是故障电流，持续一定时间后，即可自行恢复至常值（额定电流值），如电动机起动过程中的电流就是如此（图 3-100）。

在上述正常情况下，就要求断路器的脱扣器保持扣合、不得脱扣；而当电路中发生故障，产生较大的短路电流时，则要求断路器的脱扣器能瞬时脱扣、分断电路；当电动机处于运行中严重过载状态，或处于堵转状态，或处于超负荷状态不能正常起动时，则要求断路器能视情形延时脱扣并分断电路，以保护线路、电气设备及人员安全。

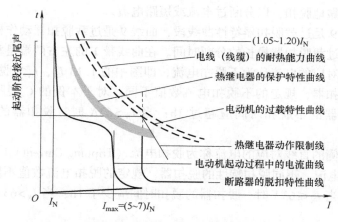

图 3-100 电动机与断路器、热继电器及电线的匹配关系

断路器内部采用的脱扣器有热脱扣器、瞬时脱扣器、液压-电磁脱扣器及电子脱扣器等多种类型。热脱扣器、液压-电磁脱扣器用于过载保护。液压-电磁脱扣器的动作特性不受温度影响，但安装位置影响其脱扣特性。国内常用的过载脱扣器均是热脱扣器，可实现长延时保护。环境温度对热脱扣器的动作特性有影响，环境温度较低时，脱扣器在某一过载电流下分断延时时间会增长；环境温度较高时，脱扣器在某一过载电流下分断延时时间会缩短。当过电流超过允许范围时，瞬时脱扣器应迅速动作、瞬时脱扣，以分断过电流，保护线路、电气设备及人身安全。电子脱扣器能进行灵活、精确的设定，实现对线路及电气设备的可靠保护，但是电子脱扣器需进行电磁兼容性（Electromagnetic Compatibility，EMC）试验，以确保其符合 EMC 方面的要求。

断路器的脱扣特性是脱扣时间与线路电流的函数关系曲线。脱扣特性曲线（亦称时间-电流特性曲线）是在规定的温度条件下测得的，有的标准规定在 30℃下测量，有的标准规定在 20℃下测量。因此，在脱扣特性曲线上应标示出测试温度。当环境温度变化时，脱扣器的脱扣电流需根据断路器制造商提供的温度修正系数进行修正。

下面以在配电线路中广泛使用的 DZ47S-63（C63）微型断路器（图 3-95）的 C 型脱扣特性曲线为例，对断路器的过电流脱扣特性展开分析。

DZ47S-63（C63）微型断路器的脱扣特性曲线如图 3-101 所示，其测试条件见表 3-18。

表 3-18　DZ47S-63 微型断路器脱扣特性的测试条件

序号	额定电流（I_N）	起 始 状 态	试 验 电 流	规 定 时 间	预 期 结 果
1		冷态	$1.13 I_N$	≥1h	不脱扣
2		紧接着前项试验后进行	$1.45 I_N$	<1h	脱扣
3	63A	冷态	$2.55 I_N$	1s<t<120s	脱扣
4		冷态	$5 I_N$	≥0.1 s	不脱扣
			$10 I_N$	<0.1 s	脱扣

　　在特性曲线带的左侧是不脱扣区域，该区域属于正常工作范围，脱扣器保持扣合、主触点保持闭合并承载负载电流。在特性曲线带右侧及上方是脱扣区域，该区域属于非正常工作范围，脱扣器应可靠地脱扣，以分断过电流或短路电流。

　　曲线2和曲线9是过载脱扣器特性曲线段，曲线9是过载脱扣器动作机构开始启动的平均时间，曲线2是过载脱扣器最长的分断时间。在曲线带1的左右两端是垂直于电流轴的直线，最左侧的直线对应的电流称为不脱扣电流，即图中的1.13 I_N，I_N 为脱扣器的额定电流。不同脱扣特性的脱扣器，规定的不脱扣电流数值不同。对于本例的C型脱扣特性曲线，当 $I_N \leqslant 63A$ 时，脱扣器的不脱扣时间应超过1h；当 $I_N > 63A$ 时，脱扣器的不脱扣时间应超过2h。

　　曲线带1最右侧的直线对应的电流称为脱扣电流（Tripping Current），即图中的1.45 I_N，I_N 为脱扣器的额定电流。不同脱扣特性的脱扣器，规定的脱扣电流数值不同。对于本例的C型脱扣特性曲线，当 $I_N \leqslant 63A$ 时，脱扣器的脱扣时间应少于1h；当 $I_N > 63A$ 时，脱扣器的脱扣时间应少于2h。

　　曲线带3以下为瞬时脱扣器的脱扣特性曲线。曲线带3的两边是两条垂直于电流轴的直线，最左侧的直线8对应的电流称为瞬时脱扣器不脱扣电流值（在本例中，其值为5I_N），在此电流下，瞬时脱扣器应在0.1s内不脱扣；曲线带3最右侧的直线4对应的电流称为瞬时脱扣器的脱扣电流值（在本例中，其值为10I_N），在此电流下，瞬时脱扣器应在0.1s内脱扣。不同脱扣特性的脱扣器，规定的瞬时不脱扣电流数值不同，瞬时脱扣电流数值也不同（详见后述内容）。

　　曲线5为在过电流或短路情况下，瞬时脱扣器动作机构最长的分断时间（对于某些断路器制造商的产品，该线为直线）。

　　曲线6为在过电流或短路情况下，瞬时脱扣器动作机构开始启动（分断）的平均时间（对于某些断路器制造商的产品，该线为直线）。

　　在图3-101中，曲线2、4、5和曲线9、8、6所夹的区域（即曲线带1+曲线带3+曲线带7）称为不确定区域（亦称误差带），在该区域内，脱扣器可能处于脱扣状态，也可能处于未脱扣状态。

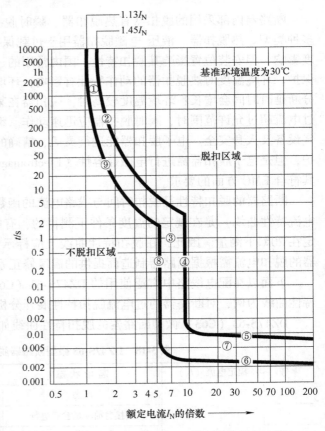

图3-101　DZ47S-63（C63）微型断路器的C型
脱扣特性曲线（引自正泰电工）

（2）微型断路器过电流脱扣特性的分类及适用范畴

额定电流在 125A 以下的微型断路器（Micro Circuit Breaker/Miniature Circuit Breaker, MCB）是建筑物及工厂车间配电线路中使用最广泛的一种终端保护电器，其脱扣特性（过电流保护特性）一般分为 B、C、D、K、Z 型等多种类型，其测试条件见表 3-19，具体的脱扣电流值及适用范畴见表 3-20。

表 3-19　微型断路器脱扣特性的测试条件

脱扣特性	符合标准	热脱扣特性				电磁脱扣特性				
		试验电流	试验时间	起始状态	预期结果	交流试验电流	直流试验电流	试验时间	起始状态	预期结果
B 型		$1.13\,I_N$	>1h	冷态	不脱扣	$3\,I_N$	$4\,I_N$	>0.1s		不脱扣
		$1.45\,I_N$	<1h	热态	脱扣	$5\,I_N$	$7\,I_N$	<0.1s		脱扣
C 型	IEC 60898 GB/T 10963	$1.13\,I_N$	≥1h（≤63A）≥2h（>63A）	冷态	不脱扣	$5\,I_N$	$7\,I_N$	≥0.1s		不脱扣
		$1.45\,I_N$	<1h（≤63A）<2h（>63A）	热态	脱扣	$10\,I_N$	$15\,I_N$	<0.1s		脱扣
D 型		$1.13\,I_N$	≥1h	冷态	不脱扣	$10\,I_N$	—	≥0.1s	冷态	不脱扣
		$1.45\,I_N$	<1h	热态	脱扣	$20\,I_N$	—	<0.1s		脱扣
K 型	IEC 60947-2 GB/T 14048	$1.05\,I_N$	≥2h	冷态	不脱扣	$10\,I_N$	$14\,I_N$	≥0.2s		不脱扣
		$1.20\,I_N$	<2h	热态	脱扣	$14\,I_N$	$20\,I_N$	<0.2s		脱扣
Z 型		$1.05\,I_N$	≥2h	冷态	不脱扣	$2\,I_N$		≥0.2s		不脱扣
		$1.20\,I_N$	<2h	热态	脱扣	$3\,I_N$		<0.2s		脱扣

注：B 型、C 型、D 型脱扣特性的基准环境温度为 30℃，K 型、Z 型脱扣特性的基准环境温度为 20℃。

表 3-20　断路器过电流保护特性的类型、脱扣电流值及适用范畴

脱扣特性	瞬时脱扣电流值	适用范畴
B 型	>（3~5）I_N，含 5 I_N	具有 B 型脱扣特性（图 3-102）的微型断路器符合 IEC 60898/GB/T 10963 标准，适用于为阻性负载或无冲击电流的负载（如变压器侧的二次回路）提供保护
C 型	>（5~10）I_N，含 10 I_N	具有 C 型脱扣特性（图 3-103）的微型断路器符合 IEC 60898/GB/T 10963 标准，适用于为阻性负载和较低冲击电流的感性负载提供保护，如办公楼宇、住宅配电系统等家用及类似家用场所（在民用建筑物照明供电领域中应用量最大）
D 型	>（10~20）I_N，含 20 I_N	具有 D 型脱扣特性（图 3-104）的微型断路器符合 IEC 60898/GB/T 10963 标准，适用于对线路接通时有较高冲击电流的负载（如电动机、变压器、电磁阀等）进行保护，在动力配电系统中应用广泛。将具有 D 型脱扣特性的断路器用于电动机保护时，需要另外设置热继电器作为电动机过载保护
K 型	>（10~14）I_N，含 14 I_N	具有 K 型脱扣特性（图 3-105）的微型断路器符合 IEC 60947-2/GB/T 14048.2 标准，适用于为电动机系统或变压器系统提供保护 　　K 型脱扣特性曲线的 1.2 倍热脱扣动作电流可有效地保护电动机线路设备，而（10~14）倍的磁脱扣动作范围可方便地与额定电流 40A 以下的电动机相配合，具有较高的冲击电流耐受能力 　　K 型脱扣特性是 ABB 公司的专利技术，历经 70 多年的实践验证，现已广泛应用于电动机配电系统的保护

（续）

脱扣特性	瞬时脱扣电流值	适用范畴
Z型	> (2~3) I_N, 含 3 I_N	具有 Z 型脱扣特性（图 3-106）的微型断路器符合 IEC 60947-2/GB/T 14048.2 标准，适用于敏感型负载的保护，如半导体电子线路、带有小功率电源变压器的测量线路，或线路较长且短路电流很小的系统

注：1. ABB 公司（Asea Brown Boveri Ltd.）是电力和自动化技术领域的知名厂商，是瑞典和瑞士的合资企业，也是全球第一套三相输电系统，世界上第一台自冷式变压器、高压直流输电技术和第一台电动工业机器人的发明人。

　　2. 对于 ABB 公司的 Z 型脱扣特性，西门子公司又称之为 A 型脱扣特性。

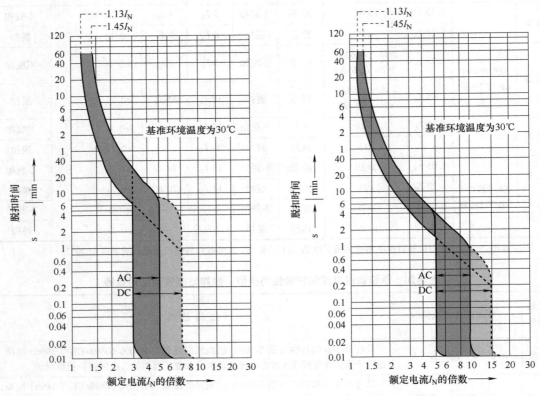

图 3-102　B 型脱扣特性曲线　　　　　图 3-103　C 型脱扣特性曲线

（3）断路器过电流脱扣特性的多样化

　　根据被保护电气设备的具体要求，增设电子脱扣器后，断路器的脱扣特性可具有两段或三段过电流保护特性。在图 3-107 中，曲线 AB、CD 为两段非选择性保护特性。其中，AB 段为长延时反时限保护特性，用于过载保护；CD 段为瞬时脱扣器动作特性，用于过电流（短路）保护。

　　在图 3-107 中，曲线 ab、cd、ef 为选择性三段保护特性。其中，ab 段为长延时反时限保护特性，用于过载保护；cd 段为短延时定时限保护特性，用于短路电流较小时的过电流保护；ef 段为短延时定时限保护特性，用于短路电流较大时的过电流保护。cd 段和 ef 段均为瞬时脱扣器动作特性。

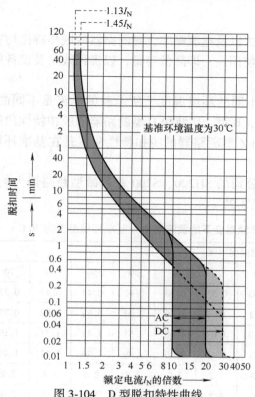

图 3-104 D 型脱扣特性曲线

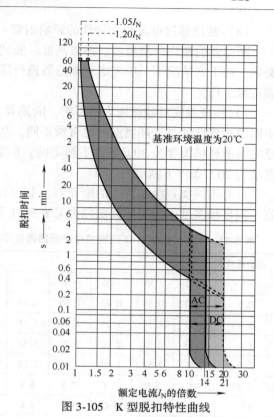

图 3-105 K 型脱扣特性曲线

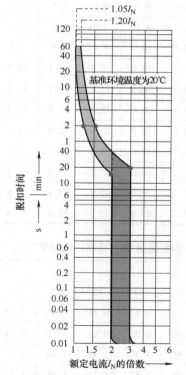

图 3-106 Z 型脱扣特性曲线

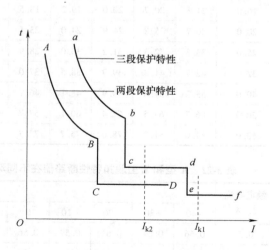

图 3-107 断路器的过电流保护特性

（4）断路器过电流脱扣特性的影响因素

断路器的使用环境温度、海拔高度、安装方式以及电源频率，对断路器的脱扣特性均有影响。在下列情况下，应考虑对断路器进行降容使用——即降低容量，以确保线路及设备能够正常工作。

1）环境温度对载流能力的影响。断路器在不同的环境温度下所承载的电流是不同的，不同脱扣特性的基准环境温度也有所不同。其中，B 型、C 型和 D 型断路器的脱扣特性曲线是在基准环境温度为 30℃条件下测定的；K 型和 Z 型断路器的脱扣特性曲线是在基准环境温度为 20℃条件下测定的。

具有不同类别脱扣特性的断路器（以 ABB 公司的 SH200、S200 系列微型断路器为例）在不同环境温度下的实际载流能力见表 3-21 和表 3-22。

表 3-21　B 型、C 型和 D 型脱扣特性断路器在不同环境温度下的载流能力（基准环境温度为 30℃）

额定电流 I_N/A	环境温度 T/℃											
	-40	-30	-20	-10	0	10	20	30	40	50	60	70
0.5	0.67	0.65	0.62	0.60	0.58	0.55	0.53	0.50	0.47	0.44	0.41	0.37
1.0	1.33	1.29	1.25	1.20	1.15	1.11	1.05	1.00	0.94	0.88	0.82	0.75
1.6	2.13	2.07	2.00	1.92	1.85	1.77	1.69	1.60	1.51	1.41	1.31	1.19
2.0	2.67	2.58	2.49	2.40	2.31	2.21	2.11	2.00	1.89	1.76	1.63	1.49
3.0	4.0	3.9	3.7	3.6	3.5	3.3	3.2	3.0	2.8	2.6	2.4	2.2
4.0	5.3	5.2	5.0	4.8	4.6	4.4	4.2	4.0	3.8	3.5	3.3	3.0
6.0	8.0	7.7	7.5	7.2	6.9	6.6	6.3	6.0	5.7	5.3	4.9	4.5
8.0	10.7	10.3	10.0	9.6	9.2	8.8	8.4	8.0	7.5	7.1	6.5	6.0
10.0	13.3	12.9	12.5	12.0	11.5	11.1	10.5	10.0	9.4	8.8	8.2	7.5
13.0	17.3	16.8	16.2	15.6	15.0	14.4	13.7	13.0	12.3	11.5	10.6	9.7
16.0	21.3	20.7	20.0	19.2	18.5	17.7	16.9	16.0	15.1	14.1	13.1	11.9
20.0	26.7	25.8	24.9	24.0	23.1	22.1	21.1	20.0	18.9	17.6	16.3	14.9
25.0	33.3	32.3	31.2	30.0	28.9	27.6	26.4	25.0	23.6	22.0	20.4	18.6
32.0	42.7	41.3	39.9	38.5	37.0	35.4	33.7	32.0	30.2	28.2	26.1	23.9
40.0	53.3	51.6	49.9	48.1	46.2	44.2	42.2	40.0	37.7	35.3	32.7	29.8
50.0	66.7	64.5	62.4	60.1	57.7	55.3	52.7	50.0	47.1	44.1	40.8	37.3
63.0	84.0	81.3	78.6	75.7	72.7	69.6	66.4	63.0	59.4	55.6	51.4	47.0

表 3-22　K 型和 Z 型脱扣特性断路器在不同环境温度下的载流能力（基准环境温度为 20℃）

额定电流 I_N/A	环境温度 T/℃											
	-40	-30	-20	-10	0	10	20	30	40	50	60	70
0.5	0.66	0.64	0.61	0.59	0.56	0.53	0.50	0.47	0.43	0.40	0.35	0.31
1.0	1.32	1.27	1.22	1.17	1.12	1.06	1.00	0.94	0.87	0.79	0.71	0.61
1.6	2.12	2.04	1.96	1.88	1.79	1.70	1.60	1.50	1.39	1.26	1.13	0.98
2.0	2.65	2.55	2.45	2.35	2.24	2.12	2.00	1.87	1.73	1.58	1.41	1.22

（续）

额定电流 I_N/A	环境温度 T/℃											
	−40	−30	−20	−10	0	10	20	30	40	50	60	70
3.0	4.0	3.8	3.7	3.5	3.4	3.2	3.0	2.8	2.6	2.4	2.1	1.8
4.0	5.3	5.1	4.9	4.7	4.5	4.2	4.0	3.7	3.5	3.2	2.8	2.4
6.0	7.9	7.6	7.3	7.0	6.7	6.4	6.0	5.6	5.2	4.7	4.2	3.7
8.0	10.8	10.2	9.8	9.4	8.9	8.5	8.0	7.5	6.9	6.3	5.7	4.9
10.0	13.2	12.7	12.2	11.7	11.2	10.6	10.0	9.4	8.7	7.9	7.1	6.1
13.0	17.2	16.6	15.9	15.2	14.5	13.8	13.0	12.2	11.3	10.3	9.2	8.0
16.0	21.2	20.4	19.6	18.8	17.9	17.0	16.0	15.0	13.9	12.6	11.3	9.8
20.0	26.5	25.5	24.5	23.5	22.4	21.2	20.0	18.7	17.3	15.8	14.1	12.2
25.0	33.1	31.9	30.6	29.3	28.0	26.5	25.0	23.4	21.7	19.8	17.7	15.3
32.0	42.3	40.8	39.2	37.5	35.8	33.9	32.0	29.9	27.7	25.3	22.6	19.6
40.0	52.9	51.0	49.0	46.9	44.7	42.4	40.0	37.4	34.6	31.6	28.3	24.5
50.0	63.1	63.7	61.2	58.6	55.9	53.0	50.0	46.8	43.3	39.5	35.4	30.6
63.0	83.3	80.3	77.2	73.9	70.4	66.8	63.0	58.9	54.6	49.8	44.5	38.6

2）多台断路器连续并排安装。当多台断路器连续并排安装时，应按照图 3-108 和表 3-23 对断路器的载流能力做必要的修正，并降低容量使用。

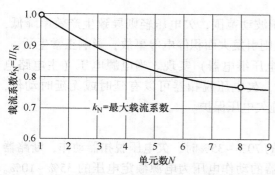

图 3-108　载流系数与连续并排安装单元数的对应关系

表 3-23　修正系数 F_m

并排安装产品数量	修正系数 F_m
1	1
2	0.95
3	0.9
4	0.86
5	0.82
6	0.795
7	0.78
8	0.77
9	0.76
>9	0.76

以 ABB S202-C16 型断路器为例，当工作环境温度为 40℃时，实际使用情况见表 3-24。

表 3-24　计算实例

安装条件	参考数据	公式	计算	结果
短时间负载（<1h）	15.1（查阅 ABB 断路器产品技术参数表得到）			15.1
长时间负载（>1h）	I_N，0.9	$I_N×0.9$	15.1×0.9	13.59
8 台产品长时间并排安装	I_N，0.9，F_m（0.77）	$I_N×0.9×0.7$	15.1×0.9×0.77	10.46

3）海拔高度对断路器的影响。根据 IEC 60898-1 标准规定，普通断路器安装地点的海

拔高度一般不超过 2000m（6600ft），在此海拔高度下，微型断路器的性能不会发生改变。

但是对于安装在更高海拔时（海拔超过 2000m），由于气候、安装位置、介电常数、冷却能力、大气压力（空气密度）等条件的改变，微型断路器的整体性能也会随之发生变化，必须降级使用。这主要体现在一些重要参数的变化，例如最大工作电压和额定电流的变化（表 3-25）。

表 3-25　海拔高度修正表

海拔/m	2000	3000	4000
额定运行电压 U_N/V	440	380	380
额定电流 I_N/A	I_N	$0.96I_N$	$0.93I_N$

4）电源频率对断路器的影响。根据 IEC 60898-1 标准规定，微型断路器的基准频率在 50/60Hz。对于其他频率值，磁脱扣电流值需要乘以一个相应的频率修正系数 H（表 3-26）。

表 3-26　频率修正系数

频　率	100Hz	200Hz	400Hz	DC
H	1.1	1.2	1.5	1.5

以 ABB S202-C10 型断路器为例，当在电源频率为 50/60Hz 的电路中工作时，断路器的磁脱扣电流为（5~10）I_N，即 50A≤I_N≤100A，但当在电源频率 400Hz 的系统中工作时，断路器的磁脱扣电流则变为 75A≤I_N≤150A。

（5）断路器的欠电压保护特性

各类用电设备都有其额定电压和允许的电压波动范围，欠电压轻则导致生产效率降低，甚至电动机烧毁（欠电压持续时间过长时），重则引发大面积停电等事故，影响正常生活。

欠电压保护一般通过欠电压脱扣器（或欠电压继电器）实现。当电源电压（主电路电压）下降至某一规定范围（称为动作阈值）时，欠电压脱扣器可以有延时或无延时动作，使断路器自动跳闸，切断电源，对用电设备实施欠电压保护。

1）欠电压保护的动作范围。

① 动作电压。当电源电压下降到额定电压的 70%~35% 时，欠电压脱扣器动作，断路器自动跳闸，切断电源。零电压（失电压）脱扣器的动作电压为电源额定电压的 35%~10%。由此可见，零电压保护（或称失电压保护）是欠电压保护的一种特殊形式。

② 动作时间。

a）瞬时动作。对不重要的电动机，当电压降到额定电压的 70% 时，欠电压脱扣器会瞬时动作、切除负荷，这就为其他重要电动机短时间坚持运转创造了有利条件。

b）延时动作。对重要的电动机，往往希望电动机在停转之前，电源电压一旦恢复到额定值时，电动机能自行起动，以提高生产效率。因此，当电压降低到额定电压的 70% 时，欠电压脱扣器将延时动作。欠电压脱扣器的短延时一般为 0.5s，长延时为 3~5s。

2）不装设欠电压脱扣器的情况。如果电气装置及用电设备（如民用的白炽灯、荧光灯、电视机等）在欠电压状态下受到的影响或损失在可接受范围内，且不会危及人身安全，则可不装设欠电压脱扣器。

对于工业生产中的机电传动系统，由于系统内的继电器、接触器本身就具有欠电压保护功能，且动作灵敏度远高于断路器，因此，用于这类系统的断路器，也可以不装设欠电压脱扣器。对于其他重要的机电传动系统，则需审慎、酌情处理。

3.7.3　断路器的选用

断路器的类型应根据线路及电气设备的额定电流及对保护的要求来选择。若额定电流较小（600A 以下），短路电流不太大，可选用塑壳式断路器；对于短路电流相当大的支路，则应选用限流式断路器；若额定电流很大，或需要选择型断路器时，则应选择万能式断路器；若有漏电保护要求时，应选用带漏电保护功能的断路器。

控制和保护硅整流装置及晶闸管的断路器，应选用直流快速断路器。

1. 常用断路器的型号选择

（1）万能式断路器

目前常用产品有 DW15、DW15C、DWX15 和 DWX15C 等系列断路器。从国外引进的 ME（DW17）、AE-S（DW18）、3WE、AH（DW914）、M 以及 F 系列万能式断路器应用也日渐增多。

（2）塑料外壳式断路器

对于电流较小的线路和用电设备可选用塑料外壳式断路器，常用型号有 DZ10、DZ10X、DZ20、DZ20L、DZ15、DZX、DZ47、DZ47LE、DZ108 及 DZ230 等。

工厂车间常用的带有漏电保护功能的 DZ20L 系列漏电断路器的技术参数见表 3-27。

表 3-27　DZ20L 系列漏电断路器的技术参数

型　　号	DZ20L-160			DZ20L-250			DZ20L-400		
额定电压/V	380								
壳架等级额定电流/A	160			250			400		
极数 P	3、4、3N			3、4、3N			3、4、3N		
额定电流/A	50、63、80、100、125、160			125、160、180、200、225、250			200、250、300、315、350、400		
额定漏电动作电流/mA	50	100	300	50	100	300	50	100	300
额定漏电不动作电流/mA	25	50	150	25	50	150	25	50	150
电气寿命/次	8000			8000			5000		
分断时间/s	≤0.2								
额定极限分断能力/kA	12			15			20		

DZ47S-63 断路器的 L 极具有电磁保护和热保护功能，N 极具有电磁保护功能，S 极具有分励脱扣功能；适用于交流频率 50/60Hz、额定电压 230V、额定电流最高至 63A 的线路中，为现代建筑物的电气线路及设备提供短路保护和过载保护。同时，还可对线路进行远距离分断控制，也可作为线路的不频繁操作转换之用。其型号 DZ47S-63 中的字母 S 为产品派生代号，表示该断路器具有分励脱扣器。DZ47S-63 断路器可与专用 IC 卡电表配合使用，实现智

能控制分断或远程遥控分断。

2. 断路器额定电流的选择

（1）配电用断路器的选用

低压断路器是一种保护电器，在选取断路器时应满足被保护设备的要求。在低压电力系统中为了达到高效的控制和高水平的保护效果，必须考虑上下级断路器之间的选择性。

所谓选择性保护（亦称保护的选择性）是指通过自动保护装置（包括断路器，但不限于断路器）之间的协调配合，使电网中任意一点发生故障时，故障线路由且仅由离故障点最近的上一级断路器直接抛除，即通过离故障点最近的上一级断路器跳闸、分断线路，直接将故障线路抛除，而不会使离故障点更远的上级断路器跳闸，亦即不会出现越级跳闸现象。

如图 3-109 所示，当电动机 1 发生短路故障时，控制电动机 1 供电的断路器 QA1 立刻跳闸、分断线路，直接将发生故障的、断路器 QA1 以下的线路抛除，而不会使离故障点更远的上级断路器 QA0 跳闸。断路器 QA1 跳闸、分断后，断路器 QA0、断路器 QA2 依然闭合，电动机 2 依然可以正常工作。

由此可见，采用选择性保护配置，可使停电范围控制在故障线路范围内，而不会造成大面积停电，可以尽可能地确保生产生活的正常进行。

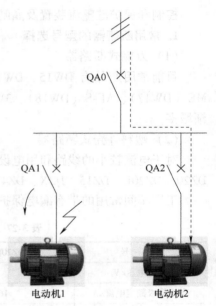

图 3-109　断路器的选择性保护

在进行断路器的选择性保护配置时，设计人员应遵循 GB 50054—2011《低压配电设计规范》的规定，根据断路器脱扣器的脱扣特性曲线，并结合线路的可靠性及经济性要求，对上下级断路器的容量进行选取。同时，还需注意以下几个方面。

1）长延时动作电流整定值应不大于导线容许载流量。对于采用电线电缆的情况，可取电线电缆容许载流量的 80%。

2）3 倍长延时动作电流整定值的可返回时间不小于线路中起动电流最大的电动机的起动时间。

3）短延时动作电流整定值 I_{DYS} 应符合式（3-3）的要求。

$$I_{DYS} \geq 1.1(I_{jk} + 1.3kI_N) \tag{3-3}$$

式中，I_{DYS} 为短延时动作电流整定值（A）；I_{jk} 为线路计算电流（A）；k 为电动机的起动电流倍数；I_N 为电动机的额定电流（A）。

4）瞬时动作电流整定值 I_{SD} 应符合式（3-4）的要求。

$$I_{SD} \geq 1.1(I_{jk} + k_1 kI_{NM}) \tag{3-4}$$

式中，I_{SD} 为瞬时动作电流整定值（A）；k_1 为电动机起动电流的冲击系数，一般取 $1.7 \sim 2$；I_{NM} 为功率最大的一台电动机的额定电流（A）。

（2）电动机保护用断路器的选用

选用电动机保护用断路器时，除应考虑一般选用原则（选用 D 型或 K 型脱扣特性）外，还应注意以下几点。

1) 过载保护（长延时）动作电流整定值应等于电动机额定电流。

2) 瞬时动作电流整定值，保护笼型电动机时，应为（8~15）倍的电动机额定电流；保护绕线转子电动机时，应为（3~6）倍的电动机额定电流，并以此确定电磁脱扣器的额定电流。

（3）家用及类似场所用断路器的选用

家用及类似场所用断路器是指在民用建筑中用来保护配电系统的断路器，容量都不大，故一般选用塑壳式 C 型脱扣特性断路器。选用时还应注意以下几点。

1) 长延时动作电流整定值应不大于线路计算电流。

2) 瞬时动作电流整定值应等于（6~20）倍的线路计算电流。

3.7.4 断路器的安装与维护

1. 断路器的安装

（1）安装前的检查

1) 外观检查。检查断路器在运输过程中有无损坏、紧固件有否松动、可动部分是否灵活等，如有缺陷，应进行相应的处理或更换。

2) 技术指标检查。检查核实断路器工作电压、电流、脱扣器电流整定值等参数是否符合要求。断路器的脱扣器整定值等各项参数出厂前已整定好，原则上不准用户擅自调整。

3) 绝缘电阻检查。安装前，宜先用 500V 绝缘电阻表检查断路器相与相、相与地之间的绝缘电阻，其值应不小于 10MΩ，否则应对断路器进行烘干处理。

4) 清除可能存在的灰尘和污垢，擦净触点表面的防锈油脂。

（2）安装时的注意事项

1) 断路器底板应垂直于水平位置，固定后，断路器应安装平整，不得有附加机械应力。

2) 电源进线应接在断路器的上母线上，接负载的出线应接在下母线上。

3) 为防止发生飞弧，安装时应考虑断路器的飞弧距离。

4) 设有接地螺钉的产品，均应做可靠接地，以确保安全。

2. 断路器的维护

通常断路器在使用期内，应定期进行全面的维护与检修，主要内容如下。

1) 每隔一定时间（一般为半年），应清除落于断路器的灰尘，以确保断路器绝缘良好。

2) 操作机构每使用一段时间（1~2 年），在传动机构部分应加润滑油（小容量塑壳断路器不需要）。

3) 灭弧室在因短路分断后，或较长时期使用之后，应清除灭弧室内壁和栅片上的金属颗粒和烟灰。有时陶瓷灭弧室容易破损，如发现破损的灭弧室，必须更换。对于长期闲置的断路器，在使用前应先进行烘干处理，以保证绝缘良好。

4) 断路器的触点在长期使用后，如触点表面发现有毛刺、金属颗粒等，应当予以清理，以保证良好的接触。对可更换的弧触点，如发现磨损到小于原来厚度的 1/3 时要考虑更换。

5) 定期检查各脱扣器的电流整定值和延时特性，特别是电子式脱扣器，应定期（一般每个月进行一次）用测试按钮检查其动作情况（图 3-94），以确保脱扣器工作灵活、可靠。

3.8 其他常用电器

其他常用电器

3.8.1 控制变压器

1. 控制变压器的作用和特点

控制变压器主要适用于交流 50Hz（或 60Hz）、电压 1000V 及以下的电路中，在额定负载下可连续长期工作；通常用于机床、机电设备中，作为电器的控制、照明及指示灯电路的电源使用。

变压器一、二次绕组分开，当二次侧只有一个绕组时，它担负变压器的全部额定容量；如二次侧兼有控制、照明及指示绕组时，则各绕组容量之和等于变压器的额定容量，只有最大值电压等同于变压器的额定容量。

控制变压器的工作原理与电力变压器完全相同。但控制变压器的二次绕组的抽头较多，可提供多种低电压，以方便用户使用。

控制变压器的文字和图形符号如图 3-110 所示。目前，在机床、机电设备中，常用的控制变压器有 BK 系列变压器、JBK 系列变压器等产品。

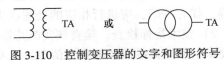

图 3-110　控制变压器的文字和图形符号

2. BK 系列控制变压器

BK 系列控制变压器（图 3-111）用于 50Hz 的交流电路中，作为机床和机电设备中一般电器的控制电路、局部照明及指示灯等的电源之用。

BK 系列控制变压器的型号命名规则如图 3-112 所示。

BK 系列控制变压器的额定容量有 25V·A、50V·A、100V·A、150V·A、5000V·A 等多种，可根据实际需要，结合输出电压、额定容量等技术参数选用。

图 3-111　BK 系列控制变压器

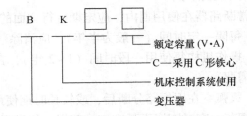

额定容量（V·A）
C—采用 C 形铁心
机床控制系统使用
变压器

图 3-112　BK 系列控制变压器的型号命名规则

3. JBK 系列控制变压器

JBK 系列控制变压器（图 3-113）用于 50/60Hz 的交流电路中，作为机床和机电设备中一般电器的控制电路、局部照明及指示灯等的电源之用。

JBK 系列控制变压器的型号命名规则如图 3-114 所示。

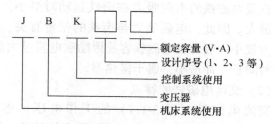

图 3-113 JBK 系列控制变压器　　　　图 3-114 JBK 系列控制变压器的型号命名规则

JBK 系列控制变压器的额定容量有 40V·A、63V·A、100V·A、160V·A、2500V·A 等多种，可根据实际需要，结合输出电压、额定容量等技术参数选用。

3.8.2 电磁铁

1. 电磁铁的组成与分类

电磁铁（Electromagnet，图 3-115）由励磁线圈、铁心和衔铁三个基本部分构成，衔铁亦称动铁心。

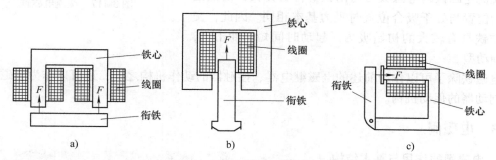

图 3-115 电磁铁的基本组成部分
a)、b) 直动式电磁铁　c) 拍合式电磁铁

当励磁线圈通入励磁电流后便产生磁场及电磁吸力 F，衔铁被吸合，并带动机械装置完成一定的动作，把电磁能转换为机械能。

根据励磁电流的性质不同，电磁铁分为直流电磁铁和交流电磁铁两大类；按用途不同可分为牵引电磁铁、制动电磁铁、起重电磁铁及其他类型的专用电磁铁。

牵引电磁铁主要用于自动控制设备中，用来牵引或推斥机械装置，以达到自控或遥控的目的；制动电磁铁是用来操纵制动器，以完成制动任务的电磁铁；起重电磁铁是用于起重或搬运铁磁性重物的电磁铁。

2. 电磁铁的特点

（1）直流电磁铁的特点

直流电磁铁（图 3-116）一般使用 DC 110V、DC 36V、DC 24V 直流电源。直流电磁铁体积小，工作可靠，允许切换频率一般为 120 次/min，换向冲击小，使用寿命较长。

直流电磁铁励磁电流的大小仅取决于励磁线圈两端的电压及励磁线圈本身的电阻，而与衔铁的位置无关。直流电磁铁不怕被卡在起动位置，不易烧坏。

直流电磁铁的电磁吸力在衔铁起动时最小，而在吸合时最大。因此，电磁吸力与衔铁的位置有关，在起动时吸力较小，吸合后电磁铁容易因励磁电流过大而发热，起动时间长，冲击小，属于慢热型。

（2）交流电磁铁的特点

交流电磁铁（图3-117）的工作电压一般为 AC 220V，电路配置简单。交流电磁铁可靠性较差，切换频率一般不超过 30 次/min，寿命较短。

图 3-116　直流电磁铁

交流电磁铁励磁电流的大小与衔铁的位置有关，当衔铁处于起动位置时，励磁电流最大；当衔铁吸合后，电流就降到额定值不变。因此，一旦机械装置被卡住而衔铁无法被吸合时，励磁电流将大大超过额定电流，容易使线圈烧毁。交流电磁铁怕被卡在起动位置，容易烧坏。

交流电磁铁的电磁吸力与衔铁的位置无关，衔铁处于起始位置与处于吸合位置时吸力基本相同。因此，交流电磁铁具有较大的初始吸力，起动时间短，冲击大，属于冲动型。

图 3-117　交流电磁铁

电磁铁除了可以作为前述的电磁继电器、接触器的动作机构之外，还可以作为电磁阀和电磁制动器的促动机构。

3.8.3　电磁阀

1. 电磁阀的作用与基本结构

电磁阀（Electromagnetic Valve，图3-118）是用电磁铁控制的执行器件，属于流体自动化控制系统的基础元件，并不限于液压和气动系统。

电磁阀在流体自动化控制系统中可以调整流体的方向、流量、速度和其他的参数，还可以配合不同的电路来实现预期的控制。

图 3-118　电磁阀

电磁阀种类繁多、功能各异，有单向阀、安全阀、方向控制阀（亦称电磁换向阀）、速度调节阀等。

常用的液压电磁换向阀的结构示意图如图3-119所示。

2. 电磁阀的文字与图形符号

常用的液压电磁换向阀的文字与图形符号如图3-120所示。关于液压电磁换向阀的型号命名规则及选用方法，请读者参阅相关文献，在此不再赘述。

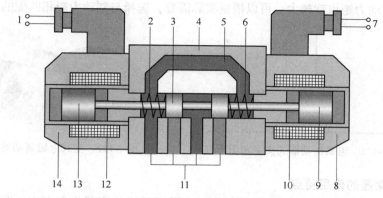

图 3-119　液压电磁换向阀结构示意图

1、7—电源接线　2、6—回位弹簧　3—阀芯　4—阀体　5—阀体内部的油道　8、14—电磁铁壳体
9、13—活动铁心（衔铁）　10、12—励磁线圈　11—油道口（接各个液压管路或阀板）

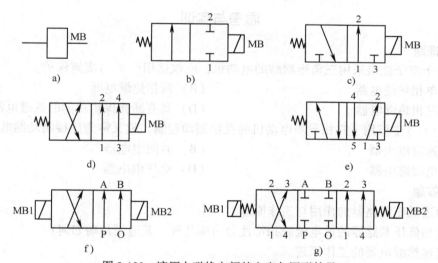

图 3-120　液压电磁换向阀的文字与图形符号

a）电磁阀的一般符号　b）单电磁铁两位两通电磁阀　c）单电磁铁两位三通电磁换向阀　d）单电磁铁两位四通电磁换向阀
e）单电磁铁两位五通电磁换向阀　f）双电磁铁两位四通电磁换向阀　g）双电磁铁三位四通电磁换向阀

3.8.4　电磁制动器

1. 电磁制动器的作用

电磁制动器是基于电磁铁原理，使衔铁产生位移，进而对电动机等机械实施制动的装置，广泛应用于起重机、卷扬机、碾压机等机械设备上。

2. 电磁制动器的结构组成

电磁制动器主要由制动器、电磁铁或电力液压推动器、制动钳块（或摩擦片）、制动轮（盘）或闸瓦等组成。电磁制动器的文字和图形符号如图 3-121 所示。

盘式电磁制动器（图 3-122）在电动机的轴伸端装有一个钢（或铸铁）制圆盘，作为制动盘。电磁制动器靠制动钳块与制动盘表面的接合与分离，实现对电动机的制动与释放。制动盘的直径越大，制动力矩也就越大。可以根据实际需要，选择与制动力矩相匹配的制动盘。

图 3-121 电磁制动器的文字和图形符号　　　图 3-122 盘式电磁制动器

3. 电磁制动器的使用特点

盘式电磁制动器电磁铁的工作电流很小，多采用桥式整流器作为直流电源供电。桥式整流器一般与电磁制动器做成一体，电磁铁的励磁线圈用环氧树脂密封于壳体内，可以在尘土飞扬或泥水四溅的恶劣环境中可靠工作。

思考与实训

1. 选择题

1）对于定子绕组采用三角形联结的电动机，应该选用(　　)实施保护。

(A) 单相热继电器　　　　　　　　　(B) 两相热继电器

(C) 三相热继电器　　　　　　　　　(D) 具有断相保护功能的热继电器

2）(　　)主要用于三相异步电动机的反接制动控制，故又称为反接制动继电器。

(A) 速度继电器　　　　　　　　　　(B) 时间继电器

(C) 电流继电器　　　　　　　　　　(D) 电压继电器

2. 问答题

1）简述低压断路器的作用与工作原理。

2）微型低压断路器的过电流脱扣特性分为哪几种，其适用范畴如何？

3）简述热继电器的工作原理。

4）简述具有断相保护功能的热继电器的工作原理。

5）简述选用热继电器的基本原则。

6）简述直流电磁铁的特点。

7）简述交流电磁铁的特点。

3. 实操题

1）按照授课进度，在实验室现场拆装常用低压电器（如各种低压开关、低压断路器、熔断器、接触器、继电器、主令电器、控制变压器、电磁阀、电磁制动器等）实物，熟悉其结构组成、工作原理与型号含义，为将来设计控制电路、选用具体的低压电器元件做好知识储备。

2）在确保安全的前提下，有意制造一个漏电或短路故障，以此来感受带有漏电保护功能的低压断路器的动作情况。本操作要在专业教师的指导下完成，以保证安全。

第4章 电气控制系统

📖 **学习目标**

- 熟悉电气制图规范
- 熟练掌握笼型三相异步电动机的基本控制环节
- 熟悉典型机电设备的电气控制原理,掌握电气控制电路的分析方法

电气控制系统主要由各种低压电器组成,其作用是对机电传动系统的电动机实施有效控制,以满足生产机械的各种控制要求。电气控制系统伴随控制技术和控制器件的发展而发展。

本章以传统的继电器-接触器控制系统("硬"逻辑电路)为重点,以三相异步电机的基本控制电路为例,先阐明电气控制系统的基本设计思想,然后通过对卧式车床、摇臂钻床和万能铣床等典型机床电路的分析,进一步深化对电气控制系统的理解,以收梯次推进、日益精进之效。

4.1 电气制图规范

4.1.1 电气制图标准

电气制图规范

1. 电气制图国家标准

电气制图用图形符号和文字符号必须符合国家标准规定,并尽可能与国际标准接轨。国家标准化管理委员会是负责组织国家标准的制定、修订和管理的政府主管部门。

国际电工委员会(International Electrotechnical Commission,IEC)是世界上成立最早的国际性电工标准化机构。国际标准化组织(International Organization for Standardization,ISO)是世界上最大的非政府性标准化专门机构,是国际标准化领域中一个十分重要的组织。

我国是 IEC 和 ISO 的成员国,因此,我国的电气电工类国家标准大多是在参照 IEC 和 ISO 所颁布标准的基础上制定和实施的。

目前,我国现行的与电气制图有关的主要国家标准见表 4-1。

表 4-1 我国现行的与电气制图有关的主要国家标准

序号	标准代号	标准名称
1	GB/T 4728	电气简图用图形符号
2	GB/T 5465	电气设备用图形符号
3	GB/T 20063	简图用图形符号
4	GB/T 5094	工业系统、装置与设备以及工业产品 结构原则与参照代号
5	GB/T 20939—2007	技术产品及技术产品文件结构原则 字母代码 按项目用途和任务划分的主类和子类
6	GB/T 6988	电气技术用文件的编制

我国现行的 GB/T 4728《电气简图用图形符号》的具体项目见表 4-2。

表 4-2　GB/T 4728《电气简图用图形符号》的具体项目

序号	标准代号	标准名称
1	GB/T 4728.1—2018	电气简图用图形符号　第 1 部分：一般要求
2	GB/T 4728.2—2018	电气简图用图形符号　第 2 部分：符号要素、限定符号和其他常用符号
3	GB/T 4728.3—2018	电气简图用图形符号　第 3 部分：导体和连接件
4	GB/T 4728.4—2018	电气简图用图形符号　第 4 部分：基本无源元件
5	GB/T 4728.5—2018	电气简图用图形符号　第 5 部分：半导体管和电子管
6	GB/T 4728.6—2022	电气简图用图形符号　第 6 部分：电能的发生与转换
7	GB/T 4728.7—2022	电气简图用图形符号　第 7 部分：开关、控制和保护器件
8	GB/T 4728.8—2022	电气简图用图形符号　第 8 部分：测量仪表、灯和信号器件
9	GB/T 4728.9—2022	电气简图用图形符号　第 9 部分：电信　交换和外围设备
10	GB/T 4728.10—2022	电气简图用图形符号　第 10 部分：电信　传输
11	GB/T 4728.11—2022	电气简图用图形符号　第 11 部分：建筑安装平面布置图
12	GB/T 4728.12—2022	电气简图用图形符号　第 12 部分：二进制逻辑元件
13	GB/T 4728.13—2022	电气简图用图形符号　第 13 部分：模拟元件

我国现行的 GB/T 5465《电气设备用图形符号》的具体项目见表 4-3。

表 4-3　GB/T 5465《电气设备用图形符号》的具体项目

序号	标准代号	标准名称
1	GB/T 5465.1—2009	电气设备用图形符号　第 1 部分：概述与分类
2	GB/T 5465.2—2008	电气设备用图形符号　第 2 部分：图形符号

电气电工类元器件的文字符号一般由两个字母组成。第一个字母为主类代码，主类代码的使用按照 GB/T 5094.2—2018《工业系统、装置与设备以及工业产品　结构原则与参照代号 第 2 部分 项目的分类与分类码》的规定执行，见表 4-4；第二个字母为子类代码，子类代码的使用按照 GB/T 20939—2007《技术产品及技术产品文件结构原则　字母代码　按项目用途和任务划分的主类和子类》的规定执行，见表 4-5。

表 4-4　电气电工类元器件文字符号的主类代码（GB/T 5094.2—2018）

代码	项目的用途或任务
A	两种或两种以上的用途或任务
B	把某一输入变量（物理性质、条件或事件）转换为供进一步处理的信号
C	材料、能量或信息的存储
D	暂时未作定义，为将来标准化备用
E	提供辐射能或热能
F	直接防止（自动）能量流、信息流、人身或设备发生危险的或意外的情况，包括用于防护的系统和设备
G	启动能量流或材料流，产生用作信息载体或参考源的信号
H	产生新类型材料或产品
J	暂时未作定义，为将来标准化备用
K	处理（接收、加工和提供）信号或信息（用于保护目的的项目除外，参见 F 类）
L	暂时未作定义，为将来标准化备用
M	提供用于驱动的机械能量（旋转或线性机械运动）

（续）

代　码	项目的用途或任务
N	暂时未作定义，为将来标准化备用
P	信息表述
Q	受控切换或改变能量流、信号流或材料流（对于控制电路中的开、关信号，参见 K 类或 S 类）
R	限制或稳定能量、信息或材料的运动或流动
S	把手动操作转变为进一步处理的特定信号
T	保持能量性质不变的能量变换，已建立的信号保持信息内容不变的变换，材料形态或形状的变换
U	保持物体在指定位置
V	材料或产品的处理（包括预处理和后处理）
W	从一地到另一地导引或输送能量、信号、材料或产品
X	连接物
Y	暂时未作定义，为将来标准化备用
Z	暂时未作定义，为将来标准化备用

表 4-5　电气电工类元器件文字符号的子类代码（GB/T 20939—2007）

代　码	项目的用途或任务
A、B、C、D、E	电能
F、G、H、J、K	信息、信号
L、M、N、P、Q、R、S、T、U、V、W、X、Y	机械工程、结构工程（非电工程）
Z	组合任务

注：与主类字母代码 B 对应的子类字母代码是按 ISO 3511-1 定义的。

2. 图形符号和文字符号

早年间，我国电气制图用文字符号执行的国家标准是 GB/T 7159—1987《电气技术中的文字符号制订通则》。

目前，我国电气制图用文字符号执行的国家标准是 GB/T 5094.2—2018《工业系统、装置与设备以及工业产品　结构原则与参照代号 第 2 部分 项目的分类与分类码》和 GB/T 20939—2007《技术产品及技术产品文件结构原则　字母代码　按项目用途和任务划分的主类和子类》。

尽管 GB/T 7159—1987《电气技术中的文字符号制订通则》已于 2004 年 10 月 14 日正式废止，但由于 GB/T 7159—1987 是 20 世纪 80 年代结合国情制定的，这个标准在行业中发挥了重大作用，被广泛采用。在新的文字符号标准体系还没有明确实施方案的过渡期间，只能维持习惯用法，因此在国内大多数电气电工专业和机电专业教材中，仍然采用 GB/T 7159—1987 作为电气电工类元器件的文字符号标准。

为贯彻落实新国家标准（指 GB/T 5094.2—2018 和 GB/T 20939—2007），增强学生的标准意识，本书全部采用最新国家标准规定的电气制图用文字符号。

我国现行的电气制图用图形符号国家标准是 GB/T 4728《电气简图用图形符号》。

4.1.2　电气系统图的绘制

常用的电气控制系统图有三种，即电气原理图、电气元件位置图、安装接线图。它们分别以不同角度和不同的表达方式反映同一工程问题的不同侧面，其间又有一定的对应关系，一般情况下需要互相对照，才能很好地绘制和阅读。

1. 电气原理图

电气原理图是电气控制系统图中最重要的工程图。国家标准规定，在绘制电气控制系统的电气原理图时，必须按其工作顺序排列，用图形和文字符号详细表达控制装置、电路的基本构成和连接关系，但并不反映电器元件的实际尺寸和安装位置。

绘制电气原理图，是为了便于阅读和分析电路，按照简明、清晰、易懂的原则，根据电气控制系统的工作原理进行绘制的。

电气原理图一般分为主电路和辅助电路两个部分。主电路是电气控制电路中强电流通过的部分，是由电动机以及与其相连的电气元件（如低压断路器、接触器的主触点、热继电器的热元件、熔断器等）所组成的电路图。辅助电路包括控制电路、照明电路、信号电路及保护电路等。辅助电路中通过的电流较小。控制电路是由按钮、接触器、继电器的电磁线圈和辅助触点以及热继电器的触点等组成。

在实际的电气原理图中，主电路一般比较简单，电气元件数量较少；而辅助电路比主电路要复杂，电气元件也较多。有的辅助电路是非常复杂的，可由多个单元电路组成。每个单元电路中又有若干个分支电路，每个分支电路中有一个或几个电气元件。

在电气原理图中，主电路图与辅助电路图是相辅相成的，由辅助电路控制主电路。对于不太复杂的电气控制电路，主电路和辅助电路可绘制在同一张图样上。

下面结合某液压机床的电气原理图（图 4-1），阐述机电传动系统电气原理图的绘制原则和特点。

1）在电气原理图中，主电路和辅助电路应分开绘制。电路图可水平或垂直布置。水平布置时，电源线垂直绘制，其他电路水平绘制，控制电路中的耗能元件（如电磁线圈、电磁铁、信号灯等）绘制在电路的最右端。垂直布置时，电源线水平绘制，其他电路垂直绘制，控制电路中的耗能元件绘制在电路的最下端。

当电路垂直（或水平）布置时，电源电路一般绘制成水平（或垂直）线，三相交流电源相序 L1、L2、L3 由上到下（或由左到右）依次绘制，中性线 N 和保护地线 XE（PE）绘制在相线之下（或之右）。直流电源则按正端在上（或在左）、负端在下（或在右）的原则绘制。电源开关要水平（或垂直）绘制。

主电路中受电的动力装置（如电动机）及保护电器（如熔断器、热继电器的热元件等）应垂直于电源线绘制。主电路可用单线表示，也可用多线表示。

控制电路和信号电路应垂直（或水平）绘制在两条或几条水平（或垂直）电源线之间。电气元件的电磁线圈、信号灯等耗能元件直接与下方（或右方）XE（PE）水平（或垂直）线连接，而控制触点连接在上方（或左方）水平（或垂直）电源线与耗能元件之间。

无论主电路还是辅助电路，均应按功能布置，各电气元件一般应按生产设备动作的先后顺序从上到下或从左到右依次排列，可水平布置或垂直布置。识读电路图时，要掌握控制电路编排上的特点，也要一列列或一行行地进行分析。

2）电路图涉及大量的电气元件（如接触器、继电器、开关、熔断器等），为了表达控制系统的设计思想，便于分析系统工作原理，在绘制电气原理图时，所有电气元件并不绘出其实际外形，而是采用统一的图形符号和文字符号来表达。

主电路			控制电路		照明电路	
电源开关	MA1	MA2	MA1	MA2	变压器	照明灯

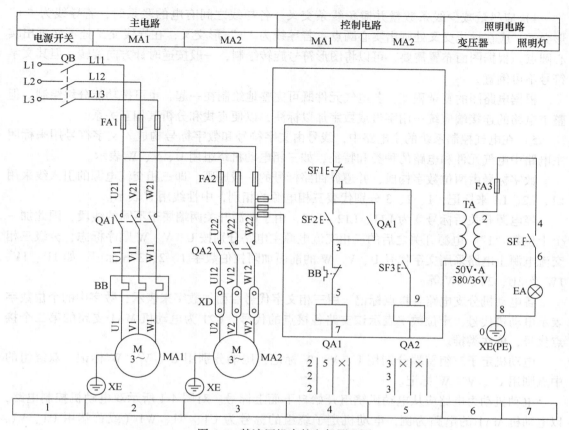

图 4-1　某液压机床的电气原理图

同一电气元件的不同部分（如接触器的电磁线圈、触点）分散在电路图中，如接触器主触点绘制在主电路中，而同一接触器的电磁线圈和辅助触点则绘制在控制电路中。为了表明是同一电气元件，要在电气元件的不同部分使用同一文字符号来注明。对于几个同类电气元件，在表示名称的文字符号后面加上一个数字序号，以示区别。如图 4-1 中的熔断器 FA1、FA2，接触器 QA1、QA2，按钮 SF1、SF2、SF3 等。

3）在电路图中，所有电气元件的可动部分均按原始状态（常态）绘制，即对于继电器、接触器的触点，应按其线圈不通电时的状态绘制；对于手动电气元件，应按其手柄处于零位时的状态绘制；对于按钮、行程开关等主令电器，应按其未受外力作用时的状态绘制。

具有循环运动的机械设备，应在电路图上绘出工作循环图。转换开关、行程开关等应绘出动作程序及触点工作状态表。由若干元件组成的具有特定功能的控制环节，可用虚线框起来，并标注出该控制环节的主要作用，如速度调节器、电流继电器等。

对于电路和电气元件完全相同并重复出现的控制环节，可以只绘出其中一个环节的完整电路，其余相同环节可用虚线方框表示，并注明该控制环节的文字符号或控制环节的名称。该控制环节与其他控制环节之间的连线可在虚线方框外面绘制。

对于外购的成套电气装置，如稳压电源、电子放大器、晶体管、时间继电器等，应将其详细电路及参数标注在电路图上。

4）应尽量减少线条数量并避免线条交叉。各导线之间有电的联系时，若导线为"+"形交叉，应在导线交叉处画出实心圆点；若导线为"T"形交叉，在导线交叉处不必画出实心圆点。根据图面布置需要，可以将图形符号旋转绘制，一般按逆时针方向旋转，但其文字符号不可倒置。

根据电路图的复杂程度，各电气元件既可完整地绘制在一起，也可按功能分块绘制，但整个电路的连接端应统一用字母或数字加以标注，以便查找和分析其相互关系。

5）在电气控制系统的主电路中，线号由文字符号和数字标号构成。文字符号用来标明主电路中电气元件和电路的种类和特征，如三相电动机绕组用 U、V、W 表示。

数字标号由两位数字构成，并遵循回路标号的一般原则。即三相交流电源的引入线采用 L1、L2、L3 来标记，1、2、3 分别代表三相电源的相别，中性线用 N 表示。

经电源开关后标号变为 L11、L12、L13，由于电源开关两端属于不同的线段，因此加一个十位数 "1"。电源开关之后的三相交流电源主电路分别按 U、V、W 顺序标志，分级三相交流电源主电路采用文字代号 U、V、W 的前面加阿拉伯数字 1、2、3 等标记，如 1U、1V、1W 及 2U、2V、2W 等。

各电动机分支电路各接点标记采用三相文字代号后面加数字来表示，数字中的个位数字表示电动机代号，十位数字表示该支路各接点的代号，U21 为电动机 MA1 支路的第二个接点代号，依次类推。

电动机定子三组首端分别用 U、V、W 标记，尾端分别用 U′、V′、W′标记。双绕组的中点则用 U″、V″、W″标记。

电动机动力电路应从电动机绕组开始自下而上标号。对图 4-1 所示双电动机控制电路，以电动机 MA1 的电路为例，电动机定子绕组的标号为 U1、V1、W1（或首端用 U1、V1、W1 表示，尾端用 U1′、V1′、W1′表示）。在热继电器 BB 的上触点的另一组线段，标号为 U11、V11、W11，再经接触器 QA1 的上触点，标号为 U21、V21、W21，经过熔断器 FA1 与三相电源线相连，并分别与 L1、L2、L3 同电位，因此不再用标号。电动机 MA2 回路的标号可依次类推。这个电路的各个回路因共用一个电源，故省去了标号中的百位数字。

若主电路是直流回路，则按数字标号的个位数的奇偶性来区分回路的极性。正电源侧用奇数，负电源侧用偶数。

辅助回路的标号采用阿拉伯数字编号，一般由三位或三位以下的数字组成。标注方法按"等电位"原则进行。在垂直绘制的电路中，标号顺序一般由上而下编号，凡是被电磁线圈、绕组、触点或电阻、电容等元件所间隔的线段，都应标以不同的电路标号。

无论是直流还是交流的辅助电路，标号的标注都有以下两种方法：

一种是先编好控制电路电源引线线号，"1" 通常标在控制线的最上方，然后按照控制电路从上到下、从左到右的顺序，以自然序数递增，每经过一个触点，线号依次递增，电位相等的导线线号相同，接地线作为 "0" 号线，如图 4-1 所示。

另一种是以压降元件为界，其两侧的不同线段分别按标号的个位数的奇偶性来依序标号。有时电路中的不同线段较多，标号可连续递增到两位奇偶数，如 "11、13、15" "12、14、16" 等。压降元件包括接触器线圈、继电器线圈、电阻、照明灯和电铃等。

在垂直绘制的电路中，线号采用自上而下或自上至中、自下至中的方式编号，这里的"中"指压降元件所在的位置，线号一般标在连接线的右侧。在水平绘制的电路中，线号采用自左而右或自左至中、自右至中的方式，这里的"中"同样是指压降元件所在的位置，线号一般标注于连接线的上方。

无论采用哪种标号方式，电气原理图与安装接线图上相应的线号应一致。

6）在电路图中一般将图分成若干个图区，以便阅读和查询。在电路图的下方（或右方）沿横坐标（或纵坐标）方向划分图区，并用数字 1、2、3、…（或字母 A、B、C、…）标明，同时在图的上方（或左方）沿横坐标（或纵坐标）方向划分图区，分别用文字标明该图区电路的功能和作用，使读者能清楚地知道某个电气元件或某部分电路的功能，以便理解整个电路的工作原理。如图 4-1 所示，1 区对应的为"电源开关"QB。

电气原理图中的接触器、继电器的线圈与受其控制的触点的从属关系（即触点位置）应按下述方法标明：在每个接触器线圈的文字符号 QA 的下面画两条竖直线（或水平线），分成左、中、右（或上、中、下）三栏，把受其控制而动作的触点所处的图区号数字，按表 4-6 规定的内容填上。对备而未用的触点，在相应的栏中用记号"×"标出。在每个继电器线圈的文字符号 KF 下面画一条竖直线（或水平线），分成左、右（或上、下）两栏，把受其控制而动作的触点所处的图区号数字，按表 4-6 规定的内容填上。同样，备而未用的触点在相应的栏中用记号"×"标出。

表 4-6　继电器、接触器触点的数字表示方法

接　触　器		
左（或上）栏	中　栏	右（或下）栏
主触点所处的图区号	辅助动合触点所处的图区号	辅助动断触点所处的图区号

继　电　器	
左（或上）栏	右（或下）栏
动合触点所处的图区号	动断触点所处的图区号

7）在电路图上一般还要标出各个电源电路的电压值、极性或频率及相数。对某些元件还应标注其特性，如电阻、电容的数值等。不常用的电气元件，如位置传感器、手动开关等，还要标注其操作方式和功能等。

在完整的电气原理图中，有时还要标明主要电气元件的型号、文字符号、有关技术参数和用途。例如电动机的用途、型号、额定功率、额定电压、额定电流及额定转速等。

全部电气元件的型号、文字符号、用途、数量及安装技术数据等，均应填写在电气元件明细表中。

2. 电气元件位置图

电气元件位置图（图 4-2）表达各个电气元件的实际安装位置，电气元件位置图的设计依据是电气原理图。电气元件位置图是按照电气元件的实际安装位置绘制的，根据电气元件布置最合理、连接导线少等原则进行设计。

电气元件位置图可为电气设备、电气元件之间的配线及检修电气故障等提供可靠和有效的依据。按照复杂程度不同，电气元件位置图可集中绘制在一张图上，也可分别绘制。但图中各电气元件的文字符号应与电气原理图和电气元件清单上的文字符号相同。在电气元件位置图中，机械设备的轮廓线用细实线或双点画线表示，所有可见的和需要表达清楚的电气元件、设备，可用粗实线绘出其简单的外形轮廓。电气元件的布置应注意以下问题。

1）体积大和较重的电气元件应安装在电气板的下面，而发热元件应安装在电气板的上面。

2）强电设备和弱电设备应尽可能分开布置，并注意弱电信号的屏蔽，以防止电磁干扰。

3）需要经常维护、检修、调整的电气元件的安装位置不宜过高或过低，要保证日常维护的方便性。

4）电气元件的布置应考虑整齐、美观、对称。外形尺寸与结构类似的电气元件应安放在一起，以利于加工、安装和配线。

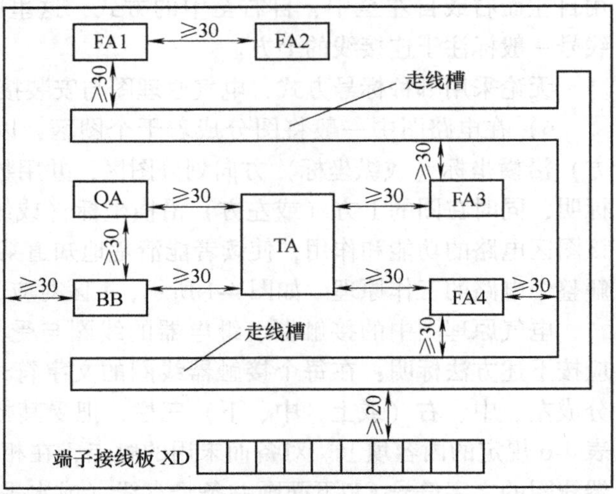

图 4-2　电气元件位置图

5）电气元件布置不宜过密，要留有一定的间距。若采用板前走线槽配线方式，应适当加大各排电气元件间距，以利于布线、散热和维护。

3. 安装接线图

安装接线图（图 4-3）是按照电气元件的实际位置和实际接线绘制的，是表达电气元

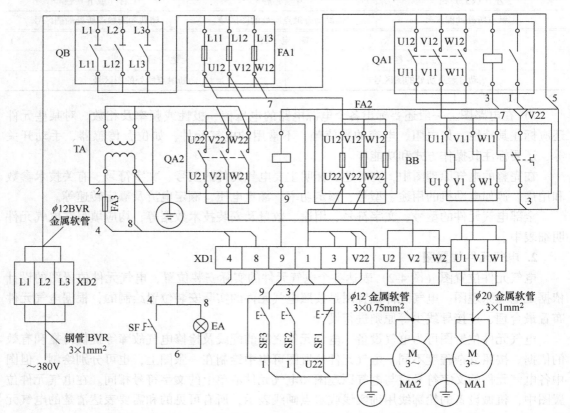

图 4-3　安装接线图

件、部件、组件或成套装置之间的连接关系的图样，同时也是电气元件安装接线、线路检查及维修的依据。

为表达电气设备各单元之间的接线关系，要标出所需的数据（如接线端子号、连接导线参数等），以便安装接线、线路检查、线路维修和故障处理。

安装接线图与电气原理图在制图上有很大区别。电气原理图以表达电气设备、装置和控制元件之间的相互控制关系为出发点，以工程技术人员能清晰明了地分析出电路工作原理和工作过程为目标；而安装接线图以表达电气设备、装置和控制元件的具体接线为出发点，以接线方便、布线合理为目标。

安装接线图常与电气原理图、电气元件位置图配合使用。安装接线图具有以下特点。

1）图中表示的电气元件、部件、组件成套装置都尽量用简单外形轮廓表示（如圆形、方形、矩形等），必要时可用图形符号表示。各电气元件的位置应与电气元件位置图中的位置（基本）一致。

在安装接线图中，电气设备、装置和电气元件都是按照国家统一规定的电气图形符号绘出，而不考虑其真实结构。各电气元件的图形符号、文字符号等均与电气原理图一致。

2）安装接线图必须标明每条线所接的具体位置，每条线都有具体、明确的线号。

3）每个电气设备、装置和电气元件都有明确的位置，并应与实际安装位置一致，而且将每个电气元件的不同部件都画在一起，并用虚线框起来。如一个接触器是将其电磁线圈、主触点、辅助触点都绘制在一起，并用虚线框起来。

有的电气元件用实线框图表示出来，其内部结构全部略去，只画出外部接线。如半导体集成电路在安装接线图中只画出集成块的外部接线，在实线框内只标出电气元件的型号。

4）不在同一控制箱和同一配电板上的各电气元件的连接是经接线端子板连接的，电气互联关系以线束表示，连接导线应标明导线参数（型号、规格、数量、截面积、颜色等），一般不标注实际走线途径。各电气元件的文字符号及端子板编号应与电气原理图一致，并按电气原理图和穿线管尺寸的接线进行连接。在同一控制箱或同一块配电板上的各电气元件之间的导线可直接连接。

5）走线相同的多根导线可用单线表示。

6）用连续的实线表示端子之间实际存在的导线。当穿越图面的连接线较长时，可将其中断，并在中断处加注相应的标记。

7）安装接线图一律采用细线条，走线方式有板前走线及板后走线两种，一般采用板前走线。对于简单电气控制部件，电气元件数量较少，接线关系不复杂，可直接绘出元件间的连线。但对于复杂部件，电气元件数量多，接线较为复杂，一般采用走线槽方式连线，只需在各电气元件上标出接线号，不必绘出各元件间的连线。

8）部件的进出线除大截面导线外，都应经过接线板，不得直接进出。

4.1.3　电气原理图的阅读方法

阅读和分析电气原理图的方法主要有两种，即查线看图法（直接看图法或跟踪追击法）和逻辑代数法（间接读图法）。下面结合图 4-1 重点介绍查线看图法。

1. 看主电路的步骤

1）看清主电路中的用电设备（用电设备指消耗电能的大功率电器或电气设备，如电动机等）。看电路图首先要弄清楚有几个用电设备，弄清它们的类别、用途、接线方式及一些不同要求等。如图 4-1 中的用电设备就是两台电动机 MA1 和 MA2。以电动机为例，应了解下列内容。

① 类别。有交流电动机（异步电动机、同步电动机）、直流电动机等。一般生产机械中所用的电动机以交流笼型异步电动机为主。

② 用途。有的电动机是驱动油泵或水泵的，有的是驱动塔轮再传到某种生产机械上的。

③ 接线。有的电动机是星形（丫）联结或双星形（丫丫）联结，有的电动机是三角形（△）联结，有的电动机是星-三角形（丫-△）联结，即星形起动、三角形运行接线。

④ 运行要求。有的电动机要求恒速运转，有的电动机则要求具有两种速度（低速和高速），还有的电动机是多速运转的，也有的电动机有几种正向转速和一种反向转速，正向做功，反向为空载返回等。

对起动方式、正反转、调速及制动的要求，各电动机之间是否相互有制约的关系（还可通过控制电路来分析）。

图 4-1 中有两台电动机 MA1 和 MA2。MA1 是液压泵电动机，通过 MA1 驱动高压液压泵，再经液压传动使主轴做功；MA2 是工作台快速运动电动机。两台电动机的接线方法均为星形。

2）要弄清楚用电设备是用什么电气元件控制的。控制电气设备的方法很多，有的是直接用开关控制，有的是用各种起动器控制，有的是用接触器或继电器控制。

图 4-1 中的电动机是用接触器控制的。当接触器 QA1 得电吸合时，电动机 MA1 起动；当 QA2 得电吸合时，电动机 MA2 起动。

3）了解主电路中所用的控制电器及保护电器。这里控制电器是指除常规接触器以外的其他电气元件，如电源开关（转换开关及低压断路器）、万能转换开关等。保护电器是指短路保护器件及过载保护器件，如低压断路器中电磁脱扣器及热过载脱扣器，熔断器、热继电器及过电流继电器等元件。一般来说，对主电路做上述分析之后，即可分析辅助电路。

在图 4-1 中，两条主电路中接有电源隔离开关 QB、热继电器 BB 和熔断器 FA1，分别对电动机 MA1 起过载保护和短路保护作用。FA2 对电动机 MA2 和控制电路起短路保护作用。

4）看电源。要了解电源电压等级，是 AC 380V 还是 AC 220V，是由配电屏供电还是从发电机组接出来的。一般生产机械所用电源通常为三相 380V、50Hz 的交流电源，对需采用直流电源的设备，往往都是采用直流发电机供电或采用整流装置供电。随着电子技术的发展，特别是大功率整流管及晶闸管的普及，一般情况下都由整流装置来获得直流电源。

在图 4-1 中，电动机 MA1、MA2 的电源均为三相 AC 380V。主电路由三相电源 L1、L2、L3→电源开关 QB→熔断器 FA1→接触器 QA1→热继电器 BB→笼型异步电动机 MA1 组成。另一条支路为接在熔断器 FA1 端头 U21、V21、W21 上的熔断器 FA2→接触器 QA2→笼型异步电动机 MA2。

2. 看辅助电路的步骤

辅助电路一般包含控制电路、信号电路和照明电路。分析电路时可根据主电路中的电动机和执行电器的控制要求，逐一找出控制电路中的控制环节，将控制电路"化整为零"，按功能不同划分成若干个局部控制电路进行分析。如果辅助电路比较复杂，则可先排除照明、显示等与控制关系不密切的电路，集中精力分析控制电路。分析控制电路最基本的方法是查线看图法。

1）看电源。首先看清电源的种类，是交流电源还是直流电源。其次，要看清辅助电路的电源是从什么地方接过来的，及其电压等级的高低。一般来说，辅助电路的电源是从主电路的两条相线上接过来的，其电压为单相 380V，也有的从主电路的一条相线和零线上接过来，电压为单相 220V。此外，也可以从专用隔离电源变压器上接过来，电压有 AC 127V、AC 110V、AC 36V、AC 6.3V 等。

2）了解控制电路中所采用的各种继电器、接触器的用途。如果采用了一些特殊结构的继电器，还应了解其动作原理。只有这样，才能深入理解继电器、接触器在电路中的用途和动作过程。

3）根据控制电路来研究主电路的动作情况。控制电路总是按动作顺序绘制在两条水平线或两条垂直线之间，因此，也可从左到右或从上到下进行分析。

对复杂的辅助电路，在电路中整个辅助电路构成一条大的支路，这条大的支路又分成几条独立的小的支路，每条小支路控制一个用电设备或一个动作。当某条小支路形成的闭合回路有电流流过时，在支路中的电气元件（接触器或继电器）则动作，将用电设备接入或切除电源。在控制电路中一般是靠按钮或转换开关将电路接通的，必须随时结合主电路的动作对控制电路进行分析，只有全面了解主电路对控制电路的要求以后，才能真正掌握控制电路的动作原理，要注意各个动作之间是否有互相制约的关系，不可孤立地看待各部分的动作原理。

在图 4-1 中，控制电路有两条支路，即接触器 QA1 和 QA2 支路，其动作过程如下。

① 合上隔离开关 QB，主电路和辅助电路均有电源接入。

② 当按下起动按钮 SF2 时，即形成一条支路，电流经线段 V22→停止按钮 SF1→起动按钮 SF2→热继电器 BB→接触器 QA1 线圈→线段 U22 形成回路，使接触器 QA1 得电吸合。接触器 QA1 在主电路中的主触点闭合，电动机 MA1 得电运转。同理，按下起动按钮 SF3，电动机 MA2 开始运转。

在起动按钮 SF2 两端并接了一个接触器 QA1 的辅助动合触点 QA1（1~3）。其作用是，在松开起动按钮 SF2 时，SF2 触点断开，由于此时 QA1 的电磁线圈已经得电，其辅助动合触点 QA1（1~3）已闭合，电流经辅助触点 QA1（1~3）流过，QA1 的电磁线圈不会因起动按钮 SF2 的松开而失电，辅助触点 QA1（1~3）起到自我保持作用。对于接触器 QA2，由于不需要自我保持，当按钮 SF3 松开后，电动机 MA2 即失电停转。

③ 由于按钮 SF1 串联在接触器 QA1 和 QA2 的回路中，只要按下停车按钮 SF1，接触器 QA1 和 QA2 的电路即被切断，接触器 QA1 和 QA2 失电释放，使主电路中的接触器主触点 QA1 和 QA2 断开，电动机失电停车。若要再次起动，必须重新按下起动按钮 SF2 和 SF3。

4）研究电气元件之间的相互关系。电路中的所有电气元件都不是孤立存在的，而是相互联系、相互制约的。这种互相控制的关系有时存在于一条支路中，有时存在于几条支路中。图 4-1 的电路比较简单，没有相互控制的电气元件，看图时可省略这一步。

5）研究其他电气设备和电气元件。如整流设备、照明灯等，对于这些电气设备和电气元件，只要知道它们的线路走向、电路的来龙去脉即可。图 4-1 中 EA 是局部照明灯，TA 是提供 36V 安全电压的 380/36V 照明变压器。照明灯开关 SF 闭合时，照明灯 EA 就会点亮。

3. 查线看图法的读图要点

1) 从主电路入手，根据各台电动机和执行电器的控制要求分析控制内容，要注意找出电动机起动、转向控制、调速、制动等基本控制电路。

2) 根据主电路中各电动机和执行电器的控制要求，逐一找出控制电路中的控制环节，将控制电路"化整为零"，按功能不同划分成若干个局部控制电路进行分析。如果辅助电路较复杂，则可先排除照明、显示等与控制关系不是特别密切的电路。

3) 控制电路中执行元件的工作状态显示、电源显示、参数测定、故障报警以及照明电路等，大部分由控制电路中的元件控制，因此要对照控制电路对这部分电路进行分析。

4) 分析联锁与保护环节。生产机械对安全性、可靠性有很高的要求，为实现这些要求，除合理选择驱动和控制方案外，在控制电路中一般要设置电气保护和必要的电气联锁。在电气原理图的分析过程中，电气联锁与电气保护环节是重要内容，不得遗漏。

5) 在某些控制电路中，会设置一些与主电路、控制电路关系不是特别密切、相对独立的特殊环节，如产品计数装置、自动检测系统、晶闸管触发电路、自动调温装置等。这些环节往往自成系统，需要运用电子技术、半导体变流技术、自动控制技术、检测与转换等知识逐一分析。

6) 通过"化整为零"，逐步分析各局部电路的工作原理以及各部分之间的控制关系后，要"集零为整"，检查整个辅助电路，消除遗漏。要从整体的高度进一步检查和理解各控制环节之间的内在联系，充分理解电路图中各个电气元件的作用及整个电路的工作过程。

4.1.4　安装接线图的阅读方法

在充分阅读电气原理图的基础上，才能阅读安装接线图，只有熟练掌握阅读安装接线图的方法和技巧，才能合理设计安装接线图。

1. 注意事项

阅读安装接线图要注意以下事项。

1) 分析电气原理图和安装接线图中电气元件的对应关系。电气原理图中电气元件的图形符号与安装接线图中电气元件的图形符号都是按照国家标准规定的图形符号绘制的，但是电气原理图是根据电路工作原理绘制的，而安装接线图是按实际布线绘制的，因此同一电气元件在两种图样中的绘制方法不同。例如接触器、继电器、热继电器、时间继电器等电气元件，在电气原理图中是将线圈和触点绘制在不同位置，而在安装接线图中则是将线圈和触点绘制在一起。

2) 分析安装接线图中导线的根数和所用导线的具体规格。通过阅读安装接线图，可获得电路中导线的根数和所用导线的具体规格。若安装接线图中未示出导线的具体型号规格，一般情况下会列入电气元件明细表中。

3) 在阅读安装接线图的主电路时，一般从引入的电源线开始，依次阅读到电动机等用电设备，主要分析用电设备是通过哪些电气元件获得电源的。这与阅读电气原理图的顺序有所不同。

4) 对于辅助电路要按各条小支路，从电源顺线查阅，直到另一相电源。按动作顺序了解各条支路的作用，分析辅助电路是如何控制电动机等用电设备的。

5) 根据安装接线图中的线号分析主电路的线路走向和连接方法。

2. 读图方法

根据图 4-1 所示的电气原理图绘制的安装接线图如图 4-3 所示，其读图步骤如下。

1）根据线号分析主电路的线路走向和连接方法。电源到电动机之间的连接线要经过配电盘端子→隔离开关 QB→接触器的主触点（3 对主触点）→配电盘端子→电动机接线盒的接线柱等。在图 4-3 中，三相电源经接线端子排 XD2 的 L1、L2、L3 三条导线与隔离开关 QB 的三个接线端子相连，其另一出线端子 L11、L12、L13 与熔断器 FA1 的三个进线端子相接，FA1 的另三个出线端子 U12、V12、W12 与接触器 QA1 的三个进线端子相连。

QA1 的出线端子 U11、V11、W11 和热继电器 BB 的发热元件端子连接，发热元件的三个出线端子 U1、V1、W1，通过端子排 U1、V1、W1 经穿线管和电动机 MA1 连接，使电动机 MA1 获得三相电源。熔断器 FA1 的出线端子 U12、V12、W12 除与 QA1 连接外，还与熔断器 FA2 的三个接线端子连接。FA2 的出线端子 U22、V22、W22 与接触器 QA2 的进线端子连接，QA2 的出线端子 U21、V21、W21 经端子排 XD1 的 U2、V2、W2 端子和穿线管（金属软管）与电动机 MA2 连接，使电动机 MA2 获得三相电源。

2）根据线号分析控制电路是如何构成闭合回路的。从图 4-3 可知，控制电路有两条小支路，即接触器 QA1 线圈支路和接触器 QA2 线圈支路。两条支路的电源线是从熔断器 FA2 的出线端子 U22，通过端子排 XD1 的 U22 端子接到停止按钮 SF1 触点，用线段 1 和起动按钮 SF2 及 SF3 的触点连接，用线段 3 经端子排 XD1 的端子 3 连接到接触器 QA1 的线圈和辅助动合触点的一端，用线段 1 经端子排 XD1 的端子 1 接到接触器 QA1 辅助动合触点的另一端，用线段 5 将 QA1 线圈另一端与热继电器 BB 动断触点连接。用线段 7 将 BB 触点的另一端、QA2 线圈与熔断器 FA2 的出线端子 V22 连接，构成了闭合回路，使 MA1 起动，用线段 3、1 经端子排 XD1 的端子 3、1，使 QA1 的辅助触点与起动按钮 SF2 触点并联。

接触器 QA2 线圈支路的电源线也是从熔断器 FA2 的 U22 端子接出，通过停止按钮 SF1 的线段 1 接到 SF3，然后经端子排 XD1 的端子 9 经线段 9 与 QA2 的线圈连接，QA2 线圈另一端点经线段 7 和 FA2 的 V22 端子相连，由此构成闭合回路。当按下起动按钮 SF3 时，接触器 QA2 得电，其主触点闭合，使电动机 MA2 得电，带动工作台快速移动。由于该接触器无自锁触点，当松开按钮 SF3 时，电路即断开，电动机 MA2 被切断电源而停车。

照明变压器 TA 的电源由 QA2 的 V22、W22 端子接到 TA 的一次侧，TA 的二次侧经线段 4 和 8，通过端子排 XD1 的端子 4 和 8 接至开关 SF 和照明灯 EA 上。

实现生产机械的起动、调速、反转和制动是机电传动的主要环节，所有电气装置都是为机电传动系统服务的。图 4-3 正是利用按钮→接触器→电动机的控制形式实现机电传动的。因此按钮、接触器、电动机是安装接线图的主要部分，读图的目的就是要把三种电气元件的控制关系分析清楚。其他保护装置，如热继电器 BB、熔断器 FA1 和 FA2 都是为电动机的安全运转服务的。

根据线号分析辅助电路的线路走向是从辅助电路电源引入端开始，依次分析每条支路的线路走向。在实际电路接线过程中，主电路和辅助电路一般是分先后顺序接线的。这可以避免主电路和控制电路混杂，另一原因是主电路和控制电路所用导线型号规格并不相同。

以上介绍了电气控制系统的电气原理图、电气元件位置图和安装接线图的设计原则和读图方法，这些内容是了解电气控制系统必须掌握的基础知识，有关设计电气控制系统的更深层次的知识，将在以后各章中结合具体的机电设备（如常用机床）进行深入讨论。

4.2　基本控制环节

笼型三相异步电动机结构简单、价格便宜、坚固耐用，在生产设备中，笼型三相异步电动机占电动机总量的80%以上。笼型三相异步电动机的电气控制线路大都由继电器、接触器和按钮等有触点的电气元件组成。本节以笼型三相异步电动机为例，介绍电动机的基本控制环节。

4.2.1　全压起动控制

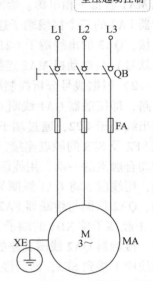

全压起动控制

1. 采用开启式刀开关直接控制

如图4-4所示，采用开启式刀开关直接控制笼型三相异步电动机的起动与停止，是一种最简单的手动控制电路。合上刀开关QB，接通电源，电动机MA即在全电压下直接起动。断开刀开关QB，电动机MA即断电，在惯性作用下持续运转一段时间后停止转动（自由停车）。

串接于主电路的熔断器FA作为短路保护措施，为电动机提供短路保护。电动机机壳（壳体）接地XE用于接地保护，防止因相线碰壳而引发触电事故。

该电路没有电动机的过载保护功能，一旦发生长时间的过载，电动机有被烧毁的可能。另外，当电源系统出现失电压、欠电压故障时，该电路也无法实施有效的保护。

由于开启式刀开关QB在接通和断开负载时，会产生严重的电弧，因此，对受控负载的容量有一定的限制。采用开启式刀开关只能控制容量在10kW以下的电动机，如三相电风扇、砂轮机、排灌水泵等容量较小且操作不频繁的设备。

图 4-4　开启式刀开关控制电路

开启式刀开关比较笨重，且占用的安装空间较大，不利于在结构紧凑的设备上布置。组合开关虽然在功能上与开启式刀开关没有本质区别，但组合开关的三相刀闸是立体装配的，可装在一个较小的密闭胶盒中，结构紧凑，所需安装空间要小得多。因此，在木工机床（俗称电刨子）等结构紧凑的机电设备上，多采用组合开关控制电动机的起动与停车，其电路如图4-5所示。

采用开启式刀开关或组合开关直接控制电动机的起动与停车，控制方法简单、经济、实用。但其缺点也是显而易见的，即保护功能不完善，操作也不方便。特别是对于某些需要频繁操作且电源电压波动较大的电动机，上述电路难以保障使用安全。

2. 采用接触器进行控制

图4-6是采用接触器对电动机进行控制的电路。这是最

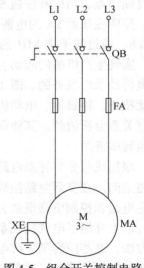

图 4-5　组合开关控制电路

基本的，也是最经典的电动机控制电路，任何具有其他特点的电动机控制电路，均可在该电路的基础上衍生出来。任何一个电气工程师都要将该控制电路牢记于心。

（1）电路组成

该电路由主电路、控制电路和信号电路三部分组成，左侧为主电路，中间为控制电路，右侧为信号电路（参见图 4-6 中的两条竖直点画线）。

主电路由三相电源（L1、L2、L3）、低压断路器 QA0、熔断器 FA1、接触器 QA1 的三对主触点、热继电器 BB 的热元件和笼型三相异步电动机 MA 组成。

控制电路由熔断器 FA2、热继电器 BB 的动断触点、停止按钮 SF1、起动按钮 SF2、接触器 QA1 的电磁线圈及辅助动合触点组成。

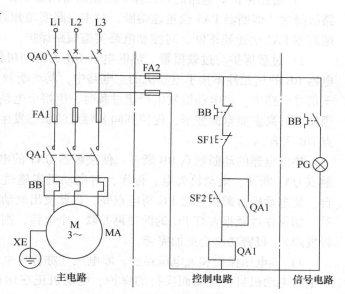

图 4-6　采用接触器对电动机进行起-保-停控制

为简化电路结构，控制电路的电源直接由低压断路器 QA0 下方的 L3、L2 两根相线引入，工作电压为 AC 380V。信号电路由热继电器 BB 的动合触点和电动机过载报警灯 PG 组成。

（2）工作原理

起动时，操作人员首先合上低压断路器 QA0，主电路引入三相电源。然后，操作人员按下起动按钮 SF2，控制电路的电流由相线 L3→熔断器 FA2→热继电器 BB 的动断触点→停止按钮 SF1 的动断触点→已经闭合的起动按钮 SF2 触点→接触器 QA1 的电磁线圈→熔断器 FA2→相线 L2，形成回路。

接触器 QA1 的电磁线圈得电后，产生电磁吸力，使位于主电路中的三对动合主触点 QA1 闭合。同时，位于控制电路中，与起动按钮 SF2 并联的辅助触点 QA1 也闭合。

位于主电路中的三对动合主触点 QA1 闭合后，电动机 MA 得电，在全电压下开始起动运转。位于控制电路中的辅助触点 QA1 闭合后，使接触器 QA1 的电磁线圈拥有两条得电回路。其一是操作人员还在按压的起动按钮 SF2，其二是已经处于闭合状态的接触器辅助触点 QA1。此时，即便操作人员松开起动按钮 SF2，SF2 的触点断开，接触器的电磁线圈仍然可以通过其辅助触点 QA1 保持得电状态，进而使电动机保持得电状态并持续运转。这种依靠接触器自身的辅助触点保持接触器电磁线圈持续得电的功能叫作自锁功能。相应地，具有自锁功能的触点叫作自锁触点。自锁触点和自锁功能在机电传动系统的电路设计中应用极为普遍。

只需操作人员按下停止按钮 SF1，电动机即可停车。按下停止按钮 SF1 后，其动断触点断开，接触器 QA1 的电磁线圈失电，使得接触器的同名主触点和辅助触点均断开。接触器的三对主触点 QA1 断开后，电动机失电，在惯性作用下持续运转一段时间后即停止转动（自由停车）。接触器的辅助触点 QA1 断开后，接触器电磁线圈失去自锁功能。操作人员松开停止按钮 SF1 后，整个电路又恢复到起动前的状态。

（3）保护与指示功能

1）短路保护。电路的短路保护功能由熔断器 FA1 和熔断器 FA2 实现。当主电路发生短路故障时，熔断器 FA1 会迅速熔断，对主电路实施短路保护。当控制电路发生短路故障时，熔断器 FA2 会迅速熔断，对控制电路实施短路保护。

2）过载保护与过载报警。热继电器 BB 为电动机提供过载保护与过载报警功能。热继电器 BB 的热元件串接于电动机的主电路中，其动断触点串接于控制电路中、动合触点串接于信号电路中。当电动机发生严重过载时，串接于电动机主电路中的热继电器 BB 的热元件因持续的高温而弯曲变形，促使其同名触点的状态发生变化，即动断触点 BB 断开，动合触点 BB 闭合。

热继电器的动断触点 BB 断开，使接触器 QA1 的电磁线圈失电，进而使接触器的三对主触点 QA1 断开，电动机失电、停车，对电动机实施过载保护。热继电器的动合触点 BB 闭合，使电动机过载报警灯 PG 得电点亮，以此发出电动机因过载而自动停车的报警信号。当然，如果在过载报警灯 PG 的两端再并联一个电铃，则可以实现声光报警（报警灯点亮，电铃发声），报警功能会更加完善。

3）零电压保护和欠电压保护。零电压（亦称失电压）保护是指为防止电网失电后恢复供电时电动机自行起动而实行的保护。电动机正在运行时，如果电源电压因某种原因消失（停电），则在电源电压恢复时，必须防止电动机自行起动，否则，极易造成设备损坏和人身安全事故。另外，对于电网而言，若同时有许多电动机自行起动，则会引起过电流，也会使电网电压瞬间下降。

欠电压保护是指为防止电源电压降到允许值以下造成电动机损坏而实施的保护。当电动机正常运转时，如果电源电压过分地降低，将引起一些电器释放（接触器或继电器触点自动释放，恢复到常态），造成控制电路工作不正常。对于电动机而言，如果电源电压过低，而负载不变时，会造成电动机绕组电流增大，使电动机发热甚至烧毁，还会引起转速下降甚至停转。

接触器本身就具有零电压和欠电压保护功能。当电路发生零电压和欠电压故障时，接触器的电磁线圈因为失去电压或电压过低，其电磁吸力无法克服回位弹簧的作用力，衔铁将带动触点复位（即触点释放）并使接触器电磁线圈失去自锁作用。零电压和欠电压故障排除之后，除非操作人员对电路进行起动操作，否则，整个电路不会自行起动，从而确保设备和人员安全。

4）接地保护。电动机机壳（壳体）接地 XE 用于接地保护，防止因相线碰壳而引发触电事故。

5）综合保护。综合保护由低压断路器 QA0 提供。低压断路器具有短路保护、过载保护（过电流保护）、过电压保护、零电压/欠电压保护、漏电保护等多重保护功能（保护功能的多少视低压断路器的具体结构而定）。

低压断路器属于非频繁操作的电器，除漏电保护动作灵敏、反应迅速之外，对于其他保护功能，在结构设计和参数设定上，其保护动作均较专职的保护器件慢。

例如，当电路发生短路故障时，熔断器的动作要比低压断路器快，只有熔断器因为故障不能及时熔断时，低压断路器才会动作（跳闸），对电路实施保护；当电路发生过载故障时，热继电器的动作要比低压断路器快，只有热继电器因为故障不能及时切断主电路时，低压断路器才会动作，对电路实施保护；当电路发生零电压/欠电压故障时，接触器的动作要比低压断路器快，只有接触器因为故障不能及时释放触点时，低压断路器才会动作，对电路实施保护。

由此可见，低压断路器是作为熔断器（短路保护）、热继电器（过载保护）、接触器（零电压/欠电压保护）等电路保护措施失效后的"总预备队"存在的，可以为电路提供后备的、综合的保护。

短路保护、过载保护、零电压保护和欠电压保护、接地保护以及由低压断路器提供的综合保护是机电传动控制系统中最常用的保护措施，对于确保机电设备正常运行和操作人员的人身安全都是至关重要和不可或缺的，必须予以足够的重视。

上述电路可以实现对电动机的起动、保持、停车控制，因此，常简称为电动机的起-保-停控制电路。

3. 采用接触器进行点动控制

在机电传动控制系统中，生产机械在某些特定的情况（如调整机床刀架、试车或起重机定点落放重物等）下，往往需要电动机断续工作，即按下起动按钮，电动机即运转，松开起动按钮，电动机就失电停车。这种能够实现电动机断续工作的控制，称为电动机的点动控制。

（1）单纯的电动机点动控制电路

图 4-7 为一种单纯的电动机点动控制电路。为了读图方便，将主电路与控制电路（包括信号电路）分开绘制，控制电路可以通过接线端子直接与低压断路器 QA0 下方的主电路连接，也可以通过控制变压器（图中未示出）获得较为安全的低压电源。不难看出，该电路只是在电动机起-保-停控制电路的基础上，去掉了并联于起动按钮 SF2 两端的接触器自锁触点而已。

系统工作时，操作人员首先合上低压断路器 QA0，接通电源。然后，按下起动按钮 SF2，其动合触点闭合，使接触器的电磁线圈 QA1 得电。于是，接触器的三对主触点 QA1 吸合，电动机 MA 即得电运转。当操作人员松开起动按钮 SF2 时，起动按钮 SF2 的触点在回位弹簧的作用下，恢

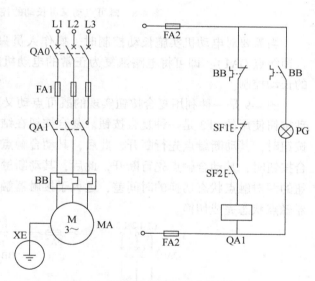

图 4-7　单纯的电动机点动控制电路

复到断开状态，使接触器的电磁线圈 QA1 失电。于是，接触器的三对主触点 QA1 在回位弹簧的作用下，恢复到断开状态，电动机 MA 即失电停车。

如此按下和松开起动按钮 SF2，即可使电动机得电运转或失电停车，实现对电动机的点动控制。电动机运转时间的长短，完全取决于操作人员按下起动按钮 SF2 时间的长短。

（2）既可点动又可长动的控制电路

在实际的生产机械上，往往需要既能对电动机实施点动控制，又能对电动机实施长动控制（即起动-保持-停车控制）。

图 4-8 是一种利用转换开关实现的既可点动又可长动的控制电路。当需要对电动机实施点动控制时，操作人员只需将转换开关 SF3 断开（切除接触器的自锁触点 QA1），即可通过按下和松开起动按钮 SF2，使电动机得电运转或失电停车，实现对电动机的点动控制。

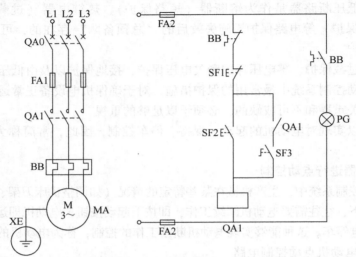

图 4-8　既可点动又可长动的控制电路（转换开关）

当需要对电动机实施长动控制时，操作人员只需将转换开关 SF3 闭合（接入接触器的自锁触点 QA1），即可将电路恢复为正常的电动机起动-保持-停车控制电路，实现对电动机的长动控制。

图 4-9 是一种利用复合按钮实现的既可点动又可长动的控制电路。在图 4-9 中，作为点动按钮使用的 SF3 是一种复合按钮。复合按钮在结构上可以确保达成以下要求：当按下复合按钮时，其动断触点先行断开，此后，其动合触点才会闭合，即存在一个时间差；当松开复合按钮时，其动合触点先行断开，此后，其动断触点才会闭合，也存在一个时间差。复合按钮的两对触点状态切换的时间差，远大于接触器触点状态切换所需的时长，足以确保接触器触点状态完成切换。

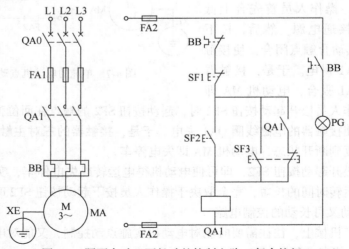

图 4-9　既可点动又可长动的控制电路（复合按钮）

　　当需要对电动机实施点动控制时，操作人员只需按下点动复合按钮 SF3，则其动断触点先行断开（切除接触器的自锁触点 QA1），稍后（经过一个时间差）其动合触点闭合，即可使电动机得电运转。由于此时复合按钮 SF3 的动断触点已经断开，切除了接触器的自锁触点 QA1，因此，电动机处于点动工作状态，无法实现长动。

　　当操作人员松开复合按钮 SF3 时，SF3 的动合触点先行断开，使电动机失电停车，稍后（经过一个时间差）其动断触点才闭合，使电路恢复到常态。

　　当复合按钮 SF3 处于图示的常态时，电路即恢复为正常的电动机起动-保持-停车控制电路，操作人员通过操作起动按钮 SF2 和停止按钮 SF1，即可实现对电动机的长动控制。其电路工作过程请读者自行分析，为节省篇幅，在此不再赘述。

4. 采用接触器进行多地点控制

　　对于某些大型机电设备，出于操作方便并确保运行安全的考虑，往往需要对电动机进行多地点的起动和停车控制。例如大型龙门刨床、数控加工中心的操作及对机电设备进行调整、检修时，均有上述要求。

　　（1）常规的多地点控制电路

　　在电动机起动-保持-停车控制电路的基础上，增设几组控制按钮，即可实现上述要求，其电路如图 4-10 所示。

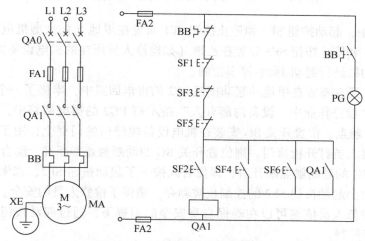

图 4-10　多地点控制电路（常规）

　　在图 4-10 中，设有三组起动按钮（SF2、SF4、SF6）和三组停止按钮（SF1、SF3、SF5），可以实现在甲、乙、丙三个地点对电动机实施起动-保持-停车控制。在电路原理上，将三组起动按钮（SF2、SF4、SF6）进行并联连接，即保持逻辑"或"的关系；将三组停止按钮（SF1、SF3、SF5）串联连接，即保持逻辑"与"的关系。

　　在实际布置时，将起动按钮 SF2 和停止按钮 SF1 布置在甲地，即可在甲地对电动机进行起动-保持-停车控制；将起动按钮 SF4 和停止按钮 SF3 布置在乙地，即可在乙地对电动机进行起动-保持-停车控制；将起动按钮 SF6 和停止按钮 SF5 布置在丙地，即可在丙地对电动机进行起动-保持-停车控制。

　　（2）具有"剥夺控制权"功能的多地点控制电路

　　在对某些大型机电设备进行检修时，往往需要工作人员进入机电设备内部实施检修作业。在这种情况下，如果位于机电设备外部的人员在不知情的状态下按下起动按钮（或误操作），而使机电设备起动，则极有可能造成重大事故。为了避免上述危险，确保检修人员的人身安全，就需要采用图 4-11 所示的具有"剥夺控制权"功能的多地点控制电路。

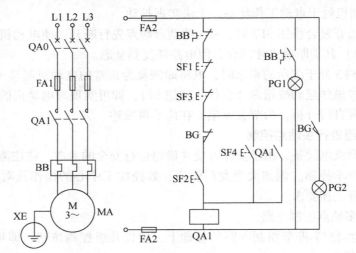

图 4-11　具有"剥夺控制权"功能的多地点控制电路

在图 4-11 中，起动按钮 SF2 和停止按钮 SF1 布置在甲地（如大型机电设备的操作台），而起动按钮 SF4 和停止按钮 SF3 布置在乙地（如检修人员所在的机电设备内部），借此可在甲、乙地对电动机进行起动-保持-停车控制。

除此之外，还在布置在甲地的起动按钮 SF2 的得电回路中，串接了一个位置开关 BG 的动断触点，在"检修作业中，设备内部有人"指示灯 PG2 的得电回路中，串接了一个位置开关 BG 的动合触点。位置开关 BG 安装在机电设备检修门的门框上，用于检测检修门是否打开。只要检修人员打开检修门，则位置开关 BG 的动断触点即断开，动合触点即闭合。

位置开关 BG 的动断触点断开后，即便有人按下了起动按钮 SF2，也无法使电动机得电运转，即操作台上起动按钮 SF2 的控制权被剥夺，确保了检修人员的安全。而此时，位于机电设备内部的检修人员依然可以在确保自身安全的前提下，通过起动按钮 SF4 和停止按钮 SF3 对设备进行控制。

当位置开关 BG 的动合触点闭合后，将使"检修作业中，设备内部有人"指示灯 PG2 自动点亮，提醒其他无关人员不要随意操作设备，进一步提高了安全性。

4.2.2　正、反转控制

在机电传动系统设计中，经常会遇到生产机械的运动部件需要做正、反两个方向运动的情况，如机床工作台的前进与后退、机床主轴的正转与反转、起重机吊钩的上升与下降等。为解决这一问题，可以在传动系统中设置倒档，也可以设置正、反转离合器。但比较而言，通过电路设计，使电动机可以根据实际需要做正转和反转，这一方案才是最优的。

由电机学可知，对于三相异步电动机而言，只要将三相电源中任意两相的相序进行调换，电动机输出轴的旋转方向即可改变。也就是说，只要将三相电源中任意两相的相序进行调换，就可以实现三相异步电动机的正、反转控制。

1. 采用倒顺开关进行正、反转控制

倒顺开关（亦称顺逆开关或可逆转换开关，图 4-12）是一种专门用于进行电动机正、反转控制的手动电器。铣床主轴电动机的正、反转控制就是采用倒顺开关实现的。

倒顺开关的操作手柄具有顺、停、倒三个位置，可以实现电动机的正转、停车和反转控制，其控制电路如图 4-13 所示。

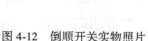

图 4-12　倒顺开关实物照片

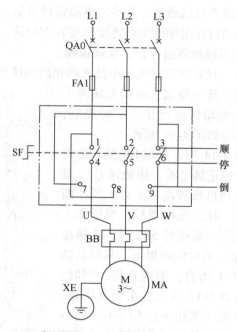

图 4-13　采用倒顺开关实现电动机的正、反转控制

其工作原理如下：首先合上低压断路器，接入三相电源。当操作人员将倒顺开关的操作手柄置于"顺"位置时，转轴带动触刀，使触点 4 与触点 1 接通，触点 5 与触点 2 接通，触点 6 与触点 3 接通。于是，三相电源按照"L1→触点 1→触刀→触点 4→U，L2→触点 2→触刀→触点 5→V，L3→触点 3→触刀→触点 6→W"的相序进入电动机定子绕组，电动机输出轴正向旋转。简而言之，电动机正转时，电源相序为"L1→U，L2→V，L3→W"。

当操作人员将倒顺开关的操作手柄置于"停"位置时，电动机电源被切断，处于停车状态。

当操作人员将倒顺开关的操作手柄置于"倒"位置时，转轴带动触刀，使触点 4 与触点 7 接通，触点 5 与触点 8 接通，触点 6 与触点 9 接通。于是，三相电源按照"L1→触点 1→触点 8→触刀→触点 5→V，L2→触点 2→触点 7→触刀→触点 4→U，L3→触点 3→触点 9→触刀→触点 6→W"的相序进入电动机定子绕组。此时，电源相序已经变为"L1→V，L2→U，L3→W"，即 U、V 两相相序发生了变化。于是，电动机输出轴反向旋转。

采用倒顺开关对电动机进行正、反转控制，其电路结构简单，成本低廉，布置也很方便，因此，在机电设备上应用广泛。但该电路也存在一定的缺陷——必须严格按照"顺—停—倒"或者"倒—停—顺"的操作顺序来切换电动机输出轴的旋转方向，不允许越程操作（注：所谓"越程操作"是指在电动机处于正向运转时，操作手柄不经过"停"位置，不待电动机停止运转，就直接将操作手柄置于"倒"位置，使电动机反转，或当电动机处于反向运转时，操作手柄不经过"停"位置，不待电动机停止运转，就直接将操作手柄置于"顺"位置，使电动机正转），否则会造成剧烈的机械冲击和反向电流冲击（相当于存在一个电动机反接制动过程），显著缩短电动机的使用寿命。同时，对机电设备本身及其安装基础也有不利影响。

除了要求操作人员严格按照操作顺序操作设备之外，还有其他技术措施可以克服这一缺陷吗？请读者自己思考，并给出电路设计方案。在此提示一下设计思路——速度继电器是可以检测电动机输出轴的旋转速度和旋转方向的。

2. 采用接触器进行正、反转控制

基于"只要将三相电源中任意两相的相序进行调换，就可以实现三相异步电动机的正、反转控制"这一原理，可以采用两个接触器对电动机进行正、反转控制，其控制电路如图4-14所示。

在图4-14中，接触器 QA1 负责提供电动机正转电源，接触器 QA2 负责提供电动机反转电源。合上低压断路器 QA0，接入主电源后，当操作人员按下正转起动按钮 SF2 时，正转接触器 QA1 的电磁线圈得电，其同名辅助触点 QA1 闭合，形成自锁。同时，正转接触器 QA1 的三对主触点闭合，电动机得电（其相序为 L1→U，L2→V，L3→W），开始正向运转。

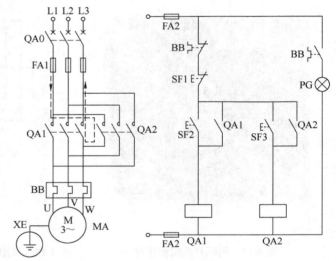

图4-14　正、反转控制电路（无互锁功能）

按下停止按钮 SF1，则正转接触器 QA1 的电磁线圈失电并失去自锁，三对主触点断开。于是，电动机失电，在惯性作用下持续运转一段时间后即停止转动（自由停车）。

当操作人员按下反转起动按钮 SF3 时，反转接触器 QA2 的电磁线圈得电，其同名辅助触点 QA2 闭合，形成自锁。同时，反转接触器 QA2 的三对主触点闭合，电动机得电（其相序为 L1→W，L2→V，L3→U），开始反向运转。

按下停止按钮 SF1，则反转接触器 QA2 的电磁线圈失电并失去自锁，三对主触点断开。于是，电动机失电，在惯性作用下持续运转一段时间后即停止转动（自由停车）。

上述电路可以实现电动机的正、反转控制，但却存在着一个致命的缺陷——如果操作人员没有严格按照操作流程操作，或者由于操作失误，同时按下了正转起动按钮 SF2 和反转起动按钮 SF3，则正转接触器 QA1 和反转接触器 QA2 将同时得电，其同名主触点 QA1 和 QA2 将会同时闭合。

由图4-14不难看出，一旦主触点 QA1 和 QA2 同时闭合，将会引起电源短路的严重事故，其短路电流如图中带箭头的细虚线所示。由于图4-14这样的控制电路存在着可能引发电源短路的故障隐患，因此，这样的电路是不允许在工程实际中应用的。

在图 4-14 所示的控制电路的基础上，增加一对正、反转互锁触点，即可构成具有正、反转互锁功能、安全、实用的三相异步电动机的正、反转控制电路，如图 4-15 所示。

在图 4-15 所示的控制电路中，在电动机正转接触器 QA1 电磁线圈的得电回路中，串接一个反转接触器 QA2 的动断触点；在电动机反转接触器 QA2 电磁线圈的得电回路中，串接一个正转接触器 QA1 的动断触点。这样一来，电路即可安全工作，不再有电源短路之忧。具体分析如下。

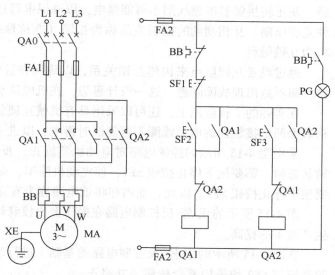

图 4-15 正、反转控制电路（有互锁功能）

（1）正转起动及停车

当操作人员按下正转起动按钮 SF2 时，电路工作过程如下。

正转接触器 QA1 的电磁线圈得电，其同名辅助动合触点 QA1 闭合，形成自锁。

正转接触器 QA1 的三对主触点闭合，电动机得电（其相序为 L1→U，L2→V，L3→W），开始正向运转。

正转接触器 QA1 的同名辅助动断触点 QA1 断开，切断反转接触器 QA2 的电磁线圈的得电回路。此时，即便操作人员操作失误，按下了反转起动按钮 SF3，反转接触器 QA2 的电磁线圈依然不会得电，电路依然能够安全工作。

当操作人员按下停止按钮 SF1 时，则正转接触器 QA1 的电磁线圈失电并失去自锁，三对主触点断开。于是，电动机失电，在惯性作用下持续运转一段时间后即停止转动（自由停车）。

（2）反转起动及停车

当操作人员按下反转起动按钮 SF3 时，电路工作过程如下。

反转接触器 QA2 的电磁线圈得电，其同名辅助动合触点 QA2 闭合，形成自锁。

反转接触器 QA2 的三对主触点闭合，电动机得电（其相序为 L1→W，L2→V，L3→U），开始反向运转。

反转接触器 QA2 的同名辅助动断触点 QA2 断开，切断正转接触器 QA1 的电磁线圈的得电回路。此时，即便操作人员操作失误，按下了正转起动按钮 SF2，正转接触器 QA1 的电磁线圈依然不会得电，电路依然能够安全工作。

当操作人员按下停止按钮 SF1 时，则反转接触器 QA2 的电磁线圈失电并失去自锁，三对主触点断开。于是，电动机失电，在惯性作用下持续运转一段时间后即停止转动（自由停车）。

（3）互锁关系与互锁触点

在反转接触器电磁线圈的得电回路中，预设正转接触器的动断触点，以期一旦正转接触器的电磁线圈得电，就自动切断反转接触器电磁线圈的得电回路，使反转接触器电磁线圈不可能得电，以确保电路正常工作；在正转接触器电磁线圈的得电回路中，预设反转接触器的动断触点，以期一旦反转接触器的电磁线圈得电，就自动切断正转接触器电磁线圈的得电回路，使正转接触器电磁线圈不可能得电，以确保电路正常工作。在机电传动控制电路中，这种互相压制、互相制约的控制关系称为互锁（亦称联锁）关系，能够实现互锁关系的触点称为互锁触点。

通过设置互锁触点来构建互锁关系，以确保在控制逻辑上彼此对立的电路能够正常工作，而不致出现故障隐患，这一设计思想，在机电传动控制系统中的应用极为普遍。

在实际的工程应用上，还可以采用具有机械互锁装置的可逆式接触器，通过机械互锁机构确保两个接触器的电磁线圈不可能同时得电，以进一步提高控制电路的可靠性。

采用图 4-15 所示的控制电路对电动机实施正、反转控制时，每次由正转状态切换到反转状态时，都要按下停止按钮 SF1，使电动机停车；每次由反转状态切换到正转状态时，也要按下停止按钮 SF1。因此，业内亦将该电路称为有互锁的正-停-反控制电路。

图 4-15 所示的正-停-反控制电路在操作上比较麻烦，生产机械的准备工时较长，不利于生产效率的提高。

在图 4-15 所示的正-停-反控制电路的基础上进行改进设计——正转起动按钮 SF2 和反转起动按钮 SF3 均采用复合按钮，并将正转起动复合按钮 SF2 的动断触点串接到反转接触器 QA2 电磁线圈的得电回路中，将反转起动复合按钮 SF3 的动断触点串接到正转接触器 QA1 电磁线圈的得电回路中，就可以实现对电动机正、反转的直接切换，而不再需要中间的停车环节，其控制电路如图 4-16 所示。该控制电路的具体工作原理读者可以自行分析。

不难看出，采用图 4-16 所示的电路对电动机实施正、反转控制时，如果当前电动机处于正转状态，操作人员可以直接按下反转起动复合按钮 SF3，使电动机直接切换到反转状态下运行；如果当前电动机处于反转状态，操作人员可

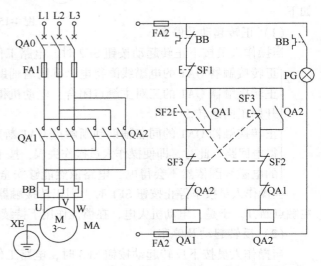

图 4-16　正、反转控制电路（有互锁的正-反-停控制电路）

以直接按下正转起动复合按钮 SF2，使电动机直接切换到正转状态下运行。欲使电动机停车，只需按下停车按钮 SF1 即可。

有互锁的正-反-停控制电路操作简单、快捷，可以显著提高生产机械的工作效率。当然，就该电路而言，电动机的换向冲击依然存在。如何解决电动机的换向冲击？请读者自己思考，并给出电路设计方案。

4.2.3　顺序控制

顺序控制

在某些机电传动系统中，出于生产工艺的需要，往往要求多台电动机必须按照一定的先后顺序进行起动或停车。例如，在磨床上要求润滑油泵电动机起动之后，主轴电动机方能起动；在龙门刨床上要求工作台移动之前，导轨润滑油泵电动机必须先行起动；在铣床上要求主轴旋转之后，工作台方可移动等。上述机电设备均

对其自身的多台电动机的起动顺序提出了要求。对多台电动机进行控制，使之按照既定的工作顺序进行起动和停车，称为顺序控制。

顺序控制可以是基于事件的，也可以是基于时间的。

1. 基于事件的顺序控制

下面以磨床润滑油泵电动机和主轴电动机的控制为例，阐述基于事件的顺序控制电路的工作原理。如图 4-17 所示，接触器 QA1 控制润滑油泵电动机 MA1，接触器 QA2 控制主轴电动机 MA2。要求润滑油泵电动机 MA1 必须先行起动，确保磨床的传动系统已经得到良好的润滑之后，主轴电动机 MA2 方能起动。即主轴电动机 MA2 能够起动，必须以润滑油泵电动机 MA1 已经完成起动为先决条件。

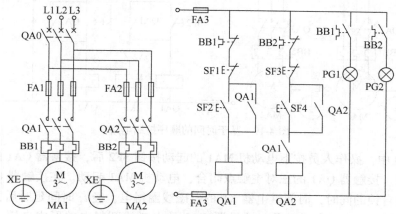

图 4-17 基于事件的顺序控制（合理的设计）

由图 4-17 可知，只需将接触器 QA1 的一对动合触点串接在接触器 QA2 的电磁线圈的得电回路中，即可实现这一要求。

需要注意的是，采用图 4-18 所示的控制电路，将主轴电动机 MA2 的电源进线接在接触器 QA1 的下方，也能实现上述要求。但是，如此设计电路，会极大地加重接触器 QA1 和熔断器 FA1 的负担，使其使用寿命显著缩短。因此，该电路既不合理，也不可行。

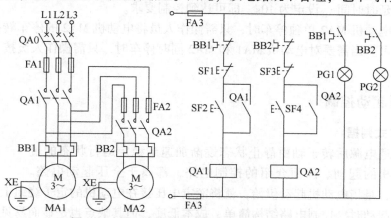

图 4-18 基于事件的顺序控制（不合理的设计）

2. 基于时间的顺序控制

当生产机械要求两台电动机既有起动顺序的要求，又有起动间隔时间的要求时，则可采用时间继电器，设计基于时间的顺序控制（简称时序控制）电路，以实现上述要求。

　　例如，要求电动机MA1必须先行起动，且电动机MA1起动10s后，电动机MA2自动起动。图4-19所示的时序控制电路就能实现上述要求。

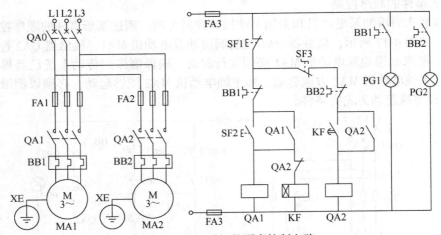

图4-19　基于时间的顺序控制电路

　　在图4-19中，操作人员按下电动机MA1的起动按钮SF2后，接触器QA1的电磁线圈得电并形成自锁。接触器QA1的三对主触点闭合，电动机MA1起动。在接触器QA1的电磁线圈得电并形成自锁的同时，时间继电器KF的电磁线圈得电，经t_1时间延时后，其通电后延时闭合的动合触点KF闭合。于是，接触器QA2的电磁线圈得电并形成自锁，接触器QA2的三对主触点闭合，电动机MA2自动起动。

　　与此同时，串接在时间继电器KF线圈上方的接触器QA2的动断触点断开，将时间继电器KF的线圈从电路中抛除，以免其长时间通电，造成无谓的电能浪费，并有利于提高时间继电器KF的使用寿命。

　　时间继电器KF的延时时间可以根据实际需要，在其延时范围内事先设定。对于本例而言，可事先将延时时间t_1设定为10s，即可达到控制要求。

　　当需要对电动机MA2单独停车时，只需操作人员将电动机MA2的停车转换开关SF3拧到停止档位即可。当需要对电动机MA1和MA2同时停车时，只需操作人员按下总停止按钮SF1即可。

4.2.4　减压起动控制

1. 起动方式判据

　　电动机接通电源后转子轴由静止状态逐渐加速到稳定运行状态的过程，称为电动机的起动。前面介绍的控制电路，都属于全压起动电路。所谓全压起动，是指电动机起动伊始，就将额定电压接在电动机的定子绕组上。

星形-三角形
转换减压起动

　　采用全压起动时，控制电路结构简单、成本低廉，但其缺点也是显而易见的——由于电动机的起动电流大（可达额定电流的5~7倍），会造成电网电压下降（俗称抢电），影响与该电动机同网工作的其他电气设备的正常工作。特别是多台电动机共用一个电源变压器且全压起动的电动机容量较大时，这一问题就显得尤为突出，甚至可能导致已经处于工作状态的电动机因电网电压下降太多而自动停车。

为避免上述问题，对于容量较大的电动机，就不允许采用全压起动方式进行起动，而应采用减压起动方式——即在起动时，主动降低加在电动机定子绕组上的电压，待完成起动过程之后，再使电动机在额定电压下运转。

对于一台具体的电动机，能否采用全压起动方式进行起动，可以利用经验公式进行判断。

$$\frac{I_Q}{I_N} \leqslant \frac{3}{4} + \frac{P_U}{4P_M} \tag{4-1}$$

式中，I_Q 为电动机的起动电流（A）；I_N 为电动机的额定电流（A）；P_U 为电源变压器的容量（kV·A）；P_M 为电动机的容量（kW）。

若满足上述判据，则电动机可以直接进行全压起动；若不满足上述判据，则电动机就应进行减压起动。大量的工程实践表明，容量在 10kW 以下的三相异步电动机，通常可以采用全压起动方式，而容量在 10kW 以上的电动机，必须采用减压起动方式。

常用的减压起动方法有定子串电阻（或电抗器）减压起动、星形-三角形（Y/△）转换减压起动、自耦变压器减压起动、延边三角形减压起动、软起动器减压起动和变频器减压起动等。随着机电控制技术的进步，定子串电阻减压起动（能耗过大）、自耦变压器减压起动（设备成本高）、延边三角形减压起动（电动机结构复杂）等减压起动方法已经被逐步淘汰。目前，应用较多的只有星形-三角形（Y/△）转换减压起动、软起动器减压起动和变频器减压起动等几种方式。

2. 星形-三角形（Y/△）转换减压起动

正常运行时，定子绕组接成三角形的电动机均可采用Y/△转换减压起动方案。所谓Y/△转换减压起动是指，在起动时，首先利用接触器将三相定子绕组接成星形，此时，起动电压为额定电压的 $1/\sqrt{3}$，即 220V；起动电流为全电压起动电流的 1/3，实现了减压起动。待完成起动过程之后，再利用接触器将定子绕组接成三角形，恢复 380V 的正常工作电压。

采用Y/△减压起动控制时，在起动过程中，电动机的输出转矩（亦即起动转矩）为电动机全电压工作时的 1/3。因此，该方法只适合电动机的空载或轻载起动，对于重载起动，则有可能造成电动机"闷车"，需审慎处理。

笼型三相异步电动机的星形-三角形（Y/△）转换减压起动电路如图 4-20 所示。合上断路器 QA0 后，操作人员按下起动按钮 SF2，接触器 QA1 得电并自锁，确保电源供应。同时，接触器 QA$_Y$ 线圈得电，其主触点吸合，使电动机 MA 以星形联结方式起动；其动断触点断开，切断接触器 QA$_△$ 的得电回路，形成互锁，以保证安全。

在电动机 MA 以星形联结方式起动的同时，时间继电器 KF 也得电并计时（时间继电器 KF 的定时时间可根据受控电动机的起动时间进行设定）。待电动机完成起动，达到正常转速时，时间继电器 KF 的定时时间到，其动断触点断开，切断接触器 QA$_Y$ 线圈的得电回路，接触器 QA$_Y$ 的主触点断开，电动机定子绕组断电，转子因惯性继续运转；时间继电器 KF 的动合触点闭合，使接触器 QA$_△$ 的线圈得电并形成自锁，QA$_△$ 主触点闭合，电动机 MA 以三角形联结方式继续运转，同时，接触器 QA$_△$ 的动断触点断开，切断接触器 QA$_Y$ 的得电回路，形成互锁，以保证安全。

在接触器 QA$_△$ 的动断触点断开，对接触器 QA$_Y$ 形成互锁的同时，时间继电器 KF 也失电，恢复到初始状态，为下一次的星形-三角形（Y/△）转换减压起动做好准备。

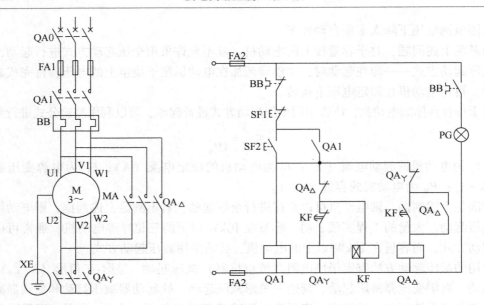

图 4-20　Ｙ/△转换减压起动电路

欲使电动机停车，只需操作人员按下停车按钮 SF1 即可。

软起动器减压
起动

3. 软起动器减压起动

在对三相异步电动机进行全压起动时，电源电压是突然地、简单粗暴地加在电动机定子绕组上的。由电机学原理可知，此时电动机定子绕组内部会产生很大的起动电流（可达额定电流的 5~7 倍），使得供电系统和串联的开关设备过载；另一方面，直接全压起动，电动机也会产生较高的峰值转矩，不但会对电动机本身产生冲击，而且也会使机械装置受损，同时，还会影响接在同一电网上的其他电气设备的正常工作。

即便是采用定子串电阻（电抗器）减压起动、星形-三角形（Ｙ/△）转换减压起动、自耦变压器减压起动、延边三角形减压起动等减压起动方法，其减压效果也是有限度的，依然会对电动机、生产机械、电网以及同网工作的其他电气设备产生不利影响。

在工程实践中，习惯称这种起动方式为硬起动。相应地，将通过完全撤除电源电压，使电动机自己逐渐停止转动的停车方法，称为自由停车；而将对电动机实施反接制动，使之迅速停止转动的停车方法，称为硬停车。

但在某些对电动机的起动特性要求较高的场合（如自来水泵站），为避免硬起动和硬停车带来的水锤效应⊖，就需要采用软起动和软停车装置对电动机进行控制。

所谓软起动和软停车是指，在电动机起动时，将通入电动机定子绕组的电压从零值或

⊖　"水锤效应"（Water Hammer Effect）是指流体（特别是城市自来水系统）在管道内部流动时，由于流向突然变化而引起的一种非正常的压力突变，其破坏力极大。

在城市自来水系统正常供水时，管道内壁光滑，水流流动顺畅。当处于开启状态的阀门突然关闭时，水流会对阀门及管壁（主要是阀门）产生一个冲击压力。由于管壁光滑，后续水流会在惯性的作用下继续高速涌向阀门，以致水压迅速升高至最大值。该峰值压力犹如锤子一样，狠狠地砸向已经处于关闭状态的阀门，并对阀门甚至水泵泵体产生严重的破坏作用，这就是"水锤效应"，也称正水锤效应。相反，关闭的阀门在突然打开后，也会产生水锤效应，叫作负水锤效应，它也有一定的破坏力，但没有前者大。

某一较小的初始值按照一定的规律，柔和地增加，以实现电动机平稳起动，待电动机达到额定转速之后，再在额定电压下正常工作；在电动机停车时，并不是突然撤掉全部电源电压，而是按照一定的规律，柔和地降低电压，以使电动机平稳停车。

　　能够实现电动机软起动和软停车的装置，一般称为软起动器（Soft Starter，图 4-21 和图 4-22）。目前，基于移相控制原理的晶闸管式软起动器的应用极为普遍。

图 4-21　软起动器（上海奥大电气公司）

图 4-22　MSS 系列软起动器（西安西丰电气公司）

（1）晶闸管式软起动器的基本原理

　　如图 4-23 所示，晶闸管式软起动器采用三相反并联的晶闸管作为电压调节器，将其接入工频电源和电动机定子绕组之间。

　　软起动器内部设有基于单片机的控制电路。该控制电路可以根据生产机械的实际需要，按照既定的控制程序，动态调节晶闸管的导通相位（导通角），即基于移相控制原理，实现对软起动器输出电压的动态调节，进而实现电动机的软起动和软停车。

　　使用软起动器起动电动机时，晶闸管的导通角逐渐加大，相应地，其输出电压也逐渐增加，电动机逐渐加速，直到晶闸管全导通，电动机便工作在额定电压的机械特性上，实现了平滑的起动，降低了起动电流，避免了起动过电流跳闸。待电动机达到额定转速时，起动过程结束，控制

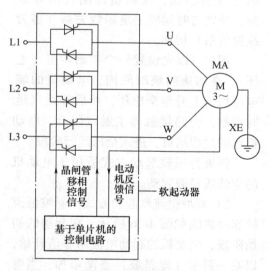

图 4-23　晶闸管式软起动器结构示意图

电路自动用旁路接触器（图 4-24）取代已完成任务的软起动器，为电动机正常运转提供额定电压，以降低晶闸管的热损耗，延长软起动器的使用寿命，既提高了电动机的工作效率，又使电网避免了谐波污染。

　　软起动器同时还提供软停车功能，软停车与软起动的过程相反，晶闸管的导通角逐渐减小，相应地，其输出电压也逐渐降低，电动机的转速逐渐下降到零，避免了自由停车引起的

转矩冲击。

软起动器是一种用毫安（mA）级电流即可控制高达几千安（kA）晶闸管的无触点电力控制设备。它以微处理器为核心，辅加相应的检测电路，通过改变晶闸管的导通角，产生平滑的电压起动曲线；通过对起动电流做闭环控制，可以任意设置稳定的起动电流。

（2）软起动器的起动方式

运用不同的方法，控制三相反并联晶闸管的导通角，使被控电动机的输入电压按不同的要求而变化，就可实现不同的功能。目前，在机电传动系统中常用的软起动器一般都有以下几种起动方式。

1）斜坡升压软起动方式。常用的斜坡升压软起动曲线如图4-25所示，这种起动方式控制程序简单，不具备电流闭环控制功能，仅调整晶闸管的导通角，使之与时间成一定函数关系（多为线性关系）增加。

用户可以先设置一个初始转矩（电压），在加速斜坡时间内，电动机的端电压均匀上升至全电压，然后经适当延时控制，旁路接触器主触点闭合，电动机起动过程结束，进入全压运行阶段。

斜坡升压软起动方式适用于电动机的空载或轻载起动。

2）斜坡恒流软起动方式。斜坡恒流软起动曲线如图4-26所示，在起动的初始阶段，电动机的起动电流由零值开始，以某一斜率（即斜坡）逐渐增加，当电流达到预先设定值 I_1 后保持恒定不变。在此过程中，电动机逐渐加速，直至达到额定转速。当电动机达到额定转速时，旁路接触器主触点闭合，起动过程结束，转入全压运行状态。同时，电动机的工作电流迅速下降至额定电流 I_N，并保持稳定。

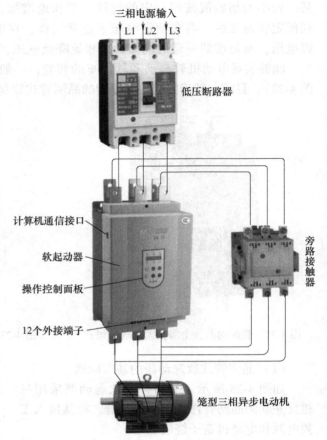

图 4-24　软起动器接线示意图

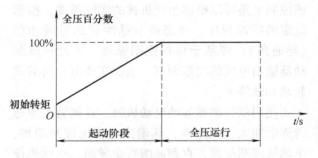

图 4-25　常用的斜坡升压软起动曲线

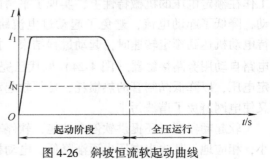

图 4-26　斜坡恒流软起动曲线

　　在起动过程中，电流上升的变化速率（亦即电流上升曲线的斜率）可以根据电动机负载的具体情况做动态调整和设定。电流上升速率越大，则起动转矩也就越大，起动时间也就越短。

　　斜坡恒流软起动方式是应用最多的软起动方式，尤其适用于风机、水泵类负载的起动。

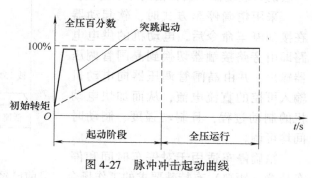

图 4-27　脉冲冲击起动曲线

　　3）脉冲冲击起动方式。脉冲冲击起动方式亦称突跳冲击起动方式，其起动曲线如图 4-27 所示。在起动初始阶段，通过控制程序使晶闸管在极短的时间内，以较大的导通角导通一段时间，然后迅速减小导通角，之后再按既定速率线性地加大晶闸管的导通角，转入恒流起动阶段。

　　如此控制的目的在于，在起动初始阶段，为电动机提供一个短促的高电压（这个短促的电压跃变称为突跳），使之产生一个较大的输出转矩，以克服负载的静摩擦力矩，然后进入斜坡升压软起动模式或斜坡恒流起动模式，实现电动机的软起动。

　　脉冲冲击起动方式有短促的机械冲击，主要用于驱动重载并需克服较大静摩擦力矩的场合，不宜驱动一般负载。

　　除上述几种常用的软起动方式之外，软起动器还有电流斜坡起动方式、电流和电压双闭环起动方式、双斜坡起动方式等多种控制方法。在具体应用时，应根据负载特性进行正确调整，以期达到减小起动电流、缩短起动时间、顺利起动电动机的目的。

　　（3）软起动器的停车方式

　　软起动器的停车方式也有如下几种。

　　1）自由停车。采用自由停车方式时，软起动器在接到停车命令后，即断开旁路接触器，并禁止晶闸管的调压输出，使电动机依负载惯性逐渐停车。自由停车方式适用于对停车时间和停车位置（距离）无特殊要求的负载。

　　2）软停车。软停车的停车曲线如图 4-28 所示。软起动器在接到停车命令后，电动机的供电电路即由旁路接触器切换到晶闸管调压器输出。晶闸管调压器的输出电压由全压逐渐减小，使电动机转速平稳降低，直至停止。软停车方式适用于对停车时间有明确要求的场合，特别适用于控制具有柔性停车要求的泵类负载。

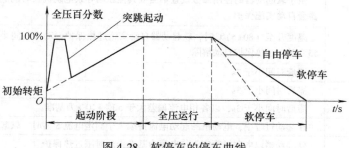

图 4-28　软停车的停车曲线

3）精确停车。精确停车亦称直流制动停车，其停车曲线如图4-29所示。一般的软起动器不具备精确停车功能。

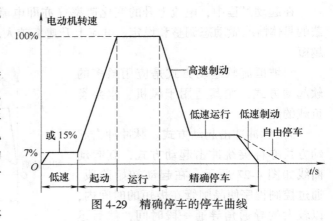

图 4-29　精确停车的停车曲线

采用精确停车方式时，软起动器在接到停车命令后，电动机的供电电路即由旁路接触器切换到晶闸管调压器输出，并由晶闸管调压器向电动机输入可控的直流电流，从而加快电动机的制动过程，且制动强度、制动时间均可调。

精确停车适用于对停车时间和停车位置（距离）有特殊要求的工作场合，目前已经在一定程度上取代了反接制动停车。

需要指出的是，以上讲述的起动过程中的起动方式、升速时间、降速时间、起动起始电压、制动起始电压、制动结束电压及制动时间等参数，均可根据实际需要进行调整。

（4）软起动的特点

笼型三相异步电动机传统的减压起动方式有 丫/△ 转换起动、自耦变压器减压起动及电抗器起动等。这些起动方式都属于有级减压起动，存在明显缺点，即起动过程中会出现二次冲击电流。与传统减压起动方式相比，软起动的特点主要有以下几个方面。

1）无冲击电流。软起动器在起动电动机时，通过逐渐增大晶闸管的导通角，使电动机的起动电流从零值开始线性上升至设定值。

2）恒流起动。软起动器可以引入电流闭环控制，使电动机在起动过程中保持恒流，确保电动机平稳起动。

3）可根据负载情况及电网继电保护特性，自由地、无级地调整至最佳的起动电流。

（5）软起动器的保护功能

软起动器除了能对电动机进行软起动和软停车之外，还具有丰富的保护功能，详见表4-7。

表 4-7　软起动器的保护功能

保护动作的类别	保护功能
外部故障输入保护	设有瞬停端子以及用于外加专用保护装置（如热继电器等）的端子
失电压保护	软起动器断电后，电网又来电时，无论控制端子处于何种位置，系统均不会自行起动，以免造成事故
软起动时间过长保护	由于软起动器的控制参数设置不当或其他原因导致电动机长时间起动不成功时，软起动器会自动实施保护
软起动器过热保护	温度升至（80±5）℃时，软起动器自动实施过热保护，动作时间小于 0.1s；当温度降至 55℃时，过热保护自动解除
输入断相保护	滞后时间小于 3s
输出断相保护	滞后时间小于 3s
三相不平衡保护	滞后时间小于 3s，以各相电流偏差大于 50%±10% 为基准
起动过电流保护	在起动过程中，电动机的起动电流持续大于额定电流 5 倍时，软起动器会自动实施保护
运行过载保护	软起动器以电动机额定工作电流为基准作反时限过热保护

（续）

保护动作的类别	保护功能
电源电压过低保护	当电源电压低于额定值的 50% 时，软起动器会自动实施保护，滞后时间小于 0.5s；当电源电压低于设定值时，软起动器会自动实施保护，滞后时间小于 3s
电源电压过高保护	当电源电压高于额定值的 130% 时，软起动器会自动实施保护，滞后时间小于 0.5s；当电源电压高于设定值时，软起动器会自动实施保护，滞后时间小于 3s
负载短路保护	当负载短路电流为电动机标称电流值的 10 倍以上时，软起动器会自动实施保护，滞后时间小于 0.1s

（6）软起动器的适用场合

对于控制笼型异步电动机而言，凡是不需要调速的应用场合，都适合采用软起动器。目前软起动器的应用范围是交流 380V（也可以是 660V），电动机功率从几千瓦到 800kW。

软起动器特别适用于各种泵类负载或风机类负载，以及需要软起动与软停车的场合。对于变负载工况、电动机长期处于轻载运行，只有短时或瞬间处于重载的应用场合，采用软起动器（不带旁路接触器）对电动机实施控制，则具有明显的节能的效果。

采用软起动器对电动机实施控制的优点见表 4-8。

表 4-8　采用软起动器对电动机实施控制的优点

负载类别	采用软起动器带来的优点
空气压缩机	大容量电动机轻载运行时，软起动器控制电动机自动进入节能运行状态；当输入电压不平衡时，软起动器可以自动调节相电流，使相电流趋于平衡，减少电动机的发热，并延长其使用寿命
离心泵	利用软起动器的泵类负载控制功能，减少起动和停车时液流冲击导致的系统喘振现象，节约系统维护费用
桥式起重机	利用软起动器的双斜坡起动功能，实现电动机加速过程的最优控制，提高生产率并减少产品的损坏
皮带运输机和自动传输线	利用软起动器的软起动和预置低速运行功能，实现系统的平滑起动，避免出现产品移位和液体溢出现象
通风机	利用软起动器的软起动功能，减少传送带磨损和机械冲击，节约维护费用
粉碎机	利用软起动器的堵转和失速保护功能，避免机械故障或电动机的过热、烧毁
切碎机	利用软起动器的软起动功能，有助于减少对电网的冲击，并节约能源
搅拌机	利用软起动器的双斜坡起动和预置提速运行功能，减少机械故障，节约能源。不需要变频器驱动，节约设备投资

（7）软起动器的具体应用

在实际应用中，软起动器与旁路接触器、电动机的接线方法如图 4-30 所示。

端子 1 和端子 2 为无源继电器输出接点，用于连接旁路接触器。端子 7 为瞬停接点，具有自复位功能（可编程）；端子 8 为软停车按钮接点，端子 9 为软起动按钮接点，端子 10 为公共端子。端子 5 和端子 6 为联锁延时输出接点，与软起动同步延时。端子 X2 和端子 X3 为 0~20mA 模拟信号输出端；端子 X4 和端子 X6 为 RS485 通信接口，用于软起动器与上位机（可编程序控制器或其他工业控制计算机）之间的远程通信和联网。

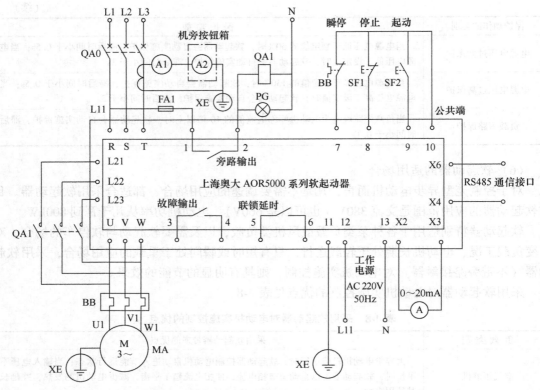

图 4-30　软起动器与旁路接触器、电动机的接线方法

除此之外，当机电传动系统具有多台电动机，且其各自容量相差不大，均与软起动器的额定容量较为接近时，还可以使用同一个软起动器，对多台电动机进行分时软起动，以进一步提高软起动器的利用率，提高经济效益。

图 4-31 所示的电路为用一个软起动器分时起动三台电动机，俗称"一拖三"式软起动。系统上电后，当需要对电动机 MA1 进行软起动时，通过控制电路（图中未示出）先使接触器 QA1 线圈得电，其主触点闭合，电动机 MA1 由软起动器供电，进行软起动。当起动完毕后，

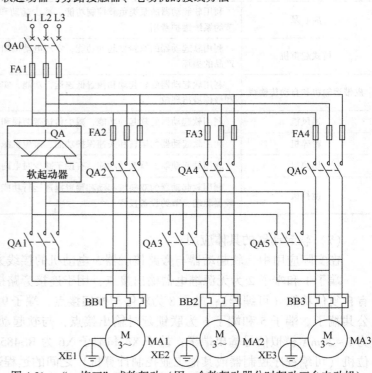

图 4-31　"一拖三"式软起动（用一个软起动器分时起动三台电动机）

接触器 QA1 线圈失电，其主触点断开，软起动器退出。稍作延时后，旁路接触器 QA2 线圈得电，其主触点闭合，电动机 MA1 变为由电源母线供电，转入全电压运行、正常工作。

当电动机 MA1 全电压运行、正常工作后，需要对电动机 MA2 进行软起动时，通过控制电路先使接触器 QA3 线圈得电，其主触点闭合，电动机 MA2 由软起动器供电，进行软起动。当起动完毕后，接触器 QA3 线圈失电，其主触点断开，软起动器退出。稍作延时后，旁路接触器 QA4 线圈得电，其主触点闭合，电动机 MA2 变为由电源母线供电，转入全电压运行、正常工作。

当电动机 MA2 全电压运行、正常工作后，需要对电动机 MA3 进行软起动时，通过控制电路先使接触器 QA5 线圈得电，其主触点闭合，电动机 MA3 由软起动器供电，进行软起动。当起动完毕后，接触器 QA5 线圈失电，其主触点断开，软起动器退出。稍作延时后，旁路接触器 QA6 线圈得电，其主触点闭合，电动机 MA3 变为由电源母线供电，转入全电压运行、正常工作。

需要注意的是，软起动器和变频器是两种完全不同用途的电气产品。变频器多用于对电动机进行调速运行的场合，其输出不但改变电压，而且同时改变频率；而软起动器实际上只是一个电压调节器，仅用于电动机的软起动和软停车，其输出只改变电压，而并不改变频率。

变频器具备软起动器的所有功能，相应地，其价格也比软起动器高得多，结构也复杂得多。关于变频器的结构原理和使用方法，请参阅本书第 6 章。

4.2.5　制动控制

机械制动

三相异步电动机切断电源后，因惯性作用，总会经过一段时间才能完全停止运转，这将影响劳动生产率。为了实现快速、准确、安全停车，就必须采取制动措施。

常用的制动方法有机械制动和电气制动两大类。

1. 机械制动

机械制动是用电磁铁操纵电磁抱闸或电磁制动器，进而对电动机实施制动。按照制动装置的促动器件不同，可分为电磁抱闸制动、电磁制动器制动等几种，但其基本的控制原理是一致的。

电磁抱闸制动器的结构如图 4-32 所示，闸轮装在电动机的转子轴上，可以随电动机转

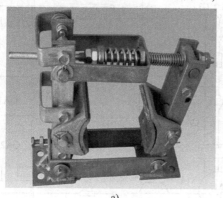
a)

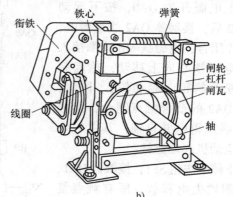
b)

图 4-32　电磁抱闸制动器
a) 实物照片　b) 结构示意图

子轴转动，而闸瓦则装在制动器框架上，制动器框架固定不动。闸瓦的抱紧与松开由制动电磁铁控制。

（1）工作原理

电磁抱闸制动是靠闸瓦（或制动摩擦片）抱紧与电动机同轴的制动轮（闸轮或制动盘）来实现的。电磁抱闸制动的制动力矩大，制动迅速，停车准确，缺点是制动越快，则制动的冲击和振动也越大。电磁抱闸制动有断电电磁抱闸制动和通电电磁抱闸制动两种。

如图 4-33 所示，对于断电制动型电磁抱闸制动器，当制动电磁铁（图中虚线框所示）线圈未得电时，在弹簧的拉力作用下，闸轮被闸瓦抱住，与之同轴的电动机则不能转动，此时，电动机处于制动状态；当电磁铁的线圈得电时，电磁铁克服弹簧的拉力，使闸瓦与闸轮松开，电动机可以转动。

如图 4-34 所示，对于通电制动型电磁抱闸制动器，当电磁铁的线圈未得电时，则闸瓦与闸轮松开，电动机可以转动；当电磁铁线圈通电时，闸轮被闸瓦抱住，与之同轴的电动机则不能转动。

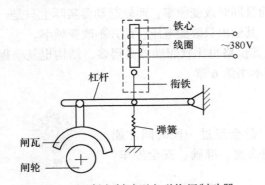

图 4-33　断电制动型电磁抱闸制动器

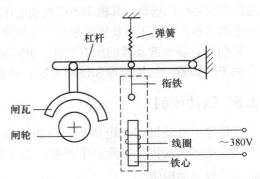

图 4-34　通电制动型电磁抱闸制动器

（2）断电制动型电磁抱闸制动器控制电路

断电制动型电磁抱闸制动器在电磁铁线圈一旦断电或未通电时电动机都处于制动状态，安全性较高。因此，断电制动型电磁抱闸制动器在电梯、起重机、卷扬机等设备中应用广泛。

图 4-35 为断电制动型电磁抱闸制动器的控制电路。该控制电路的工作原理如下。

合上电源开关 QA0，按下起动按钮 SF2 后，接触器 QA2 线圈得电，其主触点闭合，电磁铁 MB 线圈接入电源，电磁铁心向上移动，抬起制动闸，松开闸轮（制动轮）。同时，接触器 QA2 的动合触点闭合，接触器 QA1 线圈得电并自锁，其主触点闭合，电动机起动运转。

按下停车按钮 SF1，接触器 QA1、QA2 线圈均失电释放，所有触点复位，电动机和电磁铁线圈均断电，制动闸在拉力弹簧作用下紧压在制

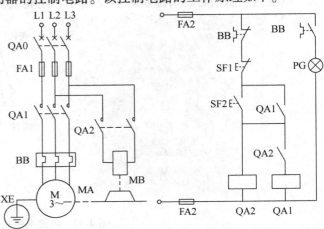

图 4-35　断电制动型电磁抱闸制动器控制电路

动轮上，依靠摩擦力使电动机快速停车。

为了避免电动机在起动前瞬时出现转子被抱住不转的短路运行状态，在电路中接触器QA2 先得电，使得电磁铁 MB 线圈先通电，待制动闸松开后，电动机才接通电源。

（3）通电制动型电磁抱闸制动器控制电路

对于通电制动型电磁抱闸制动器而言，在制动电磁铁线圈未通电时，其制动闸总是处在松开状态，通电后才对电动机实施制动。因此，通电制动型电磁抱闸制动器在机床等需要经常调整加工件位置的设备上应用广泛，以便在电动机未通电时，工人用手扳动机床主轴，进行调整和对刀等操作。

图 4-36 为通电制动型电磁抱闸制动器的控制电路。该控制电路的工作原理并不复杂，请读者自行分析。

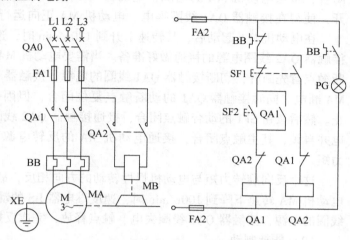

图 4-36　通电制动型电磁抱闸制动器控制电路

2. 电气制动

电气制动是在电动机切断电源后，利用控制电路使电动机产生一个与惯性运转方向相反的制动力矩，促使电动机迅速停车。按照产生制动力矩的方法不同，电气制动又可分为反接制动、能耗制动和发电回馈制动等几种。其中，反接制动和能耗制动在工业生产领域应用非常广泛，而发电回馈制动多用于电动汽车的驱动用电动机。

电气制动

（1）反接制动

反接制动是在电动机被按下停止按钮、断开三相电源后，改变其三相电源的相序再接入电动机定子绕组中，即产生与运转方向相反的制动力矩，使电动机制动。在电动机转速接近零时，应及时将反接电源切除，否则电动机会反向运转。

由于反接制动时，电动机转子与旋转磁场的相对速度接近于电动机同步转速的两倍，因此，在反接制动过程中，电动机定子绕组中流过的反接制动电流相当于全电压直接起动时电动机起动电流的两倍，即反接制动电流较大。因此，采用反接制动时，制动效果显著、制动动作迅速，但是，制动冲击也大，故仅适用于10kW 以下的小容量电动机。

为了减小制动冲击电流，一般需要在电路中串入电阻 R，该电阻称为反接制动电阻，其阻值可根据实际需要事先调整好。

图 4-37 为反接制动控制电路实

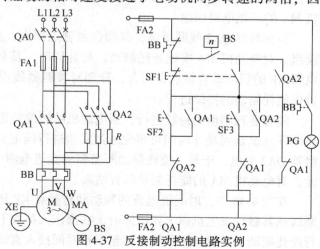

图 4-37　反接制动控制电路实例

例。其中，QA1 为正转运行接触器，QA2 为反接制动接触器，BS 为速度继电器，其转轴与电动机 MA 的转轴同轴相连。

当需要电动机 MA 运行时，按下正向起动按钮 SF2，接触器 QA1 线圈得电，其主触点闭合，接通电动机 MA 的电源，电动机 MA 起动，正向运行。而接触器 QA1 动断触点断开，使得在接触器 QA1 线圈得电、电动机 MA 正向运行时，接触器 QA2 线圈不能得电。

在电动机 MA 起动后，其转速上升到 120r/min 时，速度继电器 BS 的动合触点闭合，为接触器 QA2 线圈电源的接通做好准备。当需要电动机 MA 停止时，按下停车按钮 SF1，其动断触点首先断开，切断接触器 QA1 线圈的电源，接触器 QA1 线圈失电、触点释放，电动机 MA 断电。同时接触器 QA1 的动断触点复位闭合，但因惯性作用，电动机 MA 不能立即停止。然后按钮 SF1 的动合触点闭合，接通接触器 QA2 线圈回路的电源，接触器 QA2 线圈得电并自锁，其主触点闭合，接通电动机 MA 的反转电源，使电动机 MA 产生一个反向旋转力矩。

这个反向旋转力矩与电动机惯性转动的方向相反，故使电动机 MA 的转速迅速下降。当电动机 MA 转速下降到 100r/min 时，速度继电器 BS 的动合触点复位断开，切断接触器 QA2 线圈的电源，接触器 QA2 线圈失电、触点释放，完成反接制动控制过程。

（2）能耗制动

能耗制动是一种应用广泛的电气制动方法。当电动机脱离三相交流电源以后，立即将直流电源接入定子的两相绕组，使绕组中流过直流电流，产生一个恒定的静止直流磁场。而此时电动机的转子切割直流磁场，在转子绕组中产生感应电流。

在静止磁场和感应电流相互作用下，产生一个阻碍转子转动的制动力矩，因此电动机转速迅速下降，从而达到制动的目的。

当电动机转速降至零时，转子导体与磁场之间无相对运动，感应电流消失，电动机停转。此时，再将直流电源切除，制动过程即告结束。

能耗制动电路既可以基于时间原则进行设计，也可以基于速度原则进行设计。

1）基于时间原则的能耗制动电路。基于时间原则的能耗制动电路如图 4-38 所示。能耗制动所需要的直流电源由变压器 TA 和整流器 TB 获得。当电动机 MA 正常运转时，若按下停止按钮 SF1（按钮 SF1 为复合按钮），则接触器 QA1 线圈失电，其动合触点释放，将电动机 MA 的三相电源切除。

而接触器 QA2 线圈得电，其动合主触点闭合，从而将直流电源接入电动机 MA 的定子绕组，对电动机 MA 实施能耗制动。与此同时，接触器 QA2 的辅助动合触点闭合，时间继电器 KF 的瞬动动合触点也闭合，分别对接触器线圈 QA2 和时间继电器线圈 KF 形成自锁，确保能耗制动的持续进行。

随着能耗制动的持续进行，当电动机的转速接近于零时，时间继电器 KF 的延时动断触点断开（其延时动作时间可事先通过实验进行确定），切断接触器线圈 QA2 的得电回路，接触器 QA2 失电。于是，能耗制动所需要的直流电源（变压器 TA 和整流器 TB）被抛除。至此，对电动机 MA 的能耗制动即告结束。

在图 4-38 中，时间继电器的瞬动动合触点 KF 还具有安全保护作用。当时间继电器线圈断线或其触点发生机械卡死故障时，在操作人员按下停止按钮 SF1 时，仍能对电动机 MA 进行能耗制动，而两相定子绕组不至于长时间接入直流电源。因此，该电路具有手动进行能耗制动的功能，即便时间继电器出现了故障，只要操作人员一直按着停止按钮 SF1，就可以对电动机实施能耗制动。

在图 4-38 中，可调电阻 R 用于调节制动强度。通过调整可调电阻 R 的阻值，即可改变制动电流的大小，进而对能耗制动的制动强度进行动态调整，以适应生产工艺的要求。

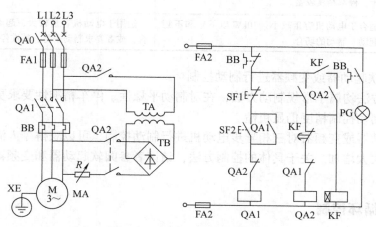

图 4-38　基于时间原则的能耗制动电路

基于时间原则的能耗制动，适用于负载转速比较稳定的生产机械。

2）基于速度原则的能耗制动电路。基于速度原则的能耗制动电路如图 4-39 所示。该电路的工作原理请读者自行分析。

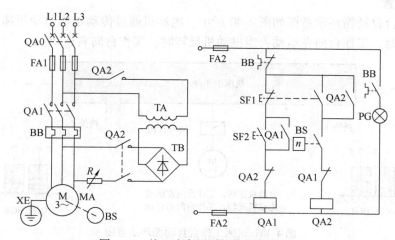

图 4-39　基于速度原则的能耗制动电路

基于速度原则的能耗制动，适用于存在机械变速机构，或者加工零件经常变化的生产机械。

（3）反接制动与能耗制动的比较

反接制动与能耗制动的比较见表 4-9。

表 4-9　反接制动与能耗制动的比较

项　目	反 接 制 动	能 耗 制 动
制动特点	能量消耗大，制动力矩大，制动效果显著，但制动过程中的冲击较大（需要在主电路中串入电阻 RA 来抑制反接制动电流），不易停在精准的位置上，停车精度较差	能量消耗小，制动力矩较弱，制动平稳、停车位置精确，但需要额外配置直流电源，电路较为复杂
适用场合	适合于电动机容量较小（10kW 以下）和不频繁起动、制动的场合	适用于电动机容量较大，起动、制动频繁的场合，或者要求制动平稳、精准停车的场合

（4）采用软起动器或变频器进行制动控制

上述制动方法均属于常规制动方法，在对制动平稳性、停车精准性要求更高的场合，上述制动方法的制动控制精度仍显粗糙。

采用软起动器或变频器对三相异步电动机进行制动控制，可以获得令人满意的效果，只是总体成本会大大增加。关于具体的控制方法，请读者参阅软起动器和变频器的相关内容，在此不再赘述。

4.2.6　自动循环控制

1. 应用场合

在机电传动系统中，往往需要控制某些生产设备运动部件的行程，并使其在一定范围内做自动往复循环运动，如混凝土搅拌机的提升与降位、桥式起重机的自动往返、龙门刨床和导轨磨床的工作台、动力头滑台以及军警训练用的循环靶车等。这种基于运动部件行走位置的自动循环控制，亦称位置控制或行程控制，多用行程开关来实现其要求。

2. 系统布置

机床工作台自动循环示意图如图 4-40 所示。电动机通过传动机构驱动机床工作台运动。当电动机正转时，工作台向左运动；当电动机反转时，工作台向右运动。

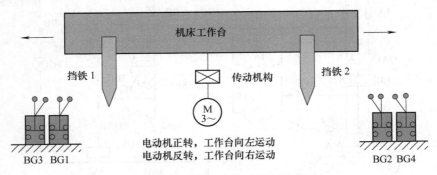

图 4-40　机床工作台自动循环示意图

四个行程开关均安装在机床床身上，机床床身固定不动。行程开关 BG1 用于检测机床工作台向左运动时的极限位置（亦称限位开关）；行程开关 BG2 用于检测机床工作台向右运动时的极限位置。机械挡铁（亦称撞块）装在运动部件（机床工作台）上，当运动部件行走到极限位置时，机械挡铁即撞击、压下行程开关 BG1 或 BG2，向控制电路发出信号，使电动机反向运转。基于行程开关 BG1 或 BG2 发出的位置信号，即可实现机床工作台的自动循环控制。

3. 控制电路

机床工作台自动循环控制电路如图 4-41 所示。

系统起动时，操作人员按下电动机正转起动按钮 SF2 或反转起动按钮 SF3，工作台便开始在左、右两个极限位置（即限位开关 BG1 和 BG2 的安装位置）之间自动循环往复，其工作原理如下：按下电动机正转起动按钮 SF2，正转接触器 QA1 线圈得电并自锁，主触点 QA1 闭合，电动机 MA 正向运转并驱动工作台向左运动。当工作台运动至左端、挡铁 1 碰撞并压下限位开关 BG1 时，BG1 的动断触点断开，切断正转接触器 QA1 线圈的得电回

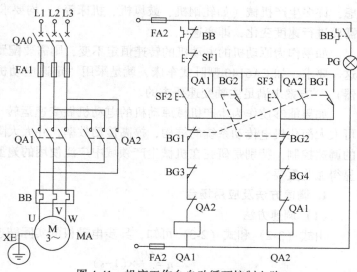

图 4-41　机床工作台自动循环控制电路

路；同时，BG1 的动合触点闭合，反转接触器 QA2 线圈得电并自锁，主触点 QA2 闭合，电动机 MA 反向运转并驱动工作台向右运动。

当工作台运动至右端、挡铁 2 碰撞并压下限位开关 BG2 时，BG2 的动断触点断开，切断反转接触器 QA2 线圈的得电回路；同时，BG2 的动合触点闭合，正转接触器 QA1 线圈得电并自锁，主触点 QA1 闭合，电动机 MA 正向运转并驱动工作台再次向左运动。如此周而复始，做自动循环运动。

为防止因限位开关 BG1 或 BG2 出现故障，而使工作台冲出限位范围、发生恶性事故，在限位开关 BG1 和 BG2 的外侧，还加装了左侧极限位置保护开关 BG3 和右侧极限位置保护开关 BG4，并将其动断触点串接在接触器 QA1 和 QA2 线圈的得电回路中，作为安全保护器件使用，以确保万无一失。

由于机械式行程开关的故障率较高，故近年来多用光电开关或接近开关取代机械式行程开关，但其控制电路的工作原理是一样的。

需要注意的是，由上述分析不难看出，电动机每次换向，都经历一次反接制动过程，制动电流和制动冲击都较大。因此，该控制电路只适用于电动机容量较小、循环周期较长且生产机械（包括电动机转子轴）的刚度较大的机电传动系统中。对于电动机容量大、循环周期短的机电传动系统，需要在该电路的基础上增设制动电阻，以衰减制动电流并缓和制动冲击。

另外，在为上述控制电路选择器件时，QA1 和 QA2 都应选用 AC-4 类接触器，并为接触器主触点的额定电流留出一定的安全裕度。

4. 功能拓展

还要指出一点，基于上述自动循环控制原理，还可以实现液压缸（或气缸）的自动往复循环控制。具体的控制电路请读者自行设计、分析，为节省篇幅，在此不做赘述。

4.2.7　速度控制

出于提高产品质量和生产效率、降低能源消耗、便于实现生产过程的自动化等方面考虑，许多生产机械（如轧钢机、鼓风机、机床等），均要求其工作机构可以根据生产工艺的需要进行速度变化，即变速。

如果作为原动机的电动机的转速恒定不变，则需要配置结构复杂的机械变速器才能满足这一要求。如 CA6140 型卧式车床，就是采用"定速电动机+床头箱（结构复杂的机械变速器）"方案来满足主轴变速要求的。

如果能够使作为生产机械原动机的电动机做变速运转（即对电动机进行调速控制），则可大大简化机电传动系统的结构，提高传动效率，并大大降低能源消耗。为此，研究电动机的调速控制，特别是研究在机械生产领域中广泛使用的笼型三相异步电动机的调速方法，就显得尤为重要。

1. 调速方法及应用场合

（1）调速方法

由式（2-2）和式（2-3）可知，异步电动机的实际转速为

$$n = \frac{60f}{p} \times (1-s) \qquad (4-2)$$

式中，n 为异步电动机的实际转速，即电动机转子的转速（r/min）；s 为异步电动机的转差率；p 为磁极对数（简称极对数）；f 为电源频率（Hz）。

由式（4-2）可知，异步电动机可通过以下三种方法进行调速，即改变转差率 s 的变转差率调速、改变极对数 p 的变极调速和改变电动机电源频率 f 的变频调速。

（2）应用场合

异步电动机三种调速方法的特点及应用见表 4-10。为节省篇幅，本书只介绍变极调速和变频调速方法，关于变转差率调速，读者可参阅相关文献。

表 4-10　异步电动机三种调速方法的特点及应用

调速方法	调速特点及应用
变转差率调速	（1）转子回路串电阻调速　调速范围较小，且电阻要消耗较多功率，致使电动机效率较低。转子回路串电阻调速适用于交流绕线转子异步电动机，特别适用于起重机械
	（2）改变电源电压调速　调速范围较小，且电动机的输出转矩会随着电源电压的降低而大幅度地下降。改变电源电压调速仅适用于单相电动机（如驱动风扇的电动机）调速，三相电动机一般不采用该方法
	（3）串级调速　串级调速的实质就是为转子引入附加电动势，通过改变附加电动势的大小进行调速。串级调速只适用于绕线转子电动机，但电动机的效率得到提高
	（4）电磁调速　通过改变励磁线圈的电流，实现电动机的无级、平滑调速，机构简单，但能控制的功率较小。电磁调速只适用于滑差电动机，且不宜长期低速运行
变极调速	通过改变电动机定子绕组的磁极对数进行调速。变极调速属于有级调速，调速平滑度差，一般多用于金属切削机床，如铣床、镗床、磨床等
变频调速	利用变频器，改变施加在电动机上的电源频率进行调速。变频调速的调速范围大，调速的稳定性、平滑性均属优良，机械特性较硬。变频调速属于无级调速，适用于绝大部分三相笼型异步电动机

调速方法及应用场合

2. 变极调速

（1）变极原理

多速电动机是采用改变电动机定子绕组极数的方法来改变电动机的同步转速的，这种调速方法称为变极调速。

变极调速（1）

笼型异步电动机常用的变极调速方法有两种：其一是改变定子绕组的接线，即改变定子绕组中每相绕组的电流方向（电流反向法）；其二是在定子绕组上设置具有不同极对数的两套互相独立的绕组，且使每套绕组均具有改变电流方向的能力。

变极调速是有级调速，速度变化是阶跃式的，一般只适用于笼型异步电动机。

用变极调速方式构成的多速电动机一般有双速、三速、四速等几种。双速电动机具有一套定子绕组，而三速、四速电动机则具有两套绕组。

下面以单相绕组为例，说明电流反向法的变极原理。如图 4-42 所示，电动机定子绕组由两个结构参数完全相同的半相绕组串联而成，一个半相绕组的末端 X1 与另一个半相绕组的首端 A2 相连接。将绕组通入电流后，两个半相绕组中的电流方向一致，均为由首端流入，末端流出，如图 4-42a 所示。此时，在两个半相绕组中生成 4 个磁极，极对数 $p=2$，如图 4-42b 所示。

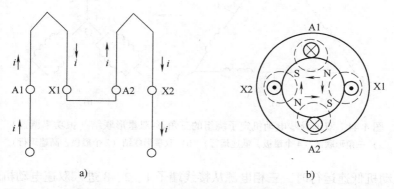

a)　　　　　　　　　　　　　　b)

图 4-42　电流反向法的变极原理（两个半相绕组串联，生成 4 个磁极）

a）两个半相绕组串联　b）生成 4 个磁极（极对数 $p=2$）

如图 4-43 所示，电动机定子绕组由两个结构参数完全相同的半相绕组并联而成，一个

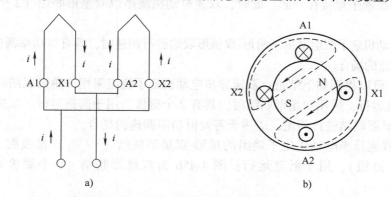

a)　　　　　　　　　　　　　　b)

图 4-43　电流反向法的变极原理（两个半相绕组并联，生成 2 个磁极）

a）两个半相绕组并联　b）生成 2 个磁极（极对数 $p=1$）

半相绕组的末端 X1 与另一个半相绕组的首端 A2 相连，同时，将一个半相绕组的首端 A1 与另一个半相绕组的末端 X2 相连。将绕组通入电流后，则两个半相绕组中的电流方向相反——当一个半相绕组的电流方向由首端流入，末端流出时，另一个半相绕组的电流方向则由末端流入，首端流出（即电流方向发生了变化），如图 4-43a 所示。此时，在两个半相绕组中生成 2 个磁极，极对数 $p=1$，如图 4-43b 所示。

由此可见，借由电流反向法，通过改变定子绕组的接线方法，就可以改变电动机定子绕组的磁极数目，实现定子绕组的变极，进而实现变极调速。

（2）双速异步电动机定子绕组的联结

双速异步电动机绕组有 6 个接线端子，分别为 1、2、3 和 4、5、6。

图 4-44 为双速异步电动机定子绕组的三角形-双星形联结（△/YY）接线图。图 4-44a 为三角形联结（4 个磁极），用于低速运行；图 4-44b 为双星形联结（2 个磁极），用于高速运行。

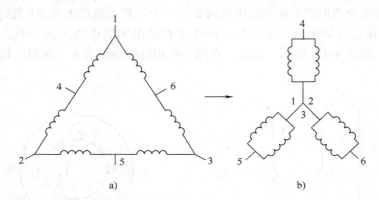

图 4-44　双速异步电动机定子绕组的三角形-双星形联结（恒功率调速）

a）三角形联结（4 个磁极，低速运行）　b）双星形联结（2 个磁极，高速运行）

当需要电动机低速运行时，三相电源从接线端子 1、2、3 进入双速电动机绕组中，另外三个接线端子 4、5、6 空着不用（称为悬空）。此时，双速电动机绕组以三角形联结（4 个磁极）低速运行。

当需要电动机高速运行时，三相电源从接线端子 4、5、6 进入双速电动机绕组中，而 1、2、3 三个接线端子短接在一起。此时，双速电动机绕组以双星形联结（2 个磁极）高速运行。

双速异步电动机定子绕组采用三角形-双星形联结进行调速时，具有恒功率调速特性，适用于需要恒功率调速的场合。

综上所述，可以得到如下结论：双速异步电动机定子绕组采用三角形联结时，具有 4 个磁极，用于低速运行；采用双星形联结时，具有 2 个磁极，用于高速运行。双速异步电动机采用三角形-双星形联结进行调速，适用于需要恒功率调速的场合。

图 4-45 为双速异步电动机定子绕组的星形-双星形联结（Y/YY）接线图。图 4-45a 为星形联结（4 个磁极），用于低速运行；图 4-45b 为双星形联结（2 个磁极），用于高速运行。

当需要电动机低速运行时，三相电源从接线端子 1、2、3 进入双速电动机绕组中，另外三个接线端子 4、5、6 空着不用（称为悬空）。此时，双速电动机绕组以星形联结（4 个磁极）低速运行。

当需要电动机高速运行时，三相电源从接线端子 4、5、6 进入双速电动机绕组中，而 1、2、3 三个接线端子短接在一起。此时，双速电动机绕组以双星形联结（2 个磁极）高速运行。

双速异步电动机定子绕组采用星形-双星形联结进行调速时，具有恒转矩调速特性，适用于需要恒转矩调速的场合。

综上所述，可以得到如下结论：双速异步电动机定子绕组采用星形联结时，具有 4 个磁极，用于低速运行；采用双星形联结时，具有 2 个磁极，用于高速运行。双速异步电动机采用星形-双星形联结进行调速，适用于需要恒转矩调速的场合。

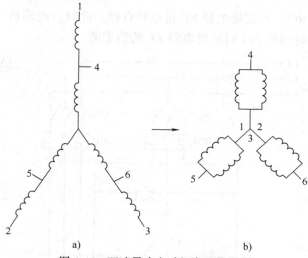

图 4-45　双速异步电动机定子绕组的
星形-双星形联结（恒转矩调速）

a）星形联结（4 个磁极，低速运行）

b）双星形联结（2 个磁极，高速运行）

（3）变极之后的反转与调换电源相序

若在低速运行时，三相电源按照 L1、L2、L3 的相序接入双速异步电动机定子绕组的接线端子 1、2、3，电动机正向运转。而在高速运行时，三相电源仍然按照 L1、L2、L3 的相序接入双速异步电动机定子绕组的接线端子 4、5、6，将会使电动机因为变极而改变运转方向。因此，双速异步电动机完成变极之后，必须改变绕组的相序，否则，电动机将反向运转。

双速异步电动机完成变极之后，之所以会改变运转方向，是因为各相绕组在电动机定子内的机械角度是固定不变的（即各相绕组在空间相差的机械角度是恒定的），而各相绕组的电角度却随着磁极数目的变化而变化。例如，当磁极数目减少一半时，将使各相绕组在空间相差的电角度增加一倍，即原来相差 120° 电角度的绕组，现在相差 240° 电角度。如果相序不变，气隙磁场就会反转，相应地，电动机也就会反转。

（4）双速异步电动机自动变速控制电路

图 4-46 为利用时间继电器控制双速电动机进行调速的电路原理图。主电路中，当接触器 QA1 吸合，QA2、QA3 断开时，三相电源从接线端 2、1、3 进入双速电动机 MA 绕组中，双速电动机 MA 绕组按三角形联结，实现低速运行。

变极调速（2）

而当接触器 QA1 断开，QA2、QA3 吸合时，三相电源从接线端 6、5、4 进入双速电动机 MA 绕组中（注意：电源相序已经进行了改变，以确保电动机仍然维持原来的运转方向不变），接触器 QA3 的两个主触点将电动机绕组的抽头 1、2、3 连接在一起。

此时，双速电动机 MA 绕组接成双星形联结高速运行。即 SF2、QA1 控制双速电动机 MA 低速运行；SF3、QA2、QA3 控制双速电动机 MA 高速运行。

在控制电路中，SF2 为低速起动按钮，SF3 为高速起动按钮。当操作人员按下低速起动按钮 SF2 时，接触器 QA1 得电并自锁，电动机 MA 接成三角形并低速运行。

当操作人员按下高速起动按钮 SF3 时，首先接触器 QA1 得电并自锁，稍后（延时很短），时间继电器 KF 得电并自锁。此时，电动机 MA 接成三角形并低速运行，其低速运行时间取决于时间继电器 KF 的整定值。

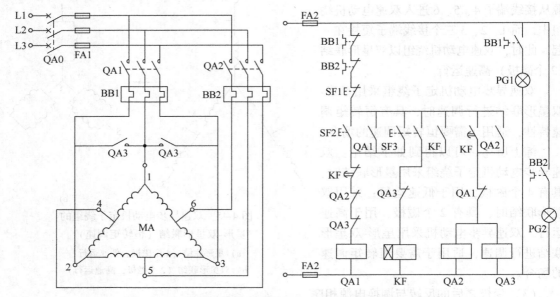

图 4-46　利用时间继电器控制双速电动机进行调速电路原理图

待时间继电器 KF 的延时时间到，则其动断触点 KF 断开，切断接触器 QA1 线圈的得电回路，接触器 QA1 的主触点断开；其动合触点 KF 闭合，接触器 QA2、QA3 的线圈得电并自锁，接触器 QA2、QA3 的主触点闭合，电动机 MA 接成双星形并高速运行。同时，接触器 QA3 的线圈得电后，其动断触点 QA3 断开，切断时间继电器 KF 线圈的得电回路，以免其长期通电，造成无谓的能量消耗。

不难看出，在按下高速起动按钮 SF3 时，电动机 MA 经历了一个先低速运行、后高速运行的过程。之所以如此设计，目的在于控制起动电流。

需要注意的是，对于双速电动机而言，当其低速运行或高速运行时，电动机定子绕组内的工作电流是不同的。因此，在图 4-46 中设置了两个热继电器——为电动机低速运行提供过载保护的热继电器 BB1 和为电动机高速运行提供过载保护的热继电器 BB2。BB1 和 BB2 的整定值应根据实际需要进行设定。

4.2.8　电气控制系统的保护环节

为了确保机电传动系统能够长期、安全、可靠地运行，电气控制系统必须设置保护环节，用以保护电动机、电网、电气设备及人身安全。

电气控制系统中常用的保护环节有短路保护、过载保护、过电流保护、零电压保护、欠电压保护和弱磁保护等。

电气控制系统
的保护环节

1. 短路保护

电动机绕组或导线的绝缘破损，或者线路发生故障时，可能造成短路事故。发生短路事故时，若不迅速切断电源，会产生很大的短路电流，使电气设备损坏。

因此，必须设置短路保护措施。常用的短路保护器件是熔断器和断路器，但以熔断器为主，断路器为辅。

发生短路事故时，熔断器由于熔体熔断而切断电路，起保护作用；断路器在电路发生短路事故时能自动跳闸，起保护作用。近年来，具有漏电保护功能的低压断路器的使用日益广泛，对保证人身安全发挥了重要作用。

2. 过载保护

负载突然增加、断相运行或电网电压降低等原因，都会引起电动机过载。

三相异步电动机长期超载运行，其绕组温升将超过允许值，会造成绝缘材料变脆、变硬、降低寿命，甚至造成电动机烧毁。

因此，必须设置过载保护措施。过载保护常用的保护元件是热继电器和断路器，但以热继电器为主，断路器为辅。

热继电器具有过载保护作用而不具有短路保护的作用。选择时应注意，作为短路保护，熔断器熔体的额定电流一般不应超过热继电器发热元件额定电流的 4 倍。

3. 过电流保护

过大的负载转矩或不正确的起动方法会引起电动机的过电流故障。

在频繁正、反转，频繁起动、制动的重复、短时工作中，电动机出现过电流现象的概率比发生短路故障的概率更大。

因此，对于频繁正、反转，频繁起动、制动的电动机，应视情况加装过电流保护装置。在工程实践中，常将过电流继电器与接触器配合使用，以实现电动机的过电流保护。

过电流保护多用于直流电动机或绕线转子异步电动机。笼型异步电动机对过电流有较强的耐受能力，可不设置过电流保护装置。

4. 零电压保护

为防止电网停电后，恢复供电时电动机的自行起动而实行的保护，称为零电压保护，亦称失电压保护。

对于电动机而言，当电动机正在运行时，如果电源电压因某种原因消失（如突然停电），则在电源电压恢复时，必须防止电动机自行起动，以免造成设备的损坏或出现人身伤亡事故。

对于供电电网而言，若同时有许多电动机自行起动，则会引起过电流，也会使电网电压瞬间下降。

由于继电器、接触器或低压断路器本身就具有零电压保护功能，因此，在装有低压断路器或继电器、接触器的电气控制系统中，不必再单独设置零电压保护装置。

5. 欠电压保护

为防止电源电压降低到允许值以下，造成电动机的损坏而实行的保护，称为欠电压保护。

当电动机正常运转时，如果电源电压过分地降低，将引起一些控制电器（如继电器、接触器）释放，造成控制电路工作失常。

对于电动机而言，电源电压过低，会引起电动机转速下降，甚至停转。同时，如果电源电压过低而负载不变时，也会造成电动机绕组的工作电流增大，致使电动机绕组严重发热，降低电动机的使用寿命。

常用的欠电压保护器件是欠电压继电器和接触器。在电气控制系统中，只有少数对欠电压特别敏感的电路才设置欠电压继电器。而对于大多数电气控制系统而言，由于接触器已经兼有欠电压保护功能，因此，可以省去欠电压继电器。一般来说，当电源电压下降到额定电压的85%以下时，接触器（或欠电压继电器）触点就会释放，自动实现欠电压保护。

6. 弱磁保护

对于直流电动机而言，如果磁场过弱，电动机的起动电流就会变得很大；另外，当电动机正常运转时，如果磁场突然减弱或彻底消失，则会使电动机的转速迅速升高（转速飙升），甚至发生"飞车"事故，导致设备损坏或人员伤亡。

因此，对于直流电动机，必须设置弱磁保护措施。弱磁保护一般通过欠电流继电器实现——将欠电流继电器串入直流电动机的励磁回路中，一旦励磁电流消失或降低过多，欠电流继电器即自动释放，其触点切断直流电动机的主电源，使电动机断电停车。

4.3 典型机电设备电路分析

机电设备电路的
分析方法与步骤

工业生产中所用的各种设备，虽然其驱动控制方式和电气控制电路各不相同，但多数是建立在继电器、接触器基本控制电路的基础之上的。本节通过对典型机电设备电气控制系统的分析，一方面进一步熟悉电气控制系统的组成以及各种基本控制电路的应用，使读者掌握分析电气控制系统的方法，培养阅读电气控制电路图的能力；另一方面通过对几种具有代表性的机电设备电气控制系统及其工作原理的分析，加深读者对机电设备中机械、液压与电气控制有机结合的理解，为培养电气控制系统的分析和设计工作能力奠定基础。

4.3.1 分析方法与步骤

1. 分析电气控制系统的方法

对生产设备电气控制系统进行分析时，首先需要对设备整体有所了解，在此基础上，才能有效地针对设备的控制要求，分析电气控制系统的组成与功能。

设备整体情况分析包括如下三个方面。

（1）机械设备概况调查

通过阅读生产机械设备的技术资料，了解设备的基本结构及工作原理、设备的传动系统类型及驱动方式、主要技术性能和规格、运动要求等。

（2）电气控制系统及电气元件的状况分析

明确电动机的作用、型号规格以及控制要求，了解各种电气元件的工作原理、控制作用及功能，包括按钮、选择开关、行程开关等主令器件，接触器、时间继电器等各种继电器类控制元件，电磁换向阀、电磁离合器等各种执行元件，变压器、熔断器等保证电路正常工作的其他电气元件。

（3）机械系统与电气控制系统的关系分析

在了解被控设备和采用的电气设备、电气元件的基本状况后，还应明确两者之间的内在联系，即信息采集传递和运动输出的形式和方法。信息采集传递过程是通过设备上的各种操作手柄、撞块、挡铁以及各种现场信息检测机构作用到主令信号发出元件上，并将信号采集传递到电气控制系统中；运动输出关系是电气控制系统中的执行元件将驱动力送到机械设备上的相应点，并实现设备要求的各种动作。

掌握了机械及电气系统的基本情况之后，即可对设备电气控制系统进行具体的分析。

通常在分析电气控制系统时，首先将控制电路进行划分，整体控制电路"化整为零"后形成简单明了、控制功能单一或由少数简单控制功能组合的局部电路，这样，可给分析电气控制系统带来很大的方便。进行电路划分时，可依据驱动形式，将电路初步划分为电动机控制电路部分和液压传动控制电路部分；根据被控制电动机的台数，将电动机控制电路部分再加以划分，使每台电动机的控制电路成为一个局部电路；对控制要求复杂的电路部分，也可以进一步细分，使每一个基本控制电路或若干个基本控制电路成为一个局部分析电路单元。

2. 分析电气控制系统的步骤

根据上述电气控制系统的分析方法，将电气控制系统的分析步骤归纳如下。

（1）设备运动分析

分析生产工艺要求的各种运动及其实现方法，对有液压驱动的设备要进行液压系统工作状态分析。

（2）主电路分析

确定动力电路中用电设备的数目、接线状况及控制要求，控制执行件的设置及其动作要求，包括接触器主触点的位置，各组主触点闭合、断开的动作要求，限流电阻的接入与抛除（短接）等。

（3）控制电路分析

分析各种控制功能的实现方法及其电路工作原理和特点。经过"化整为零"，逐步分析每一个局部电路的工作原理以及各部分之间的控制关系之后，还必须用"集零为整"的方法，统观整个电路的保护环节以及电气原理图中其他辅助电路（如检测、信号指示、照明等电路）。检查整个控制线路，看是否有遗漏，特别是要从整体高度和全局角度进一步检查和理解各控制环节之间的联系，理解电路中每个元件所起的作用。

4.3.2　卧式车床电路分析

卧式车床
电路分析

在金属切削机床中，车床是一种应用极为广泛的通用机床，能够车削各种工件的外圆、内圆、端面、螺纹、螺杆及定型表面，并可以装上钻头、铰刀等进行钻孔和铰孔等加工。这些加工工作必须要由电气控制系统控制电动机工作，进而驱动机械部件运行来完成。

从总体上看，由于卧式车床运动形式简单，多采用机械调速的方法，因此相应的控制电路并不复杂。本节以国内保有量最大的 CA6140 型卧式车床为例，分析其电气控制系统的工作原理。

1. 卧式车床的主要运动形式及控制要求

国产金属切削机床的型号命名方法应符合 GB/T 15375—2008《金属切削机床　型号编制方法》的规定。CA6140 型卧式车床的型号含义如图 4-47 所示，其实物照片如图 4-48 所示。

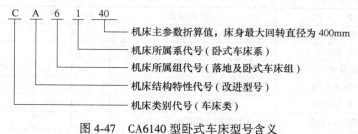

图 4-47　CA6140 型卧式车床型号含义

（1）主运动

CA6140 型卧式车床的主运动是电动机驱动主轴，主轴通过卡盘或顶尖带动工件的旋转运动。对主运动的控制要求如下。

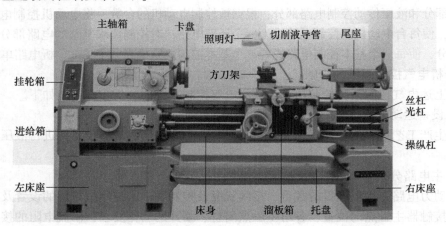

图 4-48　CA6140 型卧式车床

1）主轴电动机选用笼型三相异步电动机，主轴采用齿轮变速箱（床头箱）进行机械有级调速，对主轴电动机没有调速要求。

2）车削螺纹时，要求主轴有正、反转，一般由机械方法实现，主轴电动机只做单向运转，不需要对主轴电动机进行正、反转控制。

3）主轴电动机的容量不大，可采用直接起动，不需要采取减压起动措施。

（2）进给运动

CA6140 型卧式车床的进给运动是刀架带动刀具的直线运动。对进给运动的控制要求如下：进给运动由主轴电动机驱动，主轴电动机的动力通过挂轮箱传递给进给箱，实现刀具的纵向和横向进给。加工螺纹时，要求刀具的移动和主轴的转动之间有固定的比例关系。

（3）辅助运动

刀架的快速移动由刀架快速移动电动机驱动，该电动机可直接起动，不需要正、反转和调速。尾架的纵向移动由操作人员手动操作控制。工件的夹紧与松开由操作人员手动操作控制。加工过程中刀具的冷却，由冷却泵电动机泵送的切削液来完成。对冷却泵电动机和主轴电动机要实现顺序控制，冷却泵电动机也不需要正、反转和调速控制。

2. 卧式车床电路分析

CA6140 型卧式车床的电气控制系统原理图如图 4-49 所示，电气元件明细表见表 4-11。

表 4-11　电气元件明细表

代　号	名　称	型号或规格	数　量	用　途
MA1	三相异步电动机	YE5-132M-4　7.5kW	1	驱动主轴
MA2	冷却泵电动机	AOB-25　90W	1	驱动冷却泵
MA3	快速移动电动机	AOS5634　250W	1	驱动刀架快速移动
BB1	热继电器	JR16-20/3D　15.4A	1	MA1 过载保护
BB2	热继电器	JR16-20/3D　0.32A	1	MA2 过载保护
QA1	交流接触器	CJ10-20　线圈电压 110V	1	控制 MA1

（续）

代　号	名　称	型号或规格	数　量	用　途
KF1	中间继电器	JZ7-44 线圈电压 110V	1	控制 MA2
KF2	中间继电器	JZ7-44 线圈电压 110V	1	控制 MA3
FA	熔断器	RL1-15 熔体 6A	3	电源短路保护
FA1	熔断器	RL1-15 熔体 6A	3	MA2、MA3 短路保护
FA2	熔断器	RL1-15 熔体 2A	1	控制电路短路保护
FA3	熔断器	RL1-15 熔体 2A	1	信号灯短路保护
FA4	熔断器	RL1-15 熔体 4A	1	照明灯短路保护
SF1	按钮	LA19-11 红色	1	MA1 停止
SF2	按钮	LA19-11 绿色	1	MA1 起动
SF3	按钮	LA9 绿色或黑色	1	MA3 起动
SF4	旋转开关	LA9	1	控制 MA2
QA0	组合开关	HZ2-25/3　25A	1	机床电源总开关
SF	组合开关	HZ2-10/3　10A	1	照明灯开关
TA	控制变压器	BK-150　380V/110V/124V/6.3V	1	控制、照明、信号电路供电
PG	信号灯	XD-0 额定电压 6V	1	信号指示
EA	照明灯	JC11　24V	1	工作照明
XB	连接片	X-021	1	导线连接

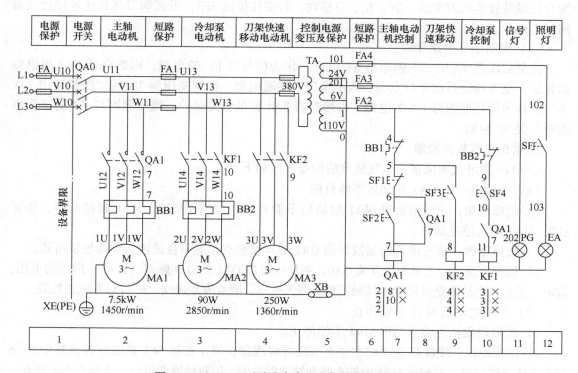

图 4-49　CA6140 型卧式车床的电气控制系统原理图

（1）主电路分析

共有 3 台电动机：MA1 为主轴电动机，驱动主轴旋转，并驱动刀架做进给运动；MA2

为冷却泵电动机，用于泵送切削液；MA3 为刀架快速移动电动机。

按下（合上）QA0，将三相电源引入。主轴电动机 MA1 由接触器 QA1 控制，热继电器 BB1 作过载保护，熔断器 FA 作短路保护，接触器 QA1 作失电压保护。

冷却泵电动机 MA2 由继电器 KF1 控制，热继电器 BB2 作过载保护，刀架快速移动电动机 MA3 由继电器 KF2 控制。由于 MA3 属于点动控制，故未设过载保护。FA1 作为电动机 MA2、MA3 和控制变压器 TA 的短路保护。

（2）控制电路分析

控制电路的电源由控制变压器 TA 的二次输出 110V 电压提供；熔断器 FA2 作接触器 QA1 和继电器 KF1、KF2 的电磁线圈支路短路保护用；热继电器 BB1 的动断触点串接在接触器 QA1 电磁线圈的得电回路上，用作主轴电动机 MA1 的过载保护；热继电器 BB2 的动断触点串接在继电器 KF1 电磁线圈的得电回路上，用作冷却泵电动机 MA2 的过载保护。

主轴电动机 MA1 的起动和停止分别由起动按钮 SF2 和停止按钮 SF1 控制。冷却泵电动机 MA2 由按钮 SF4 控制。主轴电动机起动后，按下按钮 SF4，则继电器 KF1 线圈得电，其触点闭合，冷却泵电动机 MA2 得电运转，开始泵送切削液。主轴电动机 MA1 停止后，因接触器 QA1 的动合触点恢复断开，则继电器 KF1 线圈失电，其触点断开，冷却泵电动机 MA2 失电停车。

刀架快速移动电动机 MA3 的起动由按钮 SF3 控制，并采用点动控制。由进给操作手柄配合机械装置实现刀架前、后、左、右移动，若按住按钮 SF3，可实现刀具快速地接近或退离加工部位。

（3）照明信号电路分析

控制变压器 TA 的二次侧输出 6V 电压，作为信号灯 PG 的电源，由熔断器 FA3 提供短路保护。电源接通后信号灯点亮，表示车床已接通电源。控制变压器 TA 的二次侧输出 24V 电压，作为低压照明灯 EA 的电源，由熔断器 FA4 提供短路保护。低压照明灯 EA 的工作由组合开关 SF 控制。

3. 常见电气故障检修

CA6140 型卧式车床常见电气故障的检修方法如下。

（1）主轴电动机 MA1 起动后不能自锁

1）故障现象：主轴电动机 MA1 起动后不能自锁，即按下 SF2，MA1 起动运转，松开 SF2，MA1 随之停止运转。

2）故障原因：该故障可能是接触器 QA1 的自锁触点接触不良或连接导线松脱所致。

3）处理方法：合上电源总开关 QA0，测量接触器 QA1 的自锁触点（6—7）两端的电压，若电压正常，则故障是自锁触点接触不良；若无电压，则故障是连线（6、7）断线或松脱。

（2）主轴电动机 MA1 不能停止

1）故障现象：主轴电动机 MA1 不能停止。

2）故障原因：接触器 QA1 的主触点出现熔焊现象；停止按钮 SF1 被击穿或线路中 5、6 两点连接导线短路；接触器 QA1 的铁心端面被油垢粘牢，以致线圈断电后，主触点不能断开。

3）处理方法：断开电源总开关 QA0，若接触器 QA1 的触点释放，说明故障是停止按钮 SF1 被击穿或导线短路所致；若经敲击接触器壳体后，接触器 QA1 的触点才释放，则故障为铁心端面被油垢粘牢。

（3）主轴电动机运行中停车

1）故障现象：主轴电动机运行中停车。

2）故障原因：热继电器 BB1 动作。

3）处理方法：找出 BB1 动作的原因，排除故障后，使热继电器触点复位。

（4）机床照明灯 EA 不亮

1）故障现象：机床照明灯 EA 不亮。

2）故障原因：照明灯灯泡损坏；照明灯灯泡和灯座接触不良等；熔断器 FA4 熔断；组合开关 SF 的触点接触不良；控制变压器 TA 的二次绕组断线或接头松脱。

3）处理方法：根据具体情况，分别采取适当措施，予以修复。

4.3.3　摇臂钻床电路分析

摇臂钻床
电路分析

钻床是一种用途广泛的孔加工机床，除了可以钻削精度要求不高的孔外，还可以用来进行扩孔、锪孔、铰孔、镗孔、刮平面及攻螺纹等机械加工，因此，要求钻床的主运动和进给运动要有较宽的调速范围。

钻床的种类很多，有台式钻床、立式钻床、卧式钻床、多轴钻床、深孔钻床及专用钻床等。摇臂钻床属于立式钻床范畴，适用于单件或批量生产中带有多孔大型工件的孔加工，属于机械加工车间中常见的机床。

1. 摇臂钻床的基本结构和控制要求

（1）摇臂钻床的基本结构

如图 4-50 所示，摇臂钻床由底座、外立柱、内立柱、摇臂、主轴箱和工作台等部分组成。

底座通过地脚螺栓固定安装在基础上，工作台用螺柱固定在底座上，被加工工件固定在工作台上。内立柱固定在底座上，外立柱套在内立柱上。用液压夹紧机构夹紧后，两者不能相对运动；松开夹紧机构后，外立柱（连同摇臂、主轴箱）可绕内立柱做 360° 回转。

摇臂钻床摇臂一端的套筒部分与外立柱为滑动配合，通过丝杠传动，摇臂可沿外立柱上下移动，但不能做相对运动，而摇臂与外立柱一起可绕固定不动的内立柱做 360° 的回转运动。摇臂的升降和立柱的夹紧与松开都要求电动机能够正、反转运行。

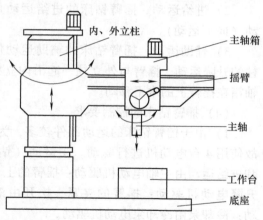

图 4-50　摇臂钻床结构示意图

主轴箱是一个复合部件，由主轴电动机、主轴和主轴传动机构、进给和变速机构以及操作机构等部分组成。主轴箱安装于摇臂的水平导轨上，可以通过手动操作使主轴箱沿摇臂水平导轨移动。

在钻削加工时，主轴箱、摇臂、外立柱均要紧固在相应位置上，用机械、电气及液压相结合的方法实现。

摇臂钻床各部分之间的安装关系可用图 4-51 加以说明，图中的虚线含义为：用虚线连接的两个部件之间，既可以锁止，又可以做相对运动（相对移动或回转）。

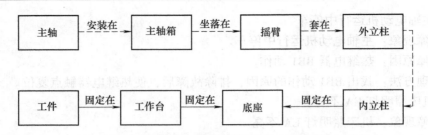

图 4-51　摇臂钻床各部分之间的安装关系

（2）摇臂钻床的型号含义

摇臂钻床的型号含义如图 4-52 所示，实物照片如图 4-53 所示。

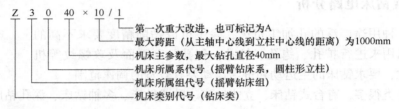

图 4-52　Z3040 型摇臂钻床型号含义

（3）摇臂钻床的运动形式

1）主运动。摇臂钻床的主运动是主轴带动钻头的旋转运动。

2）进给运动。摇臂钻床的进给运动是主轴的垂直运动（向下运动）。

3）辅助运动。摇臂钻床的辅助运动包括摇臂沿外立柱的升降运动、摇臂与外立柱一起沿内立柱的转动以及主轴箱在摇臂上的水平移动。

（4）摇臂钻床的控制要求

1）由于摇臂钻床的运动部件较多，为简化传动装置，故使用 4 台电动机进行驱动。主运动（钻头的钻削运动）和进给运动由主轴电动机驱动；摇臂的上升、下降由摇臂升降电动机驱动；摇臂的夹紧、松开由液压泵电动机驱动；冷却泵由冷却泵电动机驱动。

图 4-53　Z3040 型摇臂钻床

2）为了适应多种加工方式的要求，主轴转速及进给速度应能在较大范围内调整。但这些调速均属于机械调速，用手柄操作变速箱实现，对电动机无调速要求。主轴变速机构与进给变速机构在一个变速箱（即主轴箱）内，由主轴电动机驱动。

3）加工螺纹时要求主轴能正、反转。摇臂钻床主轴的正、反转一般是用机械方法实现的，电动机只需单方向运转即可。

4）摇臂的上升、下降由摇臂升降电动机驱动，要求摇臂升降电动机能实现正、反转。

5）摇臂的夹紧与松开以及立柱的夹紧与松开由液压泵电动机配合液压装置完成，要求液压泵电动机能正、反转。在中小型摇臂钻床上，摇臂（连同外立柱）绕着内立柱轴线的回转运动和主轴箱沿着摇臂导轨的径向移动，均采用手动控制。

6）钻削加工时，为对刀具及工件进行冷却，需要一台冷却泵电动机驱动冷却泵，以便泵送切削液。

7）各部分电路之间有必要的保护和联锁。

2. 摇臂钻床电路分析

下面以国内保有量较大的 Z3040 型摇臂钻床为例，对摇臂钻床的电路进行分析。

Z3040 型摇臂钻床的电气控制系统原理图如图 4-54 所示，电气元件明细表见表 4-12。

表 4-12　Z3040 型摇臂钻床电气元件明细表

符　号	名　称	型　号	规　格	数　量	用　途
MA1	三相异步电动机	YE5-100L2-4	3.0kW，380V，6.82A，1430r/min	1	主轴电动机
MA2	摇臂升降电动机	YE5-90S-4	1.1kW，2.01A，1390r/min	1	摇臂升降电动机
MA3	液压泵电动机	JO31-2	0.6kW，1.42A，2880r/min	1	液压泵电动机
MA4	冷却泵电动机	JCB-22	0.125kW，0.43A，2790r/min	1	冷却泵电动机
QA0	低压断路器	DZ5-20/330	三极，500V，20A	1	电源总开关
QA1	交流接触器	CJ-10	10A，线圈电压 110V	1	控制 MA1
QA2, QA3	交流接触器	CJ10-5	5A，线圈电压 110V	2	控制 MA2
QA4, QA5	交流接触器	CJ10-5	5A，线圈电压 110V	2	控制 MA3
KF	时间继电器	JS7-A	AC 110V	1	摇臂升降时间控制
BB1	热继电器	JR16-20/3	热元件额定电流 11A，整定电流 6.82A	1	MA1 热保护
BB2	热继电器	JR16-20/3	热元件额定电流 2.4A，整定电流 2.01A	1	MA3 热保护
FA1	熔断器	RL1-60	500V，熔体 20A	1	总短路保护
FA2	熔断器	RL1-15	500V，熔体 10A	1	控制电路短路保护
FA3	熔断器	RL1-16	500V，熔体 2A	1	照明电路短路保护
FA4	熔断器	RL1-16	500V，熔体 2A	1	指示灯短路保护
TA	控制变压器	BK-100	100V·A，380V/127V，36V，6.3V	1	电压变换
SF1	控制按钮	LAY3-11D	5A，红色	1	MA1 停止
SF2	控制按钮	LAY3-11	5A，绿色	1	MA1 起动
SF3	控制按钮	LA-18	5A，绿色	1	摇臂延时夹紧
SF4	控制按钮	LA-18	5A，绿色	1	摇臂上升
SF5	控制按钮	LA-18	5A，黑色	1	主轴箱、立柱松开
SF6	控制按钮	LA-18	5A，黑色	1	主轴箱、立柱夹紧
SF7	转换开关	HZ5-10	2A	1	控制冷却泵电动机
SF8	转换开关	HZ5-10	2A	1	控制照明灯
BG1	行程开关	LX5-11	—	1	摇臂上升极限开关
BG2	行程开关	LX5-11	—	1	摇臂松开到位开关
BG3	行程开关	LX5-11	—	1	摇臂夹紧到位开关
BG4	行程开关	LX5-11	—	1	立柱与主轴箱夹紧到位开关
BG5	行程开关	LX5-11	—	1	摇臂下降极限开关
PG1	指示灯	ZSD-0	6.3V，红色	1	松开指示
PG2	指示灯	ZSD-0	6.3V，黄色	1	夹紧指示
PG3	指示灯	ZSD-0	6.3V，绿色	1	主轴指示
EA	照明灯	JC2	36V，40W	1	工作照明
MB	电磁铁	MFJ1-3	110V	1	臂夹紧、松开

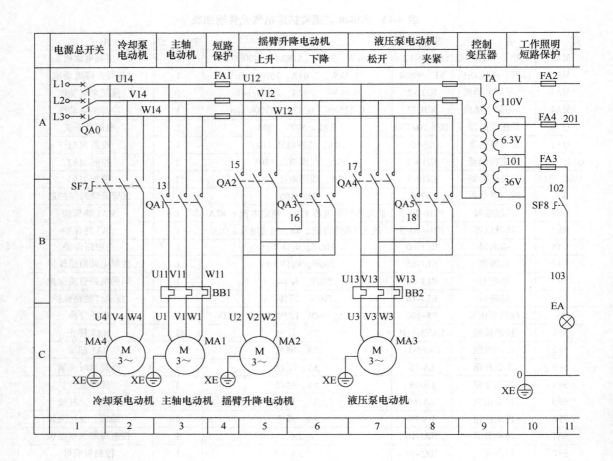

图4-54 Z3040型摇臂钻床的

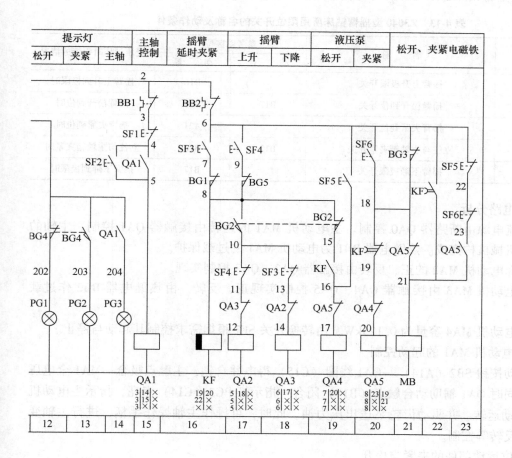

电气控制系统原理图

MA1 为主轴电动机，MA2 为摇臂升降电动机，MA3 为液压泵电动机，MA4 为冷却泵电动机。

主轴箱上的四个按钮 SF1、SF2、SF3 与 SF4，分别为主电动机的起动/停止按钮和摇臂上升、下降按钮。主轴箱移动手轮上的两个按钮 SF5、SF6，分别为主轴箱、立柱松开按钮和夹紧按钮。扳动主轴箱移动手轮，可使主轴箱做左右水平移动；主轴移动手柄则用来操纵主轴做上下垂直移动，它们均为手动进给，主轴也可采用机动进给。

Z3040 型摇臂钻床各限位开关（行程开关）的名称及动作条件见表 4-13。

表 4-13　Z3040 型摇臂钻床所用限位开关的名称及动作条件

限 位 开 关	名 称	参考图区位		受压动作时手柄的情况
		动 合	动 断	
BG1	摇臂上升极限开关		B16	摇臂上升到极限时
BG2	摇臂松开到位开关	B17	B19	摇臂松开到位时
BG3	摇臂夹紧到位开关		A21	摇臂夹紧到位时
BG4	立柱与主轴箱夹紧开关	B12	B13	立柱与主轴箱夹紧时
BG5	摇臂下降极限开关	B17		摇臂下降到极限时

（1）主电路分析

三相交流电源由断路器 QA0 控制。主电动机 MA1 的运转由接触器 QA1 控制。主轴的正、反转由机械机构完成。热继电器 BB1 为电动机 MA1 的过载保护。

摇臂升降电动机 MA2 的正、反转由接触器 QA2、QA3 控制实现。

液压泵电动机 MA3 由接触器 QA4、QA5 控制实现正、反转，由热继电器 BB2 作过载保护。

冷却泵电动机 MA4 容量为 0.125kW，由转换开关 SF7 根据需求控制其起动与停止。

（2）主电动机 MA1 的起动控制

按下起动按钮 SB2（A14）→QA1 线圈（C15）得电并自锁，主触点吸合→MA1 全电压起动运转。同时 QA1 辅助动合触点（B14）闭合→指示灯 PG3（C14）点亮，指示主电动机 MA1 已经起动运转，并驱动齿轮泵送出压力油。此时，可操作主轴操作手柄，进行主轴变速、正转、反转等控制。

（3）移位运动部件的夹紧与松开

摇臂钻床的三种对刀移位装置对应三套夹紧与松开装置，对刀移动时，需要将装置松开，机加工过程中，需要将装置夹紧。三套夹紧装置分别为摇臂夹紧（摇臂与外立柱之间）、主轴箱夹紧（主轴箱与摇臂导轨之间）、立柱夹紧（外立柱和内立柱之间）。通常主轴箱和立柱的夹紧与松开同时进行，而摇臂的夹紧与松开则要与摇臂升降运动结合进行。

Z3040 型摇臂钻床夹紧与松开机构的液压原理如图 4-55 所示。图中液压泵 YB 采用双向定量泵。液压泵电动机 MA3 在正、反转时，驱动液压缸中的活塞做左右移动，实现夹紧装置的夹紧与松开运动。电磁换向阀的电磁铁 MB 用于选择控制对象。

电磁铁 MB 的线圈不通电时，电磁换向阀工作在左工位，接触器 QA4、QA5 控制液压泵电动机的正、反转，实现主轴箱和立柱（同时）的夹紧与松开；电磁铁 MB 线圈通电时，电磁换向阀工作在右工位，接触器 QA4、QA5 控制液压泵电动机的正、反转，实现摇臂的夹紧与松开。

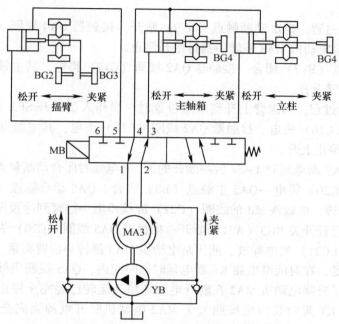

图 4-55　Z3040 型摇臂钻床夹紧与松开机构的液压原理

　　主轴箱、立柱和摇臂的夹紧与松开是由液压泵电动机驱动液压泵送出压力油，推动活塞、菱形块来实现的。其中主轴箱和立柱夹紧与松开由一个油路控制，而摇臂的夹紧、松开因与摇臂升降构成自动循环，所以由另一个油路单独控制，这两个油路均由电磁阀操作。

　　在夹紧或松开主轴箱及立柱时，首先起动液压电动机 MA3，驱动液压泵送出压力油。在电磁阀的控制下，使压力油经二位六通阀流入夹紧或松开油腔，推动活塞和菱形块实现夹紧或松开。由于液压泵电动机是点动控制，所以主轴箱和立柱的夹紧与松开也是点动的。

　　（4）摇臂升降控制

　　摇臂升降控制过程如下：发出摇臂移动信号→发出松开信号→摇臂移动，摇臂移动到所需位置→夹紧信号→摇臂夹紧。

　　摇臂升降电动机 MA2 的控制电路是由摇臂上升按钮 SF3、下降按钮 SF4 及正、反转接触器 QA2、QA3 组成具有双重互锁功能的正、反转点动控制电路。液压泵电动机 MA3 的正、反转由正、反转接触器 QA4、QA5 控制，MA3 驱动双向液压泵，供出压力油，经二位六通阀送至摇臂夹紧机构，实现摇臂的夹紧与松开。下面以摇臂上升为例来分析摇臂升降及夹紧、松开的控制原理。

　　摇臂上升动作的程序分三步：摇臂松开→摇臂上升→摇臂夹紧。

　　1）摇臂松开过程。按下 SF3→SF3 动断触点（B18）断开、动合触点（A16）闭合→时间继电器 KF 线圈（C16）得电→KF 瞬时动作触点（B19）闭合→接触器 QA4 线圈（C19）得电、主触点吸合，电磁铁 MB 线圈（C21）得电→液压泵电动机 MA3 正转→摇臂松开。摇臂松开过程中，弹簧片压下摇臂松开行程开关 BG2，使其动作。此时，KF 的延时闭合动断触点（B20）断开。

2）摇臂上升过程。BG2 动断触点（B19）断开→接触器 QA4 线圈（C19）失电，其主触点释放→液压泵电动机 MA3 停转→摇臂松开停止。

BG2 动合触点（B17）闭合→接触器 QA2 线圈（C17）得电，其主触点吸合→摇臂电动机 MA2 正转→摇臂上升。

3）摇臂夹紧过程。当摇臂上升到所需位置时，操作人员松开 SF3（A16）→断电延时继电器 KF 线圈（C16）失电、接触器 QA2 线圈（C17）失电，其主触点释放→摇臂电动机 MA2 停转→摇臂停止上升。

时间继电器 KF 断电延时 1~3s 后→断开的 KT 断电延时闭合动断触点（B20）闭合→接触器 QA5 线圈（C20）得电→QA5 主触点（B8）吸合、QA5 动合触点（B23）闭合→液压泵电动机 MA3 反转、电磁铁 MB 的线圈（C21）继续得电→摇臂到达预定位置开始夹紧→弹簧片使摇臂夹紧行程开关 BG3（A21）断开→接触器 QA5 线圈（C20）失电，其触点释放→电磁铁 MB 线圈（C21）失电释放、液压泵电动机 MA3 停转→摇臂夹紧。

值得注意的是，在时间继电器 KF 断电延时的时间内，QA5 线圈仍处于断电状态，这几秒钟的延时确保了升降电动机 MA2 在断开电源依惯性运转已经完全停止后，才开始摇臂的夹紧动作。所以 KT 延时长短应按照大于 MA2 电动机断开电源到完全停止所需要的时间来整定。

此外，在分析以上动作程序时还要特别注意：

① BG3 在摇臂夹紧时断开，摇臂松开时接通。BG3 应调整到摇臂夹紧后即动作的状态。若调整不当，摇臂夹紧后仍不能动作，将使液压泵电动机 MA3 长期工作而过载。

② 不要误认为电磁铁 MB 在接通电源后就得电工作，电磁铁 MB 线圈（C21）得电与否是由 KT 的延时断开动合触点（B22）和 QA5 动合触点（B23）控制的。

③ 在分析按下 SF3 和 SF4 时，不要忽视其动断触点的作用。

摇臂升降的极限保护由组合开关来实现。当摇臂上升（上升行程开关 BG1）或下降（下降行程开关 BG5）到极限位置时，使相应动断触点断开，BG1（或 BG5）切断对应的上升或下降接触器 QA2（或 QA3）线圈电路，使 MA2 电动机停止，摇臂停止移动，实现上升、下降的极限保护。

（5）主轴箱与立柱的夹紧、松开控制

主轴箱在摇臂上的夹紧、松开与内外立柱之间的夹紧、松开，均采用液压操纵，且由同一油路控制，所以它们是同时进行的。

工作时要求二位六通电磁阀线圈 MB 处于断电状态。松开由松开按钮 SF5 控制，夹紧由夹紧按钮 SF6 控制，并由松开指示灯 PG1 和夹紧指示灯 PG2 显示其状态。

主轴箱与立柱的松开与夹紧动作程序为：松开→转动→夹紧。

1）主轴箱和立柱同时松开。按下松开按钮 SF5（A19）→接触器 QA4 线圈（C19）得电，其主触点吸合→液压泵电动机 MA3 正转→驱动液压泵送出压力油。

由于电磁铁 MB 线圈（C21）不通电，其送出的压力油经二位六通电磁阀进入另一油路，即进入立柱与主轴箱松开油腔，推动活塞和菱形块使立柱和主轴箱同时松开→行程开关 BG4 不再受压，其触点 BG4（B13）复位闭合→松开指示灯 PG1（C12）点亮，指示立柱与主轴箱已松开。这时可以水平移动主轴箱或者转动摇臂。

2）主轴箱和立柱同时夹紧。按下夹紧按钮 SF6（A20）→接触器 QA5 线圈（C20）得电，其主触点吸合→液压泵电动机 MA3 反转，驱动液压泵送出压力油至夹紧油腔，使立柱与主轴箱同时夹紧→压下 BG4，BG4 动断触点（B12）断开，松开指示灯 PG1（C12）熄灭；BG4 动合触点（B13）闭合，夹紧指示灯 PG2（C13）点亮，指示立柱与主轴箱均已夹紧，可以进行钻削加工。

（6）冷却泵电动机 MA4 的控制

冷却泵电动机 MA4 由开关 SF7（B2）手动控制，单向运转。可视加工需求，使其起动或停止。

（7）照明与信号指示电路

1）PG1（C12）为主轴箱与立柱松开指示灯。PG1 点亮，表示主轴箱与立柱均已松开，可以手动操作主轴箱移动手轮，使主轴箱沿摇臂水平导轨移动或推动摇臂连同外立柱绕内立柱回转。

2）PG2（C13）为主轴箱与立柱夹紧指示灯。PG2 点亮，表示主轴箱已夹紧在摇臂上，摇臂连同外立柱夹紧在内立柱上，可以进行钻削加工。

3）PG3（C14）为主轴电动机起动、运转指示灯。PG3 点亮，表示可以操作主轴手柄，进行对主轴的控制。

4）EA（C11）为机床局部照明灯，由控制变压器 TA（A9）供给交流 36V 安全电压，由手动开关 SF8（B11）控制。

3. 电气控制系统的特点

（1）机、电、液联合控制

Z3040 型摇臂钻床采用的是机械、电气及液压联合控制。主电动机 MA1 虽只做单向运转，驱动齿轮泵送出压力油，但主轴经主轴操作手柄来改变两个操纵阀的相互位置，使压力油做不同的分配，从而使主轴获得正转、反转、变速、停止及空档等工作状态。这一部分构成操纵机构的液压系统。

另一液压系统是摇臂、立柱和主轴箱的夹紧、松开机构液压系统，该系统又分为摇臂夹紧、松开油路与立柱、主轴箱的夹紧、松开油路两部分。通过液压油推动油腔中的活塞和菱形块来实现夹紧与松开。

（2）各运动部件有严格的程序要求

摇臂升降与摇臂的夹紧、松开之间有严格的程序要求，即电气控制与液压、机械机构协调配合，应自动实现先松开摇臂、再移动，移动到位后再自动夹紧。

（3）保护功能完善

整个电路具有完善的电气联锁与保护，有清晰、醒目的信号指示，便于操作。

1）限位保护。BG1 和 BG5 分别为摇臂上升与下降的限位保护；BG2 为摇臂松开行程开关；BG3 为摇臂夹紧行程开关。

2）延时保护。使用了时间继电器 KF，确保了摇臂升降电动机 MA2 在断开电源，且完全停止后，才开始夹紧联锁。

3）互锁保护。立柱与主轴箱松开按钮 SF5、夹紧按钮 SF6 的动断触点串接在电磁铁 MB 线圈的得电回路中，在进行立柱与主轴箱松开、夹紧操作时，能够确保压力油只进入立柱与主轴箱夹紧、松开油腔，而不进入摇臂松开、夹紧油腔，以此实现互锁。此外，摇臂升降电动机 MA2 的正转、反转具有双重互锁；液压泵电动机 MA3 的正转、反转具有电气互锁。

4. 常见故障分析

Z3040 型摇臂钻床的控制是机械、电气及液压的联合控制，摇臂移动功能失常为其常见故障。

（1）摇臂不能上升

摇臂不能上升的常见原因是行程开关 BG2 安装位置不当或位置移动，这样摇臂虽已松开但活塞杆仍压不上 BG2，致使摇臂不能移动。有时也会因液压系统发生故障，使摇臂没有完全松开，活塞杆压不上 BG2，为此应配合机械、液压系统，调整好 BG2 位置并安装牢固。

另外，电动机 MA3 的电源相序接反，也会导致摇臂不能上升。此时，按下摇臂上升按钮 SF3 时，电动机 MA3 反转，使摇臂夹紧，更压不上 BG2，摇臂也就不会上升。对此，应认真检查电源相序及电动机正、反转是否正确。

（2）摇臂移动到位后夹不紧

摇臂夹紧动作的结束是由行程开关 BG3 来控制的。若摇臂夹不紧，说明摇臂控制电路能动作，只是夹紧力不够，这是因为 BG3 动作过早，而使液压泵电动机 MA3 在摇臂还未充分夹紧时就停止运转。这往往是由于 BG3 安装位置不当或松动移位，过早地被活塞压上而动作所致。

调整好行程开关 BG3 的安装位置，并使之可靠固定，就能排除该故障。

（3）液压系统故障

有时会遇到这样的故障，电气控制系统正常，但液压系统的电磁阀换向阀阀芯被异物卡住，从而导致摇臂无法移动。另外，油路堵塞也会造成液压控制系统失灵，进而导致摇臂无法移动。在维修时应正确判断是电气控制系统出现故障，还是液压系统出现故障，并有针对性地加以排除。

4.3.4　万能铣床电路分析

1. 万能铣床的基本结构与控制要求

铣床可以用来加工平面、斜面和沟槽等，如果装上分度头还可以铣削直齿齿轮和螺旋面。铣床的种类很多，有卧式铣床、立式铣床、龙门铣床、仿形铣床及各种专用铣床。其中，卧式万能铣床在机械加工领域的应用极为广泛。

万能铣床电路分析

（1）卧式万能铣床的基本结构

卧式万能铣床主要由底座、床身、悬梁、刀杆挂脚、可升降的工作台（简称升降台）、滑座及工作台等组成，其基本结构如图 4-56 所示。

（2）卧式万能铣床的型号含义

卧式万能铣床的型号含义如图 4-57 和图 4-58 所示。

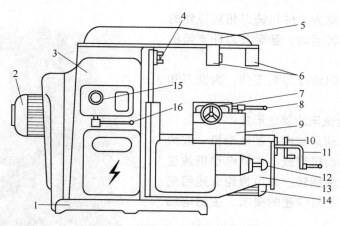

图 4-56　卧式万能铣床的基本结构

1—底座　2—主轴电动机　3—床身　4—主轴　5—悬梁　6—刀杆挂脚　7—工作台纵向进给手动轮
8—左右进给手柄　9—滑座　10—工作台横向进给手动手轮　11—工作台升降进给手动摇把
12—进给变速手柄（蘑菇形手柄）及变速盘　13—升降台　14—进给电动机　15—主轴变速盘　16—主轴变速手柄

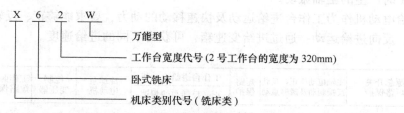

图 4-57　X62W 型卧式万能铣床型号含义

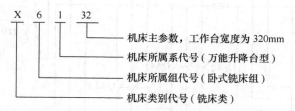

图 4-58　X6132 型卧式万能铣床型号含义

　　X6132 型卧式万能升降台铣床（图 4-59）是 X62W 型卧式万能铣床的改进产品，两者均属于通用机床。X6132 保持了 X62W 的传统优点，并增加了新的功能。X6132 型卧式万能升降台铣床垂向采用滚珠丝杠，机床操作方便、灵活可靠、精度稳定、耗能低、温升小，精度符合国际标准，适用于各种企业的单件、小批量、大批量生产和修理部门。

　　（3）卧式万能铣床的运动形式

　　X6132 型卧式万能铣床共有三台电动机，主轴电动机通过机械传动带动铣刀旋转，对工件进行铣削，是铣床的主运动。

　　工件安装在工作台上，可随工作台做纵向进给运动，也可沿滑座导轨做横向进给运动，还可随升降台做垂直方向的运动。因此工件在工作台上能够实现三个方向的进给运动，由进给电动机通过机械传动来实现。

铣床的辅助运动为工件与铣刀相对位置的调整及工作台的回转运动、悬梁及刀杆支架的水平移动。

冷却泵电动机驱动冷却泵工作，为铣刀和工件泵送切削液。

（4）卧式万能铣床的驱动形式

铣床的电力驱动系统由主轴电动机、进给电动机和冷却泵电动机组成。主轴电动机通过主轴变速箱驱动主轴旋转，并由齿轮变速箱变速，以适应铣削工艺对转速的要求，主轴电动机不需要调速。

铣床要求预先选定主轴电动机的运转方向，在加工过程中则不需要主轴反转。主轴上装有飞轮，以提高主轴运转时的平稳性，抑制铣削加工时产生的主轴振动。

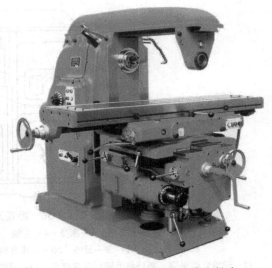

图 4-59　X6132 型卧式万能升降台铣床

进给电动机作为工作台进给运动及快速移动的动力，要求能够正、反转，以实现三个方向的正、反向进给运动；通过进给变速箱，可获得不同的进给速度。

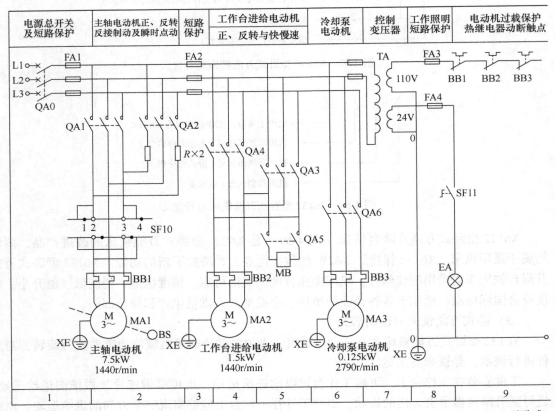

图 4-60　X6132 型卧式

（5）卧式万能铣床的控制要求

1）铣床的主运动由一台笼型异步电动机驱动，直接起动，能够正、反转，并设有电气制动环节，能够进行变速冲动。

2）工作台的进给运动和快速移动均由同一台笼型异步电动机驱动，直接起动，能够正、反转，也要求有变速冲动功能。

3）冷却泵电动机只要求单向运转。

4）三台电动机之间有联锁控制，即主轴电动机起动之后，才能对其余两台电动机进行起动。

2. 万能铣床电路分析

下面以国内保有量较大的 X6132 型卧式万能铣床的电气控制电路为例进行分析。

X6132 型卧式万能铣床的电气控制系统原理如图 4-60 所示，电气元件明细表见表 4-14。

X6132 型卧式万能铣床的电路也分为主电路、控制电路及照明电路三部分。

（1）主电路分析

X6132 型卧式万能铣床主电路共有三台电动机。其中 MA1 是主轴电动机，由接触器 QA1 控制起动与停车。MA1 的正转与反转在起动前用转换开关 SF10 选择。转换开关 SF10 的触点通断情况见表 4-15。

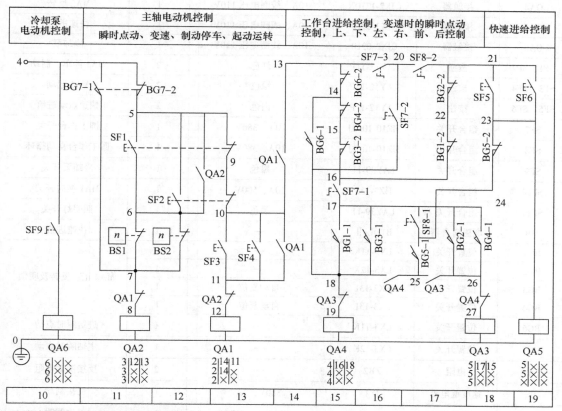

万能铣床的电气控制系统原理图

表 4-14 X6132 型卧式万能铣床电气元件明细表

代 号	名 称	型 号	规 格	数 量	用 途
MA1	主轴电动机	YE5-132M-4B3	7.5kW、380V、1440r/min	1	驱动主轴
MA2	进给电动机	YE5-90L-4	1.5kW、380V、1400r/min	1	驱动进给
MA3	冷却泵电动机	JCB-22	125W、380V、2790r/min	1	驱动冷却泵
QA0	断路器	DZ20Y-100	100A、380V	1	电源总开关
FA1	熔断器	RL1-60	60A、熔体 50A	3	电源短路保护
FA2	熔断器	RL1-15	15A、熔体 10A	3	进给短路保护
FA3	熔断器	RL1-16	16A、熔体 5A	1	控制电路短路保护
FA4	熔断器	RL1-17	17A、熔体 5A	1	照明电路短路保护
BB1	热继电器	JR0-40	整定电流 16A	1	MA1 过载保护
BB2	热继电器	JR10-10	整定电流 0.43A	1	MA2 过载保护
BB3	热继电器	JR10-11	整定电流 3.4A	1	MA3 过载保护
TA	变压器	BK-150	380/110V/36V	1	照明控制电路电源
QA1	接触器	CJX3-32/22	20A、线圈电压 110V	1	主轴起动
QA2	接触器	CJX3-32/22	20A、线圈电压 110V	1	主轴制动
QA3	接触器	CJX2-1210N	10A、线圈电压 110V	1	MA2 正转
QA4	接触器	CJX2-1210N	10A、线圈电压 110V	1	MA2 反转
QA5	接触器	CJX3-0910	10A、线圈电压 110V	1	快速进给
QA6	接触器	CJX3-0910	10A、线圈电压 110V	1	冷却泵
SF1、SF2	按钮	LAY12-11P	红色	2	MA1 停车、制动
SF3、SF4	按钮	LAY12-11P	绿色	2	MA1 起动
SF5、SF6	按钮	LAY12-11P	白色	2	快速点动进给
SF7	组合开关	HZ10-10/3J	10A、380V	1	圆工作台开关
SF8	组合开关	HZ10-10/3J	10A、380V	1	圆工作台自动循环
SF9	组合开关	LAY39-11	黑色	1	冷却泵开关
SF10	组合开关	HZ3-133	10A、500V	1	MA1 换向开关
SF11	组合开关	LAY39-11	黑色	1	照明灯开关
MB	电磁离合器	B1DL-Ⅱ	—	1	快速进给
BG1	位置开关	LX3-11K	—	1	
BG2	位置开关	LX3-12K	—	1	MA2 正、反转及联锁
BG3	位置开关	LX3-131	自动复位	1	
BG4	位置开关	LX3-131	自动复位	1	
BG6	位置开关	LX3-11K	—	1	进给瞬时点动
BG7	位置开关	LX3-12K	—	1	主轴瞬时点动
R	电阻	ZB2	—	2	反接制动电阻
BS	速度继电器	JY1	380V，2A	1	反接制动
EA	照明灯	CJ45	AC 24V，40W	1	工作照明

表 4-15　转换开关 SF10 动作表

触　　点	操作手柄位置		
	正转（顺铣）	停　　止	反转（逆铣）
SF10-1	-	-	+
SF10-2	+	-	-
SF10-3	+	-	-
SF10-4	-	-	+

接触器 QA2 及电阻 R 和速度继电器 BS 组成反接制动电路，热继电器 BB1 作为 MA1 的过载保护。进给电动机 MA2 由接触器 QA3 和 QA4 控制，用热继电器 BB2 作为 MA2 的过载保护。冷却泵电动机 MA3 由接触器 QA6 控制，用热继电器 BB3 作为 MA3 的过载保护。

三相交流电源通过低压断路器 QA0 引入，熔断器 FA1 为总电源的短路保护，MA2 与 MA3 共用熔断器 FA2 作为短路保护。

（2）控制电路分析

1）主轴电动机的控制。

① 主轴电动机的起动。为了操作方便，主轴电动机采用两地控制，一处设在工作台的前面，另一处设在床身的侧面，主轴电动机的起动和停车可在两处中的任何一处进行操作。

起动前，操作人员先合上断路器 QA0，选择主轴电动机的运转方向（正转或反转），将转换开关 SF10 扳到所需要的位置，然后按下起动按钮 SF3 或 SF4，接触器 QA1 的电磁线圈得电并自锁，其主触点闭合，主轴电动机 MA1 起动运转。

电动机的转速达到一定值时，速度继电器 BS1 或 BS2（由电动机的运转方向决定）的动合触点闭合，为电动机的停车和反接制动做好准备。

② 主轴电动机的停车及反接制动。按下停车按钮 SF1 或 SF2，接触器 QA1 的电磁线圈失电，同时接触器 QA2 的电磁线圈得电，电动机 MA1 的主电路串入电阻 R，实现反接制动。当主轴电动机 MA1 的转速趋近于零时，速度继电器 BS 的动合触点断开，QA2 的电磁线圈失电，电动机反接制动结束。

停车操作时需要注意，在按下停止按钮 SF3 或 SF4 时，要使 SF3 或 SF4 一直保持在被压下的状态，即一直按住停止按钮 SF3 或 SF4，直至完成反接制动，方可松开停止按钮。否则，反接制动电路无法接入，电动机只能实现自由停车。

③ 主轴变速时，主轴电动机 MA1 的瞬时点动控制。对于齿轮啮合变速传动机构而言，在变速箱进行变速时，如果待进入啮合的两个齿轮齿尖相对，则齿轮将无法顺利进入啮合，也就无法顺利实现变速。因此，需要人为地转动一下齿轮，方可确保其顺利啮合。对于车床来说，工人可以用手转动卡盘（车床的主轴很轻便），以寻找齿轮啮合点，但是铣床的主轴很重，靠人力转动很困难。因此，X6132 型卧式万能铣床设有电动机瞬时点动控制电路，借此，主轴箱变速时，电动机可以瞬时点动（亦称冲动），以便齿轮顺利啮合。

主轴变速时，主轴电动机的瞬时点动控制是利用变速手柄与瞬时点动行程开关 BG7 通过机械上的联动机构实现的, 如图 4-61 和图 4-62 所示。

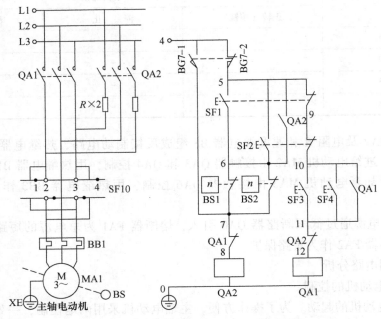

图 4-61 主轴变速时的瞬时点动控制电路

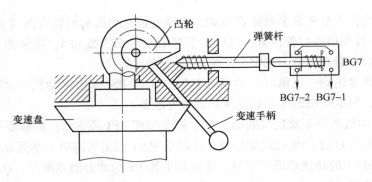

图 4-62 行程开关 BG7 的动作原理

变速时, 先把变速手柄向下压, 然后拉到前面, 转动变速盘, 选择所需要的转速, 再把手柄连续以较快的速度推回原来的位置。

在手柄推回去的过程中, 有一个与手柄相连的凸轮, 会瞬时压下行程开关 BG7, 其动断触点 BG7-2 断开, 动合触点 BG7-1 闭合, 接触器 QA2 的电磁线圈会短时得电, 主轴电动机 MA1 就短暂地反转一下, 以利于变速后的齿轮啮合。

当变速手柄推回原位后, 行程开关 BG7 复位, QA2 的电磁线圈失电, MA1 停转, 变速瞬时点动操作结束。当 MA1 处于运转状态, 而主轴需要变速时, 不必先按停车按钮再进行变速。这是因为, 当变速手柄拉到前面时, 凸轮也会压一下行程开关 BG7, 其动断触点 BG7-2 断开, 使接触器 QA1 的电磁线圈失电, MA1 停转; 同时, 其动合触点 BG7-1 闭合,使接触器 QA2 的电磁线圈得电，MA1 进行反接制动。当变速手柄拉到前面后，行程开关 BG7 复位，电动机 MA1 停止转动。

2）工作台进给电动机的控制。

工作台的进给运动需在主轴起动之后进行，接触器 QA1 的动合触点（10-13）闭合，接通进给控制电源。转换开关 SF7 用于控制圆工作台运动，在需要圆工作台运动时，可将转换开关扳到"接通"位置；不需要圆工作台运动时，可将转换开关扳到"断开"位置。圆工作台开关 SF7 的触点通断情况见表 4-16。

表 4-16　圆工作台开关 SF7 动作表

触　点	线端标号	操作手柄位置	
		接通（圆工作台工作）	断开（圆工作台不工作）
SF7-1	16-17	−	+
SF7-2	18-20	+	−
SF7-3	13-20	−	+

转换开关 SF8 用于控制工作台的自动循环运动。在需要工作台自动循环运动时，将转换开关 SF8 扳到"自动"位置，此时 SF8-1 闭合，SF8-2 断开；在不需要自动循环运动时，将 SF8 扳到"手动"位置，则 SF8-2 闭合，SF8-1 断开。

工作台的纵向、横向和垂直运动是由与纵向运动控制操作手柄联动的行程开关 BG1、BG2 和横向及垂直运动机械操作手柄联动的行程开关 BG3、BG4 相互复合联锁控制电动机 MA2 的正、反转实现的，即在选择三种运动形式的 6 个方向移动时，只能进行其中 1 个方向的移动，以确保操作安全。

① 工作台垂直（上下）和横向（前后）运动的控制。工作台的垂直和横向运动是由垂直和横向进给手柄操纵的。该手柄是复式的，有两个完全相同的手柄分别装在工作台左侧的前后方。手柄的联动机械一方面能压下行程开关 BG3 或 BG4，另一方面能够接通垂直或横向进给离合器。操作手柄有 5 个位置且相互联锁，工作台的上下和前后的终端保护是利用装在床身导轨旁和工作台座上的撞铁，将操纵十字手柄撞到中间位置，使电动机 MA2 停转。操作手柄位置与工作台运动方向之间的关系见表 4-17。

表 4-17　操作手柄位置与工作台运动方向之间的关系

手柄位置	工作台运动方向	离合器接通的丝杠	行程开关动作	接触器动作	电动机运转
向上	向上进给或快速向上	垂直丝杠	BG4	QA3	MA2 正转
向下	向下进给或快速向下	垂直丝杠	BG3	QA4	MA2 反转
向前	向前进给或快速向前	横向丝杠	BG2	QA4	MA2 反转
向后	向后进给或快速向后	横向丝杠	BG1	QA3	MA2 正转
中间	升降或横向停止	横向丝杠	—	—	停止运转

合上 QA0，SF7 扳到"断开"位置，SF8 扳到"手动"位置，在 MA1 起动后，可进行如下操作。

★ 工作台向上（后）运动的控制。将操作手柄扳到向上（后）的位置，其联动机构一方面接通垂直（横向）丝杠的离合器，为垂直（横向）运动丝杠的转动做好准备；另一方面，它使行程开关 BG4 动作，其动断触点 BG4-2（14-15）断开，动合触点 BG4-1（17-26）闭合，控制电源经（13-20-21-22-16-17-26-27）接通接触器 QA3 的线圈，如图 4-63 所示。接触器 QA3 的线圈得电，其主触点闭合，MA2 正转，工作台向上（后）运动。

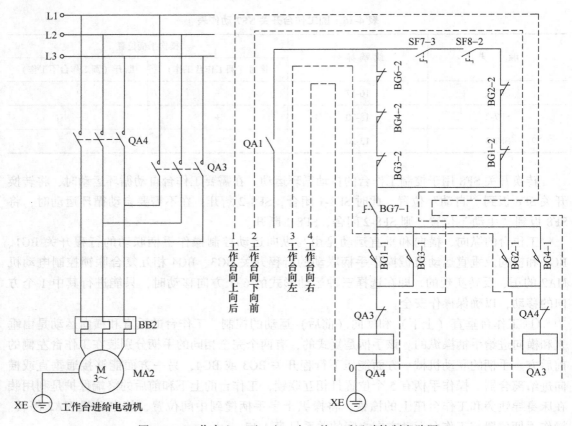

图 4-63　工作台上、下、左、右、前、后运动控制电路图

★ 工作台向下（前）运动的控制。将操作手柄扳到向下（前）的位置，其联动机构一方面接通垂直（横向）丝杠的离合器，为垂直（横向）运动丝杠的转动做好准备；另一方面，它使行程开关 BG3 动作，其动断触点 BG3-2（15-16）断开，动合触点 BG3-1（17-18）闭合，控制电源经（13-20-21-22-16-17-18-19）接通接触器 QA4 的线圈，如图 4-63 所示。接触器 QA4 的线圈得电，其主触点闭合，MA2 反转，工作台向下（前）运动。

② 工作台纵向（左右）运动的控制。工作台纵向（左右）运动是由纵向操作手柄控制的。此手柄也是复式的，一个安装在工作台底座的顶面中央位置，另一个安装在工作台底座的左下方。手柄有三个位置：向左、向右和中间位置。将手柄扳到向右或向左，压下行程开关 BG1 或 BG2，使接触器 QA3 或 QA4 的线圈得电，控制电动机 MA2 的正、

反转。若将手柄扳到中间位置，纵向传动的离合器脱开，行程开关 BG1 或 BG2 复位，电动机 MA2 停转，工作台停止运动。纵向运动的终端保护也是利用装在工作台上的挡铁撞动手柄来实现的。

合上 QA0，SF7 扳到"断开"位置，SF8 扳到"手动"位置，在 MA1 起动后，可进行如下操作。

★ 工作台向右运动。将操作手柄扳到向右位置，其联动机构一方面接通纵向离合器，另一方面使行程开关 BG1 动作，其动断触点 BG1-2（16-22）断开，动合触点 BG1-1（17-18）闭合，控制电源经（13-14-15-16-17-18-19）接通接触器 QA4 的线圈，如图 4-63 所示。接触器 QA4 的线圈得电，其主触点闭合，MA2 反转，工作台向右运动。

★ 工作台向左运动。将操作手柄扳到向左位置，其联动机构一方面接通纵向离合器，另一方面使行程开关 BG2 动作，其动断触点 BG2-2（21-22）断开，动合触点 BG2-1（17-26）闭合，控制电源经（13-14-15-16-17-26-27）接通接触器 QA3 的线圈，如图 4-63 所示。接触器 QA3 的线圈得电，其主触点闭合，MA2 正转，工作台向左运动。

③ 工作台的快速移动。为提高生产率，要求铣床在不做铣削加工时，工作台能够快速移动。工作台快速移动分手动和自动两种控制方式，目前多采用手动快速移动方式。

工作台的快速移动也是由进给电动机 MA2 驱动的。在纵向、横向和垂直三种运动形式的 6 个方向上都可以实现快速移动控制。

合上 QA0 后，SF7 扳到"断开"位置，SF8 扳到"手动"位置，主轴电动机 MA1 起动后，将进给操作手柄扳到所需位置，工作台按照选定的速度和方向做进给移动，再按下快速移动按钮 SF5（或 SF6）使接触器 QA5 的线圈得电，从而接通牵引电磁铁 MB，电磁铁衔铁动作，通过杠杆使摩擦离合器接合，减少了机械传动系统中间传动装置，使工作台按原运动方向做快速移动。当松开按钮 SF5（或 SF6）时，电磁铁 MB 失电，摩擦离合器分离，快速移动停止，工作台仍按原进给速度继续运动，其控制电路如图 4-64 所示。

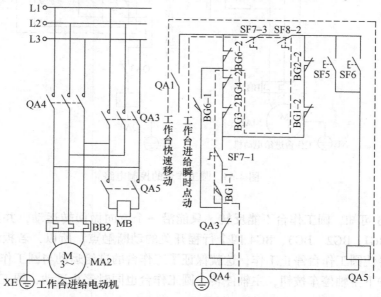

图 4-64　工作台快速移动和进给瞬时点动控制电路

④ 进给变速时的瞬时点动控制。在改变工作台进给速度时，为了使齿轮易于啮合，也需要对进给电动机 MA2 进行瞬时点动控制。变速时，先将蘑菇形手柄用力向外拉到极限位置并随即推回到原位；就在蘑菇形手柄用力向外拉到极限位置的瞬间，其连杆机构瞬时压下行程开关 BG6，使 BG6-2 先断开，BG6-1 后闭合，接触器 QA4 的线圈得电，进给电动机 MA2 反转。因为这是一个瞬时接通，故进给电动机 MA2 也只是瞬时点动一下，从而保证变速齿轮易于啮合。当手柄推回原位时，行程开关 BG6 复位，接触器 QA4 的线圈失电，进给电动机 MA2 瞬时点动结束，其控制电路如图 4-64 所示。

3）圆工作台的控制。

为了扩大机床的加工范围，如铣削圆弧、凸轮等曲线，在工作台上安装了圆形工作台。圆形工作台的回转运动是由进给电动机 MA2 经传动机构驱动的。

圆工作台工作时，先将转换开关 SF7 扳到"接通"位置，这时 SF7-2 闭合，SF7-1 和 SF7-3 断开；然后将工作台的进给操作手柄扳到中间（零位）位置，此时行程开关 BG1、BG2、BG3、BG4 全处于正常位置，按下主轴起动按钮 SF3 或 SF4，主轴电动机 MA1 起动，进给电动机 MA2 也因接触器 QA4 的线圈得电而起动，并通过机械传动使圆工作台按照需要的方向转动，其控制电路如图 4-65 所示。

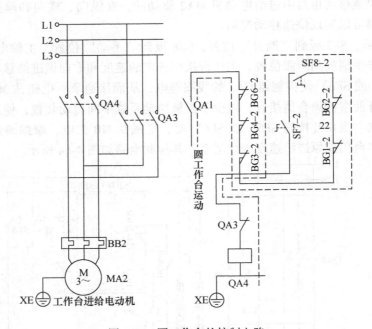

图 4-65　圆工作台的控制电路

由图 4-65 可知，圆工作台不能反转，只能沿一个方向做回转运动，并且圆工作台运动的通路经过 BG1、BG2、BG3、BG4 四个行程开关的动断触点，所以，若扳动工作台任一进给手柄，都将使圆工作台停止工作，这就保证了工作台的进给运动与圆工作台工作不可能同时进行。若按下主轴停车按钮，主轴停转，圆工作台也同时停止运动，圆工作台的转动是用手动实现的。

4) 冷却泵电动机的控制。

在主轴起动以后，将转换开关 SF9 闭合，接触器 QA6 的线圈得电，其主触点闭合，使冷却泵电动机 MA3 起动运转，通过传动机构将切削液输送到机床铣削部分进行冷却。

（3）照明电路分析

机床照明由变压器 TA 供给交流 24V 安全电压，并由 SF11 控制。

3. 常见故障分析

（1）主轴停车时没有制动

主要原因是速度继电器 BS 发生了故障，速度继电器的动合触点 BS1 和 BS2 不能按旋转方向正常闭合，会使停车时没有制动作用。速度继电器 BS 中推动触点的胶木摆杆有时会断裂，这时其转子虽然随电动机转动，但是不能推动触点使 BS1 或 BS2 闭合，自然不会有制动作用。

此外，速度继电器转子的旋转方向是借连接装置来传动的，当速度继电器轴端圆销扭弯或磨损、弹性连接件损坏、锁钉松动或打滑等都会使速度继电器的转子不能正常工作。

再者，若速度继电器永磁铁转子的磁性消失，也会造成制动作用不明显或没有制动。

（2）主轴停车后产生短时反向运转

这是由于速度继电器 BS 的触点弹簧调整得过松，使触点分断过迟，以致在反接制动的惯性作用下，电动机停车后仍会短时反转。这种故障只要将触点弹簧适当调节就可以消除。

（3）工作台各个方向都不能进给

首先检查接触器 QA3 和 QA4 是否吸合。若 QA3 和 QA4 吸合，则断定控制电路正常，说明故障可能出现在主电路；若 QA3 和 QA4 不吸合，说明故障可能出现在控制电路中。

（4）工作台不能左右进给

当工作台发生某一方向不能进给故障时，应首先检查其余方向进给情况是否正常，以期缩小排查范围。首先检查工作台前后进给情况，若前后进给情况正常，则说明进给电动机 MA2 主电路和接触器 QA3、QA4 及行程开关 BG1-2、BG2-2 的工作正常。而 BG1-2 和 BG2-2 同时发生故障的可能性较小。这样，故障范围就缩小到三个行程开关的三对触点 BG3-2、BG4-2 和 BG6-2 上，这三对触点中只要有一对接触不良或损坏，就会使工作台向左或向右不能进给。

思考与实训

1. 选择题

1）目前，基于（　　　）原理的晶闸管式软起动器的应用极为普遍。

（A）电压控制　　　　　　　　　　（B）电感控制

（C）电流控制　　　　　　　　　　（D）移相控制

2）用于三相异步电动机控制时，软起动器具有（　　　）。

（A）软起动功能　　　　　　　　　（B）软停车功能

（C）各种丰富的保护功能　　　　　（D）A、B、C 都对

2. 问答题

1）电气控制系统中常用的保护环节有哪些？

2）在电动机的主电路中既然装有熔断器，为什么还要安装热继电器？两者的保护作用有何区别？

3）在电动机正、反转控制电路中，正、反转接触器为什么要进行互锁控制？互锁控制的方法有哪几种？

4）三相笼型异步电动机减压起动的方法有哪几种？其各自的适用范畴如何？

5）三相笼型异步电动机的制动方法有哪几种？其各自的适用范畴如何？

6）三相笼型异步电动机的变速方法有哪几种？其各自的适用范畴如何？

3. 实操题

在实验室（实训中心），现场拆装常用机电设备（如各种机床、起重设备、卷扬机、加热炉等）的电气控制电路，熟悉其结构组成、工作原理，为将来设计控制电路、维护机电设备做好知识储备。

第5章 可编程序控制器及其应用

📖 **学习目标**

- 熟悉可编程序控制器的结构组成和工作原理
- 熟练掌握可编程序控制器的常用指令和编程方法
- 能够根据机电传动系统的需要，构建以 PLC 为核心的控制系统

传统的继电器-接触器控制系统属于"硬"逻辑电路，对于控制逻辑变化的适应性较差，难以满足结构高度复杂、控制要求又灵活多变的柔性生产系统的要求。随着工业计算机技术的进步，采用"软"逻辑电路工作的可编程序控制器应运而生。

可编程序控制器基于继电器-接触器电路，又融合了计算机技术、网络通信技术，在控制逻辑的灵活性、系统工作的可靠性、网络通信的便捷性等方面具有无可比拟的优势，已经在现代工农业生产中得到了广泛的应用。

5.1 PLC 概述

5.1.1 PLC 的特点与分类

PLC 概述

1. PLC 的定义

可编程序控制器（Programmable Logical Controller，PLC）是微型计算机技术与继电器-接触器常规控制理念相结合的产物，即采用了微型计算机的基本结构和工作原理，同时，又融合了继电器-接触器控制系统的控制思想，在此基础上构成的一种新型控制器。

PLC 专为在工业环境下的应用而设计，采用可编程序的存储器，用来存储执行逻辑运算、顺序控制、定时、计数和算术运算等操作的指令，并通过数字式、模拟式的输入和输出，控制各种类型的机械或生产过程。

目前，PLC 的控制功能极其丰富，早已不限于单纯的逻辑控制功能，应称其为 PC（Programmable Controller）才更加准确和贴切。但是，为了避免与个人计算机（Personal Computer，PC）的简称相混淆，在机电传动控制（工业控制）领域，仍习惯称其为 PLC。

2. PLC 的产生和发展

PLC 的产生和发展基于消费市场对工业产品多样化的需求，得益于工业生产的柔性化需求。20 世纪 60 年代末期，美国汽车消费市场的竞争日趋激烈。汽车制造商需要每隔三五年就推出一款新车型，才能确保市场份额，在市场竞争中立于不败之地。

然而，当时的汽车（包括零部件）生产线都是用继电器-接触器系统实施控制的。继电器-接触器控制系统属于典型的"硬"逻辑控制，即逻辑控制关系是靠继电器、接触器的触点和接线关系来保障的。这样一来，车型（包括零部件）改款，就需要对生产线的控制系

统进行更改。对于以继电器、接触器进行逻辑控制的汽车生产线的控制系统进行升级、改造，耗时长（往往需要三四个月的时间）、投入大，故障率也高，很难适应汽车制造商的要求。

为此，包括汽车制造商在内的工业生产企业都迫切需要一种能够对控制逻辑做灵活更改、可靠性高，且便于生产管理的新型的控制器，以此取代传统的继电器-接触器控制系统。

1968年，美国通用汽车公司（General Motors Corporation，GM）面向全社会提出了对这一拟议中的新型控制器的采购计划，并提出了十条招标要求，简称"GM十条"。

1）编程简单，可在现场修改控制程序。

2）维护方便，采用插件式结构。

3）可靠性高于继电器-接触器控制系统。

4）体积小于继电器-接触器控制系统。

5）数据可以直接输入管理计算机。

6）成本可与继电器-接触器控制系统竞争。

7）输入可为工频电源（AC 115V）。

8）输出可直接驱动电磁阀、交流接触器等现场设备（AC 115V）。

9）通用性强，系统易于扩展。

10）用户存储器容量大于4KB。

"GM十条"一经提出，便引起强烈反响，直接引发了一场新型控制器的开发浪潮。1969年，美国数字设备公司（Digital Equipment Corporation，DEC）率先研制出了满足"GM十条"要求的、第一台可编程序控制器，在美国通用汽车公司的生产线上试用成功，取得了满意的控制效果，可编程序控制器（PLC）自此诞生。

PLC问世之后，发展极为迅速。1971年，日本开始生产并应用PLC。1973年，欧洲各主要工业强国（英国、法国、德国等）相继开发出各自的PLC，并广泛应用。我国于1974年开始研制自己的PLC产品，并于1977年开始工业应用。

PLC的产生和发展，是工业控制技术上的一个飞跃。PLC已经在机械、冶金、化工、轻工、纺织及酿造等工业控制领域得到了广泛应用，并产生了巨大而深远的影响。目前，各工业强国的著名电气制造商都有拥有自主知识产权的PLC产品，并将PLC作为一个独立的工业控制设备纳入其生产体系。PLC已经成为现代工业控制领域中电子控制装置的主导产品。

3. PLC的特点

从直接催生PLC的"GM十条"就可以看出，PLC将计算机技术与继电器、接触器技术进行了高度融合，集两者的长处于一身（图5-1），其优势是显而易见的。

1）通用性强。由于PLC采用了微型计算机的基本结构和工作原理，而且接口电路考虑了工业控制的要求，输出接口能力强，因而对不同的控制对象，可以采用相同的硬件，只需编制不同的软件，就可实现不同的控制要求。

2）接线简单。只要将用于控制的按钮、传感器、限位开关和光电开关等接入PLC的输入端，将受控的电磁铁、电磁阀、接触器和继电器等功率输出元件的线圈接至PLC的输出端，就完成了全部的接线任务。

3）编程容易。PLC一般使用与继电器-接触器控制电路原理图相似的梯形图或用面向工业控制的简单指令形式编程。因而，PLC的编程语言形象直观，容易掌握，具有一定电工和工艺知识的工程技术人员，均可在较短时间学会 PLC，并运用自如。

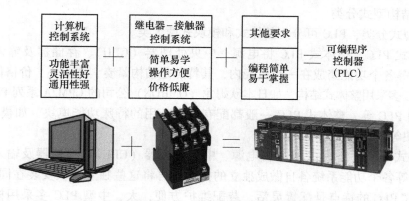

图 5-1　PLC 技术是计算机技术与继电器、接触器技术的高度融合

4）抗干扰能力强、可靠性高。PLC 的输入/输出采取了光电隔离措施，并应用大规模集成电路，故能适应各种恶劣的工业环境，甚至能直接安装在机器设备上运行。

5）容量大，体积小，重量轻，功耗少，成本低，维修方便。例如，一台具有 128 个输入/输出点的小型 PLC，其尺寸仅为（216×127×110）mm^3，重约 2.3kg，空载功耗为 1.2W，可以完成相当于 400~800 个继电器组成的控制系统的所有控制功能，而其成本仅相当于相同功能继电器-接触器控制系统的 10%~20%；PLC 一般采用模块化结构，又具有故障自诊断功能，判断故障迅速方便，维修时只需更换插入式模块即可。

如图 5-2 所示，对于同一个被控系统，采用继电器-接触器电路（简称继电电路）控制时，接线繁杂、混乱，相应地，故障率也高；而采用 PLC 控制时，接线则大大减少，电路清晰、简洁明了，相应地，故障率也显著降低。

a)　　　　　　　　　　　　　　　　b)

图 5-2　继电电路与 PLC 电路的接线比较

a）继电器-接触器控制系统的接线　b）PLC 控制系统的接线

4. PLC 的分类

（1）按结构型式分类

按结构型式分类，PLC 可分为整体式和模块式两大类。

1）整体式 PLC。整体式 PLC 将电源、中央处理器（CPU）、存储器及输入/输出接口（I/O 接口）等各个功能集成在一个机壳内，其特点是结构紧凑、体积小、价格低。

小型 PLC 多采用整体式结构，如日本欧姆龙（OMRON）公司的 CPM2A 系列 PLC（图 5-3）、三菱 FX 系列 PLC 等。整体式 PLC 一般都配有许多专用的特殊功能模块，如模拟量 I/O 模块、通信模块等。

2）模块式 PLC。模块式 PLC 将电源、中央处理器（CPU）、存储器及输入/输出接口（I/O 接口）等各个功能系统各自做成独立的模块，再将这些独立模块安装在同一底板或框架上。模块式 PLC 的特点是配置灵活、装配维护方便，大、中型 PLC 多采用模块式结构，如西门子 SIMATIC S7-1500 系列 PLC（图 5-4）、欧姆龙公司的 C200Hα 系列 PLC 等。

图 5-3　日本欧姆龙公司的 CPM2A 系列 PLC　　　图 5-4　西门子 SIMATIC S7-1500 系列 PLC

（2）按 I/O 点数和存储容量分类

1）小型 PLC。小型 PLC 的 I/O 点数一般在 256 点以下，存储器容量一般为 2KB 左右。

2）中型 PLC。中型 PLC 的 I/O 点数一般在 256~2048 点之间，存储器容量一般在 2~8KB。

3）大型 PLC。大型 PLC 的 I/O 点数一般在 2048 点以上，存储器容量一般为 8KB 以上。

5.1.2　PLC 的结构组成

PLC 由硬件系统和软件系统两大部分组成，两者互相配合、协同工作，共同完成 PLC 的控制任务。

1. PLC 的硬件系统

PLC 硬件系统的结构组成如图 5-5 所示。从宏观上看，PLC 大体由输入部分、逻辑处理部分、输出部分和外部设备等组成。

输入部分是指各类按钮、行程开关、传感器等接口电路。输入部分负责收集并保存来自被控对象的各种开关量、模拟量信息和来自操作人员的命令信息。

逻辑处理部分用于处理输入部分取得的信息，按一定的逻辑关系进行运算，并把运算结果以某种形式输出。

输出部分是指驱动各种电磁线圈、交/直流接触器、信号指示灯等执行元件的接口电路，负责向被控对象提供动作信息。

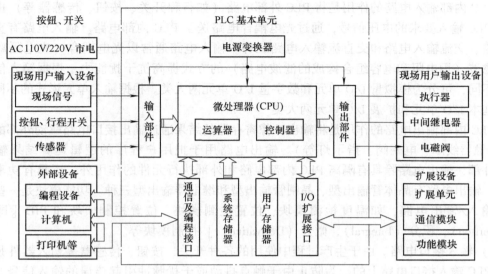

图 5-5　PLC 硬件系统的结构组成

为了使用方便，PLC 还常配套有编程器或编程电缆等外部设备。这些外部设备可以通过总线或标准接口与 PLC 连接。

不同厂家、不同类型的 PLC，其指令系统的指令符号、指令内容、指令条数不尽相同；关于软元件和 I/O 接口的相应规定也不一样，但其基本结构与工作原理都是一致的。

具体来说，PLC 硬件系统包括以下几个部分。

（1）中央处理器

中央处理器（Central Processing Unit，CPU）是 PLC 的核心部件，主要用来运行用户程序、监控输入/输出接口状态以及进行逻辑判断和数据处理。CPU 用扫描的方式读取输入装置的状态或数据，从内存中逐条读取用户程序，通过解释后按指令的规定产生控制信号，然后分时、分渠道地执行数据的存取、传送、比较和变换等处理过程，完成用户程序所设计的逻辑或算术运算任务，并根据运算结果控制输出设备、响应外部设备的请求以及进行各种内部诊断。

（2）存储器

PLC 的存储器由只读存储器（Read-Only Memory，ROM）、随机存储器（Random-Access Memory，RAM）和电可擦可编程的存储器（Electrically Erasable Programmable Read-Only Memory，EEPROM，也作 E^2PROM）三大部分构成。只读存储器 ROM 用于存放系统程序，PLC 在生产过程中将系统程序固化在 ROM 中。用户程序和中间运算数据存放在随机存储器 RAM 中。RAM 是一种高密度、低功耗、价格便宜的半导体存储器，可用锂电池作为备用电源。

（3）电源

PLC 的电源是指为 CPU、存储器和 I/O 接口等内部电子电路工作所配备的直流开关电源。电源的交流输入端一般都有脉冲吸收电路，交流输入电压范围一般都比较宽，抗干扰能力比较强。电源的直流输出电压多为直流 5V 和直流 24V。直流 5V 电源供 PLC 内部使用，直流 24V 电源除供内部使用外，还可以供输入/输出单元和各种传感器使用。

（4）输入/输出接口

PLC 内部输入电路的作用是将 PLC 外部电路（如行程开关、按钮、传感器等）提供的符合 PLC 输入要求的电压信号，通过光电耦合电路送至 PLC 内部电路。输入电路有直流输入电路、交流输入电路和交直流输入电路三种。输入电路通常以光电耦合（光电隔离）和阻容滤波（用电阻和电容组合构成的滤波电路）的方式提高抗干扰能力，根据输入信号形式的不同，可分为模拟量 I/O 单元和数字量 I/O 单元两大类。根据输入单元形式的不同，可分为基本 I/O 单元和扩展 I/O 单元两大类。

PLC 内部输出电路的作用是将输出映像寄存器的结果通过输出接口电路驱动外部的负载（如接触器线圈、电磁阀、指示灯等）。输出电路用于把用户程序的逻辑运算结果输出到 PLC 外部，输出电路除具有隔离 PLC 内部电路和外部执行元件的作用外，还具有功率放大作用。输出电路有晶体管输出型、晶闸管输出型和继电器输出型三种。功能模块是一些智能化的输入/输出电路，如温度检测模块、位置检测模块、位置控制模块和 PID［即比例（Proportion）、积分（Integral）、微分（Derivative）］控制模块等。

1）输入接口电路。由于生产过程中使用的各种开关、按钮、传感器等输入器件是直接接到 PLC 输入接口电路上的，为防止由于触点抖动或干扰脉冲引起错误的输入信号，输入接口电路必须具有很强的抗干扰能力。

在 PLC 中，一般采用光电耦合和阻容滤波方式提高抗干扰能力。

图 5-6 所示为直流输入接口电路，外部传感器输入的信号，首先经过发光二极管和光电晶体管组成的光电耦合器实现光电耦合，其次，再经阻容滤波电路（阻容滤波器由电阻和电容组成）进行滤波，然后，送入 PLC 的内部电路。同时，点亮发光二极管 LED，表示该路输入点有输入。

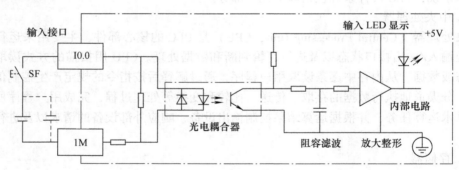

图 5-6　直流输入接口电路

2）输出接口电路。根据驱动负载的元件不同，可将输出接口电路分为继电器输出、晶体管（或场效应晶体管）输出和双向晶闸管输出三种。

① 继电器输出接口电路。继电器输出接口电路（图 5-7）既可驱动交流负载，又可驱动直流负载。驱动负载的能力一般在 2A 左右。

当内部电路的状态为 1 时，使继电器的线圈通电，产生电磁吸力，继电器触点闭合，则外部负载得电；当内部电路的状态为 0 时，使继电器的线圈无电流，继电器触点断开，则外部负载断电。

② 晶体管输出接口电路。晶体管（或场效应晶体管）输出接口电路（图 5-8）只可驱

动直流负载。驱动负载的能力，每一个输出点为零点几安培左右。其优点是可靠性高，执行速度快，寿命长；缺点是过载能力较差，适合在直流供电、输出量变化快的场合选用。

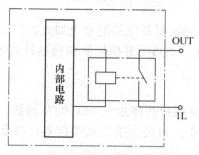

图 5-7　继电器输出接口电路

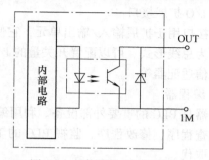

图 5-8　晶体管输出接口电路

当内部电路的状态为 1 时，晶体管（或场效应晶体管）饱和导通，则外部负载得电；当内部电路的状态为 0 时，晶体管（或场效应晶体管）截止，则外部负载失电。

③ 双向晶闸管输出接口电路。双向晶闸管输出接口电路（图 5-9）适合驱动交流负载，其驱动能力为 1A 左右。

由于双向晶闸管和大功率晶体管同属于半导体材料元件，所以优缺点与大功率晶体管或场效应晶体管输出形式相似，适合在交流供电、输出量变化快的场合选用。

当内部电路的状态为 1 时，相当于对双向晶闸管施加了触发信号，无论外接电源极性如何，双向晶闸管均导通，则外部负载得电；当

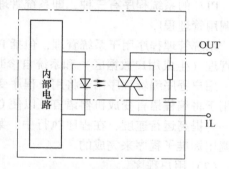

图 5-9　双向晶闸管输出接口电路

内部电路的状态为 0 时，相当于对双向晶闸管撤除了触发信号，则双向晶闸管关断，外部负载失电。

3）I/O 电路的保护措施。

① 用晶体管等有源元件作为无触点开关的输出设备，与 PLC 输入单元连接时，由于晶体管自身有漏电流存在，或者电路不能保证晶体管可靠截止而处于放大状态，就可能引起 PLC 输入电路发生误动作。对此，可在 PLC 输入端并联一个旁路电阻来分流，使流入 PLC 的电流小于 1.3mA。

② 应在输出回路串联熔断器，避免负载电流过大而损坏输出元件或电路板。

③ 由于晶体管、双向晶闸管型输出端子漏电流和残余电压的存在，当驱动不同类型的负载时，需要考虑电平匹配和误动作等问题。

④ 感性负载断电时会产生很高的反电动势，对输出单元电路产生冲击。对于大电感或频繁关断的感性负载，应使用外部抑制电路。一般采用阻容滤波电路或二极管吸收电路，即可解决上述问题。

（5）外部设备接口

外部设备接口电路用于连接编程器或其他图形编程器、文本显示器、触摸屏、变频器

等，并能通过外部设备接口组成 PLC 的控制网络。PLC 通过 PC/PPI 电缆或 USB/PPI 电缆或使用 MPI 卡通过 RS485 接口与计算机连接，可以实现编程、监控、联网等功能。

（6）I/O 扩展接口

扩展接口用于扩展输入/输出单元，它使 PLC 的控制系统的配置更加灵活，这种扩展接口实际上为总线形式，可以配置开关量的 I/O 单元，也可配置模拟量和高速计数等特殊 I/O 单元及通信适配器等。

（7）编程器

编程器是 PLC 的重要外部设备。利用编程器将用户程序送入 PLC 的存储器，还可以用编程器检查程序、修改程序、监视 PLC 的工作状态。目前，手持式编程器已逐渐被笔记本式计算机取代。

2. PLC 的软件系统

PLC 的软件系统由系统程序和用户程序组成。

（1）系统程序

PLC 的系统程序有三种，即系统管理程序、用户程序编辑和指令解释程序、标准子程序和调用管理程序。

系统管理程序用于系统管理，包括 PLC 的运行管理（各种操作的时间分配）、存储空间的管理（生成用户数据区）和系统自诊断管理（如电源、系统出错、程序语法等）。

用户程序编辑程序用于将用户程序变成内码形式，以便程序的修改和调试；指令解释程序用于将编程语言变成机器语言，以便 CPU 操作。

为提高运行速度，在程序执行中，某些信息处理（如 I/O 处理）或特殊运算等，是通过调用标准子程序来完成的。

（2）用户程序

用户根据系统配置和控制要求编写的程序称为用户程序。用户程序是 PLC 用于工业控制的重要环节。PLC 的编程语言多种多样，不同的 PLC 厂家、不同系列的 PLC，采用的编程语言不尽相同。常用的编程语言有梯形图、语句表、逻辑图、功能表图以及高级语言（如 C 语言）几种。

5.1.3　PLC 的工作原理

PLC 的工作原理
与应用领域

1. PLC 的工作特点

PLC 虽然具有许多微型计算机的特点，但由于两者的操作系统和系统软件不同，因而，PLC 的工作方式与微型计算机也有很大的区别。

PLC 的工作方式有两个显著特点，其一是周期性顺序扫描，其二是信号集中批处理。

PLC 通电后，需要对软硬件做初始化工作。为了使 PLC 的输出能及时地响应各种输入信号，初始化后 PLC 要反复不停地分步处理各种不同的任务，这种周而复始的循环工作方式称为周期性顺序扫描工作方式。

PLC 在运行过程中，总是处在不断循环的顺序扫描过程中，每次扫描所用的时间称为扫描时间，又称为扫描周期或工作周期。

由于 PLC 的 I/O 点数较多，采用集中批处理的方法，可简化操作过程，便于控制，提高系统可靠性。因此，PLC 的另一个主要特点就是对输入采样、执行用户程序、输出刷新实施集中批处理。

2. PLC 的工作流程

PLC 的工作流程图如图 5-10 所示。PLC 通电后，首先要进行的就是初始化工作，这一过程包括对工作内存的初始化、复位所有定时器、将输入/输出继电器清零、检查 I/O 单元是否完好，如有异常则发出报警信号。初始化完成之后，就进入周期性扫描过程。

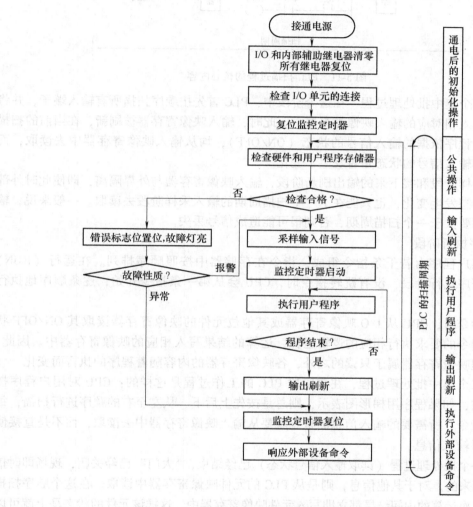

图 5-10　PLC 的工作流程图

PLC 的工作流程（即扫描过程）主要包括输入采样、程序执行和输出刷新三个阶段。这三个阶段是 PLC 扫描过程的核心内容（图 5-11），深入理解 PLC 工作过程的这三个阶段，是理解 PLC 工作原理的基础。

（1）输入采样阶段

在 PLC 的存储器中，设置了一片区域来存放输入信号和输出信号的状态，它们分别称为输入过程映像寄存器和输出过程映像寄存器。CPU 以字节（8 位）为单位来读写输入/输出过程映像寄存器。

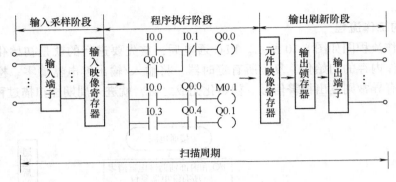

图 5-11　PLC 扫描过程的核心内容

这是第一个集中批处理过程，在这个阶段中，PLC 首先按顺序扫描所有输入端子，并将各输入状态存入相对应的输入映像寄存器中。此时，输入映像寄存器被刷新，在当前的扫描周期内，用户程序依据的输入信号的状态（ON/OFF），均从输入映像寄存器中去读取，而不管此时外部输入信号的状态是否发生了变化。

在输入采样阶段和接下来的输出刷新阶段，输入映像寄存器与外界隔离，即使此时外部输入信号的状态发生变化，也只能在下一个扫描周期的输入采样阶段去读取。一般来说，输入信号的宽度要大于一个扫描周期，否则很可能造成信号丢失。

（2）程序执行阶段

PLC 的用户程序由若干条指令组成，指令在存储器中按照顺序排列。在运行（RUN）工作模式的程序执行阶段，没有跳转指令时，CPU 会从第一条指令开始，逐条顺序地执行用户程序。

在执行指令时，CPU 从 I/O 映像寄存器或其他位元件的映像寄存器读取其 ON/OFF 状态，并根据指令的要求执行相应的逻辑运算，运算的结果写入相应的映像寄存器中。因此，除了输入过程映像寄存器属于只读的之外，各映像寄存器的内容随着程序的执行而变化。

这是第二个集中批处理过程，在该阶段 PLC 的工作过程是这样的：CPU 对用户程序按顺序进行扫描，如果程序用梯形图表示，则总是按先上后下、从左至右的顺序进行扫描，每扫描到一条指令，所需的输入信息的状态就要从输入映像寄存器中去读取，而不是直接使用现场的即时输入信息。

因为第一个批处理过程（读取输入信号状态）已经结束，"大门"已经关闭，现场即时信号此刻是进不来的。对于其他信息，则是从 PLC 的元件映像寄存器中读取。在这个顺序扫描过程中，每一次运算的中间结果都立即写入元件映像寄存器中，这样该元件的状态马上就可以被后面将要扫描到的指令所利用。所以，在编程时指令的先后位置将决定最后的输出结果。

对输出继电器的扫描结果，也不是马上去驱动外部负载，而是将其结果写入元件映像寄存器的输出映像寄存器中，同样该元件的状态也马上就可以被后面将要扫描到的指令所利用，待整个用户程序扫描阶段结束后，进入输出刷新阶段时，成批将输出信号状态发布出去。

（3）输出刷新阶段

在用户程序执行完毕之后，元件映像寄存器中所有输出继电器的状态（ON/OFF 状态）在输出刷新阶段一起转存到输出锁存器中，通过一定方式集中输出，最后经过输出端子驱动外部负载。在下一个输出刷新阶段开始之前，输出锁存器的状态不会改变，因而，相应的输出端子的状态也不会改变。

5.1.4　PLC 的应用领域

目前，PLC 在国内外已广泛应用于钢铁、冶金、石油、化工、电力、建材、机械制造、汽车、轻工、轻纺、交通运输、粮食加工、酿造及环境保护等各个行业。

1. 开关量的逻辑控制

这是 PLC 最基本、最广泛的应用领域，PLC 取代传统的继电电路，实现逻辑控制、顺序控制，既可用于单台设备的控制，也可用于多机群控及自动化流水线，如注塑机、印刷机、订书机械、组合机床、磨床、铣床、包装生产线及电镀流水线等。

2. 模拟量控制

在工业生产过程中，有许多连续变化的量，如温度、压力、流量、液位和速度等都是模拟量。为使 PLC 能处理模拟量，必须实现模拟量（Analog）和数字量（Digital）之间的 A-D 转换及 D-A 转换。PLC 厂家都生产与 PLC 配套的 A-D 和 D-A 转换模块，使 PLC 能用于模拟量控制。

3. 运动控制

PLC 可以用于圆周运动或直线运动的控制。从控制系统的配置角度来说，早期是直接用开关量 I/O 模块连接位置传感器和执行机构，现在一般使用专用的运动控制模块，如可驱动步进电动机或伺服电动机的单轴或多轴位置控制模块。世界上各主要 PLC 厂家的产品几乎都有运动控制功能，广泛用于各种机械、机床、机器人、电梯及传送机构等场合。

4. 过程控制

过程控制（亦称流程控制）是指对温度、压力及流量等模拟量的闭环控制。过程控制在冶金、化工、酿造、热处理及锅炉控制等场合有非常广泛的应用。作为工业控制计算机，PLC 能编制各种各样的控制程序，完成闭环控制。PID 调节是一般闭环控制系统中用得较多的调节方法，大中型 PLC 都有 PID 模块。目前，许多小型 PLC 也具有该类功能模块。

5. 数据处理

现代 PLC 具有数学运算（含矩阵运算、函数运算、逻辑运算）、数据传送、数据转换、排序、查表及位操作等功能，可以完成数据的采集、分析及处理。这些数据可以与存储在存储器中的参考值比较，完成一定的控制操作，也可以利用通信功能传送至其他智能装置，或将其打印制表。

数据处理一般用于大型控制系统，如无人控制的柔性制造系统等；也可用于过程控制系统，如造纸、冶金、食品工业中的一些大型控制系统。

6. 通信及联网

PLC 通信包括 PLC 之间的通信及 PLC 与其他智能设备之间的通信。随着计算机技术的发展，工厂自动化网络发展很快，各 PLC 厂商都十分重视 PLC 的通信功能，纷纷推出各自的网络系统。近年来生产的 PLC 都具有通信接口，通信、联网都非常方便。

PLC 的应用领域仍在扩展，PLC 的应用范围已从传统的生产机械的单机自动控制，扩展到中小型过程控制系统、远程维护服务系统、节能监控系统等。值得注意的是，随着 PLC 与分布式控制系统（Distributed Control System，DCS）的相互渗透、互相交织，PLC 与 DCS 的应用界限日趋模糊，两者在流程工业控制领域已经难分伯仲。

5.2　西门子 S7-1200 系列 PLC

德国西门子（SIEMENS）公司应用微处理器技术生产的 SIMATIC 可编程控制器主要有 S5 和 S7 两大系列。目前，早期的 S5 系列 PLC 产品已被新研制生产的 S7 系列所替代。SIMATIC S7-1200 系列小型 PLC（本书简称为 S7-1200）以其结构紧凑、可靠性高、功能丰富等优点，在自动控制领域占有重要地位，应用极为广泛。

5.2.1　S7-1200 的硬件结构

如图 5-12 所示，S7-1200 主要由中央处理器模块、信号板、信号模块、通信模块和编程软件组成，各模块都有内置的卡扣，可安装在宽度为 35 mm 的 DIN 标准⊖导轨上，便于拆装和硬件组态⊖。

S7-1200 的硬件组成具有高度的灵活性，用户可根据自己的实际需要进行硬件组态，系统扩展非常方便。

图 5-12　S7-1200 的组成

1. 中央处理器模块

S7-1200 的中央处理器（Central Processing Unit，CPU）模块将微处理器、电源、数字量输入/输出电路、模拟量输入/输出电路、PROFINET 以太网接口、高速运动控制输入/输出电路组合到一个紧凑的壳体内部，构成一个单体结构（图 5-13）。

图 5-13　S7-1200 的硬件组态

1—通信模块（RS232）　2—通信模块（RS485）　3—CPU 模块　4—信号板　5—信号模块

⊖　DIN 是 Deutsches Institut für Normung e. V. 的简称，即德国标准化学会。DIN 标准是德国标准化学会制订、发布的工业标准，亦即德国工业标准。

⊖　在工业自动化领域，习惯将表达系统配置、设定、设置之意的英文 Configuring 一词译为组态。所谓组态，是指用户通过类似"搭积木"的方式来完成自己所需要的硬件结构和（或）软件功能，以期实现自动控制系统软硬件结构的"人尽其才、物尽其用"。

　　CPU 模块内可以安装一个信号板（图 5-14）。信号板巧妙地嵌入 CPU 模块，并与 CPU 模块浑然一体。目前信号板有两种，一种为扩展两个数字量输入和两个数字量输出，另一种为扩展一路模拟量输出。

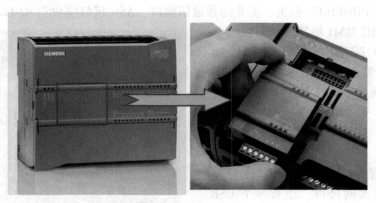

图 5-14   安装信号板

　　PLC 在工作过程中，微处理器相当于人的大脑，不断采集输入信号，执行用户程序，刷新系统输出，进而实现控制功能。

　　S7-1200 集成的 PROFINET 接口用于与编程计算机、人机交互界面（Human Machine Interface，HMI）、其他 PLC 或其他设备通信。此外，还可以通过开放的以太网协议支持与第三方的设备通信。

　　2. 信号模块

　　输入（Input）模块和输出（Output）模块简称为 I/O 模块。数字（Digital）量（亦称开关量）输入模块简称为 DI 模块，数字量输出模块简称为 DQ 模块；模拟（Analog）量输入模块简称为 AI 模块，模拟量输出模块简称为 AQ 模块。DI、DQ、AI、AQ 模块统称为信号模块（Signal Module，SM）。

　　信号模块安装在 CPU 模块的右边（图 5-13），最多可以扩展 8 个信号模块，以增加数字量和模拟量输入/输出点。输入模块用来接收和采集输入信号，输出模块用来控制输出设备和执行器。

　　信号模块是系统的眼、耳、手、脚，是联系外部现场设备和 CPU 的桥梁和媒介。

　　输入模块用来接收和采集输入信号，数字量输入模块用来接收从按钮、选择开关、数字拨码开关、限位开关、接近开关、光电开关、压力继电器等发送的数字量输入信号。

　　模拟量输入模块用来接收电位器、测速发电机和各种变送器提供的连续变化的模拟量电流、电压信号，或者直接接收热电阻、热电偶提供的温度信号。

　　数字量输出模块用来控制接触器、电磁阀、电磁铁、指示灯、数字显示装置和报警装置等输出设备，模拟量输出模块用来控制电动调节阀、变频器等执行器。

　　CPU 模块内部的工作电压一般是 DC 5V，而 PLC 的外部输入/输出信号电压一般较高，例如 DC 24V 或 AC 220V。从外部引入的尖峰电压和干扰噪声可能损坏 CPU 中的元器件，或使 PLC 不能正常工作。在信号模块中，用光电耦合器、光电晶闸管、小型继电器等器件来隔离 PLC 的内部电路和外部的输入、输出电路。

信号模块除了传递信号外，还具有电平转换与隔离的作用。

3. 通信模块

通信模块安装在 CPU 模块的左边（图 5-13），最多可以添加 3 块通信模块，可以使用点对点通信模块、PROFIBUS 模块、工业远程通信模块、AS-i 接口模块和 IO-Link 模块。

4. SIMATIC HMI 精简系列面板

与 S7-1200 配套的人机交互界面（HMI）——精简面板（图 5-15）的 64K 色高分辨率宽屏显示器（触摸屏）的尺寸有 4.3in、7in、9in 和 12in 这 4 种规格，支持垂直安装，采用 TIA 博途中的 WinCC 进行组态。

精简面板有一个 RS-422/RS-485 接口或一个 RJ45 以太网接口，还有一个 USB 2.0 接口。USB 接口可连接键盘、鼠标或条形码扫描仪，可用优盘实现数据记录。

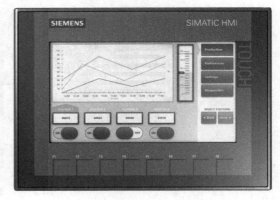

图 5-15　人机交互界面 HMI

5. 编程软件

S7-1200 属于西门子全集成自动化（Totally Integrated Automation，TIA）的重要组成部分，TIA 博途（TIA Portal）是西门子全集成自动化系统全新开发的工程设计软件平台。S7-1200 采用 TIA 博途中的 STEP 7 基本版（Basic）或 STEP 7 专业版（Professional）进行编程。

5.2.2　CPU 模块

1. CPU 的工作特性

1）可以使用梯形图（Ladder Diagrams，LAD）、功能块图（Function Block Diagrams，FBD，亦称函数块图）和结构化控制语言（Structured Control Language，SCL）进行编程。

2）S7-1200 集成了最大 150KB 的工作存储器、最大 4MB 的装载存储器和 10KB 的保持性存储器。

3）过程映像输入、过程映像输出存储器容量各为 1024KB。集成的数字量输入电路的输入类型为漏型/源型，电压额定值为 DC 24V，输入电流为 4mA。"1" 状态允许的最小电压/电流为 DC 15V/2.5mA；"0" 状态允许的最大电压/电流为 DC 5V/1mA。可组态输入延迟时间（0.1μs~20ms），有脉冲捕获功能。在过程输入信号的上升沿或下降沿可产生快速响应的硬件中断。

继电器输出的电压范围为 DC 5~30V 或 AC 5~250V，最大电流 2A，白炽灯负载为 DC 30W 或 AC 200W。DC/DC/DC 型 CPU 的 MOSFET⊖的 "1" 状态最小输出电压为 DC 20V，输出电流 0.5A；"0" 状态允许的最大电压为 DC 0.1V，最大白炽灯负载为 5W。

脉冲输出最多 4 路。CPU 1217C 支持最高 1MHz 的脉冲输出，其他 DC/DC/DC 型的 CPU 本机可输出最高 100kHz 的脉冲，通过信号板可输出最高达 200kHz 的脉冲。

⊖　金属-氧化物半导体场效应晶体管（Metal-Oxide-Semiconductor Field-Effect Transistor，MOSFET），业内多简称为 MOS 管。

4）有 2 点集成的模拟量输入（0~10V），10 位分辨率，输入电阻大于或等于 100kΩ。

5）CPU 自身集成的 DC 24V 电源可供传感器、编码器使用，亦可作为输入回路的电源使用。

6）CPU 1215C 和 CPU 1217C 有两个带隔离的 PROFINET 以太网端口，位传输速率分别为 10Mbit/s 和 100Mbit/s。其他型号的 CPU 只有一个以太网端口。

7）实时时钟的保存时间通常为 20 天，环境温度为 40℃时最少可保存 12 天。在一个月内，时钟误差不大于±60s。

2. CPU 的性能指标

S7-1200 有 5 种 CPU 可供用户根据实际需要选购，其性能指标见表 5-1。此外，还有具备"保护人员和设备安全的特殊功能"的安全型 CPU。

表 5-1　S7-1200 CPU 的性能指标

项　目	CPU 1211C	CPU 1212C	CPU 1214C	CPU 1215C	CPU 1217C
本机数字量 I/O 点数	6 入/4 出	8 入/6 出	14 入/10 出		
本机模拟量 I/O 点数	2 入			2 入/2 出	
工作储存器/装载存储器	50KB/1MB	75KB/2MB	100KB/4MB	125KB/4MB	150KB/4MB
可扩展的信号模块个数	0	2	8		
最大本地数字量 I/O 点数	14	82	284		
最大本地模拟量 I/O 点数	3	19	67	69	
以太网端口个数	1			2	
高速计数器路数	最多可组态（配置）6 个使用任意内置或信号板输入的高速计数器				
脉冲输出（最多 4 路）	100kHz	100kHz 或 20kHz			1MHz 或 100kHz
上升沿/下降沿中断点数	6/6	8/8	12/12		
脉冲捕获输入点数	6	8	14		
传感器电源输出电流/mA	300		400		
外形尺寸（长×宽×高）/mm	90×100×75		110×100×75	130×100×75	150×100×75

S7-1200 CPU 模块的外形与结构如图 5-16 所示。

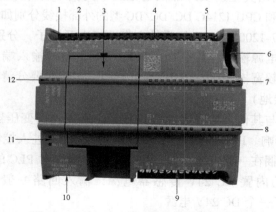

图 5-16　S7-1200 CPU 模块的外形与结构

1—电源端子　2—传感器电源端子　3—信号板盖板（此处用于安装信号板，安装时拆除盖板）　4—数字量输入端子　5—模拟量输入端子　6—存储卡插槽　7—输入状态 LED 指示灯　8—输出状态 LED 指示灯　9—数字量输出端子　10—PROFINET（LAN）接口　11—网络状态 LED 指示灯　12—CPU 运行状态 LED 指示灯其中，输入状态指示灯和输出状态指示灯用于指示输入/输出点的工作状态。当有信号输入时，对应的输入指示灯会点亮为绿色；当有信号输出时，对应的输出指示灯会点亮为绿色。

PLC 运行状态指示灯有 3 个，即 STOP/RUN 指示灯、ERROR 指示灯和 MAINT 指示灯。STOP/RUN 指示灯为绿色时表示 PLC 处于 RUN 运行模式，为橙色的时候表示 PLC 处于 STOP 停止模式，如果是绿色和橙色之间交替闪烁表示 CPU 正在启动；ERROR 指示灯出现红色闪烁状态时表示有错误（如 CPU 内部错误、组态错误等），为红色常亮时表示硬件故障；MAINT 指示灯在每次插入存储卡的时候会出现闪烁的状态。

网络状态指示灯包括 LINK 和 Rx/Tx 指示灯，主要用于显示网络连接状态。如果硬件连接正确无误，则 LINK 指示灯是常亮的，在正常进行数据交换时，Rx/Tx 指示灯将会闪烁。

CPU1211C、CPU1212C、CPU1214C 和 CPU1215C 这 4 种 CPU，根据其电源电压、DI 输入电压、DQ 输出电压的不同，又可细分为 3 种版本（表 5-2），可供用户根据实际需要选用。其中，DC 表示直流，AC 表示交流，Rly 表示继电器（Relay）。

表 5-2　S7-1200 CPU 的 3 种版本

版本	电源电压	DI 输入电压	DQ 输出电压	DQ 最大输出电流	灯负载
DC/DC/DC	DC 24V	DC 24V	DC 24V	0.5A，MOS 管	5W
DC/DC/Rly	DC 24V	DC 24V	DC 5~30V，AC 5~250V	2A	DC 30W/AC 200W
AC/DC/Rly	AC 85~264V	DC 24V	DC 5~30V，AC 5~250V	2A	DC 30W/AC 200W

3. CPU 的外部接线

S7-1200 有交流和直流两种供电方式，其输出有继电器输出和直流（MOS 管）输出两种。PLC 的外部端子包括 PLC 电源端子、供外部传感器用的 DC 24V 电源端子（L+、M）、数字量输入端子（DI）和数字量输出端子（DO）等，分别完成电源、输入信号和输出信号的连接。

由于 CPU 模块、输出类型以及外部供电方式不同，PLC 的外部接线方式也有所不同。CPU 1214C AC/DC/Rly 和 CPU 1214C DC/DC/DC 型的外部接线分别如图 5-17 和图 5-18 所示。

1）电源的接线。S7-1200 PLC CPU 模块上有两组电源端子，分别用于 CPU 的输入电源和接口电路所需的直流电源输出。其中 L1、N 是 CPU 的电源输入端子，采用工频交流电源供电，对电压的要求比较宽松，120~240V 均可使用，接线时要分清端子上的"N"端（中性线）和"⊥"端（接地）。

PLC 的供电线路要与其他大功率用电设备分开。采用隔离变压器为 PLC 供电，可以减少外界设备对 PLC 的影响。PLC 的供电电源线应单独从机顶进入控制柜中，不能与其他直流信号线、模拟信号线捆在一起走线，以减少其他控制线路对 PLC 的干扰；L+、M 是 CPU 为输入接口电路提供的内置 DC 24V 传感器电源，输入回路一般使用该电源，图 5-17、图 5-18 输入回路外接了一个 DC 24V 电源。

当输入回路采用漏型输入时，需去除图 5-17 和图 5-18 中标有②的外接直流电源，将输入回路的 1M 端子与标有①的内置 24V 电源的 M 端子连接起来，然后将该电源的 L+端子接到输入触点的公共端。

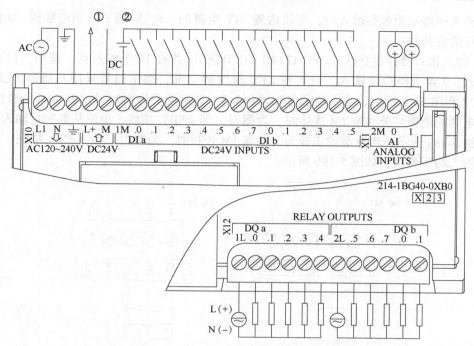

图 5-17　CPU 1214C AC/DC/Rly 模块外部接线图

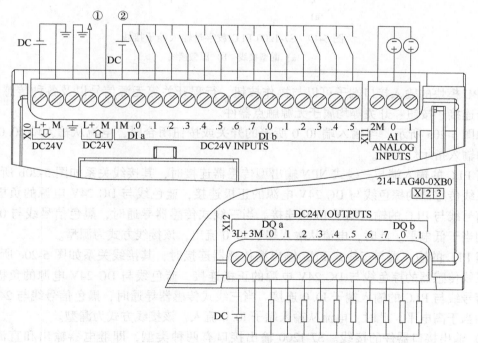

图 5-18　CPU 1214C DC/DC/DC 模块外部接线图

注：◆ 图 5-17、图 5-18 中①DC 24V 传感器电源输出要获得更好的抗噪效果，即使未使用传感器电源，也可将"M"连接到机壳接地。

◆ 图 5-17、图 5-18 中②对于漏型输入，将"−"连接到"M"；对于源型输入，将"+"连接到"M"。

◆ 两图中的 X11 连接器必须镀金。有关订货号，请参见《S7-1200 可编程控制器系统手册》附录 C "备件"。

当输入回路采用源型输入时，应将内置 24V 电源的 L+、M 端子分别连接到 1M 端子和输入触点的公共端。

2）输入接口器件的接线。CPU 1214C AC/DC/Rly 共有 16 个输入点，其中，14 点为数字量输入，2 点为模拟量输入，分布在 CPU 模块的上部，端子编号采用八进制方式表示，如图 5-17 和图 5-18 所示。输入端子为 I0.0~I1.5，公共端子为 1M，与 DC 24V 电源相连。

当电源的负极与公共端 1M 连接时，为漏型（即 PNP）接线，电流从数字量输入端子流入，如图 5-19a 所示；当电源的正极与公共端 1M 连接时，为源型（即 NPN）接线，电流从数字量输入端子流出，如图 5-19b 所示。

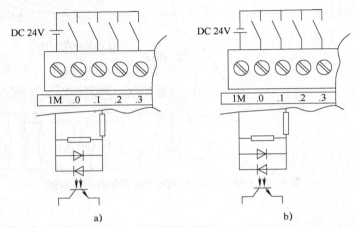

图 5-19　S7-1200 PLC 数字量输入端子接线

a）漏型接线　b）源型接线

CPU 模块的输入接口端子可以与操作按钮、行程开关等无源信号以及各种传感器等有源信号连接。按钮、开关等均属于无源触点器件。

如图 5-20a 所示，当输入端 I0.0 所接的开关或按钮闭合时，电流从输入端 I0.0 流入，相应的输入指示灯点亮。

当 PLC 的输入端与三线式 NPN 输出型传感器连接时，其接线关系如图 5-20b 所示。其中，三线传感器的棕色线与 DC 24V 电源的正极连接，蓝色线与 DC 24V 电源的负极连接，黑色信号线与 PLC 的输入端子 I0.0 连接。当三线式传感器导通时，黑色信号线与 0V 线相连，相当于低电平。此时，电流从输入端子 I0.0 流出，该接线方式为源型。

当 PLC 的输入端与三线式 PNP 输出型传感器连接时，其接线关系如图 5-20c 所示。其中，三线传感器的棕色线与 DC 24V 电源的正极连接，蓝色线与 DC 24V 电源的负极连接，黑色信号线与 PLC 的输入端子 I0.0 连接。当三线式传感器导通时，黑色信号线与 24V 线相连，相当于高电平。此时，电流从输入端子 I0.0 流入，该接线方式为漏型。

3）输出接口器件的接线。S7-1200 输出接口有两种类型，即继电器输出和直流输出。图 5-17 所示为继电器输出型，CPU 1214C 型为 AC/DC/Rly 继电器输出型，共有 10 个输出点，分成两组。Q0.0~Q0.4 组成第一组输出，以 1L 端子为公共端；Q0.5~Q1.1 组成第二组输出，以 2L 端子为公共端。

继电器输出是一组共用一个公共端的干触点，可以接交流电源或直流电源，最高电压可达 220V，每个输出点的额定电流均为 2A，足以驱动常用的小电流负载。外接电源 24V/110V/220V 均可，但要确保同属一组的输出点采用的电压等级和极性一致。

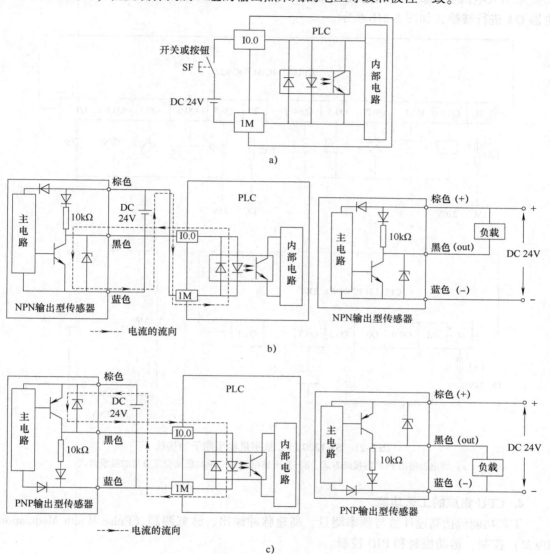

图 5-20　无源和有源输入时输入信号的接线

a) 无源触点输入的接线　b) NPN 输出型传感器输入的接线（源型）　c) PNP 输出型传感器输入的接线（漏型）

例如，在图 5-21a 中，Q0.0~Q0.4 这 5 个输出点，以 1L 端子为公共端，可以接入 AC 220V 电源；Q0.5~Q1.1 这 5 个输出点，以 2L 端子为公共端，可以接入 DC 24V 电源。

PLC 输出端子没有内置熔断器，为防止负载短路、确保安全，宜为每一组输出端子设置一个容量为 2A 的外置熔断器 FA1。继电器输出型输出点接直流电源时，其公共端既可以接电源正极，也可以接电源负极。

图 5-21b 所示的 CPU 1214C DC/DC/DC 模块是直流输出型，共有 10 个输出点，采用八进制编号，分布在 CPU 模块的下方。输出接口分为一组，对应的公共端分别为 3L+、3M。

直流输出只能接 DC 20.4~28.8V 电源，每个输出点的额定电流为 0.5A。如果直流输出端子需要驱动大电流负载或者交流负载（如驱动 AC 220V 接触器线圈），则需要通过设置中间继电器 QA 进行转换，如图 5-21b 所示。

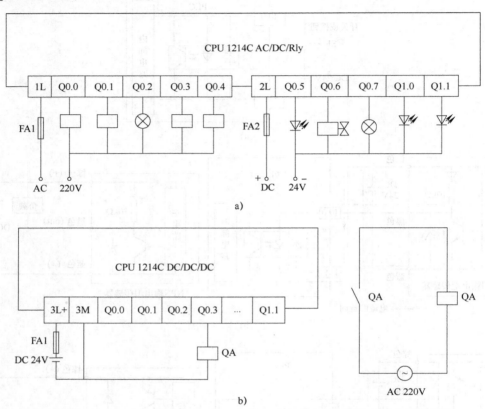

a)

b)

图 5-21　S7-1200 PLC 数字量输出端子的接线

a）继电器输出 PLC 的接线方式　b）直流输出型 PLC 输出驱动交流负载的接线方式

4. CPU 集成的工艺功能

工艺功能包括高速计数与频率测量、高速脉冲输出、脉宽调制（Pulse Width Modulation，PWM）控制、运动控制和 PID 控制。

（1）高速计数器

S7-1200 的 CPU 最多可组态 6 个使用 CPU 内置或信号板输入的高速计数器，CPU 1217C 有 4 点最高频率为 1MHz 的高速计数器。其他 CPU 可组态 6 个最高频率为 100kHz（单相）/80kHz（互差 90°的正交相位）或 30kHz/20kHz 的高速计数器（与输入点地址有关）。如果使用信号板，最高计数频率为 200kHz（单相）/160kHz（正交相位）。

（2）高速脉冲输出

各种型号的 CPU 最多有 4 点高速脉冲输出（包括信号板的 DQ 输出）。CPU 1217C 支持最高 1MHz 的脉冲输出，其他 CPU 为 100kHz，信号板为 200kHz。

（3）运动控制

S7-1200 通过轴工艺对象和下述 3 种方式控制伺服电动机或步进电动机。轴工艺对象有专用的组态窗口、调试窗口和诊断窗口。

1）输出高速脉冲，实现最多 4 路开环位置控制。

2）通过 PROFINET IO 协议控制 V90、S120、S210 等伺服控制器，实现闭环位置控制。

3）通过模拟量输出控制第三方伺服控制器，实现最多 8 路闭环位置控制。

（4）用户闭环控制的 PID 功能

PID 是比例（Proportional）、积分（Integral）、微分（Derivative）调节的简称，PID 功能是一种常用的控制功能，多用于闭环过程控制。

S7-1200 的 PID 控制回路不宜超过 16 个。STEP 7 中的 PID 调试窗口提供用于参数调节的形象直观的曲线图，支持 PID 参数自整定功能。

5.2.3 信号板与信号模块

1. 信号板

CPU 正面可以安装一块信号板，有多种型号的信号板可供选择，如 4DI、4DQ、2DI/2DQ、热电偶、热电阻、1AI、1AQ、RS485 信号板等。DI、DQ 信号板的最高频率为 200kHz。

2. 数字量 I/O 模块

可以选用 8 点、16 点的 DI 或 DQ 模块，或 8DI/8DQ、16DI/16DQ 模块。DQ 模块有继电器输出和 DC 24V 漏型或源型输出。

3. 模拟量 I/O 模块

AI 模块用于 A-D 转换，AQ 模块用于 D-A 转换。有 4 路、8 路的 13 位 AI 模块和 4 路的 16 位 AI 模块以及 4 路、8 路的热电偶模块和热电阻模块。可选多种量程的传感器，分辨率为 0.1 ℃/0.1 ℉，15 位+符号位。AI 模块有 2 路和 4 路的 AQ 模块以及 4AI/2AQ 模块可供选择。

关于信号板、数字量 I/O 模块、模拟量 I/O 模块的具体型号和技术性能指标，读者可参阅《S7-1200 可编程控制器产品样本》，在此不再赘述。

5.2.4 通信接口与通信模块

1. PROFINET 接口

PROFINET 是基于工业以太网的现场总线，CPU 集成的 PROFINET 接口可以与计算机、其他 S7 CPU、PROFINET I/O 设备和使用标准 TCP 的设备通信。该接口使用具有自动交叉网线功能的 RJ45 连接器，支持 TCP/IP、ISO-on-TCP、UDP、S7 和 Modbus TCP 通信协议。数据传输速率为 10M/100 Mbit/s。

2. PROFIBUS 通信与通信模块

S7-1200 最多可以增加 3 个通信模块。通过使用 PROFIBUS-DP 主站模块 CM 1243-5，S7-1200 可以与其他 CPU、编程设备、人机交互界面、PROFIBUS-DP 从站设备（如 ET200 和 SINAMICS 驱动设备）通信。PROFIBUS-DP 主站模块 CM 1243-5 可以作为 S7-1200 通信的客户机或服务器使用。

通过使用 PROFIBUS-DP 从站模块 CM 1242-5，S7-1200 可以作为智能 DP 从站设备与 PROFIBUS-DP 主站设备通信。

3. 点对点通信与通信模块

通过点对点（Point to Point，PtP）串行通信模块可直接与外部设备通信，可执行 ASCII、USS 协议、Modbus RTU 主站协议和从站协议。

4. AS-i 通信与通信模块

执行器传感器接口（Actuator Sensor Interface，AS-i）位于工厂自动化网络系统的最底层，已经被列入 IEC 62026 标准。AS-i 通信属于单主站主从式网络，支持总线供电。也就是说，用于连接通信设备的两根电线，既作为通信线使用，又作为电源线使用。

AS-i 主站模块 CM 1243-2 用于将 AS-i 设备连接到 CPU，可配置 31 个标准开关量/模拟量从站或 62 个 A/B 类开关量/模拟量从站。

5. 远程控制通信与通信模块

工业远程通信用于将广泛分布的各远程终端单元连接到过程控制系统，以便进行监视和控制。远程服务包括与远程的设备、计算机进行数据交换，实现故障诊断、维护、检修和优化等操作。

可以使用多种远程控制通信处理器，将 S7-1200 连接控制中心。使用通信处理器 CP 1243-7 LTE，可将 S7-1200 连接到移动无线网络。

5.3　西门子博途软件的使用

5.3.1　博途软件简介

1. 博途软件的功能

博途软件是西门子（SIEMENS）公司全集成自动化博途（Totally Integrated Automation Portal）的简称，是业内首个采用集工程组态、软件编程和项目环境配置于一体的全集成自动化软件，几乎涵盖了所有自动化控制编程任务。借助该全新的工程技术软件平台，用户能够快速、直观地开发和调试自动化控制系统。

博途软件与传统自动化软件相比，无须花费大量的时间集成各个软件包，它采用全新的、统一的软件框架，可在统一开发环境中组态西门子所有的 PLC、人机交互界面和驱动装置，实现统一的数据和通信管理，可大大降低连接和组态成本。

2. 博途软件的组成

博途软件主要包括 STEP 7、WinCC 和 StartDrive 3 个软件，博途软件各产品所具有的功能和覆盖的产品范围如图 5-22 所示。

1）博途 STEP 7。博途 STEP 7 是用于组态 SIMATIC S7-1200 PLC、S7-1500 PLC、S7-300/400 PLC 和 WinAC（软件控制器）系列的工程组态软件。

博途 STEP 7 拥有基本版和专业版两个版本。其中，博途 STEP 7 基本版用于 S7-1200 PLC；博途 STEP 7 专业版用于 S7-1200 PLC、S7-1500 PLC、S7-300/400 PLC 和 WinAC。

2）博途 WinCC。博途 WinCC 是用于组态 SIMATIC 面板、WinCC Runtime 和 SCADA 系统的可视化软件，也可以组态 SIMATIC 工业 PC 和标准 PC。

博途 WinCC 有以下 4 种版本：博途 WinCC 基本版用于组态精简面板，已经被包含在每款博途 STEP 7 基本版和专业版产品中；博途 WinCC 精智版用于组态所有面板，包括精简面板、精智面板和移动面板；博途 WinCC 高级版用于组态所有面板，还可以运行 WinCC Runtime 高级版的 PC；博途 WinCC 专业版用于组态所有面板，还可以运行 WinCC Runtime 高级版和专业版的 PC。

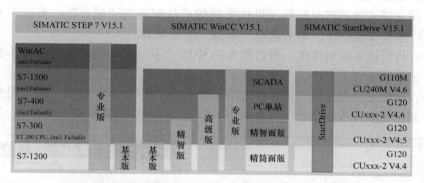

图 5-22 博途软件各产品所具有的功能和覆盖产品范围

3）博途 StartDrive。博途 StartDrive 用于所有 SINAMICS 驱动装置的组态、调试和诊断。

5.3.2 博途 STEP 7 软件的安装

1. 计算机硬件和操作系统的配置要求

推荐的计算机最低配置：处理器主频 2.3GHz，内存 8GB，硬盘有 20GB 可用空间。操作系统为 Windows 7 SP1 或 Windows 10 的非家用版。

2. 博途 STEP 7 的安装步骤

下面以采用 Windows 10 专业版操作系统的 PC 为例，介绍 STEP 7 专业版 Professional V15.1 软件的安装步骤。在安装 STEP 7 Professional V15.1 之前，宜关闭杀毒软件，以免引起系统误判。

第 1 步：启动安装软件。双击 "Start. exe" 执行文件，启动软件安装程序。

第 2 步：选择安装语言。如图 5-23 所示，在 "安装语言" 界面选择 "安装语言：中文（H）" 单选按钮，然后单击 "下一步" 按钮。

如图 5-24 所示，如果系统显示 "先决条件不满足"，需要启用 ".NET 3.5 SP1"，则可自行下载 .NET 3.5 SP1 程序并安装，之后再重启计算机，即可继续进行软件安装过程。

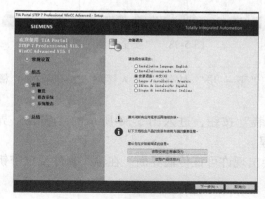

图 5-23 选择安装语言

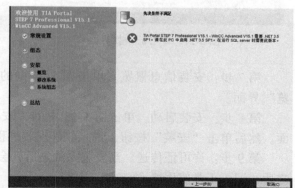

图 5-24 需要启用 ".NET 3.5 SP1"

第3步：选择程序界面语言。在"产品语言"界面中选择"中文"复选框，如图5-25所示，然后单击"下一步"按钮。

第4步：选择要安装的产品。单击图5-25中的"下一步"按钮，进入图5-26所示的界面。在该界面选择安装的产品配置（可供选择的产品配置有"最小""典型"和"用户自定义"3种）亦即安装路径。本书选择"典型"配置安装。

第5步：许可证条款对话框。单击图5-26中的"下一步"按钮，进入图5-27所示的界面。在许可证条款下方方框内，勾选、接受所有条款。

第6步：接受安全和权限设置。单击图5-27中的"下一步"按钮，进入图5-28所示的安全控制界面。在安全控制条款下方方框内，勾选、接受安全和权限设置条款。

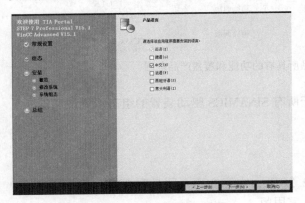

图 5-25　"产品语言"界面

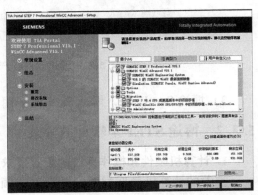

图 5-26　选择"典型"安装

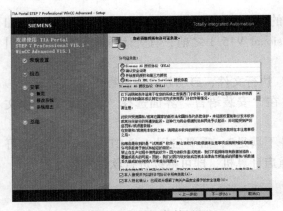

图 5-27　许可证条款界面

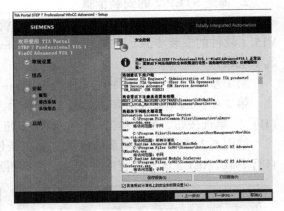

图 5-28　"安全控制"界面

第7步：安装信息概览。单击图5-28中的"下一步"按钮，进入图5-29所示的"概览"界面。

第8步：安装启动。单击图5-29中的"安装"按钮，进入图5-30所示的"安装"界面。然后单击"安装"按钮，进入软件安装过程。

第9步：许可证传送。当安装完成之后，会出现许可证传输界面。在输入软件授权密钥之后，即可正常使用博途 STEP 7 软件。

图 5-29　"概览"界面

图 5-30　"安装"界面

5.3.3　博途 STEP 7 软件的操作界面

博途 STEP 7 提供了两种优化的视图，即 Portal（门户）视图和项目视图。Portal 视图是面向任务的视图，项目视图是项目各个组件、相关工作区和编辑器的视图。

1. Portal 视图

Portal 视图是一种面向任务的视图，有利于初学者快速上手，并进行具体的任务选择。
Portal 视图的界面如图 5-31 所示，其主要功能如下：

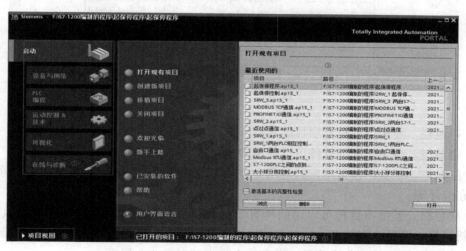

图 5-31　Portal 视图界面

1）任务选项。为各个任务区提供基本功能，Portal 视图所能提供的任务选项取决于所安装的产品。

2）所选任务选项对应的操作。选择任务选项后，在该区域可以选择相对应的操作。例如，选择"启动"选项后，可以进行"打开现有项目""创建新项目""移植项目"等操作。

3）所选操作的选择面板。操作面板的内容与用户选择的操作相匹配，如"打开现有项目"面板显示的是最近使用的项目，可以从中打开任意一个项目。

4）"项目视图"链接。可以通过单击"项目视图"链接，由 Portal 视图跳转到项目视图。

5）当前打开视图的路径。可以查看当前打开视图的路径，亦即当前项目所在的区域路径。

2. 项目视图

项目视图是有项目组件的结构化视图，用户可在项目视图中直接访问所有编辑器、参数及数据，并进行高效的组态和编程。

项目视图的界面如图 5-32 所示，其主要功能如下：

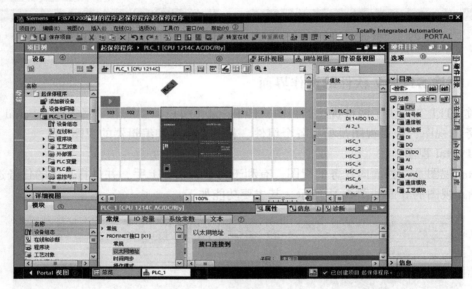

图 5-32　项目视图界面

1）标题栏。显示当前打开项目的名称。

2）菜单栏。菜单栏罗列软件可以使用的命令。

3）工具栏。工具栏包括用户的常用命令或工具的快捷键按钮，如新建、打开项目、保存项目和编译等。

4）项目树。通过项目树可以访问所有设备和项目数据，也可以在项目树中执行任务，如添加新组件、编辑已有的组件、打开编辑器和处理项目数据等。项目中的各组成部分在项目树中以树型结构显示，分为项目、设备、文件夹和对象 4 个层次。

可以关闭、打开项目树和详细视图，移动各窗口之间的分界线，用标题栏上的按钮启动"自动折叠"或"永久展开"功能。

5）详细视图。用于显示项目树中已被选择的内容。选中项目树中的"默认变量表"，详细窗口显示出该变量表中的符号。可以将其中的符号地址拖拽到程序中的地址域；也可以隐藏和显示详细视图和巡视窗口。

6）工作区。在工作区中，可以打开不同的编辑器，并对项目树数据进行处理，但一般只能在工作区显示一个当前打开的编辑器。在最下面标有⑨的编辑器栏中显示被打开的编辑器，单击它们可以切换工作区显示的编辑器。

可以同时打开几个编辑器，用编辑器栏中的按钮切换工作区显示的编辑器。单击工具栏上的"垂直拆分编辑器空间"图标或"水平拆分编辑器空间"图标，可以垂直或水平拆分工作区，同时显示两个编辑器。

可用工作区右上角的按钮将工作区最大化，或使工作区浮动。可以将浮动的工作区拖到画面上希望的位置。工作区被最大化或浮动后，单击"嵌入"按钮，工作区将恢复原状。

7）巡视窗口。巡视窗口用来显示选中的工作区中的对象附加的信息和设置对象的属性。

"属性"选项卡用来显示和修改选中的工作区中的对象的属性。左边是浏览窗口，选中某个参数组，在右边窗口显示和编辑相应的信息或参数。

"信息"选项卡显示所选对象和操作的详细信息，以及编译后的报警信息。

"诊断"选项卡显示系统诊断事件和组态的报警事件。

8）"Portal 视图"链接。单击左下角的"Portal 视图"链接，可以从当前的项目视图切换到 Portal 视图。

9）编辑器栏。编辑器栏用于显示所有打开的编辑器，以便用户进行快速高效的程序编辑工作。如欲在几个打开的编辑器之间进行切换，只需单击不同的编辑器即可。

10）任务卡。根据已编辑或已选择的对象，在编辑器中可以看到一些任务卡，并允许执行一些附加操作。例如，从库中或硬件目录中选择对象，并将对象拖拽到预定的工作区。

11）状态栏。显示当前运行过程的进展程度。

5.3.4 博途 STEP 7 软件的使用

下面介绍如何使用博途 STEP 7 软件进行硬件设备的组态。

1. 新建项目

打开博途软件，双击桌面上的 **TIA** 图标，打开 Portal 视图，如图 5-31 所示。在 Portal 视图中，单击"创建新项目"选项，并在"项目名称"文本框中输入项目名称"设备组态"，选择相应路径，在"作者"文本框中输入相应信息，如图 5-33 所示。然后单击"创建"按钮，即可生成新项目，并跳转到"新手上路"界面，如图 5-34 所示。

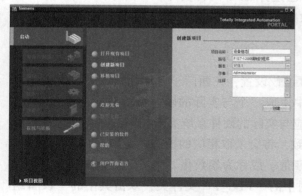

图 5-33 "创建新项目"界面

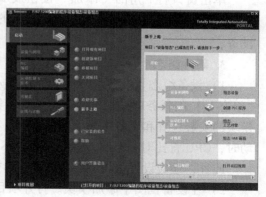

图 5-34 "新手上路"界面

如欲在项目视图中创建新项目,只需菜单栏选择"项目"→"新建"命令,随即系统就会自动弹出"创建新项目"对话框,此后的创建新项目的过程与在 Portal 视图中创建新项目的过程相同。

2. 添加新设备

在图 5-34 界面中,单击右侧窗口的"组态设备"或左侧窗口的"设备与网络"选项,在弹出窗口的项目树中单击"添加新设备"按钮,系统会自动弹出"添加新设备"对话框。

在该对话框中单击"控制器"按钮,在"设备名称"对应的输入框中输入用户自行定义的设备名称,也可以使用系统指定的设备名称"PLC_1"。

在中间的项目树中,依次单击"SIMATIC S7-1200"→"CPU"→"CPU 1214C AC/DC/Rly"各项目前的下拉按钮,或依次双击项目名称"SIMATIC S7-1200"→"CPU"→"CPU 1214C AC/DC/Rly",在打开的"CPU 1214C AC/DC/Rly"文件夹里选择与硬件对应的订货号的 CPU(本书选用的 CPU 订货号为 6ES7 214-1BG40-0XB0),在目录树的右侧将自动显示选中设备的产品介绍和产品技术参数,如图 5-35 所示。

图 5-35 　"添加新设备"对话框

单击窗口右下角的"添加"按钮或双击已选择 CPU 的订货号,即可添加一台 S7-1200 PLC 设备。此时,在项目树、设备组态的设备视图和网络视图中,均可看到已经添加的设备$^\ominus$。

3. 硬件组态

1)设备组态。设备组态(Configuring,配置/设置,在西门子自动化领域中习惯被译为"组态")的任务就是在设备和网络编辑器中生成一个与实际的硬件系统对应的虚拟系统,模块的安装位置和设备之间的通信连接,都应与实际的硬件系统完全相同。在自动化系统启动时,CPU 将比对两系统,如果两系统不一致,将会采取相应的措施。

此外,还应设置模块的参数,即给参数赋值,或称为参数化。

2)在设备视图中添加模块。打开项目树中的"PLC_1"文件夹,双击其中的"设备组

$\ominus$　本章涉及的程序示例和 PLC 应用,均采用 CPU 1214C AC/DC/Rly 型 PLC,订货号为 6ES7 214-1BG40-0XB0。

态", 打开设备视图, 可以看到 1 号槽中的 CPU 模块, 如图 5-36 所示。

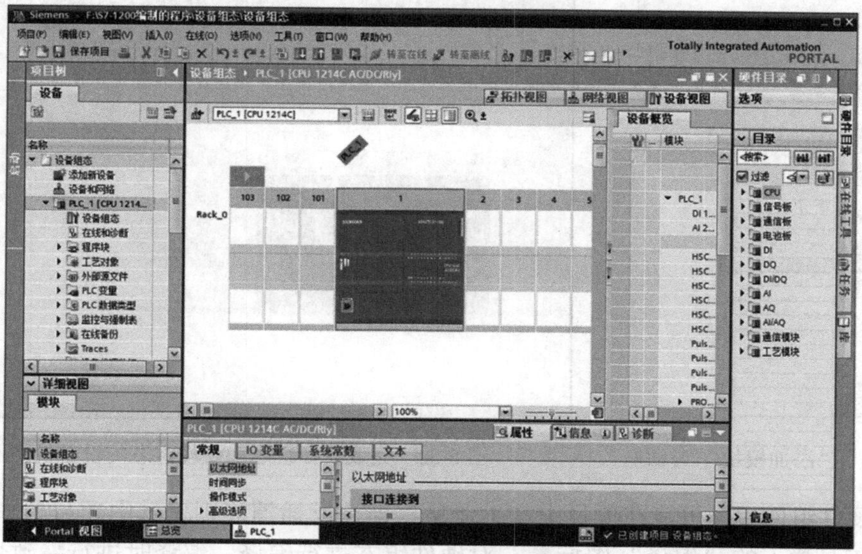

图 5-36 设备组态的设备视图

在硬件组态时, 需要将 I/O 模块或通信模块设置在工作区的机架插槽内, 有两种设置硬件对象的方法。

① 用拖拽法设置硬件对象。在图 5-37 所示的硬件目录下, 依次单击 "DI/DQ" → "DI8/DQ8×24V DC" 选项前的下拉按钮, 在打开的文件夹中选择输入/输出均为 8 点的 DI/DQ 模块 (本书选用的模块, 订货号为 6ES7 223-1BH32-0XB0), 其背景色变为深色。

此时, 所有可以插入该模块的插槽四周出现深蓝色的方框, 只能将该模块插入这些插槽。用鼠标左键按住该模块不放, 移动鼠标, 将选中的模块拖拽到机架中 CPU 右边的 2 号插槽, 该模块浅色的图标和订货号将随着光标一起移动。

没有移动到允许放置该模块的工作区时, 光标的形状为 ⊘ (禁止放置); 反之, 光标的形状变为 ▙ (允许放置)。此时松开鼠标左键, 被拖动的模块即被放置到工作区。

使用同样方法, 在硬件目录下, 依次将 "通信模块" → "点到点" 文件夹下的通信模块 "CM1241 (RS422/485)" 拖拽到 CPU 左侧的第 101 号插槽 (在 S7-1200 中, 通信模块只允许安装在 CPU 左侧的第 101~103 号插槽), 如图 5-38 所示。

用上述方法, 亦可将 CPU、HMI 或驱动器等其他设备拖拽到网络视图中, 生成新的设备。

② 用双击的方法放置硬件对象。放置模块还有一个简便的方法, 首先用鼠标左键单击机架中需要放置模块的插槽, 使其背景变为深色。然后用鼠标左键双击硬件目录中允许放置在该插槽的模块, 该模块便出现在选中的插槽中, 同时自动选中下一个插槽。

可以将信号模块插入已经组态的两个模块中间 (只能用拖拽的方法放置)。插入点右边的模块将向右移动一个插槽的位置, 新的模块会被自动插入到空出来的插槽上。

3) 删除硬件组件。可以删除设备视图或网络视图中的硬件组件, 被删除的组件的地址可供其他组件使用。若删除 CPU, 则在项目树中整个 PLC 站都将被删除。

图 5-37 "添加模块"对话框

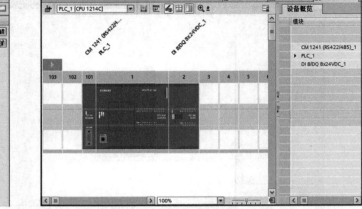

图 5-38 完成设备组态和硬件组态的设备视图

删除硬件组件后，可能在项目中产生矛盾，即违反插槽规则。选中项目树中的"PLC_1"，单击工具栏上的"编译"图标，对硬件组态进行编译。编译时进行一致性检查，如果有错误将会显示错误信息，应在改正错误后重新进行编译。

4）更改设备型号。用鼠标右键单击项目树或设备视图中要更改型号的 CPU，在弹出的快捷菜单中单击"更改设备"命令，便可打开更改设备对话框。选中该对话框"新设备"列表中用来替换的设备型号及订货号，单击"确定"按钮，设备型号即被更改。其他模块也可以使用这种方法更改设备型号。

5）打开已有项目。用鼠标双击桌面上的图标，在 Portal 视图的右窗口中选择"最近使用的"列表中的项目，或单击"浏览"按钮，在打开的对话框中找到某个项目的文件夹，双击其中标有的文件，即可打开该项目。或打开软件后，在项目视图中，单击工具栏上的"打开项目"图标或执行菜单命令"项目"→"打开"，在打开的对话框中双击最近打开的某个项目，亦可打开该项目。或单击"浏览"按钮，在打开的对话框中找到某个项目的文件夹并打开。

4. 设备组态编译

设备组态及相关硬件组态完成后，单击图 5-36 工具栏上的"编译"图标，对项目进行编译。如果硬件组态有错误，编译后在设备视图下方巡视窗口中将会出现错误的具体信息，必须改正组态中所有的错误信息才能进行项目下载。

5. 项目下载

CPU 通过以太网与运行博途软件的计算机进行通信。计算机直接连接单台 CPU 时，可以使用标准的以太网电缆，也可以使用交叉以太网电缆。一对一连接时不需要使用交换机，两台以上的设备进行通信时，则需要使用交换机。项目下载前，需要对 CPU 和计算机进行正确的通信设置。

（1）CPU 的 IP 地址设置

在图 5-36 中双击项目树栏"PLC_1"文件夹下的"设备组态"，打开该 PLC 的设备视图。选中 PLC 后再单击巡视窗口中的"属性"选项，在"常规"选项卡中选中

"PROFINET 接口"下的"以太网地址",可以采用右边窗口默认的 IP 地址和子网掩码,如图 5-39 所示。设置的 IP 地址和子网掩码,要在下载之后才能起作用。

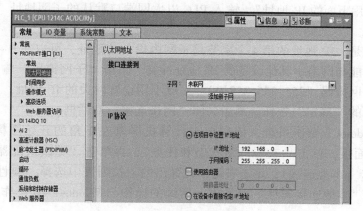

图 5-39　设置 CPU 集成的以太网接口的 IP 地址

　　子网掩码的值通常为"255.255.255.0",CPU 与编程设备的 IP 地址中的子网掩码应完全一致。同一个子网中各设备的子网内的地址不能重叠。如果在同一个子网中有多个 CPU,除了一台 CPU 可以保留出厂时默认的 IP 地址外,必须将其他 CPU 默认的 IP 地址更改为网络中唯一的 IP 地址,以期避免与其他网络用户发生冲突。

　　(2)计算机网卡的 IP 地址设置

　　用以太网电缆连接计算机和 CPU,并接通 PLC 电源。如果是 Windows 10 操作系统,依次单击计算机屏幕左下角的开始图标┅┅→"Windows 系统"→"控制面板",打开控制面板,单击"查看网络状态和任务",再单击"更改适配器设置",选择与 CPU 连接的网卡(以太网),单击右键,在弹出的下拉列表中选择"属性",打开"以太网属性"对话框,如图 5-40a 所示。

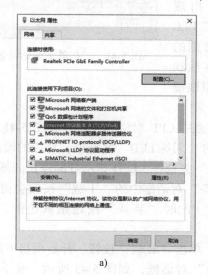
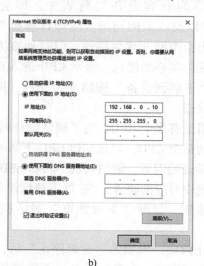

a)　　　　　　　　　　　　　　　b)

图 5-40　设置计算机网卡的 IP 地址
a)"以太网属性"对话框　b)"Internet 协议版本 4(TCP/IPv4)属性"对话框

在该对话框中，选中"此连接使用下列项目"列表框中的"Internet 协议版本 4（TCP/ IPv4）"，单击"属性"按钮，打开"Internet 协议版本 4（TCP/IPv4）属性"对话框。单击单选框中的"使用下面的 IP 地址"，输入 PLC 以太网端口默认的子网地址"192.168.0.10"，如图 5-40b 所示。

需要注意的是，IP 地址的第 4 个字节是子网内设备的地址，可以在 0～255 范围内选取某个值，但是不能与网络中其他设备的 IP 地址冲突。单击"子网掩码"输入框，系统会自动出现默认的子网掩码"255.255.255.0"。一般不用设置网关的 IP 地址。设置结束后，单击各级对话框中的"确定"按钮，最后关闭"网络连接"对话框。

如果是 Windows 7 操作系统，依次单击计算机屏幕左下角的开始图标 ■■ → "控制面板"，打开控制面板，单击"查看网络状态和任务"，再单击"更改适配器设置"，选择与 CPU 连接的网卡（本地连接），单击右键，在弹出的下拉列表中选择"属性"，打开与图 5-40a 基本相同的"本地连接属性"对话框，后续的操作与 Windows 10 操作系统相同，不再赘述。

使用宽带互联网时，一般只需要选择图 5-40b 中的"自动获得 IP 地址"即可。

（3）项目下载

完成 IP 地址设置后，在项目树栏选中"PLC_1"，单击工具栏上的"下载到设备"图标 ▣（或执行菜单命令"在线" → "下载到设备"），打开"扩展下载到设备"对话框，如图 5-41 所示。

在该对话框中，设置 PG/PC 接口的类型为"PN/IE"，设置 PG/PC 接口为"以太网网卡名称"，设置选择目标设备为"显示所有兼容的设备"，单击"开始搜索"按钮，经过一段时间后，在下面的"目标子网中的兼容设备"列表中，即会出现 S7-1200 CPU 以及以太网网址。随即计算机与 PLC 之间的连线也会由断开变为接通。CPU 所在方框的背景色也会变为实心的橙色，表示 CPU 进入在线状态。此时，"下载到设备"按钮变为亮色，即该按钮处于有效状态。

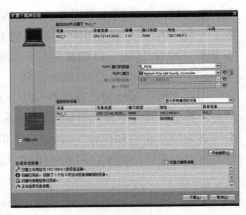

图 5-41　　"扩展下载到设备"对话框

如果网络上有多个 CPU，为了确认设备列表中 CPU 对应的硬件，在图 5-41 的选择列表中需要下载的某个 CPU，勾选左边 CPU 下面的"闪烁 LED"复选框，对应的硬件 CPU 上的 LED 指示灯即开始闪烁。取消勾选"闪烁 LED"复选框，LED 指示灯即停止闪烁。

选择列表中对应的硬件，"扩展下载到设备"对话框中的"下载"按钮会由灰色变为黑色。单击该按钮，打开"下载预览"对话框（此时"装载"按钮是灰色的），如图 5-42 所示。

将"停止模块"设置为"全部停止"后，单击"装载"按钮，开始项目下载。

项目下载结束后，会自动弹出"下载结果"对话框，如图 5-43 所示。在下拉列表框中选择"启动模块"，单击"完成"按钮，CPU 即进入运行（RUN）模式，"RUN/STOP" LED 指示灯变为绿色。

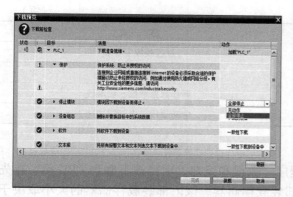
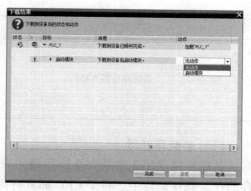

图 5-42　"下载预览"对话框　　　　　　　　图 5-43　"下载结果"对话框

如果在下载完成时，没有选择"启动模块"，可以单击工具栏上的"启动 CPU 图标"，也可以将 CPU 切换到运行（RUN）模式。

打开以太网接口上的盖板，当系统通信正常时，通信连接指示灯 Link LED（绿色）会点亮，数据接收发/送指示灯 Rx/Tx LED（橙色）会周期性闪烁。

5.4　电动机起停的 PLC 控制

在第 4 章电气控制系统中，已经讲述了三相异步电动机起动、停止控制（简称起停控制），其主要是通过按钮、交流接触器、热继电器等低压电器用导线连成的电路实现的，业界习惯称之为硬连接电路，简称"硬"电路。

在本节中，将利用 PLC 实现对电动机的起停控制。当采用 PLC 控制三相异步电动机起停时，必须将按钮的控制信号送到 PLC 的输入端，经过程序运算，再将 PLC 的输出去驱动接触器线圈得电，电动机才能运行。由于 PLC 是通过 CPU 内部的软件编程来实现控制的，因此，业界习惯称之为软连接电路，简称"软"电路。

那么，如何将输入、输出器件与 PLC 连接，如何编写 PLC 控制程序？这就需要用到 PLC 内部的编程元件输入继电器 I、输出继电器 Q 以及相关的位逻辑指令等操作指令。

5.4.1　存储器及寻址方法

1. 存储器

S7-1200 PLC 提供了用于存储用户程序、数据和组态的存储器，如装载存储器、工作存储器及系统存储器，各种存储器见表 5-3。

表 5-3　S7-1200 PLC 的存储区

存储区名称	描　　述
装载存储器	动态装载存储器 RAM
	可保持装载存储器 E^2PROM
工作存储器 RAM	用户程序，如逻辑块、数据块

（续）

存储区名称	描　　述
系统存储器 RAM	过程映像 I/O 表
	位存储器
	局部数据堆栈、块堆栈
	中断堆栈、中断缓冲区

（1）装载存储器

装载存储器用于非易失性地存储用户程序、数据和组态。项目被下载到 CPU 后，首先存储在装载存储器中。每个 CPU 都具有内部装载存储器。该内部装载存储器的大小取决于所使用的 CPU。该内部装载存储器可以用外部存储卡替代。如果未插入存储卡，CPU 将使用内部装载存储器；如果插入了存储卡，CPU 将使用该存储卡作为装载存储器。

（2）工作存储器

工作存储器是易失性存储器，用于在执行用户程序时存储用户项目的某些内容。CPU会将一些项目内容从装载存储器复制到工作存储器中。该易失性存储区将在断电后丢失，而在恢复供电时由 CPU 恢复。

（3）系统存储器

系统存储器是 CPU 为用户程序提供的存储器组件，被划分为若干个地址区域，见表 5-4。

系统存储器用于存放用户程序的数据操作，如过程映像输入/输出、位存储器、临时存储器或数据块等。PLC 使用指令在相应的地址区内对数据直接进行寻址。

表 5-4　系统存储器的存储区

存储区名称	描　　述	强　制	保　持
过程映像输入（I）	在扫描周期开始时从物理输入复制	无	无
物理输入（I_:P）	立即读取 CPU、SB 和 SM 上的物理输入点	有	无
过程映像输出（Q）	在扫描周期开始时复制到物理输出	无	无
物理输出（Q_:P）	立即写入 CPU、SB 和 SM 上的物理输出点	有	无
位存储器（M）	用于存储用户程序的中间运算结果或标志位	无	支持（可选）
临时存储器（L）	存储块的临时数据，这些数据仅在该块的本地范围内有效	无	无
数据块存储器（DB）	数据存储器，同时也是 FB 的参数存储器	无	是（可选）

1）过程映像输入。过程映像输入的标识符为 I，它是 PLC 接收外部输入信号的窗口。数字量输入端可以外接动合触点或动断触点，也可以接多个触点组成的串并联电路。PLC 将外部电路的通/断状态读入并存储在过程映像输入位中，外部输入电路接通时，对应的过程映像输入位为"1"状态（ON）；反之为"0"状态（OFF）。在梯形图中，可以多次使用过程映像输入位的动合触点和动断触点。

CPU 仅在每个扫描周期的循环组织块（Organization Block，OB）⊖执行之前对外围（物

⊖　组织块是 PLC 操作系统（Operating System，OS）与用户程序之间的接口，组织块由 PLC 的 OS 调用。

理）输入点进行采样，并将这些值写入过程映像输入。可以位、字节、字或双字的形式访问过程映像输入。允许对过程映像输入进行读写访问，但过程映像输入通常为只读。

通过在地址后面添加":P"可以立即读取 CPU、信号板 SB 或信号模块 SM 的物理数字输入和模拟输入。使用"I_:P"访问与直接使用"I"访问的区别是，前者直接从被访问点而非输入过程映像区获得数据，因为数据是直接从物理输入点读取，所以这种"I_:P"访问称为立即读访问。

2）过程映像输出。过程映像输出位在用户程序中的标识符为 Q，扫描循环周期开始时，CPU 将过程映像输出位的数据传送给数字量输出模块，再由后者驱动外部负载。

如果梯形图中 Q0.0 的线圈"通电"，继电器型输出模块对应的硬件继电器的动合触点闭合，使接在 Q0.0 对应的输出端子的外部负载通电工作。输出模块的每一个硬件继电器仅有一对动合触点，但是在梯形图中，每一个输出位的动合触点和动断触点都可以多次使用。某些 CPU 的过程映像区的大小可以在组态时设置。

可以位、字节、字或双字的形式访问过程映像输出。系统允许对过程映像输出进行读写访问。

通过在地址后面添加":P"可以立即写入 CPU、信号板 SB 或信号模块 SM 的物理数字输出和模拟输出。

使用"Q_:P"访问与直接使用"Q"访问的区别是，前者除了将数据写入输出过程映像外，还直接将数据写入被访问点，也就是写入两个位置。"Q_:P"访问亦称立即写访问——数据被直接发送到目标点，而不必等待过程输出影响的下一次更新。与可读、可写的"Q"访问不同，"Q_:P"访问为只写访问。

3）位存储器。位存储器（Bit Memory）的标识符为 M，使用的频率很高。位存储器的数据可读可写，可以位、字节、字、双字的形式进行访问，程序运行时需要的很多中间变量都存放在位存储器中。

位存储器的数据可以在全局范围内进行访问，不会因为程序块调用结束而被系统收回。但要注意位存储器的数据在断电后无法保存，若需要保存该数据，应将该数据设置成断电保存，系统会在电压降低时自动将其保存到保持存储区。

4）临时存储器。临时存储器（Temporary Memory）的标识符为 L，用于存放函数块（Function Block，FB）或函数（Function，FC）运行过程中的临时变量，它只在 FB 或 FC 被调用的过程中有效，调用结束后该变量的存储器将被操作系统收回。临时数据存放区的数据是局部有效的，临时变量也称为局部变量，它只能被调用的 FB 访问。临时变量不能保存到保持存储区。

5）数据块存储器。数据块存储器（Data Block Memory，DB）用来存放程序的各种数据，允许以位、字节、字和双字的形式进行访问，某些指令运算需要的数据结构也存放在数据块存储区中。

数据块分为全局数据块和背景数据块。全局数据块存放的数据可以被所有的代码访问，而背景数据块的数据只能被指定的 FB 访问，数据块中的数据具有保持性，在代码运行结束后不会被系统收回。

2. 寻址方法

西门子 S7-1200 CPU 可以按照位、字节、字和双字对存储单元进行寻址。

二进制数的一位（bit）只有"0"或"1"两种不同的取值，可以用来表示数字量（或称开关量）的两种不同的状态，如触点的断开和接通、线圈的通电和断电等。

如果该位为"1"，则表示梯形图中对应的编程元件的线圈"得电"，其动合触点闭合、动断触点断开，以后称该编程元件为"1"状态，或称该编程元件 ON。

如果该位为"0"，则表示梯形图中对应的编程元件的线圈"失电"，其动合触点断开、动断触点闭合，以后称该编程元件为"0"状态，或称该编程元件 OFF。

位数据的数据类型为布尔（Bool）型。8 位二进制数组成 1 个字节（Byte，B），其中的第 0 位为最低位（LSB）、第 7 位为最高位（MSB）。两个字节组成 1 个字（Word，W），其中的第 0 位为最低位。第 15 位为最高位。两个字组成 1 个双字（Double Word，DW），其中的第 0 位为最低位。第 31 位为最高位。位、字节、字、双字构成如图 5-44 所示。

S7-1200 CPU 不同的存储单元都是以字节为单位，其结构如图 5-45 所示。

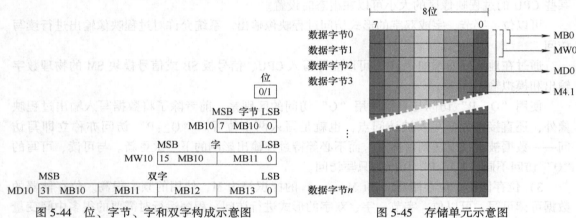

图 5-44　位、字节、字和双字构成示意图　　　　图 5-45　存储单元示意图

位存储单元的地址由字节地址和位地址组成，如 I1.3，其中的区域标识符"I"表示输入（Input）映像区，字节地址为 1，位地址为 3，"."为字节地址与位地址之间的分隔符，这种存取方式称为"字节. 位"寻址方式，如图 5-46 所示。

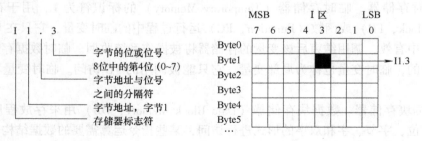

图 5-46　位寻址举例

对字节、字和双字数据的寻址时需要指明标识符、数据类型和存储区域内的首字节地址。例如字节 MB10 表示由 M10.7~M10.0 这 8 位（高位地址在前，低位地址在后）构成的一个字节，M 为存储器的标识符，B 表示字节，10 为字节地址，即寻址位存储区的第 11 个字节。

相邻的两个字节构成一个字，如 MW10 表示由 MB10 和 MB11 组成，M 为位存储区域标识符，W 表示寻址长度为一个字（两个字节），10 为起始字节的地址。MD10 表示由MB10~MB13 组成的双字，M 为位存储区域标识符，D 表示寻址长度为一个双字（两个字，4 个字节），10 表示寻址单位的起始字节地址。

5.4.2　过程映像输入和过程映像输出

1. 过程映像输入

过程映像输入（I）是 S7-1200 CPU 为输入端信号设置的一个存储区，过程映像输入存储器的标识符为 I，在每次扫描周期开始，CPU 会对每个物理输入点进行集中采样，并将采样值写入过程映像输入存储区中，这一过程可以形象地将过程映像输入比作输入继电器来理解，如图 5-47 所示。

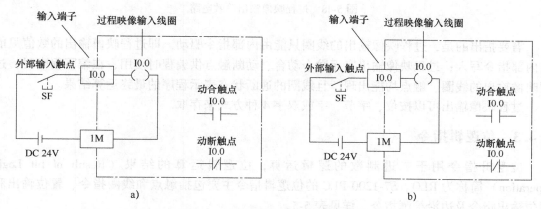

图 5-47　过程映像输入等效电路

a）漏型　b）源型

当外部按钮 SF 闭合时，输入继电器 I0.0 的线圈得电，即过程映像输入向对应的位写入"1"，梯形图程序中对应的动合触点 I0.0 闭合，动断触点 I0.0 断开；一旦外部按钮 SF 松开，则输入继电器 I0.0 的线圈失电，即过程映像输入向对应的位写入"0"，梯形图程序中对应的动合触点 I0.0 断开，动断触点 I0.0 闭合，亦即动合触点和动断触点均复位。

需要说明的是，过程映像输入的数值只能由外部信号驱动，不能由内部指令改写；过程映像输入有无数个动合、动断触点供编程时使用，且在编写程序时，只能出现过程映像输入的触点，不能出现其线圈。

过程映像输入是 PLC 接收外部输入的开关量信号的窗口，可以按位、字节、字或双字 4种方式来存取。

2. 过程映像输出

过程映像输出（Q）是 S7-1200 CPU 为输出端信号设置的一个存储区，过程映像输出的标识符为 Q。在每个扫描周期结束时，CPU 会将过程映像输出的数据传到 PLC 的物理输出点，再由硬触点驱动外部负载（如接触器线圈 QA），这一过程可以形象地将过程映像输出比作输出继电器，如图 5-48 所示。

每个输出继电器线圈都与一个相应的输出端子相连，当有驱动信号输出时，输出继电器线圈得电，过程映像输出的相应位置为"1"状态，其对应的硬触点闭合，从而驱动外部负载，使接触器线圈 QA 得电；反之，则不能驱动外部负载。

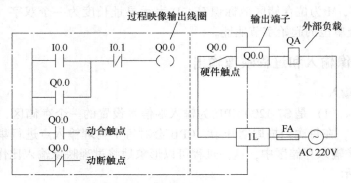

图 5-48 过程映像输出等效电路

需要指出的是，过程映像输出的线圈只能由内部指令驱动，即过程映像输出的数值只能由内部指令写入；过程映像输出有无数个动合、动断触点供编程时使用，在编写程序时，过程映像输出的线圈、触点均能出现，且线圈的通断状态表示程序的最终运算结果。

过程映像输出可以按位、字节、字或双字 4 种方式来存取。

5.4.3 位逻辑指令

位逻辑指令用于二进制数的逻辑运算，位逻辑运算的结果（Result of bit Logic Operation）简称为 RLO。S7-1200 PLC 的位逻辑指令主要包括触点和线圈指令、置位输出和复位输出指令及边沿检测指令，详见表 5-5。

表 5-5 位逻辑指令

梯形图符号	功能描述	梯形图符号	功能描述
—┤ ├—	动合触点	—(P)—	在信号上升沿置位操作数
—┤/├—	动断触点	—(N)—	在信号下降沿置位操作数
—┤NOT├—	取反 RLO	RS — R Q — … — S1	置位优先型 RS 触发器 （复位/置位触发器）
—( )—	赋值	SR — S Q — … — R1	复位优先型 SR 触发器 （置位/复位触发器）
—(/)—	赋值取反	P_TRIG — CLK Q —	扫描 RLO 的信号上升沿
—(S)—	置位输出	N_TRIG — CLK Q —	扫描 RLO 的信号下降沿

（续）

梯形图符号	功能描述	梯形图符号	功能描述
—(R)—	复位输出	%DB1 R_TRIG — EN ENO — — CLK Q —	检测信号上升沿
—(SET_BF)—	置位位域	%DB2 F_TRIG — EN ENO — — CLK Q —	检测信号下降沿
—(RESET_BF)—	复位位域	—┤P├—	扫描操作数的信号上升沿
		—┤N├—	扫描操作数的信号下降沿

1. 动合触点与动断触点

触点分为动合触点和动断触点。动合触点在指定的位为"1"状态（True）时闭合，为"0"状态（False）时断开。

动断触点在指定的位为"1"状态（True）时断开，为"0"状态（False）时闭合。动合触点符号中间加"/"表示动断，触点指令中变量的数据类型为位（Bool）型，在编程时触点可以串联也可以并联使用，但不能放在梯形图逻辑行的最后。两个触点串联时，将进行"与"运算，两个触点并联时，将进行"或"运算。

触点指令的应用如图 5-49 所示。需要注意的是，在使用绝对寻址方式时，绝对地址前面的"%"是编程软件自动添加的，无须用户自行输入。

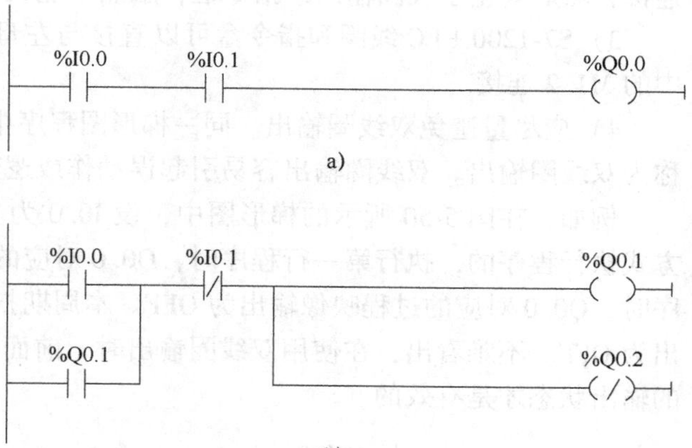

图 5-49　触点指令及线圈指令的应用

a）与运算　b）或运算

2. 线圈输出与取反线圈输出指令

线圈输出指令又称为赋值指令，该指令是将输入的逻辑运算结果（RLO）的信号状态（即线圈状态）写入指定的操作数地址。驱动线圈的触点电路接通时，线圈有"能流"流过，则指定位对应的输出为"1"，反之，则为"0"。如果是 Q 区的地址，CPU 将输出的值传送给对应的过程映像输出。PLC 在运行（RUN）模式时，接通或断开连接到响应输出点的负载。线圈输出指令 LAD 的形式为—( )—。

取反线圈输出指令又称为赋值取反指令，赋值取反线圈中间有"/"符号。如果有"能流"流过图 5-49b 中的 Q0.2 取反线圈，则 Q0.2 线圈的输出位为"0"状态，其动合触点断开，动断触点闭合；反之，则 Q0.2 线圈的输出位为"1"状态，其动合触点闭合，动断触点断开。取反线圈输出指令 LAD 的形式为—(/)—。

线圈输出与取反线圈输出指令可以放在梯形图的任意位置，变量类型为布尔（Bool）型。

5.4.4　程序设计方法

1. 经验设计法

经验设计法就是依据设计者的经验进行设计的方法。采用经验设计法设计程序时，将生产机械的运动分成各自独立的简单运动，分别设计这些简单运动的控制程序，再根据各自独立的简单运动，设计必要的互锁（联锁）和保护环节。

这种设计方法要求设计者掌握大量的控制系统的实例和典型的控制程序。设计程序时，还需要经过反复修改和完善，才能符合控制要求。这种设计方法没有规律可以遵循，具有很大的探索性和随意性，最后的结果因人而异，不是唯一的。经验设计法一般用于较简单的控制系统程序。

2. 梯形图编程的基本规则

1）PLC 过程映像输入/输出、位存储器等软元件的触点在梯形图编程时可多次重复使用。

2）梯形图按自上而下、从左向右的顺序排列。每一逻辑行总是起于左母线，经触点的连接，然后终止于线圈输出或指令框，触点不能放在线圈的右边。

3）S7-1200 PLC 线圈和指令盒可以直接与左母线相连，当然也可通过系统存储器字节中的 M1.2 连接。

4）应尽量避免双线圈输出。同一梯形图程序中，同一地址的线圈使用两次及两次以上称为双线圈输出。双线圈输出容易引起误动作或逻辑混乱，因此一定要慎重。

例如，在图 5-50 所示的梯形图中，设 I0.0 为 ON、I0.1 为 OFF。由于 PLC 是按照扫描方式执行程序的，执行第一行程序时，Q0.0 对应的过程映像输出为 ON，当执行到第二行程序时，Q0.0 对应的过程映像输出为 OFF。本周期扫描执行程序的结果是——Q0.0 对应的输出为 OFF。不难看出，在使用双线圈输出时，前面的 Q0.0 的输出状态是无效的，只有最后的输出状态才是有效的。

图 5-50　双线圈输出示例

5）在梯形图中，不允许出现 PLC 所驱动的负载（如接触器线圈、电磁阀线圈和指示灯等），只能出现相应的 PLC 过程映像输出的线圈。

5.4.5　编写用户程序

下面以起保停程序为例，说明如何使用博途软件编制梯形图。

1. 程序编辑器简介

打开博途编程软件，选择"创建新项目"，项目名称为"起保停程序"。在"设备组态"选项卡中选择"添加新设备"，添加控制器"CPU 1214C AC/DC/Rly（订货号为 6ES7

214-1BG40-0XB0）"，在项目视图的项目树中，依次单击"PLC_1"→"程序块"前下拉按钮▶，双击"程序块"中的"Main［OB1］"选项，打开主程序视图（图 5-51），即可在程序编辑器中创建用户程序。

程序编辑器界面采用分区显示，各个区域可以通过鼠标拖拽来调整大小，也可以通过单击相应的按钮完成浮动、最大化/最小化、关闭、隐藏等操作。

在图 5-51 中，标号①对应区域为设备项目树，在该区域用户可以完成设备的组态、程序的编制、块操作等。因此，该区域为项目的导航区，双击任意目录，右侧将展开目录内容的工作区域。整个项目的设计主要围绕本区域进行。

标号②对应的区域为详细视图，单击①区域中的选项，则②区域展示相应的详细视图，如单击"默认变量表"，则详细视图中显示该变量表中的详细变量信息。

标号③对应的区域为代码块的接口区，可通过鼠标将分隔条向上拉动，将本区域隐藏。

标号④对应的区域为程序编辑区，用户程序主要在此区域编辑生成。

标号⑤对应的区域是打开的程序块巡视窗口，可以查看属性、信息和诊断。如单击"程序段 1"后，在巡视窗口的"属性"中改变编程语言。

标号⑥对应的选项按钮对应已经打开的窗口，用鼠标单击该选项按钮，则可跳转至相应的界面。例如，单击图 5-51 最右边垂直条上的"测试""任务"和"库"按钮，可以分别在任务卡中打开"测试""任务"和"库"的窗口。

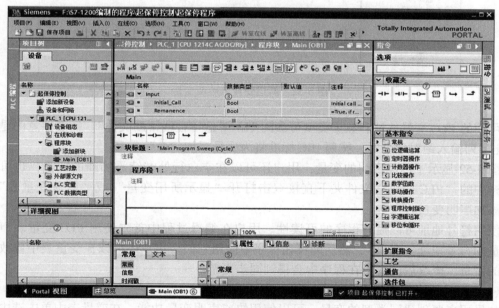

图 5-51　程序编辑器视图

标号⑦对应的区域是指令的收藏夹，用于快速访问常用的编程指令。

标号⑧对应的区域是任务卡中的指令列表，可以将常用指令拖拽至收藏夹，收藏夹中可以通过单击鼠标右键删除指令。

2. 变量表

变量表用来声明和修改变量。PLC 变量表包括整个 CPU 范围内有效的变量和符号变量的定义。系统会为项目中使用的每个 CPU 自动创建一个"PLC 变量"文件夹,包含"显示所有变量""添加变量表"及"默认变量表"。也可以根据要求为每个 CPU 创建多个用户自定义变量表以分组变量。还可以对用户定义的变量表重命名、整理合并为组或删除。

（1）变量表的声明与修改

打开项目树中的"PLC 变量"文件夹,双击其中的"添加新变量表",在"PLC 变量"文件夹下生成一个新的变量表,名称为"变量表_1［0］"。其中,"0"表示目前变量表里没有变量,当变量表中新增变量时,该数据随之改变。

双击新生成的"变量表_1［0］",打开变量表编辑器,在"<新增>"字样的空白处双击,根据电气原理图声明变量名称、地址和注释。单击数据类型列隐藏的"数据类型"图标，选择设置变量的数据类型,按钮、指示灯为"Bool"类型,如图 5-52 所示。

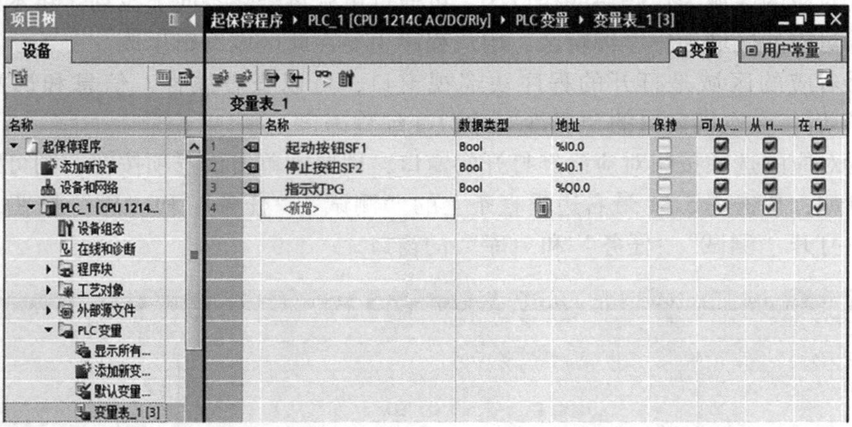

图 5-52　新建变量表声明变量

可用的 PLC 变量地址和数据类型可参阅 TIA 博途"在线帮助文件"。需要注意的是,在"地址"列输入绝对地址时,按照 IEC 标准将为变量添加"%"符号。

图 5-52 显示了已经声明的变量,用户还可以在空白行处继续添加新的变量,也可以在项目树中的"PLC 变量"文件夹下直接双击打开"显示所用变量"或"默认变量表",在其中添加声明变量。

使用符号地址可以提高程序的可读性。用户在编辑过程中首先使用 PLC 变量表声明定义变量的符号地址（名称）,然后即可在程序中使用它们。用户还可以在变量表中修改已经创建的变量,修改后的变量在程序中会得到同步更新。

（2）变量的快速声明

如果用户要创建同类型的变量,可以使用快速声明变量功能。在变量表中单击选中已有的变量"起动按钮 SF1"左边的标签，用鼠标按住左下角的蓝色小正方形不放,向下拖动,在空白行可声明新的变量,且新的变量将继承上一行变量的属性。

（3）设置变量的断电保持功能

单击工具栏上的"保持"图标，可以在打开的对话框设置 M 区从 MB0 开始的具有断电保持功能的字节数。设置后有断电保持功能的 M 区变量的"保持性"列复选框中出现"√"。将项目下载到 CPU 后,M 区变量的保持功能将发挥作用。

（4）变量表中的变量排序

变量中的变量可以按照名称、数据类型或者地址进行排序，如单击变量表中的"地址"，该单元则出现向上的三角形，各变量按地址的第一个字母升序排序（A~Z）。

再单击一次，三角形向下，变量按名称第一个字母降序排序。可以用同样的方法根据名称和数据类型进行排序。

（5）全局变量与局部变量

在 PLC 变量中定义的变量可用于整个 PLC 中所有的代码块，具有相同的意义和唯一的名称。在变量表中，可以为输入 I、输出 Q 和位存储器 M 的位、字节、双字等定义全局变量。全局变量在程序中被自动地添加双引号标识，如"起动按钮 SF1"。

局部变量只能在它被定义的代码块中使用，而且只能通过符号地址访问，同一变量的名称可以在不同的代码块中分别使用一次。可以在代码块的接口区定义代码块的输入/输出参数（Input、Output 和 Inout 参数）和临时数据（Temp），以及定义函数块（FB）的静态变量（Static）。在程序中，局部变量被自动添加#号，如"#起动按钮 SF1"。

（6）使用帮助

TIA 博途为用户提供了系统帮助，帮助被称为信息系统，可以通过菜单命令"帮助"中的"显示帮助"，或者选中某个对象，按<F1>键打开。另外，还可以通过目录查找到用户感兴趣的帮助信息。

3. 生成用户程序

首先选择程序段 1 中水平线，依次单击程序编辑区上工具栏"┤├ ┤╱├ ┤○├ ▣ → ┘"中的 ┤├、┤╱├ 和 ┤○├ 指令，水平线上会出现从左到右串联的动合触点、动断触点和线圈。此时，触点、线圈上面红色的问号 表示地址未编辑，同时在"程序段 1"的左边出现 符号，表示该段程序正在编辑中，或有错误，如图 5-53a 所示。

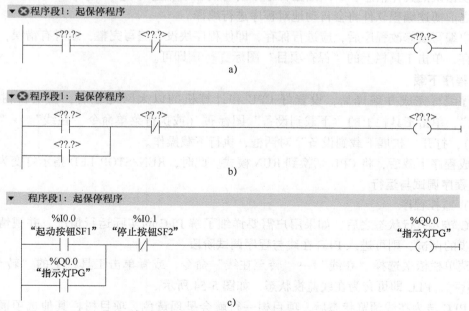

图 5-53 生成的起保停梯形图

然后选中左母线（最左边垂直线），依次单击工具栏中的 ⬐ 、 ⊣⊢ 和 ⬏ ，生成一个与上面动合触点并联的动合触点，如图 5-53b 所示。

在编辑各指令对应操作数时，双击指令上方 <??.> 处，在弹出的输入框中单击其右侧的"变量表"图标 ，在打开的变量表中选择对应操作数的地址；若没有编辑变量表，在弹出的输入框中输入对应操作数的地址（不区分大小写），并重命名变量。程序段编辑完成且正确后，程序段左边的 ⊗ 符号会自动消失，如图 5-53c 所示。

为便于后续的程序编辑工作，可将常用的指令拖放到指令列表栏的"收藏夹"文件中，然后用鼠标右键单击已展开的"收藏夹"中任意处，在弹出的下拉列表中勾选"在编辑器中显示收藏"复选框，这样在编辑器块标题上方便出现收藏夹中收藏的所有指令对应的工具栏，用户使用中会倍感方便。

在程序编辑过程中，如果需要插入程序段，可先选择需要插入程序段的位置，然后单击程序编辑器工具栏上的"插入程序段"图标 ，即可插入一个程序段；也可以在需要插入程序段的位置，单击右键，在弹出的下拉列表栏中单击"插入程序段"，同样可以在该位置下方插入一个程序段。

若要删除某一程序段，首先单击选中需删除程序段的块标题，然后单击程序编辑器工具栏上的"删除程序段"图标 ，即可删除该程序段；也可以选中需要删除程序段的块标题，单击右键，在弹出的下拉列表栏中单击"删除"，同样可以删除该程序段。

如果程序中需要对操作数的地址格式进行改变，可以单击程序编辑器工具栏上的"绝对/符号操作数"图标 ，使操作数在不同的地址格式之间切换。

程序编写完成后，需要进行编译。单击工具栏上的"编译"图标 或执行菜单命令"编辑"→"编译"，对项目进行编译。如果程序有错误，编译后在编辑器下方巡视窗口中将会出现错误的具体信息，必须改正程序中所有的错误信息才能下载。如果没有编译程序，在下载之前博途编程软件将会自动地对程序进行编译。

用户编写或修改程序后，应进行保存，即使程序块没有编写完整，或者有错误，也可以对其保存，单击工具栏上的"保存项目"图标 保存项目 即可。

4. 程序下载

程序编写完成并编译后，设置好 CPU 和计算机的以太网地址后，在项目树栏选中"PLC_1"，单击工具栏上的"下载到设备"图标 （或执行菜单命令"在线"→"下载到设备"），打开"扩展下载到设备"对话框，执行下载操作。

完成程序下载后，将 CPU 切换到 RUN 模式。此时，RUN/STOP LED 指示灯变为绿色。

5. 程序调试与运行

（1）监控程序

PLC 转入运行状态之后，如果用户需要详细了解 PLC 的实际运行情况，并视情对程序做进一步的调试，则可进入 PLC 在线与程序调试阶段。

在菜单栏依次选择"在线"→"转至在线"命令，或者单击工具栏上的"转至在线"图标 转至在线 ，PLC 即可转为在线监视状态，如图 5-54 所示。

当 PLC 转为在线预览状态后，项目树一行就会呈现黄色，项目树栏其他选项通过不同的颜色进行标识。选项标识为绿色的 ☑ 和 ● 图标标识正常，否则必须进行诊断或重新下载。

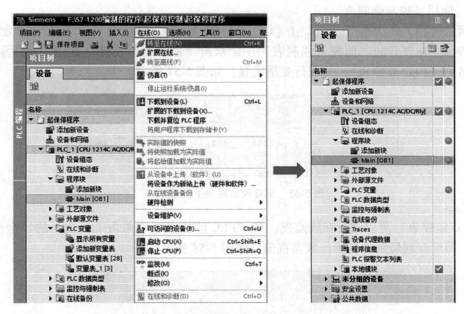

图 5-54 选择"转至在线"选项进入在线预览状态

在程序编辑器中,单击工具栏上的"启用/禁用监视"图标 ，程序进入在线调试状态,如图 5-55 所示。在实际操作时,界面上显示的梯形图中绿色实线表示电路接通或通电,蓝色虚线表示电路断开或断电。

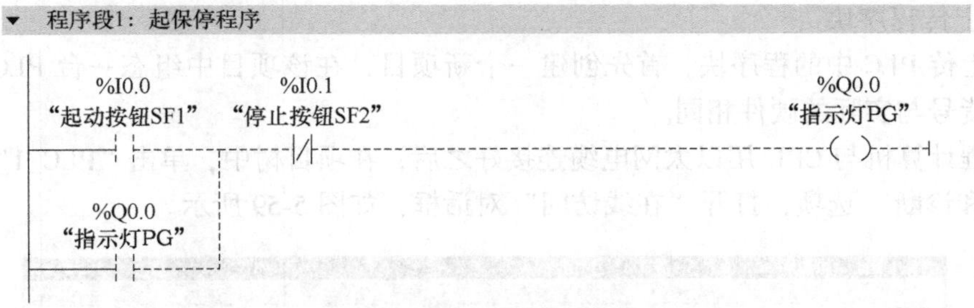

▼ 程序段1: 起保停程序

```
        %I0.0            %I0.1                              %Q0.0
   "起动按钮SF1"     "停止按钮SF2"                        "指示灯PG"
      ┤ ├ - - - - - - -┤/├- - - - - - - - - - - - - - - - - -( )- - -

        %Q0.0
    "指示灯PG"
      ┤ ├ - - - -
```

图 5-55 程序块的在线调试

当按下"起动按钮 SF1"时,"指示灯 PG"接通,程序进入运行状态,如图 5-56 所示。

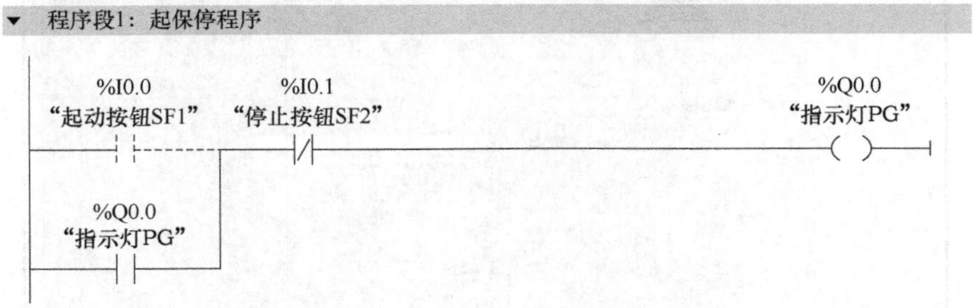

▼ 程序段1: 起保停程序

```
        %I0.0            %I0.1                              %Q0.0
   "起动按钮SF1"     "停止按钮SF2"                        "指示灯PG"
      ┤ ├              ┤/├                               ─( )─

        %Q0.0
    "指示灯PG"
      ┤ ├
```

图 5-56 程序进入运行状态

（2）使用监控与强制表

在项目树栏，依次单击 "PLC_1 [CPU 1214C AC/DC/Rly]" → "监控与强制表" 前的下拉按钮，在打开的 "监控与强制表" 中，双击 "添加新监控表" 选项，将新添加的监控表命名为 "PLC 监控表"，并进行变量设置，如图 5-57 所示。

图 5-57　变量设定后的 PLC 监控表

"PLC 监控表" 可以进行在线监视，在 "PLC 监控表" 中单击工具栏上的 "全部监视" 图标，即可看到最新的各操作数监视值，如图 5-58 所示。

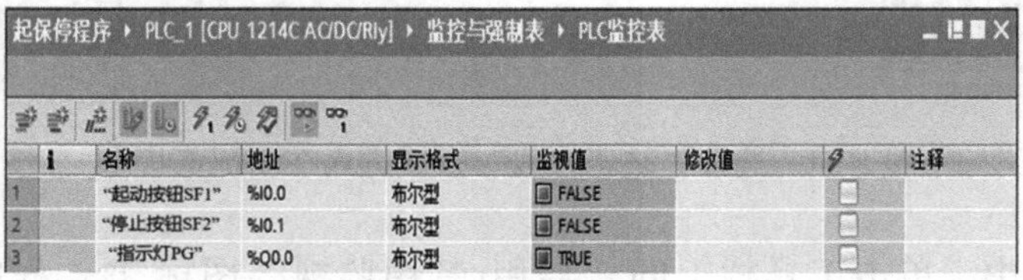

图 5-58　PLC 监控表的在线监控

6. 项目上传

（1）上传程序块

为了上传 PLC 中的程序块，首先创建一个新项目，在该项目中组态一台 PLC 设备，其型号和订货号与实际的硬件相同。

将编程计算机与 CPU 用以太网电缆连接好之后，在项目树中，单击 "PLC_1" 文件夹下的 "在线和诊断" 选项，打开 "在线访问" 对话框，如图 5-59 所示。

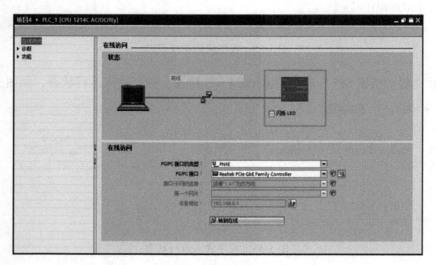

图 5-59　"在线访问" 对话框

　　在 "PG/PC 接口的类型" 对应选择框中选择使用的网卡 "Realtek PCIe GbE Family Controller"，然后单击 "转到在线" 按钮，再单击工具栏中的 "从设备中上传" 图标 ↑，打开 "上传预览" 对话框，如图 5-60 所示。

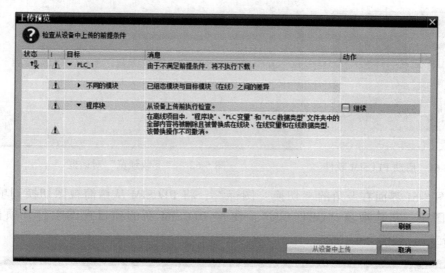

图 5-60　"上传预览" 对话框

　　勾选对话框中 "继续" 前面复选框，然后单击 "从设备中" 上传按钮，这样就把 PLC 中的当前程序上传到编程计算机中。此时，依次打开 "PLC_1" → "程序块" → "Main [OB1]"，便可在 "Main [OB1]" 中查看到从 PLC 中读取的程序。

　　(2) 上传硬件配置

　　1) 将 CPU 连接到编程设备上，创建一个新项目。

　　2) 添加一个新设备，但选择 "非特定的 CPU 1200"，而不是选择具体的 CPU。

　　3) 执行菜单命令 "在线" → "硬件检测"，打开 "PLC_1 的硬件检测" 对话框。选择 "PG/PC 接口的类型" 为 "PN/IE"，"PG/PC 接口" 为 "Realtek PCIe GbE Family Controller"，然后单击 "开始搜索" 按钮，找到 CPU 后，单击选中 "所选接口的兼容可访问节点" 列表中的设备，单击右下角的 "检测" 按钮。此时，在设备视图窗口便可看到已上传的 CPU 和所有模块 (SM、SB 或 CM) 的组态信息。

　　如果用户已为 CPU 分配了 IP 地址，系统将会自动上传该 IP 地址，但不会上传其他设置 (如模拟量 I/O 属性)，必须在设备视图中手动组态 CPU 的各模块的配置。

7. 程序仿真调试

　　前面介绍的项目调试方法是在有 PLC 硬件实物的条件下进行的。如果没有 PLC 硬件实物，则可以利用 TIA 博途提供的仿真软件 PLCSIM 对程序进行仿真调试。

　　将编写好的程序编译并保存后，选中项目树中的 PLC_1，单击工具栏上的 "启动仿真" 图标 ⧉，或执行菜单命令 "在线" → "仿真" → "启动"，启动 S7-PLCSIM，如图 5-61 所示。

　　打开仿真软件 PLCSIM 后，出现 "扩展下载到设备" 对话框，单击 "开始搜索" 按钮，搜索到下载的设备后，单击 "下载" 按钮，弹出 "下载预览" 对话框，如图 5-62 所示。单击"装载"按钮，将程序下载到仿真 PLC，并使其进入 RUN 模式。

图 5-61　启动 PLCSIM 软件

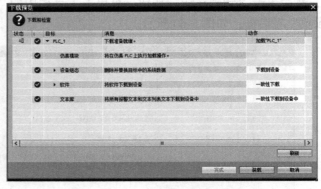

图 5-62　"下载预览"对话框

单击图 5-61 界面右上角的"切换"图标 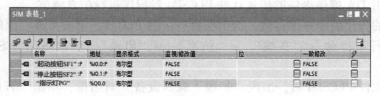，将 PLCSIM 从精简视图切换到项目视图。在项目视图中，新建项目"QBT_SIM"，在 S7-PLCSIM 新的项目视图中打开项目树中的"SIM 表格_1"，如图 5-63 所示。

图 5-63　PLCSIM 项目视图

在"SIM 表格_1"中，手工生成需要仿真的 I/O 点。也可以在图 5-63 所示"SIM 表格_1"编辑栏空白处单击鼠标右键选择"加载项目标签"，从而加载项目的全部标签，如图 5-64 所示。

图 5-64　PLCSIM 的 SIM 表格_1

接下来就可以进行程序仿真了。首先，用鼠标单击"SIM 表格_1"中的 [　"起动按钮SF1":P　] 标签，则在"SIM 表格_1"下方出现虚拟的"起动按钮 SF1"，如图 6-65 所示。单击该按钮，观察"监视/修改值"中的变量状态是否发生相应的变化。用同样的方法操作"停止按钮 SF2"，观察"监视/修改值"中的"指示灯 PG"是否变为"FALSE"，从而检验程序是否满足控制要求。

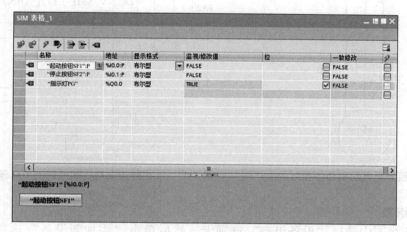

图 5-65　PLCSIM 的仿真按钮及变量状态

5.4.6　用位逻辑指令实现控制任务

1. 控制要求

三相异步电动机起停控制的主电路如图 5-66 所示，要求按下起动按钮 SF1 时，电动机直接起动并持续运行。在运行过程中，若操作人员按下停止按钮 SF2 或电动机出现过载现象，则电动机立即停止运行。

2. I/O 地址分配与接线图

根据控制要求，确定 I/O 地址分配表（见表 5-6），并据此绘制 I/O 接线图，如图 5-67 所示。

表 5-6　I/O 地址分配表

输入信号			输出信号		
设备名称	符　号	I元件地址	设备名称	符　号	Q元件地址
起动按钮	SF1	I0. 0	接触器	QA1	Q0. 0
停止按钮	SF2	I0. 1			
热继电器	BB	I0. 2			

3. 创建工程项目

打开博途 V15 软件，在 Portal 视图中选择"创建新项目"，输入项目名称"2RW_1"，选择项目保存路径，单击"创建"按钮，完成项目创建。

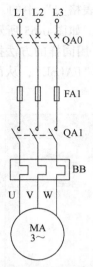

图 5-66　三相异步电动机起停控制的主电路

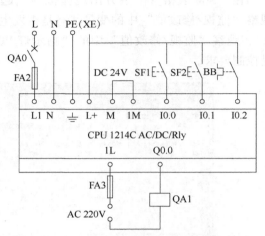

图 5-67　三相异步电动机起停控制 I/O 接线图

4. 硬件组态

在 Portal 视图中选择"设备组态"选项卡，然后单击"添加新设备"选项，在打开的"添加新设备"窗口中单击"控制器"按钮，在"设备名称"对应的输入框中输入用户自定义的设备名称。也可以使用系统指定名称"PLC_1"，在中间的目录树中，依次单击"SIMATIC S7-1200"→"CPU"→"CPU 1214C AC/DC/Rly"各个选项前面的下拉按钮，或依次双击选项名称"SIMATIC S7-1200"→"CPU"→"CPU 1214C AC/DC/Rly"，在打开的"CPU 1214C AC/DC/Rly"文件夹中选择与 CPU 硬件实物对应的订货号（本书选用的 CPU 订货号为 6ES7 214-1BG40-0XB0）。然后单击窗口右下角的"添加"按钮，完成硬件组态。

5. 编辑变量表

进入项目视图，在项目树中，依次双击"PLC_1"→"PLC 变量"→"添加新变量表"，双击"PLC 变量"生成"变量表_1［4］"，根据 I/O 分配表编辑变量表，如图 5-68 所示。

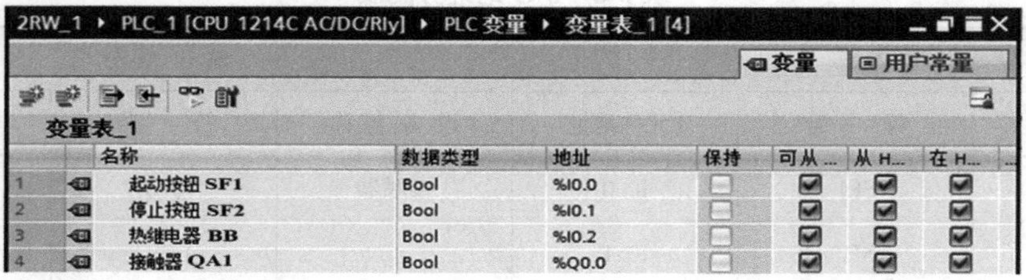

2RW_1 ▸ PLC_1 [CPU 1214C AC/DC/Rly] ▸ PLC 变量 ▸ 变量表_1 [4]						
					◀变量	▣用户常量
变量表_1						
	名称	数据类型	地址	保持	可从 …	从 H…	在 H…
1	起动按钮 SF1	Bool	%I0.0		☑	☑	☑
2	停止按钮 SF2	Bool	%I0.1		☑	☑	☑
3	热继电器 BB	Bool	%I0.2		☑	☑	☑
4	接触器 QA1	Bool	%Q0.0		☑	☑	☑

图 5-68　三相异步电动机起停 PLC 控制变量表

6. 编写程序

在项目树中，依次双击"PLC_1"→"程序块"→"Main［OB1］"，打开程序编辑器，在程序编辑区根据控制要求编写梯形图，如图 5-69 所示。

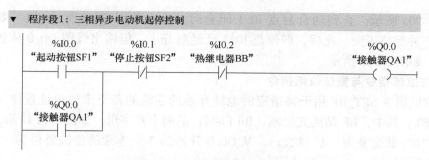

图 5-69　三相异步电动机起停控制梯形图

7. 调试运行

将设备组态及图 5-69 所示的梯形图程序编译后下载到 CPU 中，启动 CPU，将 CPU 切换至 RUN 模式下。

按图 5-67 所示 PLC 的 I/O 接线图正确连接输入设备、输出设备，首先进行系统的空载调试，观察交流接触器 QA1 能否按控制要求动作。即按下起动按钮 SF1 时，接触器 QA1 得电动作，电动机运行过程中，按下停止按钮 SF2，接触器 QA1 线圈失电，触点复位返回，运行过程结束。在监视状态下，观察 Q0.0 的动作状态是否与接触器 QA1 动作一致，否则，检查电路接线或修改程序，直至交流接触器 QA1 能按控制要求动作；然后连接电动机（电动机按星形联结），进行带载动态调试。

5.4.7　用置位/复位指令实现控制任务

1. 置位输出与复位输出指令

置位输出指令 S（Set）用于将指定的位操作数置位为"1"（位操作数变为"1"状态并保持）。

复位输出指令 R（Reset）用于将指定的位操作数复位为"0"（位操作数变为"0"状态并保持）。

如果同一操作数的 S 线圈和 R 线圈同时断电（线圈输入端的 RLO 为"0"），则指定操作数的信号状态保持不变。

置位输出指令 S 和复位输出指令 R 最主要的特点是记忆和保持功能。

如图 5-70a 所示，当动合触点 I0.0 闭合时，输出线圈 Q0.0 即转变为"1"状态，并持续保持"1"状态不变。期间，即便是 I0.0 已经转变为断开状态了，但输出线圈 Q0.0 依然保持"1"状态不变，如图 5-70b 所示。

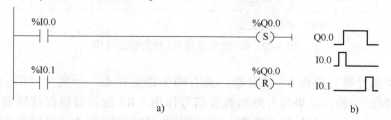

图 5-70　置位输出与复位输出指令的应用

a）梯形图　b）时序图

如图 5-70a 所示，直到动合触点 I0.1 闭合时，输出线圈 Q0.0 才由 "1" 状态转变为 "0" 状态，并保持不变。此后，即便是 I0.1 已经断开了，但输出线圈 Q0.0 依然保持 "0" 状态不变，如图 5-70b 所示。

2. 置位位域指令与复位位域指令

置位位域指令 SET_BF 用于将指定的地址开始的连续的若干个位地址置位（变为 "1" 状态并保持）。其中，BF 是英文位域（Bit Field）的两个首字母。如图 5-71 所示，I0.0 的上升沿（从 "0" 状态变为 "1" 状态），从 Q0.0 开始的 3 个连续的位被置位为 "1" 状态并保持该状态不变。

复位位域指令 RESET_BF 将指定的地址开始的连续的若干个位地址复位（变为 "0" 状态并保持）。如图 5-71 所示，I0.1 的下降沿（从 "1" 状态变为 "0" 状态），从 Q0.3 开始的 4 个连续的位被复位为 "0" 状态并保持该状态不变。

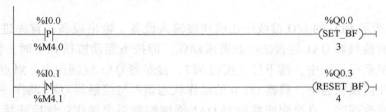

图 5-71　置位位域与复位位域指令的应用

3. 置位/复位触发器与复位/置位触发器

置位/复位触发器（简称 SR 触发器）具有两个稳定状态，分别为 "1" 和 "0"，亦称双稳态触发器。如果没有外加触发信号作用，SR 触发器将保持原有状态不变，且具有记忆功能。在外加触发信号作用下，SR 触发器输出状态才可能发生变化，其输出状态直接受输入信号的控制。

图 5-72 中的 SR 方框是置位/复位（复位优先）触发器，其输入输出关系见表 5-7。在置位（S）和复位（R1）信号同时为 1 时，图 5-72 的 SR 方框上面的输出位 M0.0 被复位为 0。可选的输出 Q 反映了 M0.0 的状态。

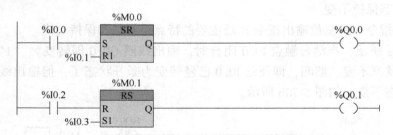

图 5-72　SR 触发器与 RS 触发器的应用

复位/置位触发器（简称 RS 触发器）具有两个稳定状态，分别为 "0" 和 "1"，也属于双稳态触发器的一种。如果没有外加触发信号作用，RS 触发器将保持原有状态不变，且具有记忆功能。在外加触发信号作用下，RS 触发器的输出状态才可能发生变化，其输出状态直接受输入信号的控制。

图 5-72 中的 RS 方框是复位/置位（置位优先）触发器，其输入输出关系见表 5-7。在置位（S1）和复位（R）信号同时为 1 时，图 5-72 的 RS 方框上面的输出位 M0.1 被置位为 1。可选的输出 Q 反映了 M0.1 的状态。

表 5-7   SR 触发器与 RS 触发器的区别

SR 触发器			RS 触发器		
S	R1	输 出 位	S1	R	输 出 位
0	0	保持前一状态	0	0	保持前一状态
0	1	0	0	1	0
1	0	1	1	0	1
1	1	0	1	1	1

触发器方框上面的 M0.0 和 M0.1 称为标志位，R、S 输入端首先对标志位进行复位和置位，然后将标志位的状态送到输出端。

4. 用置位输出/复位输出指令实现三相异步电动机的起停控制

用置位输出/复位输出指令实现三相异步电动机起停控制的梯形图如图 5-73 所示，读者可自行测试验证。

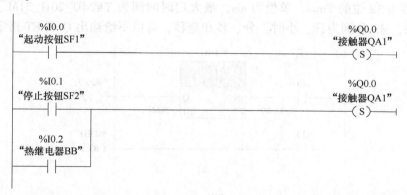

图 5-73   用置位输出/复位输出指令实现三相异步电动机起停控制梯形图

5.5   电动机正反转循环运行的 PLC 控制

在第 4 章电气控制系统中，曾利用低压电器构建的继电器-接触器控制电路实现对三相异步电动机正反转的控制。本节要求用 PLC 来实现对三相异步电动机正反转循环运行的控制，即按下起动按钮，三相异步电动机正转 5s、停 2s，反转 5s、停 2s，如此循环 5 个周期，然后自动停止，运行过程中按下停止按钮电动机立即停止。

要实现上述控制要求，除了要使用基本的位逻辑指令之外，还需要使用定时器和计数器指令。

5.5.1   定时器指令

S7-1200 PLC 提供了 4 种 IEC 定时器（Timer），具体类型和功能见表 5-8。

表 5-8　S7-1200 PLC 的定时器

类　型	功　能
脉冲定时器（TP）	脉冲定时器可生成具有预设宽度时间的脉冲
接通延时定时器（TON）	接通延时定时器输出 Q 在预设的延时时间到时设置为 ON
关断延时定时器（TOF）	关断延时定时器输出 Q 在预设的延时时间到时设置为 OFF
保持型接通延时定时器（TONR）	保持型接通延时定时器输出 Q 在预设的延时时间到时设置为 ON

在 PLC 的指令体系中，定时器相当于继电器-接触器电路的中的时间继电器，但其种类和功能要比时间继电器丰富和强大得多。在 S7-1200 PLC 中，每一个定时器都要使用一个存储在数据块中的结构来保存定时器的数据。在程序编辑器中设置定时器时，即可分配该数据块。可以采用系统默认的设置，也可以由用户自行手动设置。在函数块中设置定时器指令后，可以选择多种背景数据块选项，各数据结构的定时器结构名称可以不同。

1. 脉冲定时器

脉冲定时器及其时序图如图 5-74 所示。在图 5-74a 中 "%DB1" 表示定时器的背景数据块（此处只显示了绝对地址，也可以设置显示符号地址），TP 表示脉冲定时器，PT（Preset Time）为预设时间值，ET（Elapsed Time）为定时开始后经过的时间，称为当前时间值，它们的数据类型为 32 位的 Time，单位为 ms，最大定时时间为 T#24D_20H_31M_23S_647MS，D、H、M、S、MS 分别为日、小时、分、秒和毫秒，可以不给输出 Q 和 ET 指定地址。

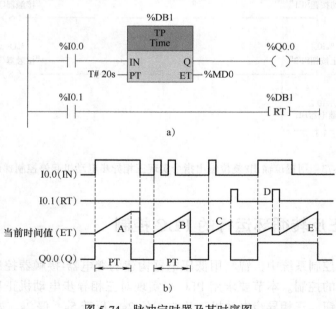

图 5-74　脉冲定时器及其时序图
a）梯形图　b）时序图

"IN" 为定时器的输入，"Q" 为定时器的输出，各参数均可使用 I（仅用于输入参数）、Q、M、D、L 存储区，PT 可以使用常数。定时器指令可以放在程序段的中间或结尾处。

脉冲定时器的工作原理如下：

1）起动。当输入 IN 从"0"变为"1"时，定时器起动，此时 Q 立即置为"1"，开始输出脉冲。当到达 PT 预置的时间时，定时器的输出端 Q 变为"0"状态（如图 5-74b 波形段 A、B、E 所示）。输入 IN 的脉冲宽度可以小于输出端 Q 的脉冲宽度。在脉冲输出期间，即便输入端 IN 发生了变化，又出现了上升沿（如图 5-74b 波形段 B 所示），也不影响脉冲的输出。到达预设时间值后，如果输入端 IN 为"1"，则定时器停止计时并保持当前时间值；如果输入端 IN 为"0"，则定时器时间值清零。

2）输出。在定时器定时过程中，定时器的输出 Q 始终为"1"。随着时间流逝，当定时器的计时时间达到预设时间值时，定时器的输出 Q 转变为"0"。

3）复位。当图 5-74a 中的 I0.1 为"1"时，程序执行复位定时器（RT）指令，定时器被复位。如果此时定时器正在计时，且输入端 IN 为"0"状态，定时器的当前时间值将清零，定时器的输出端 Q 也将置"0"（如图 5-74b 波形段 C 所示）；如果此时定时器正在计时，且输入端 IN 为"1"状态，定时器的当前时间值将清零，定时器的输出端 Q 也将置"1"（如图 5-74b 波形段 D 所示）。当复位信号 I0.1 变为"0"状态、输入端 IN 变为"1"状态时，定时器将重新开始计时（如图 5-74b 波形段 E 所示）。

例 5-1 按下起动按钮 SF1（I0.0），三相异步电动机直接起动并运行，工作 2.5h 后自动停止，在运行过程中若按下停止按钮 SF2（I0.1），或发生故障（如过载）（I0.2），三相异步电动机立即停止，程序如图 5-75 所示。

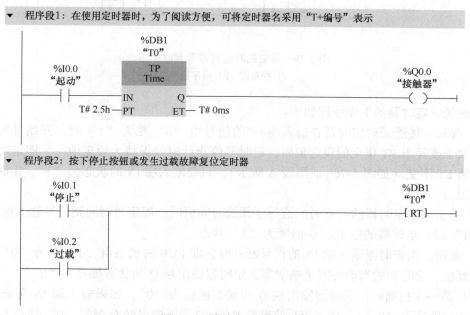

图 5-75　脉冲定时器的应用

S7-1200 PLC 的定时器没有编号，用户可以用背景数据块的名称作为定时器的标识符，如"IEC_Timer_0_DB_n"（n = 0、1、2、…），也可以采用 T0、T1、T2 等方式对定时器进行命名。具体操作方法如下：用鼠标将定时器操作文件夹中的定时器指令拖拽到程序编辑区梯形图的相应位置处，在弹出的"调用选项"对话框中，将定时器名称修改为"Tm"（m = 0、1、2、…）即可。此时，定时器的动合触点、动断触点的文字符号就可以表示为"Tm".Q。

2. 接通延时定时器

接通延时定时器用于将输出 Q 的置位操作延时 PT 指定的一段时间。接通延时定时器及其时序图如图 5-76 所示。在图 5-76a 中，TON 表示接通延时定时器，"%DB2"为接通延时定时器的背景数据块。

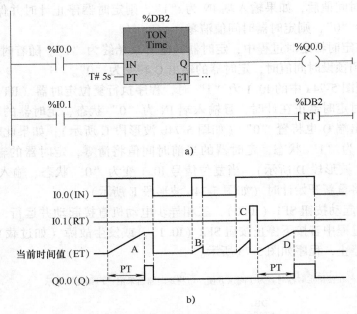

图 5-76　接通延时定时器及其时序图
a）梯形图　b）时序图

接通延时定时器的工作原理如下：

1）起动。接通延时定时器在输入端 IN 的信号由"0"变为"1"时，开始计时。当计时时间大于或等于 PT 指定的设定值时，定时器停止计时并保持为预定值——即定时器的当前时间值 ET 不变（如图 5-76b 波形段 A 所示）。只要输入端 IN 的状态为"1"，定时器就一直起作用。

2）输出。当定时器的当前时间值等于预设时间值时，即定时时间到，且输入端 IN 的状态为"1"时，定时器的输出端 Q 即置为"1"状态。

3）复位。当定时器输入端 IN 的信号断开时，即 I0.0 的状态由"1"变为"0"时，定时器被复位。定时器的当前时间值被清零，定时器输出端 Q 的状态被置为"0"。

CPU 第一次扫描时，定时器输出端 Q 的状态被置为"0"。如果输入端 IN 在未达到 PT 设定时间时即变为"0"（如图 5-76b 波形段 B 所示），则输出端 Q 保持"0"状态不变。

当复位输入信号 I0.1 的状态为"1"时，定时器复位线圈 RT 得电（如图 5-76b 波形段 C 所示），定时器被复位——定时器当前时间值被清零，输出端 Q 的状态转变为"0"。

当复位输入指令 I0.1 的状态为"0"，且定时器输入端 IN 的状态为"1"时，定时器将重新开始进入计时状态（如图 5-76b 波形段 D 所示）。

例 5-2　按下起动按钮 SF1（I0.0），三相异步电动机 MA1 直接起动并运行，20s 后三相异步电动机 MA2 直接起动并运行，在运行过程中若按下停止按钮 SF2（I0.1），MA2 立即停止，10s 后 MA1 自动停止，程序如图 5-77 所示。

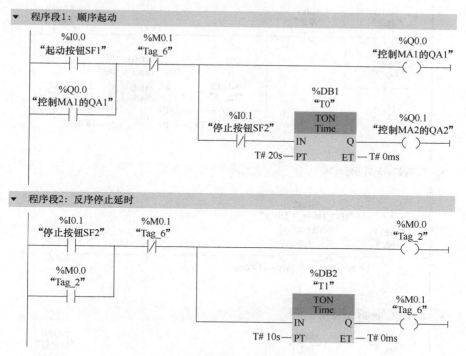

图 5-77　接通延时定时器的应用

例 5-3　按下起动按钮 SF1（I0.0），信号灯 PG（Q0.0）按亮 3s 灭 2s 的规律闪烁，在闪烁过程中若按下停止按钮 SF2（I0.1），指示灯立即熄灭，程序如图 5-78 所示。

应当指出，如果闪烁电路的通断时间相等，例如周期为 1s 或 2s 时，可以启用 PLC 时钟存储器字节 MB0，这样就可以在程序中直接使用 M0.5（周期 1s）、M0.7（周期 2s）的动合触点产生周期为 1s 和 2s 的闪烁程序。

从图 5-78 可以看出，第一个定时器控制信号灯点亮的时间，第二个定时器控制信号灯熄灭的时间，两个定时器的延时时间之和，即为信号灯的闪烁周期。在实际应用中，可以根据具体的控制要求，灵活调整两个定时器的预置时间值，以此满足不同的闪烁要求。

3. 关断延时定时器

关断延时定时器用于将输出 Q 的复位操作延时 PT 指定的一段时间。关断延时定时器及其时序图如图 5-79 所示。在图 5-79a 中，TOF 表示关断延时定时器，"%DB3" 为关断延时定时器的背景数据块。

关断延时定时器的工作原理如下：

1）起动。关断延时定时器在输入端 IN 的信号由 "0" 变为 "1" 时，定时器尚未计时且当前值清零。当输入端 IN 的信号由 "1" 变为 "0" 时，定时器开始计时，当前时间值由 0 开始逐渐增加。

当定时器累积的当前时间值达到预设值时，关断延时定时器停止计时并保持当前值（如图 5-79b 波形段 A 所示）。

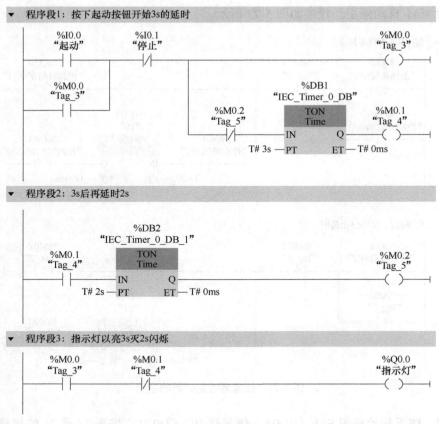

图 5-78　闪烁控制的程序

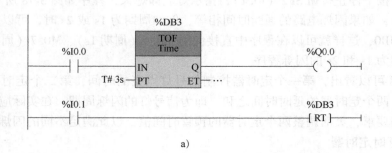

a)

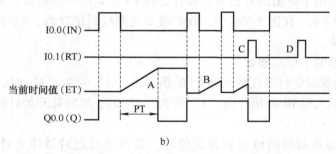

b)

图 5-79　关断延时定时器及其时序图

a）梯形图　b）时序图

2）输出。当定时器输入端 IN 的信号由"0"变为"1"时，输出端 Q 的状态置为"1"。如果此时输入端 IN 的状态又变为"0"，则输出端 Q 继续保持"1"状态，直到达到预设时间值。如果当前时间值未达到 PT 预设时间值，而输入端 IN 又变为"1"时，输出端 Q 将继续保持"1"状态（如图 5-79b 波形段 B 所示）。

3）复位。当复位输入信号 I0.1 的状态为"1"时，定时器复位线圈 RT 得电。如果输入端 IN 为"0"状态，则定时器被复位，当前时间值被清零，输出端 Q 的状态转变为"0"（如图 5-79b 波形段 C 所示）。

如果复位时，定时器的输入端 IN 为"1"状态，则复位信号不起作用，即复位信号无效（如图 5-79b 波形段 D 所示）。

4. 保持型接通延时定时器

保持型接通延时定时器及其时序图如图 5-80 所示。在图 5-80a 中，"TONR"表示保持型接通延时定时器，"%DB4"为保持型接通延时定时器的背景数据块，"R"表示复位输入端。

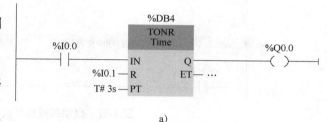

保持型接通延时定时器的工作原理如下：

1）起动。当保持型接通延时定时器的输入端 IN 的状态由"0"变为"1"时，定时器开始计时（如图 5-80b 波形段 A 和 B 所示）。当输入端 IN 的状态变为"0"时，定时器停止计时并保持当前时间值（累计值）。当定时器的输入端 IN 的状态又由"0"变为"1"时，定时器继续计时，当前值继续增加，达到预设时间值时，定时器停止计时并保持当前值。

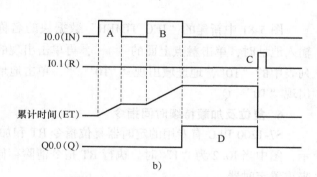

图 5-80　保持型接通延时定时器及其时序图
a）梯形图　b）时序图

2）输出。当定时器的当前值达到预设值时，输出端 Q 的状态置为"1"（如图 5-80b 波形段 D 所示）。

3）复位。当复位输入信号 I0.1 的状态为"1"时（如图 5-80b 波形段 C 所示），TONR 被复位，其累计时间变为 0，其输出端 Q 也置为"0"状态。

5. 定时器直接启动指令

对于 IEC 定时器指令，还有 4 种简单的直接启动指令：启动脉冲定时器（–(TP)–）、启动接通延时定时器（–(TON)–）、启动关断延时定时器（–(TOF)–）和启动保持型接通延时定时器（–(TONR)–）。

需要注意的是，启动脉冲定时器、启动接通延时定时器、启动关断延时定时器和启动保持型接通延时定时器的定时器线圈必须是梯形图（LAD）网络中的最后一条指令。由于定时器直接启动指令，系统没有为它们配置数据块，因此在使用定时器直接启动指令编程时，首先需要在程序块中新建类型为"IEC_TIMER"的数据块，块的名称可以用默认的名称，用户也可以自行按名称 T0、T1 等来命名，否则，不能编程使用。

启动接通延时定时器的应用如图 5-81 所示。

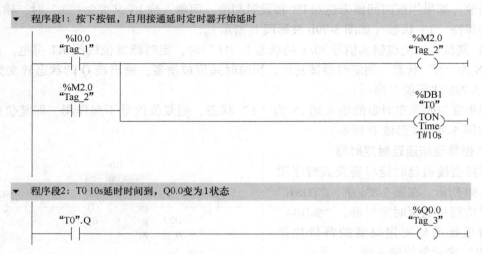

图 5-81　启动接通延时定时器的应用

图 5-81 中新建的 "IEC_TIMER" 数据块的名称为 "T0"，程序中最下面的动合触点在输入地址时，单击触点上面的 <??.>，再单击出现的小方框右边的 ▣ 图标，单击出现的地址列表中的 "T0"，地址域出现 "'T0' ."，单击地址列表中的 "Q"，地址列表消失，地址域出现 "T0" . Q。

6. 复位及加载持续时间指令

S7-1200 PLC 有专用的定时器复位指令 RT 和加载持续时间指令 PT，其应用如图 5-82 所示，图中当 I0.2 为 "1" 时，执行 RT 指令清除存储在指定定时器背景数据块中的时间数据来重置定时器。

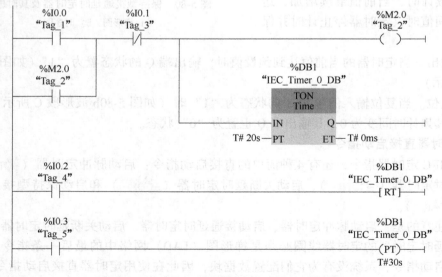

图 5-82　定时器复位及加载持续时间指令的应用

当 I0.3 为 "1" 时，执行可加载持续时间指令为定时器设定时间，将接通延时定时器的预设时间值设定为 30s。如果该指令输入逻辑运算结果（RLO）的信号状态为 "1"，则每个扫描周期都执行该指令。该指令将指定时间写入指定定时器的结构中。

如果在指令执行时指定定时器正在计时，指令将覆盖该指定定时器的当前值，从而改变定时器的状态。

5.5.2　计数器指令

S7-1200 PLC 有 3 种 IEC 计数器（Counter）：加计数器（Counter Up，CTU）、减计数器（Counter Down，CTD）和加减计数器（Counter Up/Down，CTUD）。它们均属于软件计数器，其最大计数频率受到 OB1 的扫描周期的限制。如果需要频率更高的计数器，可以使用 CPU 内置的高速计数器。

使用 S7-1200 PLC 的计数器时，每个计数器需要使用一个存储在数据块中的结构来保存计数器数据。在程序编辑器中放置计数器，即可分配该数据块。用户可以采用系统默认设置，也可以自行手动设置。

使用计数器时，需要设置计数器的计数数据类型。计数器计数值的数据范围取决于所选的数据类型。如果计数值是无符号的整数型，则可以减计数到零或加计数到范围限值；如果计数值是有符号的整数型，则可以减计数到负整数限值或加计数到正整数限值。

计数器支持的数据类型有短整数、整数、双整数、无符号短整数、无符号整数及无符号双整数等。

1. 加计数器（CTU）

当加计数器的输入端 CU（Count Up）输入上升沿脉冲时，计数器当前值就会增加 1，当计数器当前值大于或等于预设值 PV（Preset Value）时，计数器的状态位会置 1。当计数器复位（R）端闭合时，计数器的状态位复位，计数器的当前值清零。当计数器当前值 CV（Count Value）达到指定数据类型的上限值（+32767）时，计数器会停止计数。

加计数器及其时序图如图 5-83 所示。在图 5-83a 中，"%DB1" 表示计数器的背景数据块，CTU 表示加计数器，图中计数器数据类型是整数，预设值 PV 为 3。

加计数器的工作过程如下：当复位端（R）信号 I0.1 为 "0" 时，加计数器输入端（CU）信号 I0.0 的状态从 "0" 变为 "1"（亦即输入端出现上升沿）时，计数器的当前值 CV 自动加 1。此后，随着输入端（CU）不断收到上升沿信号，计数器的当前

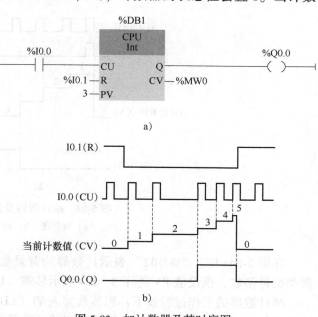

图 5-83　加计数器及其时序图

a）梯形图　b）时序图

值 CV 亦不断自动加 1，直到 CV 值达到指定的数据类型的上限值。此后，输入端 CU 的状态变化就不再起作用了，亦即 CV 值不再增加。

当计数值 CV 大于或等于预设值 3 时，输出端 Q 的状态被置为"1"；反之则置为"0"。CPU 第一次执行计数器指令时，计数器的 CV 值需清零。

当复位端（R）信号 I0.1 为 1 时，计数器被复位，输出端 Q 的状态被置为"0"，计数器的当前值 CV 被清零。

2. 减计数器（CTD）

减计数器从预设值开始，在每一个输入端 CD（Count Down）上升沿时，计数器的当前值就会减 1，计数器的当前值等于 0 时，计数器状态位置 1，此后，计数输入端 CD 每输入一个脉冲上升沿，计数器当前值减 1，直到 CV 达到指定的数据类型的下限值（-32768），计数器停止计数。当装载输入 LD 闭合时，计数器复位，计数器状态位置 0，预设值 PV 被装载到计数器当前值寄存器中。

减计数器及其时序图如图 5-84 所示。在图 5-84a 中，"%DB2"表示计数器的背景数据块，CTD 表示减计数器，图中计数器数据类型是整数，预设值 PV 为 3，LD（LOAD）表示装载端，CV 为当前计数值。

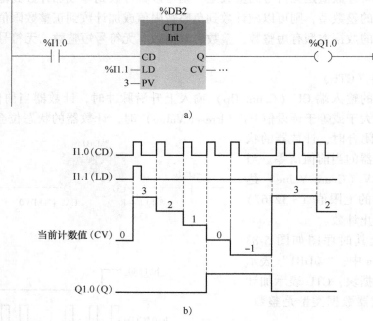

图 5-84　减计数器及其时序图

a）梯形图　b）时序图

在图 5-84a 中，"%DB2"表示计数器的背景数据块，CTD 表示减数器，图中计数器数据类型是整数，预设值 PV 等于 3，LD 表示装载（LOAD）输入端，CV 为当前计数值。

减计数器的工作过程如下：当装载输入端（LD）信号 I1.1 为"1"时，减计数器 CTD 的状态位置"0"，其预设值 PV 被装载到减计数器的当前值寄存器中；当装载输入端信号断开，且减计数输入端（CD）信号 I1.0 从 0 跃变到 1（即出现上升沿信号）时，计数器的当前值 CV 减 1。当计数器的当前值 CV 减至 0 时，计数器的状态位置 "1"。

此后，每当减计数输入端（CD）输入一个上升沿信号脉冲，计数器的当前值 CV 就减 1，直到 CV 值达到指定数据类型的下限值时，计数器停止计数。减计数器停止工作后，其当前值保持不变。

减计数器的当前值 CV 小于或等于 0 时，其输出端 Q 的状态位置 "1"；反之，则其状态位置 "0"。减计数器第一次执行计数指令时，其当前值 CV 需清零。

3. 加减计数器

加减计数器及其时序图如图 5-85 所示。在图 5-85a 中，"%DB3" 表示计数器的背景数据块，CTUD 表示加减计数器，图中计数器数据类型是整数，预设值 PV 为 3，其工作原理如下：

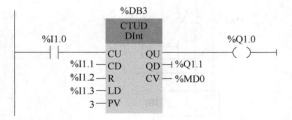

a)

在加计数器输入 CU 的上升沿，加减计数器的当前值 CV 值加 1，直到 CV 达到指定的数据类型的上限值（+2147483647），此时，加减计数器停止计数，CV 的值不再增加。

在减计数输入 CD 的上升沿，加减计数器的当前值 CV 值减 1，直到 CV 达到指定的数据类型的下限值（-2147483648），此时，加减计数器停止计数，CV 的值不再减小。

如果同时出现计数脉冲 CU 和 CD 的上升沿，CV 值保持不变。CV 大于或等于预设值 PV 时，输出 QU 为 "1" 状态，反之为 "0" 状态。CV 值小于或等于 0 时，输出 QD 为 "1" 状态，反之为 "0" 状态。

装载输入 LD 为 "1" 状态，预设值 PV 被装入当前值 CV，输入 QU 变为 "1" 状态，QD 被复位为 "0" 状态。

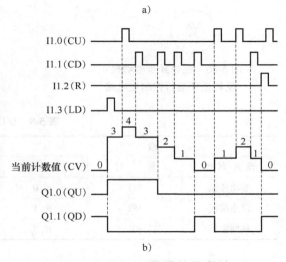

b)

图 5-85　加减计数器及其时序图
a）梯形图　b）时序图

复位输入端 R 为 "1" 状态时，计数器被复位，CU、CD、LD 均不起作用。同时，当前计数值 CV 被清零时，输出端 QU 变为 "0" 状态，QD 被复位为 "1" 状态。

5.5.3　用定时器/计数器指令实现控制任务

1. 控制要求

按下起动按钮 SF1，三相异步电动机先正转 5s，停 2s，再反转 5s，停 2s，如此循环 5 个周期，然后自动停止。运行过程中，若按下停止按钮 SF2，电动机立即停止转动。实现上述控制，并要有必要的保护环节，其主电路如图 5-86 所示。

2. I/O 地址分配与接线图

根据控制要求，确定 I/O 点数，制定 I/O 地址分配表（表 5-9）。然后，根据 I/O 地址分配表，绘制 I/O 硬件接线图，如图 5-87 所示。

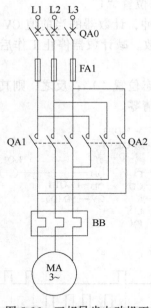

图 5-86　三相异步电动机正
反转循环运行控制主电路

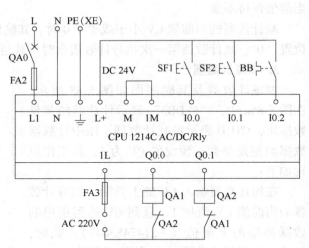

图 5-87　I/O 硬件接线图

表 5-9　I/O 地址分配表

输　　入			输　　出		
设 备 名 称	符　　号	I 元件地址	设 备 名 称	符　　号	Q 元件地址
起动按钮	SF1	I0. 0	正转控制接触器	QA1	Q0. 0
停止按钮	SF2	I0. 1	反转控制接触器	QA2	Q0. 1
热继电器	BB	I0. 2			

3. 创建工程项目

打开博途编程软件，在 Portal 视图中选择"创建新项目"，输入项目名称"2RW_2"，选择项目保存路径，然后单击"创建"按钮创建项目完成，并完成项目硬件组态。

4. 编辑变量表

在项目树中，打开"PLC 变量"文件夹，创建"变量表_1［5］"，在该变量表中根据 I/O 地址分配表编辑变量表，如图 5-88 所示。

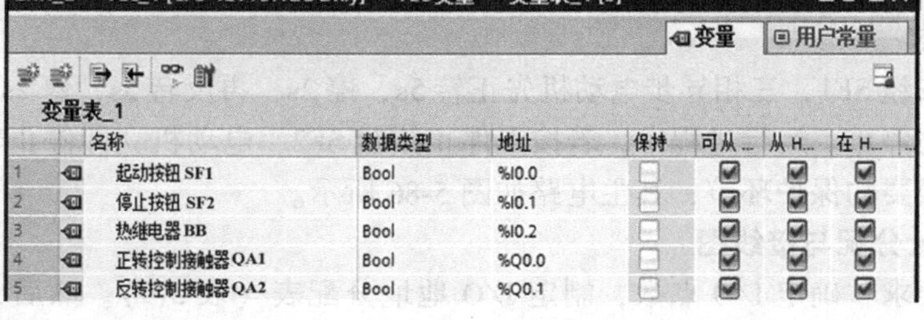

	名称	数据类型	地址	保持	可从…	从 H…	在 H…
1	起动按钮 SF1	Bool	%I0.0		☑	☑	☑
2	停止按钮 SF2	Bool	%I0.1		☑	☑	☑
3	热继电器 BB	Bool	%I0.2		☑	☑	☑
4	正转控制接触器 QA1	Bool	%Q0.0		☑	☑	☑
5	反转控制接触器 QA2	Bool	%Q0.1		☑	☑	☑

图 5-88　三相异步电动机正反转循环运行控制变量表

5. 编写程序

在项目树中，打开"程序块"文件夹中的"Main〔OB1〕"选项，在程序编辑区根据控制要求设计、编制梯形图，如图5-89所示。

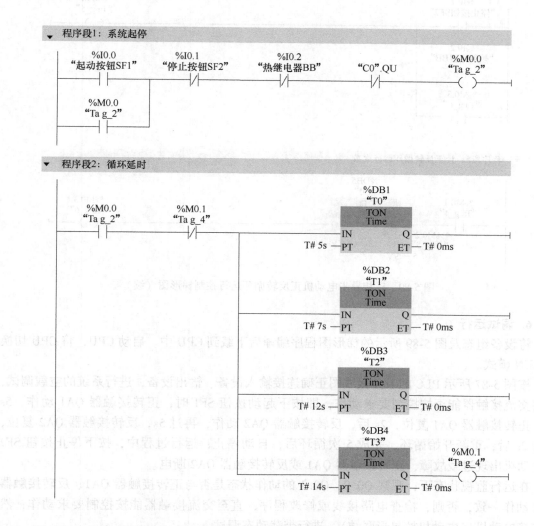

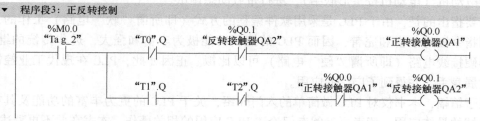

图 5-89　三相异步电动机正反转循环运行控制梯形图

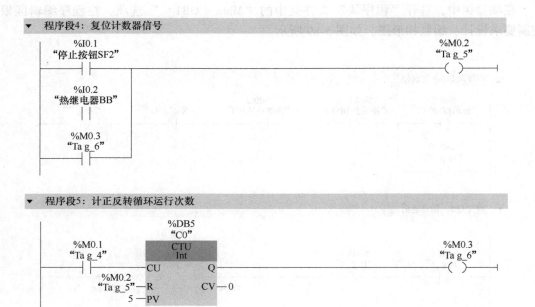

图 5-89　三相异步电动机正反转循环运行控制梯形图（续）

6. 调试运行

将设备组态及图 5-89 所示的梯形图程序编译后下载到 CPU 中。启动 CPU，将 CPU 切换至 RUN 模式。

按图 5-87 所示 PLC 的 I/O 接线图正确连接输入设备、输出设备，进行系统的空载调试，观察交流接触器能否按控制要求动作，即按下起动按钮 SF1 时，正转接触器 QA1 动作，5s 后，正转接触器 QA1 复位，2s 后，反转接触器 QA2 动作，再过 5s，反转接触器 QA2 复位，等待 2s 后，重新开始循环，完成 5 次循环后，自动停止；运行过程中，按下停止按钮 SF2 或电动机出现过载故障，正转接触器 QA1 或反转接触器 QA2 断电。

在运行监视状态下，观察 Q0.0、Q0.1 的动作状态是否与正转接触器 QA1、反转接触器 QA2 动作一致，否则，检查电路接线或修改程序，直至交流接触器能按控制要求动作；然后连接电动机（电动机按星形联结），进行带载动态调试。

需要指出的是，由于 PLC 是采用软件编程的方式（即所谓"软"电路）工作的，加之其控制指令极为丰富和完善，因而 PLC 的控制功能极为丰富和强大，远非传统的继电器、接触器硬接线电路（即所谓"硬"电路）可以比拟。正因如此，PLC 在现代工业控制领域得以大展身手，并得到了广泛的应用。

限于篇幅，本书仅对 PLC 做简单的入门介绍，关于 PLC 的更为丰富的功能及其在工业控制领域的具体应用，读者可参阅专门论述 PLC 应用的相关著作，本书在此不再赘述。

思考与实训

1. 选择题

1）PLC 的工作流程（即扫描过程）主要包括（　　）、（　　）和（　　）三个阶段。

(A) 输入采样

(B) 程序执行

(C) 输出刷新

(D) 集中处理

2）PLC 的工作方式有两个显著特点，其一是（　　），其二是（　　）。

(A) 周期性顺序扫描

(B) 信号集中批处理

(C) 抗干扰能力强

(D) 对电压波动不敏感

2. 问答题

1）PLC 的特点有哪些？

2）西门子 1200 PLC 几种型号的 CPU，其 I/O 点数各为多少？

3. 实操题

在实验室（实训中心），利用 PLC 编程软件，参照 PLC 编程手册，学习 PLC 的其他功能指令（如通信联网指令）的用法，并学习和锻炼 PLC 的网络构建（组网）、网络通信等技能。

第6章　变频器及其应用

- 熟悉变频调速原理
- 了解变频器的分类和适用场合
- 熟练掌握变频器的选择和使用技能
- 能够构建基本的变频调速系统

在工农业生产中，对三相异步电动机实现无级调速，一直是工程技术界孜孜以求的目标。但限于当时的技术手段，只能实现阶跃式的有级调速，直到变频调速技术的出现，这一问题才彻底得以解决，机电传动控制的局面也为之焕然一新。

本章从变频调速原理、脉宽调制控制思想和电力电子器件的发展等不同角度，深入剖析变频器的结构组成、工作原理及其在工农业生产中的应用，引领读者逐步深化对机电传动控制技术的理解，以求日益精进、臻于至善。

6.1　变频器概述

变频调速原理与变频调速特性

6.1.1　变频调速原理与变频调速特性

1. 变频调速原理

由式（2-2）和式（4-2）可知，笼型异步电动机的转速与电源频率密切相关。改变电动机电源频率 f，即可改变电动机的转速，实现电动机的变频调速。如果能够平滑地、无级地改变电源频率 f，就能对电动机进行平滑地、无级地调速。这就是电动机变频调速的基本原理。

但是，单纯改变电源频率 f，还不能确保笼型异步电动机能够正常工作。这是因为，三相笼型异步电动机定子每相绕组电动势的有效值为

$$E_1 = 4.44f_1N_1\Phi_{\mathrm{m}} \tag{6-1}$$

式中，E_1 为气隙磁通在定子每相中感应电动势的有效值（V）；f_1 为定子绕组的电源频率（Hz）；N_1 为定子每相绕组的匝数；Φ_{m} 为每极气隙磁通量（Wb）。

笼型异步电动机调速时，一个重要的性能指标是希望保持电动机的电磁转矩不变。若要保持电磁转矩不变，只有保持主磁通量 Φ_{m} 为额定值不变才行。如果磁通太弱，没有充分利用电动机的铁心，是一种浪费；如果过分增大磁通，又会使铁心饱和，从而导致过大的励磁电流，严重时会因绕组过热而损坏电动机。

由式（6-1）可知，只要控制好 E_1 和 f_1，即同时对电源电压和电源频率进行控制，便可达到控制磁通 Φ_{m} 的目的。

也就是说，在对笼型异步电动机进行调速时，必须在改变电源频率（变频）的同时，

相应地改变电源电压（变压）。这种基于变压、变频原理的调速方法，称为变压变频调速，简称变频调速。

2. 变频调速特性

在对笼型异步电动机进行变频调速时，在基频（额定频率 f_{1N}）以下和基频以上两个频率区域中，其调速特性是不同的。

（1）基频以下的调速特性

由式（6-1）可知，要保持 Φ_m 不变，当频率 f_1 从额定值 f_{1N} 向下调节时，必须同时降低 E_1，使

$$\frac{E_1}{f_1} = \text{const} \tag{6-2}$$

但是，笼型异步电动机定子绕组中的感应电动势 E_1 是难以直接控制的。在高频区域（接近额定频率 f_{1N}），由于电动势 E_1 较高，可以忽略定子绕组的漏磁阻抗压降，因而认为定子相电压 $U_1 \approx E_1$，则得

$$\frac{U_1}{f_1} \approx \frac{E_1}{f_1} = \text{const} \tag{6-3}$$

这种电动机的电源电压与电源频率之比为常数的控制方式，称为压频比恒定控制方式。

但是，在低频区域（远离额定频率 f_{1N}），U_1 和 E_1 都较小，定子阻抗压降所占的额度比较显著，不再能忽略。这时，需要人为地把电压 U_1 抬高一些，以便近似地补偿定子压降，以维持气隙磁通 Φ_m 基本不变。

压频比恒定控制方式中，电动机电源电压的变化规律如图 6-1 所示。图中，曲线 1 为无定子压降补偿的控制特性，曲线 2 为有定子压降补偿的控制特性。不难看出，越是靠近基频，定子压降的补偿值越小；而越是远离基频，定子压降的补偿值越大。

在低频区域对定子压降实施补偿之后，可以维持气隙磁通 Φ_m 基本不变，即气隙磁通 Φ_m 保持在额定值 Φ_{mN} 不变。相应地，电动机的电磁转矩 T 也保持不变。因此，在基频以下进行变频调速时，笼型异步电动机呈现恒转矩调速特性（图 6-2）。

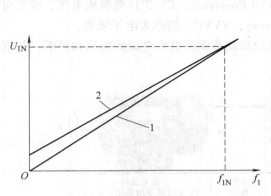

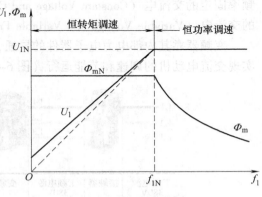

图 6-1　压频比恒定控制的电源电压变化规律　　　　　　图 6-2　变频调速特性
1—无定子压降补偿的控制特性　2—有定子压降补偿的控制特性

（2）基频以上的调速特性

在基频以上调速时，频率从 f_{1N} 向上升高，但定子电压 U_1 却不可能超过额定电压 U_{1N}，

最多只能保持 $U_1 = U_{1N}$，这将迫使磁通与频率成反比地降低。相应地，电动机的电磁转矩 T 也下降，但电磁转矩 T 与电动机的转速 n 的乘积（即功率）基本不变。

因此，在基频以上进行变频调速时，笼型异步电动机呈现恒功率调速特性（图 6-2）。

3. 机械特性的变化

笼型异步电动机在变频调速过程中，随着电源频率的变化，其机械特性也发生相应的变化。如图 6-3 所示，当电源频率由基频向上调时，随着频率的逐渐升高，电动机的转速也随之升高，电磁转矩的最大值迅速减小，但机械特性曲线的刚度不变，依然呈现出较硬的机械特性，且不同频率值所对应的机械特性曲线呈平行状态，但负载的自适应调节区域收窄。从总体上看，在基频以上进行变频调速时，笼型异步电动机呈现恒功率调速特性。

当电源频率由基频向下调时，随着频率的

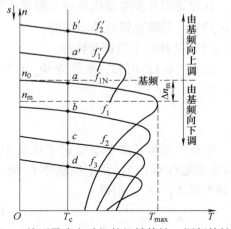

图 6-3　笼型异步电动机的机械特性（调频特性）

逐渐降低，电动机的转速也随之降低，电磁转矩的最大值也逐渐减小（电磁转矩最大值的减小幅度不大，近似于恒转矩），但机械特性曲线的刚度不变，依然呈现出较硬的机械特性，且不同频率值所对应的机械特性曲线呈平行状态，但负载的自适应调节区域收窄。

由此可见，变频调速具有调速范围广、平滑、机械特性硬及静差率小的优点。

6.1.2　变频器的作用与结构

1. 变频器的作用

实现变频调速的关键设备是变频器。变频器（Variable-Frequency Driver，VFD）是一种基于半导体变频技术与微电子控制技术，把电压、频率固定的交流电（Constant Voltage and Constant Frequency，CVCF）变换成电压、频率可调的交流电（Variable Voltage and Variable Frequency，VVVF）的电力电子装置。

变频器的
作用与结构

变频器靠其内部电力电子器件的导通、关断来动态调节输出电源的电压和频率，并据此实现交流电动机的调速和节能运行（图 6-4）。

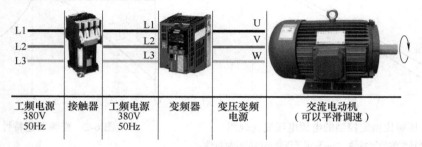

| 工频电源
380V
50Hz | 接触器 | 工频电源
380V
50Hz | 变频器 | 变压变频
电源 | 交流电动机
（可以平滑调速） |

图 6-4　变频器的作用

此外，变频器还具有丰富的保护功能，如过电流保护、过电压保护、过载保护等。

2. 变频器的结构

目前，通用变频器多采用交-直-交变频方式。如图 6-5 所示，交-直-交变频器主要由主电路、控制电路和外部控制信号接口电路等组成。

（1）主电路

主电路是给异步电动机提供变压、变频电源的电力变换部分，主要由整流电路、滤波电路和逆变电路三部分构成。

1）整流电路。整流电路（亦称整流器）用于将工频交流电变换为直流电。目前大量使用的是二极管式整流器，也可用两组晶体管变流器构成可逆变流器，由于其功率方向可逆，因此可以进行再生运转。

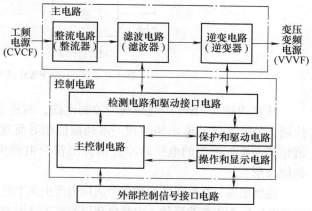

图 6-5　交-直-交变频器的结构组成

2）滤波电路。在整流器整流后的直流电压中，含有 6 倍电源频率的脉动电压。此外，逆变器产生的脉动电流也使直流电压波动。为了抑制电压波动，在变频器中都设有滤波电路。

滤波电路（亦称平波电路或中间直流电路）用于吸收脉动电压（电流）。变频器的主电路大体上可分为电压型和电流型两大类，电压型变频器是将电压源的直流变换为交流的变频器，其滤波电路的滤波元件是电容器；电流型变频器是将电流源的直流变换为交流的变频器，其滤波电路的滤波元件是电感器。

3）逆变电路。与整流电路的作用相反，逆变电路（亦称逆变器）用于将直流电变换为负载所要求频率的交流电。逆变电路多采用绝缘栅双极型晶体管（Insulate-Gate Bipolar Transistor，IGBT）等大功率电力电子器件构成，其在控制电路的控制下完成直流向交流的变换。

（2）控制电路

控制电路用于为异步电动机供电（电压、频率可调）的主电路提供控制信号，主要由主控制电路、检测电路和驱动接口电路、保护和驱动电路、操作和显示电路组成，其主要任务是实现对逆变器的开关控制、对整流器的电压控制以及完成各种保护功能。

（3）外部控制信号接口电路

外部控制信号接口电路主要用于接收来自变频器外部的控制信号。

6.1.3　变频器的工作原理

目前，在机电传动控制领域，应用最广泛的是由不可控整流器（以二极管作为整流元件）和全控型电力电子开关器件（指具备自关断能力的电力电子器件）组成的脉宽调制（Pulse Width Modulation，PWM）式逆变器，简称 PWM 变频器。

变频器的
工作原理

交-直-交 PWM 变频器的基本结构如图 6-6 所示。PWM 变频器常用的全控型电力电子开关器件（亦称功率开关器件或功率器件）有功率场效应晶体管（小容量）、绝缘栅双极型晶体管 IGBT（中、小容量）、门极可关断晶闸管 GTO（Gate Turn-Off Thyristor，亦称门控晶闸管，适用于大、中容量）和替代 GTO 的功率器件（如 IGCT、IEGT）等。

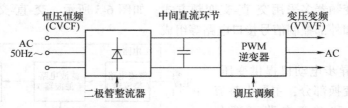

图 6-6　交-直-交 PWM 变频器的基本结构

　　脉宽调制（PWM）就是利用控制电路，对逆变电路的功率开关器件的导通与关断进行控制，使逆变器的输出端得到一系列幅值相等而宽度不等的电压脉冲。然后，用这一系列幅值相等而宽度不等的电压脉冲去拟合出符合电动机需要的正弦波交流电压（或负载需要的其他波形）。

　　也就是说，在输出波形的半个周期内产生多个电压脉冲，使各个电压脉冲的等值电压（或称当量电压）为正弦波形状，由此所获得的电压输出波形平滑且低次谐波较少。按一定的规则对各个电压脉冲的宽度进行调制，既可改变逆变电路输出电压的大小，又可以改变输出频率的高低。

1. PWM 的基本控制思想

　　根据采样控制理论可知，冲量相等而形状不同的窄脉冲加在具有惯性环节的电路上时，其作用效果基本相同。冲量是指窄脉冲的面积，作用效果基本相同是指在电路上的输出响应波形基本相同。上述原理称为面积等效原理或冲量等效原理。面积等效原理是 PWM 控制技术重要的理论基础。

PWM 的基本
控制思想

　　例如，将图 6-7 所示的形状不同而冲量相同的电压窄脉冲，分别加在一阶惯性环节电路（电阻和电感串联的电路）上，其输出电流对不同窄脉冲时的响应波形基本一致。

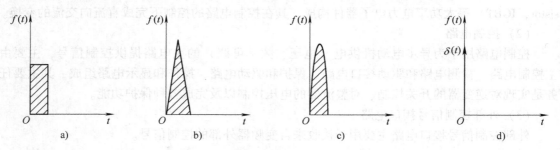

图 6-7　形状不同而冲量相同的电压窄脉冲
a）方波脉冲　b）三角波脉冲　c）正弦波脉冲　d）单位脉冲函数

　　由高等数学可知，一个连续函数是可以用无限多个离散函数进行逼近或拟合的。基于上述分析，即可设想由多个不同幅值的矩形脉冲波来逼近或拟合正弦波。

　　如果每一个矩形波的面积都与相应时间段内正弦波的面积相等，则这一系列矩形波的合成面积就等于正弦波的面积，亦即两者具有等效作用。

　　如图 6-8a 所示，将一个正弦半波分成 N 等份，每一份可看作一个脉冲，很显然这些脉冲宽度相等，都等于 π/N，但幅值不等，脉冲顶部为曲线，各脉冲幅值按正弦规律变化。若

　　把上述脉冲序列用同样数量的等幅、不等宽的矩形脉冲序列代替，并使矩形脉冲的中点和相应正弦等分脉冲的中点重合，且使二者的面积（冲量）相等，就可以得到如图 6-8b 所示的脉冲序列，即 PWM 波形。可以看出，各脉冲的宽度是按正弦规律变化的。

　　显然，当变频器各功率开关器件工作在理想状态下时，驱动相应功率开关器件的信号也应为与图 6-8b 形状相似的一系列脉冲波形。

　　通过图 6-9 可以进一步加深对波形拟合（转换）原理的理解。

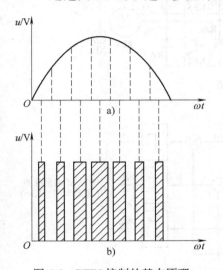

图 6-8　PWM 控制的基本原理
　　a) 正弦波（目标波形）
b) 等幅、不等宽的矩形波（实际波形）

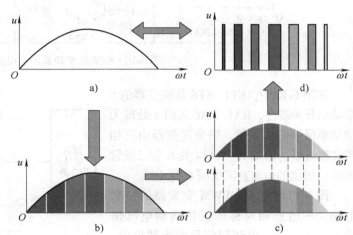

图 6-9　波形拟合（转换）原理
a) 正弦波（目标波形）　b) 拆分为 N 等份　c) 波形细化（中点重合，
等幅而不等宽）　d) 一系列等幅、不等宽的矩形波（实际波形）

　　为了提高等效的精度，矩形波的个数越多越好，这就要求逆变器输出的电压应在数十到数百微秒的时间内按给定规律变化，从而造成控制实现的难度。

　　此时逆变器的功率开关器件处于按一定规律频繁导通、关断的工作状态。由于开关频率较高，传统的晶闸管已经不能胜任，必须采用具有更高开关频率的全控型功率开关器件。

　　随着电力电子技术的发展，各种半导体功率开关器件的可控性和开关频率获得了很大的发展，使得这种设想得以实现。

　　根据上述原理，SPWM 脉冲波的宽度要求可以严格地用计算方法求得，采用数字控制时，这是很容易实现的。较为实用的正弦脉宽调制方法是引用通信技术中的"调制"概念，以所期望的波形作为调制波（Modulating Wave），而受其调制的信号称为载波（Carrier Wave）。

　　通常采用等腰三角波作为载波，因为等腰三角波是上下宽度线性对称变化的，当等腰三角波与任何一条光滑曲线相交时，在交点的时刻控制功率开关器件的通断，即可得到一系列等幅而脉冲宽度正比于该曲线函数值的矩形脉冲，而这正是 SPWM 追求的结果。

2. PWM 调制原理

　　PWM 调制原理是，以正弦波作为逆变器输出的期望波形，以频率比期望波高得多的等腰三角波作为载波，并用频率与期望波相同的正弦波作为调制波，当调制波与载波相交时，由其交点确定逆变器中功率器件的通断时刻，从而获得在正弦调制波的半个周期内呈两边窄、中间宽的一系列等幅、不等宽的矩形波。

PWM 调制原理

　　按照波形面积相等的原则，每一个矩形波的面积与相应位置的正弦波面积相等，因而这个序列的矩形波与期望的正弦波等效。这种调制方法称作正弦波脉宽调制（Sinusoidal Pulse Width Modulation，SPWM），这种序列的矩形波称作 SPWM 波。

　　SPWM 变频器的主电路如图 6-10 所示，控制电路如图 6-11 所示。

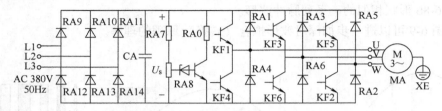

图 6-10　SPWM 变频器的主电路

　　在图 6-10 中，KF1~KF6 是逆变器的 6 个功率开关器件，RA1~RA6 为用于处理无功功率反馈的二极管。整个逆变器由三相桥式整流器（由 RA9~RA14 共 6 个二极管组成）提供的恒值直流电压 U_s 供电。

　　图 6-11 所示是 SPWM 变频器的控制电路，一组三相对称的正弦调制电压信号 u_{rU}、u_{rV}、u_{rW} 由调制信号发生器提供，其频率决定逆变器输出的基波频率，且应在所要求的输出频率范围内可调；其幅值也可在一定范围内变化，以决定输出电压的大小。

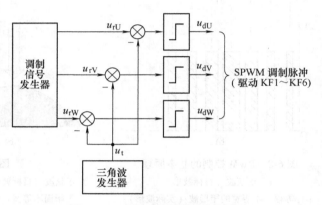

图 6-11　SPWM 变频器的控制电路

　　三角波载波信号 u_t 是共用的，分别与每相参考电压比较后，给出 "正" 或 "零" 的饱和输出，产生 SPWM 脉冲序列波 u_{dU}、u_{dV}、u_{dW}，作为逆变器功率开关器件的输出控制信号。

　　PWM 调制按照调制脉冲的极性可分为单极性 PWM 和双极性 PWM 两种。

　　（1）单极性 PWM

　　采用单极性调制时，在正弦波的半个周期内，每相只有一个功率开关导通或关断。下面以 A 相为例说明其调制过程。

　　系统上电后，首先由同极性的三角波载波电压 u_t 与调制电压 u_{rU} 比较，如图 6-12a 所示。当调制电压 u_{rU} 高于载波电压 u_t 时，使功率开关器件 KF1 导通，输出正的脉冲电压；当调制电压 u_{rU} 低于载波电压 u_t 时，使功率开关器件 KF1 关断，无脉冲电压输出，产生的单极性 SPWM 脉冲波如图 6-12b 所示。

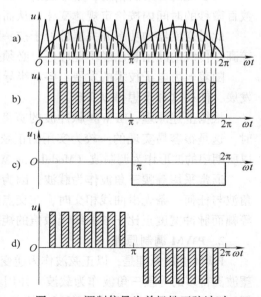

图 6-12　调制信号为单极性正弦波时输出交流电的波形

负半周用同样方法调制后，再经倒相即可完成，如图 6-12c、d 所示。

采用单极性调制方式时，有如下特点：改变功率开关器件 KF1、KF4 的切换速度，可以改变输出交流电的频率，实现调频控制；改变直流调制电压的幅值，从而改变占空比，可以实现恒幅（$+U_d/2$ 不变）而调宽，实现调压控制。

（2）双极性 PWM

如果使同一桥臂上下两个功率开关器件交替通断，使之处于互补的工作方式，则输出脉冲将在"正""负"之间变化，就可得到双极性 SPWM 波形，其调制过程如图 6-13 所示。

在双极性脉宽调制方式中，调制信号 u_r 是普通正弦波，载波信号 u_t 是双极性三角波（或锯齿波）。采用双极性 PWM 调制时，不分正负半周，如果 A 相的 $u_r > u_t$，则功率开关器件 KF1 导通；如果 A 相的 $u_r < u_t$，则功率开关器件 KF4 导通。

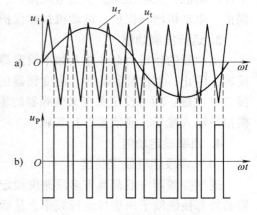

采用双极性调制方式时，有如下特点：改变正弦调制信号的频率，可以改变输出交流电的频率，实现调频控制；改变正弦调制电压的幅值，从而改变总体占空比，可以实现呈正弦规律的恒幅（$+U_d/2$ 和 $-U_d/2$ 均不变）调宽，实现调压控制。

图 6-13　双极性脉宽调制过程

综合单极性 PWM 和双极性 PWM 的特点，可以得到如下结论（SPWM 变频器的工作特点）：

SPWM 变频器的输出电压是由一系列等幅而不等宽，且两侧窄、中间宽的脉冲电压组成的。改变正弦调制信号的频率，可以改变输出基波电压的频率，实现调频控制；改变正弦调制电压的幅值，可以改变输出基波电压的大小，实现调压控制。

3. PWM 变频器的优点

1）在主电路整流和逆变两个单元中，只有逆变单元可控，通过它同时调节输出电压和输出频率，变频器总体结构简单。采用全控型的功率开关器件，只通过驱动电压脉冲进行控制，控制电路简单，效率也高。

PWM 变频器
的优点

2）输出电压波形虽是一系列的 PWM 波，但由于采用了恰当的 PWM 控制技术，正弦基波的比重较大，影响电动机运行的低次谐波受到很大的抑制，因而转矩脉动小，提高了系统的调速范围和稳态性能。

3）逆变器同时实现调压和调频，动态响应不受中间直流环节滤波器参数的影响，系统的动态性能也得以提高。

4）采用不可控的二极管整流器，电源侧功率因数较高，且不受逆变输出电压大小的影响。

基于上述优点，PWM 变频器在机电传动控制系统得到了广泛的应用。

6.1.4　变频器的基本功能

1. 参数初始化功能

变频器的参数通常都比较多，为了使用方便，变频器都设置有工厂设定值（即默认值，或称缺省值）。工厂设定值都是按通用的工况条件设

变频器的基本
功能

置的。在变频器使用过程中，可以通过设置使变频器的全部参数恢复为工厂设定值，这一过程称为参数初始化。

2. 保护功能

变频器的保护功能包括对电动机的保护和对变频器自身的保护，通用变频器一般都有以下保护功能：欠电压保护、过电压保护、过载保护、接地故障保护、短路保护、电动机失步保护、电动机堵转保护、电动机过热保护、变频器过热保护及电动机断相保护等。

3. 运行控制功能

变频器的运行由命令源及频率设定源进行控制。命令源定义变频器控制电动机的正转、反转、停止、复位和制动等，由变频器的操作面板和外接控制端子（如数字量输入、通信接口）实施；频率设定源定义变频器的输出频率，由操作面板、外接控制端子（如数字量、模拟量输入端子、通信接口）实施。

4. 频率设定功能

（1）多段速度设定功能

通用变频器一般都具有多段速度设定功能，可以设置多达 15 段运行频率，可通过变频器的外部接线端子来选择运行频率，从而实现多段速度运行功能。

（2）频率设定功能

1）基本频率 f_b。变频器的输出电压等于额定电压时，对应的最低输出频率，称为基本频率，如图 6-14 所示。

基本频率用来作为调节频率的基准，也称为基底频率、基准频率、基波频率等，一般为 50Hz。

2）最高、最低频率。变频器运行时输出的最高频率（亦称上限频率）f_H、最低频率（亦称下限频率）f_L，用于限制电动机的转速，如图 6-15 所示。

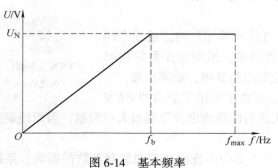

图 6-14　基本频率

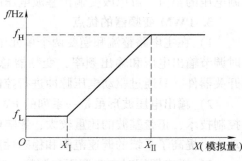

图 6-15　变频器的最高、最低频率

3）起动、停止频率。起动频率是指变频器起动时的初始设定频率；停止频率则是指变频器检测频率达到设定值时立即停止运行的设定频率。

4）频率跳跃功能。机电设备在运行时总是有振动的，其振动频率和转速有关。为了避免机械谐振的发生，必须回避可能引起谐振的转速。

频率跳跃功能使变频器不能输出与负载机械设备共振的频率值，从而避开共振频率，常用于风机、泵类、压缩机、机床等机电设备，以防止机械系统发生共振。

回避转速对应的工作频率就是跳跃频率，亦称跳变频率、跳转频率、回避频率等，如

图 6-16 所示。

5. 加减速时间、加减速模式的设定功能

由变频器驱动的电动机多采用低频起动，为了保证电动机正常起动而又不致造成过电流，变频器须设定加速时间。电动机减速时间与其驱动的负载有关，有些负载对减速时间有严格要求，因此，变频器须设定减速时间。

（1）加速、减速时间的设定

加速、减速时间有时称作斜坡上升、下降时间。加速时间是指输出频率从 0Hz 上升到基本频率 f_b 所需的时间；减速时间是指从基本频率下降到 0Hz 所需的时间，如图 6-17 所示。

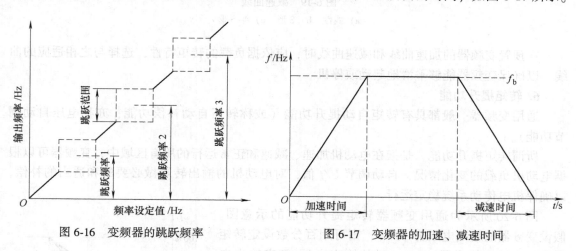

图 6-16　变频器的跳跃频率　　　　图 6-17　变频器的加速、减速时间

变频器设定的加速、减速时间必须与机电传动系统的加速、减速特性相适应。对于大功率、重负荷负载，如果变频器设定的加速时间过短，则可能造成电动机过载、起动转矩不足，引发电动机过热或变频器保护性停机；如果变频器设定的减速时间过短，则可能造成系统减速停机时，产生的再生能量过大，致使直流电压过高，引发变频器保护性停机（过电压保护）。

一般而言，对于 11kW 以下的电动机，其加速、减速时间可以设置在 10s 以内；而对于 11kW 以上的电动机，其加速、减速时间则应视情况而定，可以设置在 10~60s，甚至更长一些。如果机电传动系统采用了直流制动措施，则可适当缩短减速时间，使其与系统的制动时间一致即可。

（2）加减速模式的选择

变频器除了可预置加速时间和减速时间外，还可预置加速曲线和减速曲线。一般变频器有线性、S 形和半 S 形三种曲线可供选择，如图 6-18 和图 6-19 所示。

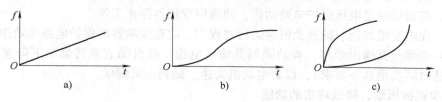

图 6-18　加速曲线

a）线性　b）S 形　c）半 S 形

线性加、减速曲线适用于大多数应用场合；半 S 形加、减速曲线适用于变转矩负载，如风机、泵类负载；S 形加、减速曲线适用于恒转矩负载，其速度变化较为缓和。

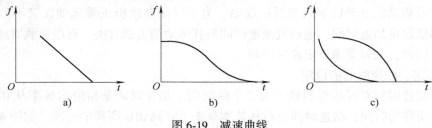

a) 　　　　　　　　b) 　　　　　　　　c)

图 6-19　减速曲线

a）线性　b）S 形　c）半 S 形

在预置变频器的加速曲线和减速曲线时，应依据负载的转矩特性，选择与之相适应的曲线，以确保变频器能够平滑地起动或停机。

6. 转矩提升功能

通用变频器一般都具有转矩自动提升功能（或称转矩自动补偿功能，亦称电压自动调节功能）。

所谓转矩提升功能，是指在电动机加速、减速和正常运行的所有区域中，变频器可以根据电动机负载的变化情况，自动调节 U/f 值，对电动机的输出转矩做必要的和适当的补偿，以确保机电传动系统稳定运行。

图 6-20 所示为通用变频器转矩提升功能的示意图。假设变频器的输出电压为 100%，则可用百分数设定转矩提升量：转矩提升量 =（0Hz 时的输出电压/额定输出电压）×100%。

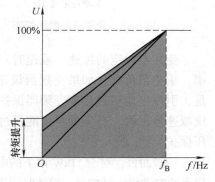

图 6-20　转矩提升功能示意图

转矩提升量的设定要适度，若转矩提升量过大，则机电传动系统的运行不平稳，冲击较大，且容易导致电动机过热；若转矩提升量过小，则容易导致电动机起动转矩不足，系统无法起动。通常将转矩提升量设定在 10%左右，具体数值应视机电传动系统的实际需要而定，不能一概而论。

7. 防失速功能

通用变频器的防失速功能包括加速过程中、恒速运行和减速过程中的防失速三种。

恒速运行和加速过程中的失速是指由于电动机加速过快或负载过大等出现过电流时，导致变频器停止工作；电动机减速时失速是指因惯性产生的能量回馈而导致的直流中间电路出现过电压，进而促使过电压保护电路动作，使通用变频器停止工作。

因此，在电动机加速、减速及恒速运行过程中，应在变频器的保护电路未动作之前，变频器就能自动降低其输出频率，自动限制其输出电流，或自动衰减其频率下降速度（可通过延长减速时间实现这一要求），以防电动机失速，做到未雨绸缪。

8. 减少机械振动、降低冲击的功能

为了在起动、运行和减速等过程中缓和冲击、振动，并降低运行噪声，保护机械设备，通用变频器都具有选择加减速曲线、停止方式选择、载波频率调节、瞬时过电流限制等功能，用户可以根据实际情况选定其中一项或多项进行调节。

9. PID 控制功能

PID 控制就是比例（Proportion）、积分（Integral）、微分（Derivative）控制，PID 控制属于闭环控制，是使控制系统的被控制量在各种情况下都能够迅速而准确地无限接近控制目标的一种手段。

具体地说，PID 控制将传感器测得的实际信号（称为反馈信号）与被控量的目标信号相比较，以判断是否已经达到预定的控制目标。如尚未达到，则根据两者的差值进行调整，直至达到预定的控制目标为止。

6.1.5 变频器的分类

1. 按交流环节分类

（1）交-直-交变频器

先把频率固定的交流电整流成直流电，再把直流电逆变成频率连续可调的交流电的变频器，称为交-直-交变频器。交-直-交变频器又可细分为可控交-直-交变频器、不可控交-直-交变频器和 PWM 不可控交-直-交变频器三种，如图 6-21 所示。

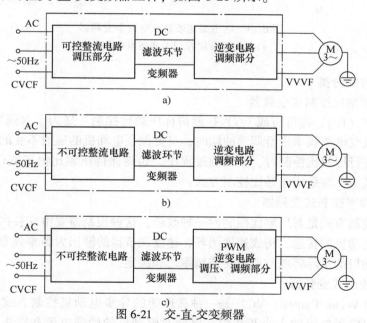

图 6-21 交-直-交变频器

a) 可控交-直-交变频器 b) 不可控交-直-交变频器 c) PWM 不可控交-直-交变频器

（2）交-交变频器

把电网固定频率的交流电直接转换成频率可调的交流电（转换前后的相数相同），采用这一技术路线的变频器，称为交-交变频器。如图 6-22 所示，交-交变频器通常由三相反并联晶闸管组成可逆桥式变流器。

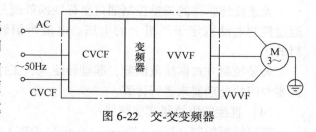

图 6-22 交-交变频器

2. 按直流环节的滤波形式分类

按直流环节的滤波形式不同，可分为电压型变频器和电流型变频器两大类（图6-23）。

（1）电压型变频器

电压型变频器直流环节的储能元件是电容器，如图6-23a所示。

（2）电流型变频器

电流型变频器直流环节的储能元件是电感器，如图6-23b所示。

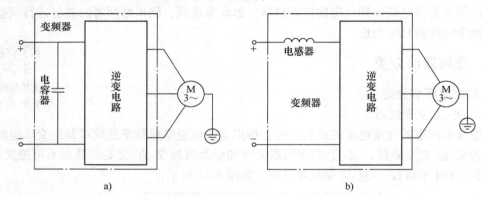

图 6-23 电压型变频器和电流型变频器

a）电压型变频器 b）电流型变频器

3. 按控制方式分类

（1）电压频率比控制式变频器

电压频率比（U/f，亦可写成V/f）控制简称压频比控制，是为了得到理想的转矩-速度特性，基于在改变电源频率进行调速的同时，又要保证电动机的磁通不变的思想而提出的。

对变频器进行压频比控制时，在变频过程中，始终保持压频比恒定或仅做小范围调整。通用型变频器基本上都采用压频比控制方式。

（2）转差频率控制式变频器

转差频率控制方式是对压频比控制的一种改进，这种控制需要由安装在电动机上的速度传感器检测出电动机的转速，构成速度闭环，速度调节器的输出为转差频率，而变频器的输出频率则由电动机的实际转速与所需转差频率之和决定。

（3）矢量控制式变频器

矢量控制（Vector Control，VC）是一种高性能的异步电动机控制方式，通过矢量坐标电路控制电动机定子电流的大小和相位，以便对电动机的励磁电流和转矩电流分别进行控制，进而达到控制电动机转矩的目的。

无速度传感器的矢量控制通过坐标变换处理分别对励磁电流和转矩电流进行控制，然后通过控制电动机定子绕组上的电压、电流辨识转速，以达到控制励磁电流和转矩电流的目的。

矢量控制方式调速范围宽，起动转矩大，工作可靠，操作方便，但计算比较复杂，一般需要专门的处理器来进行计算。

（4）直接转矩控制式变频器

直接转矩控制（Direct Torque Control，DTC）是继矢量控制式变频调速技术之后的一种新型的交流变频调速控制技术。它是利用空间电压矢量 PWM（Space Voltage Vector PWM，SVPWM）通过磁链、转矩的直接控制，来确定逆变器的开关状态而实现变频调速的。直接转矩控制还可用于普通的 PWM 控制，实行开环或闭环控制。

4. 按功能分类

（1）恒转矩变频器

变频器的
分类（2）

恒转矩变频器控制的对象具有恒转矩特性，在转速精度及动态性能等方面要求一般不高，当用变频器实现恒转矩调速时，必须加大电动机和变频器的容量，以提高低速转矩。

恒转矩变频器主要应用于挤压机、搅拌机、传送带、提升机等。

（2）二次方转矩变频器

二次方转矩变频器控制的对象，在过载能力方面要求较低，由于负载转矩与转速的二次方成正比，所以低速运行时负载较轻，并有节能的效果。

二次方转矩变频器主要应用于风机、泵类负载。

5. 按用途分类

（1）通用变频器

通用变频器是指能与普通的笼型异步电动机配套使用，能适应各种不同性质的负载，并具有多种可供选择的功能的变频器。

（2）高性能专用变频器

高性能专用变频器主要应用于对电动机的控制要求较高的系统。与通用变频器相比，高性能专用变频器大多数采用矢量控制方式，驱动对象通常是变频器厂家指定的专用电动机。

（3）高频变频器

在超精密加工和高性能机械中，往往要用到高速电动机。为了满足高速电动机的驱动要求，出现了采用 PAM 控制方式的高频变频器，其输出频率可达到 3kHz。

6. 按输出电压的调制方式分类

（1）PAM 方式

脉冲幅值调制（Pulse Amplitude Modulation）方式简称 PAM 方式，其特点是变频器在改变输出频率的同时，也改变了电压的幅值。在变频器中，逆变器负责调节输出频率，而输出电压的调节则由相控整流器或直流斩波器通过调节直流电压 U_d 来实现。

采用相控整流器调压时，供电电源的功率因数随调节深度的增加而变小。采用直流斩波器调压时，供电电源的功率因数在不考虑谐波影响时，功率因数可以达到 1。

（2）PWM 方式

脉冲宽度调制（Pulse Width Modulation）方式简称 PWM 方式，其特点是变频器在改变输出频率的同时，也改变了电压的脉冲占空比。PWM 只需控制逆变电路便可实现。通过改变脉冲宽度来改变输出电压幅值，通过改变调制周期可以控制其输出频率。PWM 方式大大减少了负载电流中的高次谐波，性能更好。

7. 按输入电源的相数分类

按输入电源的相数不同可分为单相变频器和三相变频器两大类（图 6-24）。

（1）单相变频器

输入工频电源为单相的变频器称为单相变频器，其结构框图如图 6-24a 所示。

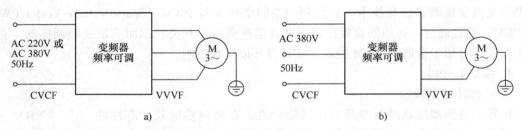

图 6-24　单相变频器和三相变频器

a）单相变频器　b）三相变频器

（2）三相变频器

输入工频电源为三相的变频器称为三相变频器，其结构框图如图 6-24b 所示。

8. 按功率开关器件分类

变频器的
分类（3）

变频器中逆变器采用的功率开关器件（亦称功率器件）的种类很多，从变频器的发展历程来看，变频器的起步始于 SCR，变频器的普及应归功于 GTR，变频器性能指标的提高全靠 IGBT，而变频器容量的进一步提升则有赖于 IGCT 和 IEGT。

（1）晶闸管变频器

晶闸管变频器采用晶闸管（Thyristor，图 6-25）作为功率开关器件。晶闸管亦称可控硅（Silicon Controlled Rectifier，SCR），没有自关断能力，逆变时需要另设换流电路，造成电路结构复杂，增加变频器成本。但由于 SCR 容量大，在 1000kV·A 以上的大容量变频器中得到了广泛的应用。

晶闸管变频器属于电压源型，具有不选择负载的通用性，在不超过变频器容量的条件下，可以多电动机并联运行。在确保换流能力足够的条件下，过负载能力较强。多重化连接时，既可以改善波形，又可以实现大容量化。

图 6-25　晶闸管（SCR）

（2）GTR 变频器

GTR 变频器采用电力晶体管作为功率开关器件。电力晶体管（Giant Transistor，GTR，图 6-26）直译为巨型晶体管，是一种耐高电压、大电流的双极结型晶体管（Bipolar Junction Transistor，BJT），所以有时也称 GTR 为 Power BJT。相应地，GTR 变频器也叫 BJT 变频器。

图 6-26　电力晶体管（GTR）

电力晶体管具有自关断能力，并有开关速度快、饱和压降低和安全工作区域宽等优点，广泛应用于交、直流电动机调速，中频电源等电力变流装置中。电力晶体管主要用作功率开关器件，工作于高电压、大电流的场合，一般为模块化结构。

与晶闸管变频器相比，GTR 变频器不需要换流电路，体积小、重量轻、效率高，适用于高频变频和 PWM 变频，也适用于矢量控制，且响应速度较快。

（3）IGBT 变频器

IGBT 变频器采用绝缘栅双极型晶体管作为功率开关器件。绝缘栅双极型晶体管（Insulate-Gate Bipolar Transistor, IGBT, 图 6-27）集 GTR 和 P-MOSFET 的优点于一身，具有输入阻抗高、开关速度快、驱动电路简单、通态电压低，能承受高电压、大电流等优点。

图 6-27 绝缘栅双极型晶体管 IGBT
（德国西门子公司产品）

由于 IGBT 开关频率高，可构成静音式变频器，使电动机的运行噪声降低到接近正常工频供电时的水平。电流波形更加正弦化，减小了电动机转矩的脉动，且低速转矩大。采用矢量控制时，响应速度更快，比同容量的 GTR 变频器体积小，重量轻。

目前，在中小容量变频器的新产品中都采用 IGBT 作为功率开关器件，应用极为广泛。

（4）IGCT 变频器

IGCT 变频器采用集成门极换流晶闸管作为功率开关器件。集成门极换流晶闸管（Integrated Gate-Commutated Thyristor, IGCT, 图 6-28）属于电流型器件，综合了 IGBT 与 GTO 的优点，具有开关频率高（开关速度比 GTO 快 10 倍）、损耗小、无须关断吸收电路、可用于串联应用等优点。

作为功率开关器件，IGCT 在 $0.5 \sim 6MV \cdot A$ 的容量范围内均有应用，其固有的串并联灵活性可把容量范围扩展到几百兆伏安。目前在中高压、大容量的电力电子应用中，IGCT 正在逐步取代 GTO。

（5）IEGT 变频器

IEGT 变频器采用电子注入增强门极晶体管作为功率开关器件。电子注入增强门极晶体管（Injection Enhanced Gate Transistor, IEGT）是日本东芝（Toshiba）公司于 1993 年开发的、基于 IGBT 的新一代电力电子器件（图 6-29）。IEGT 是日本东芝公司生产的高性能 IGBT 的专有名称。

图 6-28 集成门极换流晶闸管 IGCT
（ABB 公司产品）

图 6-29 电子注入增强门极晶体管 IEGT
（日本东芝公司产品）

IEGT 具有通态压降低、门极驱动电流小、功率密度大、开关损耗小、翻转速度快及容易串联运行等诸多优点。

IEGT 属于电压型器件，耐压能力在 4kV 以上（可达 4.5kV/3kA），适用于电动汽车、电力机车等大功率场合。

目前，在中高压、大容量的电力电子应用中，IEGT 和 IGCT 正在展开激烈的竞争。

6.2 变频器的选择

变频器的
技术参数

6.2.1 变频器的技术参数

在选择变频器之前，必须了解变频器的主要技术参数。变频器的主要技术参数见表 6-1。

表 6-1 变频器的主要技术参数

输入	额定电压、频率	三相 380V、50/60Hz					
	电压允许变动范围	320~460V、失衡率<3%、频率±5%					
输出	电压	0~380V					
	频率	0~500Hz					
	过载能力（S2 系列）	150%额定电流、1min					
额定容量/kV·A		29.6	39.5	49.4	60.0	73.7	98.7
额定输出电流/A		45	60	75	91	112	150
适配电动机功率/kW		22	30	37	45	55	75

1. 输入侧的额定数据

（1）额定电压

在我国，中小容量变频器的输入电压主要有以下几种。

1）AC 380V，三相，此为绝大多数变频器的常用电压。

2）AC 220V，三相，主要用于匹配某些进口设备（如日本生产的机电设备）。

3）AC 220V，单相，主要用于家用电器（如变频空调、变频洗衣机等）中。

（2）额定频率

常见的额定频率是 50Hz 和 60Hz。

2. 输出侧的额定数据

（1）额定电压

因为变频器的输出电压随频率而变化，并非常数，所以变频器是以最大输出电压作为额定电压的。一般来说，变频器的输出额定电压总是和输入额定电压大致相等。

（2）额定电流

额定电流 I_N 是指允许长时间输出的最大电流，是用户选择变频器的主要依据。

（3）额定容量

变频器的额定容量 S_N 由额定电压 U_N 和额定电流 I_N 的乘积决定，其关系式为

$$S_N = \sqrt{3} U_N I_N \tag{6-4}$$

式中，S_N 为变频器的额定容量（kV·A）；U_N 为变频器的额定电压（kV）；I_N 为变频器的额定电流（A）。

（4）适配电动机功率

适配电动机功率 P_N 是指变频器允许配用的电动机最大容量。但由于在很多负载中，电动机是允许短时间过载的，所以说明书中的适配电动机功率仅对连续不变负载才是完全适用

的。对于各类变动负载来说，变频器的适配电动机功率往往需要降容选用。

（5）输出频率范围

输出频率范围是指变频器输出频率的调节范围。

（6）过载能力

变频器的过载能力是指其实际输出电流超过额定电流的允许范围，大多数变频器制造商都将变频器的过载能力规定为 $1.5I_N$，且允许的过载时间不超过 1 min。过载电流的允许时间也具有反时限特性，即如果实际过载电流超过额定电流 I_N 的倍数不大，则变频器允许过载的时间可以适度延长，如图 6-30 所示。

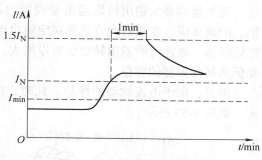

图 6-30　变频器的过载能力

6.2.2　变频器容量的计算

变频器容量的确定是选择变频器关键的一步，如果容量选择不准确，会造成变频器及电动机发热，也达不到预期的应用效果。选择变频器时，要以电动机容量和电动机的工作状态作为依据合理选择变频器。在实际应用中，常依据以下几个原则来选择变频器。

计算变频器容量时，变频器的额定电流是一个关键量，一旦异步电动机容量和电压确定，就应当根据异步电动机的额定电流来选择变频器，或者根据异步电动机实际运行过程中可能出现的最大工作电流来计算变频器的容量。但是异步电动机运行方式不相同时，变频器应满足的条件也不一样，变频器容量的计算方法和选择原则也不同，应采用对应的方法和原则进行容量的计算和选择。

1. 连续运行方式下变频器的容量

连续运行方式通常指负载不频繁加、减速且连续运行的方式。在这种运行场合使用变频器控制异步电动机调速，可以选择变频器的额定工作电流等于电动机的额定工作电流，但考虑到变频器的额定输出电流为脉动电流（图 6-31），比工频供电时电动机的电流要大，所以选择容量时应适当留有余地，一般按下式计算：

$$I_N \geq (1.05 \sim 1.1)I \qquad (6-5)$$

或

$$I_N \geq (1.05 \sim 1.1)I_{max} \qquad (6-6)$$

式中，I_N 为变频器输出的额定电流（A）；I 为电动机的额定电流（A）；I_{max} 为电动机实测的最大工作电流（A）。

如果按电动机的实测最大工作电流选取，变频器的容量可以适当减小，图 6-32 所示为变频器容量按最大电流选择的曲线。

图 6-31　变频器额定输出电流的波形图

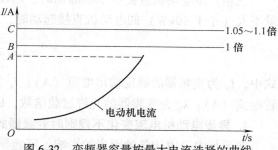

图 6-32　变频器容量按最大电流选择的曲线

2. 在加、减速工况下变频器的容量

变频器的最大输出转矩是由变频器的最大输出电流决定的。一般情况下，对于短时的加、减速来说，变频器允许达到额定输出电流的130%～150%（视变频器容量而定）。因此，在短时加、减速时的输出转矩也可以增大；反之，如只需要较小的加、减速转矩时，常常可降低选择变频器的容量。

但是，由于电流脉动的缘故，此时，应将变频器的最大输出电流降低10%后再进行选定，如图6-33所示。

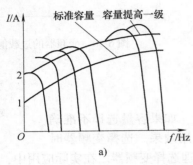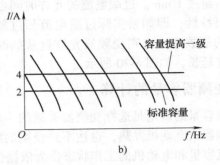

图6-33　转矩（电流）与速度关系曲线

a）U/f 控制转矩特性　　b）矢量控制转矩特性

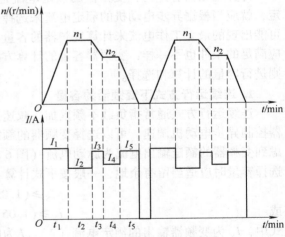

如图6-34所示为电动机的运行曲线，对应于异步电动机在加速、恒速、减速等各种运行状态下的电流值的情况。对于异步电动机在频繁加、减速运转时，变频器容量常按下式计算：

$$I_N = \left[(I_1t_1 + I_2t_2 + \cdots + I_5t_5) / (t_1 + t_2 + \cdots + t_5) \right] k_0 \tag{6-7}$$

式中，I_N 为变频器额定输出电流（A）；I_1，$I_2, \cdots, I_5$ 为各运行状态平均电流（A）；t_1，$t_2, \cdots, t_5$ 为各运行状态下的运行时间（min）；k_0 为安全系数（运行频繁时取1.2，其他条件时为1.1）。

图6-34　电动机运行时的特性曲线

3. 异步电动机直接起动时变频器的容量

三相异步电动机直接在工频起动时，起动电流为其工作时额定电流的5～7倍。对于容量不大（小于10kW）的电动机直接起动时，可按式（6-8）计算变频器的容量：

$$I_N \geqslant \frac{I_k}{k_g} \tag{6-8}$$

式中，I_N 为变频器的额定输出电流（A）；I_k 为在额定电压、额定频率下电动机起动时的堵转电流（A）；k_g 为变频器的允许过载倍数，$k_g = 1.3 \sim 1.5$。

4. 异步电动机电流变化不规则时变频器的容量

在运行中，由于各种因素的影响，可能导致电动机电流出现不规则的变化，不易获得运

行特性曲线。计算出的变频器的额定输出电流，必须大于或等于电动机在输出最大转矩时的实际电流。

$$I_{\mathrm{N}} \geq I_{\max} \qquad (6\text{-}9)$$

式中，I_{N} 为变频器的额定输出电流（A）；$I_{\max}$ 为电动机在输出最大转矩时的实际电流（A）。

5. 电动机驱动大惯性负载起动时变频器的容量

由于负载的情况各种各样，千差万别，异步电动机带动大惯性负载运行的状态经常存在，往往需要经常使用过载容量大的变频器，而变频器允许过载容量通常为 150%、1 min。若异步电动机带动大惯性负载工作，而变频器又控制异步电动机在这种状态下工作，使得变频器工作的过载容量超过允许过载容量，就必须增大变频器的容量。

此时，变频器的输出电流可按式（6-10）计算：

$$P_{\mathrm{CN}} \geq \frac{K n_{\mathrm{M}}}{9550 \eta \cos\varphi} \left[T_{\mathrm{L}} + \frac{GD^2}{375} \frac{n_{\mathrm{M}}}{t_{\mathrm{A}}} \right] \qquad (6\text{-}10)$$

式中，P_{CN} 为变频器的额定容量（kV·A）；GD^2 为换算到电动机轴上的转动惯量值（N·m²）；T_{L} 为负载转矩（N·m）；η、$\cos\varphi$、n_{M} 为分别为电动机的效率（取 0.85）、功率因数（取 0.75）、额定转速（r/min）；t_{A} 为电动机加速时间（s），由负载要求确定；K 为电流波形的修正系数（采用 PWM 方式控制时，取 1.05~1.10）。

6. 电动机驱动较轻负载时变频器的容量

电动机的电抗随电动机的容量不同而异。即便电动机电流相同，电动机容量越大，其脉动电流值也越大，因而其峰值电流就可能超过变频器内逆变器部分的过电流耐受值（图 6-35）。

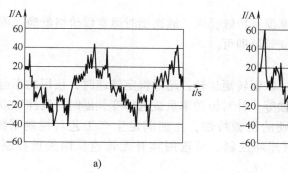 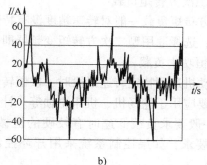

图 6-35　电动机的电流波形

a) 3.7kW、4 极、全负载　电动机电流：17A　脉动电流：40A　b) 7.5kW、4 极、轻负载　电动机电流：17A　脉动电流：60A

因此，如果电动机长期轻载运行，则在选择变频器容量时，要充分考虑电动机脉动电流的影响，以防其峰值电流超过变频器内逆变器部分的过电流耐受值，造成变频器早期损坏。

6.2.3　变频器类型的选择

应根据实际需要选择满足使用要求的变频器。变频器选型不当会造成变频器不能充分发挥其作用，安装不规范会使变频器因散热不良而过热，布线不合理会使电磁干扰增强，这些都可能造成变频器不能正常工作。

变频器类型
的选择

1. 变频器的选型原则

通常主要依据以下原则进行变频器的选择。

1）由于风机和泵类负载在低速运行时转矩较小，对过载能力和转速精度要求不是很高，可以选用成本低廉的通用型二次方转矩变频器控制此类负载的运行，以节约总体投资。

2）如果异步电动机驱动的负载具有恒转矩特性，但在运行时转速精度及动态性能等方面要求不高，则应选用无矢量控制型恒转矩变频器。

3）如果异步电动机在低速运行时要求有较硬的机械特性，并要求有一定的调速精度，但对其他动态性能要求不高，则可选用不带速度反馈的矢量控制型变频器，以降低设备投资。

4）如果对调速精度和动态性能都有较高要求，则可选用带速度反馈的矢量控制型变频器，以充分满足系统的控制要求。

2. 根据负载性质选择变频器

（1）恒转矩负载

对于恒转矩负载，应选择恒转矩型变频器，同时还要注意以下几点。

1）电动机应选变频器专用电动机。

2）变频柜应加装专用冷却风扇。

3）适度增大电动机的容量。

4）适度降低负载特性。

5）适度增大变频器的容量。

6）变频器的容量与电动机的容量关系应根据品牌来确定，一般为 1.1~1.5 倍电动机的容量。

（2）二次方转矩负载

二次方转矩负载一般对转速精度没有特殊要求，故选型时通常以价格低廉、可靠耐用为主要原则，选择通用型二次方转矩变频器即可。

（3）恒功率负载

当电动机达到特定转速区段时，按恒转矩运转；超过特定转速时，按恒功率运转。恒功率运转主要应用于卷扬机、机床主轴等。针对恒功率负载选择变频器时，要注意以下几点。

1）一般要求负载低速时有较硬的机械特性，才能满足生产工艺对控制系统的动态、静态指标要求，如果控制系统采用开环控制，可选用具有无转速反馈矢量控制功能的变频器。

2）对于调速精度和动态性能指标都有较高要求，以及要求高精度同步运行等场合，可选用带速度反馈的矢量控制方式的变频器。如果控制系统采用闭环控制，则可选用能够四象限运行、采用 U/f 控制方式、具有恒转矩输出功能的变频器。

3. 根据运行环境选择变频器

（1）温度

变频器的环境温度为 -10~50℃，一定要考虑通风散热问题。

（2）相对湿度

变频器的相对湿度应符合 IEC/EN 60068-2-6 规定。

（3）抗振性能

变频器的抗振性能应符合 IEC/EN 60068-2-3 规定。

（4）电磁兼容性

电磁兼容性（Electromagnetic Compatibility，EMC）是指电气设备在电磁环境中，既不干扰其他电气设备，同时也不受其他电气设备干扰的能力。

变频器的电磁兼容性应满足 GB/T 17626《电磁兼容　试验和测量技术》的要求。

4. 根据相关参数选择变频器

（1）最大瞬时电流

选择变频器容量的基本原则是，变频器能正常驱动负载，在生产工艺所要求的所有转速点均能长期稳定运行而不会出现过热现象，且最大负载电流不超过变频器的额定工作电流。

实际上，变频器都具备一定的过载能力（亦称过载耐受能力）。变频器的过载能力一般为 $1.5I_N$，且允许的过载时间不超过 1min；某些高品质变频器的瞬时过载能力为 $2.0I_N$，且允许的过载时间不超过 3s。

（2）输出频率

变频器的最高输出频率根据变频器的类型不同而有很大的不同，有 50Hz/60Hz、120Hz、240Hz 或更高。50Hz/60Hz 以在额定速度以下范围进行调速运转为目的，适合大容量的通用变频器采用。最高输出频率超过工频的变频器多为小容量，工作在 50Hz/60Hz 以上区域，由于输出电压不变，变频器输出呈恒功率特性。

（3）输出电压

变频器的输出电压可按电动机额定电压选定。按国家标准，输出电压可分成 220V 系列和 400V 系列两种。

（4）加减速时间

加减速时间反映电动机加/减速度的快慢，并且影响变频器的输出电流。一般情况下，对于短时间的加/减速，变频器允许达到额定输出电流的 130%～150%，因此，在短时间内的输出转矩也可以增大。

（5）电压频率比

电压频率比 U/f 作为变频器独特的输出特性，表征变频器输出频率与输出电压的变化特性。选择的变频器具有合适的 U/f，可以高效率地利用电动机，如控制泵和风机类负载可以取得显著的节能效果。

（6）调速范围

根据系统的要求，选择的变频器必须能覆盖所需要的速度范围。因此，变频器的选择，要根据实际情况，做到既能满足用户要求，又能保证变频器整体选择的经济性。

（7）保护结构的选择

变频器内部产生的热量大，考虑到散热的经济性，除小容量变频器外几乎都是开启式结构，采用风扇进行强制冷却。变频器设置场所在室外或周围环境恶劣时，最好装在独立盘上，采用具有冷却用热交换装置的全封闭式。

对于小容量变频器，在粉尘、油雾多的环境或者棉绒多的纺织厂也可采用全封闭式结构。

（8）电网切换功能的选择

将在工频电网运转中的电动机切换到变频器供电运转时，一旦断掉工频电网，必须要等电动机完全停止运转以后，才允许将电动机切换到变频器侧起动。但将电源从工频电网切换到变频器时，对于无论如何也不能彻底停止运转的设备，需要选择具有电网切换功能（这类功能多为选装功能，需要额外向变频器制造商订购）的变频器。切换电网后，先使自由运转中的电动机与变频器达成同步运行状态，然后由变频器驱动电动机运转。

（9）瞬停再起动功能的选择

当工频电网发生瞬时停电而使变频器停止工作时，在工频电网恢复供电后，变频器一般不能马上开始工作，需要等电动机完全停止运转之后，变频器才能再次起动、投入工作。这是因为变频器瞬停再起动时，其输出频率与电动机的实际转速不匹配，可能会引发变频器的过电压、过电流保护机构动作，导致变频器出现保护性停机。

对于需要变频器连续工作、不允许出现停机的场合（如生产流水线等），在选用变频器时，应选择具有瞬停再起动功能的变频器，以满足生产工艺的要求。瞬停再起动功能也属于变频器的选装功能，需要额外向变频器制造商订购。

（10）起动转矩和低速运转时的输出转矩

假设使用通用变频器对电动机进行起动时，其起动转矩的数值为 T_b；使用工频电源对电动机进行起动时，其起动转矩的数值为 T_g，两者相比较，在数值上，往往 T_b 会小于 T_g。如此一来，就可能出现使用通用变频器对电动机进行起动时，由于起动转矩的数值 T_b 小于生产设备的负载力矩 T_L，而使电动机无法起动，造成电动机"闷车"的现象。

此外，当电动机在低速运转区域工作时，其输出转矩也会比电动机的额定输出转矩略小。所谓的"笼型异步电动机在基频以下进行调速时，具有恒转矩调速特性"，也仅仅是近似于具有恒转矩调速特性而已，而非绝对的具有恒转矩调速特性。

鉴于此，当采用变频器驱动电动机工作时，若电动机的起动转矩和低速运转时的输出转矩可能无法满足生产设备的实际需求，就需要酌情选择容量更大的变频器和电动机，即对变频器和电动机适度增容，留出一定的转矩裕度，以免出现"小马拉大车"的现象。

6.3　西门子 MM440 变频器

西门子变频器
产品

西门子公司的标准通用型变频器主要包括 MM4、MM3 系列变频器和电动机变频器一体化装置三大类。其中，MM4 系列变频器包括 MM440 矢量型通用变频器、MM430 节能型通用变频器、MM420 基本型通用变频器和 MM410 紧凑型通用变频器 4 个系列，这也是目前应用较为广泛的变频器系列。

MICROMASTER 440 通用型变频器简称 MM440 变频器，是新一代多功能标准变频器。MM440 变频器（图 6-36）按外形分为 A~F、FX 和 GX 共 8 种规格，其容量范围为 0.12~250kW（300HP），采用高性能的矢量控制技术，具有低速、高转矩输出和良好的动态特性，同时具备强大的保护功能，适用面广。

图 6-36　MM440 变频器

6.3.1　技术规格

技术规格可以通过变频器型号（订货号）体现。如电源输入电压、输出功率、外形尺寸、防护等级、是否内置滤波器、是否内置制动单元等。

MM440 变频器的型号含义如图 6-37 所示，其具体的技术规格见表 6-2。

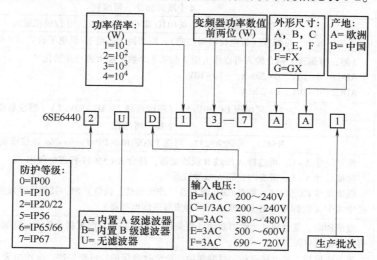

图 6-37　MM440 变频器的型号含义

表 6-2　MM440 变频器的技术规格

特　性		技　术　规　格		
电源电压与功率范围		1AC 200~240V　CT：0.12~3.0kW		
		3AC 200~240V　CT：0.12~45.0kW，VT：5.50~45.0kW		
		3AC 380~480V　CT：0.37~200kW，VT：7.50~250kW		
		3AC 500~600V　CT：0.75~75.0kW，VT：1.50~90.0kW		
输入/输出频率		输入 47~63Hz/输出 0~650Hz		
功率因数		0.95		
过载能力	恒转矩（CT）	框架尺寸 A~F	1.5 I_N（即150%过载），持续 60s，间隔 300s	
			2.0 I_N（即200%过载），持续 3s，间隔 300s	
		框架尺寸 FX 和 GX	1.36 I_N（即136%过载），持续 57s，间隔 300s	
			1.6 I_N（即160%过载），持续 3s，间隔 300s	
	变转矩（VT）	框架尺寸 A~F	1.1 I_N（即110%过载），持续 60s，间隔 300s	
			1.4 I_N（即140%过载），持续 3s，间隔 300s	
		框架尺寸 FX 和 GX	1.1 I_N（即110%过载），持续 59s，间隔 300s	
			1.5 I_N（即150%过载），持续 1s，间隔 300s	
控制方法		U/f 控制，输出频率 0~650Hz ［含线性 U/f 控制、带 FCC（Flux Current Control，磁通电流控制）的线性 U/f 控制、抛物线 U/f 控制、多点 U/f 控制、适用于纺织工业的 U/f 控制、适用于纺织工业的带 FCC 的 U/f 控制、带独立电压设定值的 U/f 控制］		
		矢量控制，输出频率 0~200Hz（含无传感器矢量控制、无传感器矢量转矩控制、带编码器反馈的速度控制、带编码器反馈的转矩控制）		
起动冲击电流		小于额定输入电流		
固定频率		15 个固定频率，可编程		

（续）

特　性	技　术　规　格
跳转频率	4个跳转频率，可编程
设定值分辨率	0.01Hz数字输入，0.01Hz串行通信输入，10位模拟输入
数字输入	6个，可编程（带电位隔离功能），可切换为高电平/低电平有效（PNP/NPN）
模拟输入	2路，可编程，两个输入可以作为第7和第8个数字输入进行参数化 ADC1　0~10V，0~20mA，-10~10V ADC2　0~10V，0~20mA
继电器输出	3个，可编程 DC 30V/5A（阻性负载），AC 250V/2A（感性负载）
模拟输入	2路，可编程
串行接口	RS485，可选RS232，可选PROFIBUS-DP/Device-Net通信模块
电磁兼容性	框架尺寸A~C：可选择A级或B级滤波器，符合EN 55011标准的要求 框架尺寸A~F：带有内置的A级滤波器 框架尺寸FX和GX：带有EMC滤波器（作为选装件供货）时，其传导性发射满足EN 55011标准中关于A级标准限定值的要求（必须安装进线电抗器）
制动	直流制动、复合制动、动力制动（框架尺寸A~F：带有内置制动单元；框架尺寸FX和GX：带有外部制动单元）
保护功能	欠电压保护、过电压保护、过载保护、接地故障保护、短路保护、电动机失步保护、电动机堵转保护、电动机过热保护、变频器过热保护、电动机断相保护、参数联锁等

6.3.2　电气原理

1. 电气连接

MM440变频器的进线方式有三种，分别为单相220V输入、三相220V输入和三相380V输入，输出均为三相380V，可根据实际需要选择。

在电磁干扰强烈、对变频质量要求高的场合，可在进线端设置进线电抗器和进线滤波器，在出线端设置出线电抗器和出线滤波器。

MM440变频器与外围器件的电气连接关系如图6-38所示。

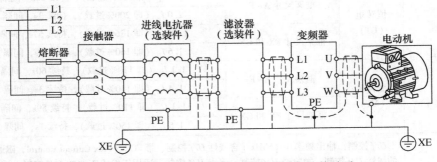

图6-38　MM440变频器与外围器件的电气连接关系

1）进线电抗器可以抑制谐波电流，提高系统的功率因数，削弱输入电路的浪涌电压、浪涌电流对变频器的冲击，削弱电源电压不平衡带来的负面影响。一般情况下，变频器都需要设置进线电抗器。

2）进线滤波器的作用是吸收和抑制电磁干扰。其中，EMC A级滤波器用于工业场合，EMC B级滤波器用于民用场合或轻工业场合。

3）出线电抗器（图中未示出）接在变频器与电动机之间，用于抑制变频器开关器件（如 IGBT）产生的瞬间高电压，减小该电压对电缆绝缘和电动机的不良影响，延长变频器与电动机之间的有效作用距离（即延长两者之间的电缆长度）。

2. 电气原理图

MM440 变频器的结构框图如图 6-39 所示，电气原理图如图 6-40 所示，外部接线端子如

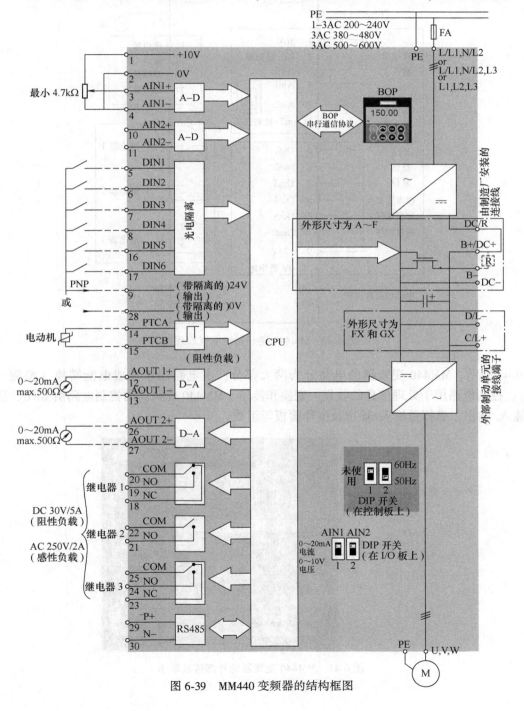

图 6-39　MM440 变频器的结构框图

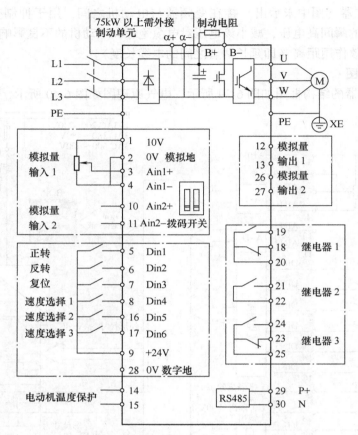

图 6-40　MM440 变频器的电气原理图

图 6-41 所示。MM440 变频器的电路分为两大部分，主电路用于完成电能转换（整流、逆变）；控制电路用于处理信息的收集、变换和传输。MM440 变频器的控制电路由 CPU、数字量输入/输出、模拟量输入/输出及操作面板等组成。

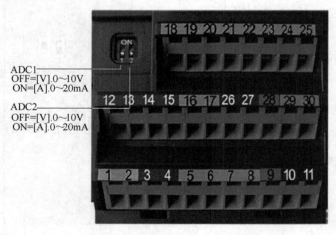

图 6-41　MM440 变频器的外部接线端子

1）MM440 变频器提供两路直流电源。端子 1 和端子 2 提供高精度的 10V 直流稳压电源；端子 9 和端子 28 提供高精度的 24V 直流稳压电源。

2）数字量输入端子 DIN（5、6、7、8、16、17）为用户提供了 6 个可编程的数字量输入端，数字量输入信号经光电耦合、光隔离后输入 CPU，用于对电动机进行正反转、正反转点动、固定频率设定值等的控制。

另外，还可以通过设置（编程），将两路模拟量输入端子扩展为数字量输入端子，以增大数字量输入端子的数量。

3）数字量输出端子 18~25，构成 3 组继电器输出，供用户使用。

4）输入端子 14、15 为热敏电阻信号的输入端。热敏电阻嵌装在电动机定子绕组之间，感受电动机的温度变化，并将其转变成电信号输入变频器。当电动机的温度升高到预先设定的预警值时，变频器发出停止运行信号，开始实施电动机过热保护，并停止运行。

5）模拟量输入端子 AIN1（3、4）、AIN2（10、11）为用户提供了两路模拟量输入端口。模拟量信号输入变频器后，模拟量信号的设定值、实际值或控制信号经 A-D 转换（模拟量-数字量转换）后被输入 CPU，以便进行相应的控制。

6）模拟量输出端子 AOUT1（12、13）、AOUT2（26、27）能够输出 0~20mA 电流信号，用于测量变频器的电压、电流、频率等运行状态参数。

7）输入端子 29、30 作为 RS485 串行通信端口使用。

6.3.3　参数结构

可以在 MM440 变频器的操作面板上设定参数，实现变频器的监视、控制及通信等功能。

MM440 变频器有两种参数类型，以字母 P 开头的参数为用户设定参数；以字母 r 开头的参数为只读参数，即用于监控和显示变频器的内部状态值、实际值等数据。

MM440 变频器的参数按功能可分为命令数据组（Command Data Set，CDS）和驱动数据组（Drive Data Set，DDS）两类。

命令数据组用于变频器的控制命令的输入/输出；驱动数据组是与电动机、负载相关的驱动参数组。每个数据组有 3 个独立设定值，分别为 CDS1、CDS2、CDS3 和 DDS1、DDS2、DDS3。

这些设定可用参数的变址来确定，如命令参数组的参数在参数表中用变址［×］标出。

P××××［0］：第 1 个命令数据组（CDS1）；

P××××［1］：第 2 个命令数据组（CDS2）；

P××××［2］：第 3 个命令数据组（CDS3）。

变频器在默认状态下使用的当前参数组是第 0 组参数，即 CDS0 和 DDS0。例如，P1000 的第 0 组参数，在变频器的基本操作面板上显示为 in000 。

本章以 P1000［0］的形式表示 P1000 的第 0 组参数。以后，若无特殊说明，所访问的参数组均指当前参数组。

利用参数组的变址功能，用户可以根据不同的需要，在一个变频器中设置多种驱动和控制配置，并在适当的时候根据需要进行切换，十分方便。图 6-42 所示为参数组变址应用实例。当 P0810 选择参数组 0 或 1 时，可以很方便地切换控制源和频率源。

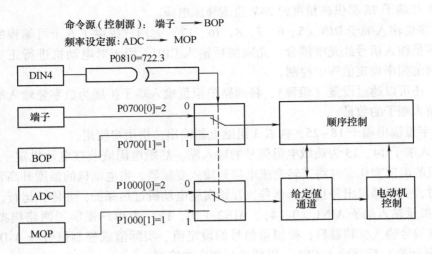

图 6-42　参数组变址应用实例

6.3.4　参数过滤及用户访问等级

1. 参数过滤

将变频器的参数 P0004 设定为 2~22 中的某值时，可以只过滤（筛选）出与该功能相关的参数，详见表 6-3。这将增加参数的透明度，方便使用 BOP/AOP 观察、调试参数。

表 6-3　P0004 设定的参数数据组选择

设 定 值	显 示 功 能	设 定 值	显 示 功 能
0	所有参数	10	给定值通道和斜坡函数发生器
2	驱动变频器参数	12	驱动变频器功能
3	电动机参数	13	电动机开环/闭环控制
4	速度编码器	20	通信
5	工艺应用/装置	21	故障、报警、监控功能
7	控制命令、数字量输入/输出	22	PID 调节器
8	模拟量输入/输出		

2. 用户访问等级

变频器的某些参数是不允许随便修改的，为了便于管理，MM440 变频器设置了 4 个用户访问等级，由参数 P0003 进行设置。

对于大多数应用对象，只要访问标准级和扩展级参数就足够了。用参数 P0003 设置用户访问权限的等级，相关参数只能在相应权限等级下才可以访问，以避免重要参数被随意改动，详见表 6-4。

表 6-4 用户访问权限等级的划分

用户访问权限等级	用户访问权限
P0003 = 1 标准级	可以访问最经常使用的参数，P0003 默认值为 1
P0003 = 2 扩展级	允许访问扩展参数
P0003 = 3 专家级	允许专家使用
P0003 = 4 服务级	只供授权的维修人员使用，具有密码保护

6.3.5 起动与停车

1. 起动

MM440 变频器的起动由命令源和频率设定源控制。

1）命令源。命令源包括键盘、外接控制端、串行通信接口和通信模板等，其设定方式如图 6-43 所示。

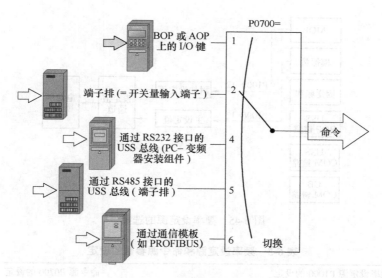

图 6-43 命令源的设定方式

2）频率设定源。频率设定源包括键盘（BOP 或 AOP）、电动电位器（MOP）、模拟量输入、固定频率、串行通信接口和通信模板等，其设定方式如图 6-44 所示。

命令源信号由参数 P0700 定义，频率设定源由参数 P1000 定义。变频器的频率设定源可以选择"主设定"和"附加设定"。主设定值和附加设定值能独立地设定变频器的频率。如 P1000 = 12 时，变频器的主设定为模拟量输入，附加设定为键盘（电动电位器）输入，如图 6-45 所示。

MM440 变频器常用的频率设定方法为主设定（P1000 = 1~7）。频率设定源和命令源参数的设定见表 6-5。

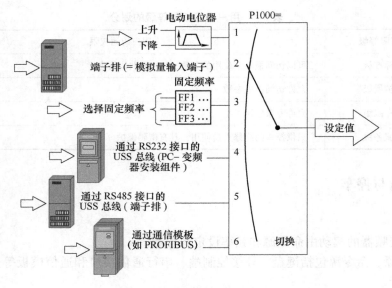

图 6-44 频率设定源的设定方式

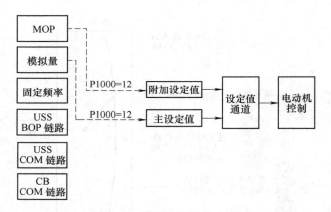

图 6-45 频率设定源的选择

表 6-5 频率设定源和命令源参数的设定

频率设定源 P1000 的设定		命令源 P0700 的设定	
设 定 值	参 数 描 述	设 定 值	参 数 描 述
0	无主设定、附加设定	0	工厂的默认设置
1	键盘（电动电位器）	1	键盘（BOP/AOP）输入
2	模拟输入 1 通道（端子 3、4）	2	端子排输入（默认设定值）
3	固定频率	4	BOP 链路的 USS 通信（RS232）
4	BOP 链路的 USS 通信（RS232）	5	COM 链路的 USS 通信（RS485）
5	COM 链路的 USS 通信（RS485）	6	PROFIBUS/Field Bus 通信链路的现场总线
6	CB 通信板		
7	模拟输入 2 通道（端子 10、11）		

MM440 变频器在默认设置下可以控制电动机运行，命令源为外接控制端子 DIN1（端子

5，高电平有效），控制电动机的正转/停止；频率设定源为模拟量输入端子 AIN1（端子 3、4），电压为 0~10V。

2. 停车

MM440 变频器的停车与制动有以下几种方式。

1）OFF1——电动机依减速时间减速并停止。

2）OFF2——电动机依惯性自由停车。OFF2 命令可以通过按操作面板 BOP/AOP 上的红色停止键 "⓪" 2s 以上或按两次红色停止键 "⓪" 来实现，也可以通过设定参数 P0701~P0706（数字量输入 1~6）或 P0707~P0708（模拟量输入 1~2）来实现。

3）OFF3——电动机依斜坡曲线减速时间快速停车，且可以同时带有直流制动或复合制动。OFF3 命令通过设定斜坡曲线减速时间（P1135）使电动机急速减速并停车，低电平有效。需要注意的是，当设置了 OFF3 命令后，OFF3 必须输入高电平，电动机才可以正常起动，并用 OFF1 或 OFF2 方式停车。

4）直流制动。电动机转速下降时，机电传动系统的动能也在减小，电动机的再生能力和制动转矩也随之减小。所以，在惯性较大的机电传动系统中，经常会出现电动机在低速时停不下来的"爬行"现象。直流制动功能就是为了克服低速爬行现象而设置的。在不使用机械制动器和制动电阻的条件下，当频率下降到一定程度时，向电动机绕组中通入直流电流，从而使电动机迅速地可靠停车。

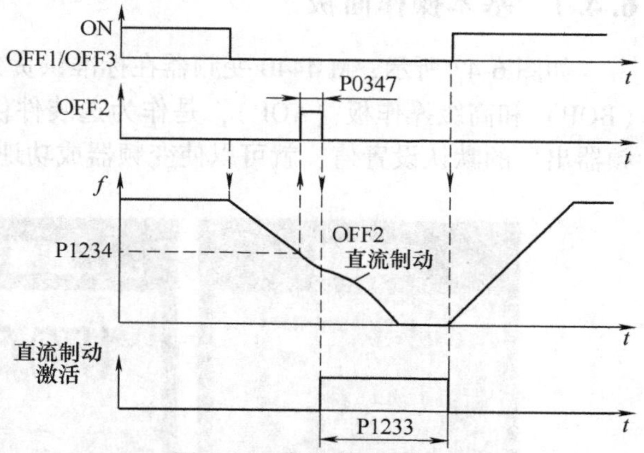

当接收到 OFF1 或 OFF3 停车命令时，变频器的输出频率按 OFF1/OFF3 的斜坡函数曲线下降。当输出频率达到制动频率值时，电动机经过充分去磁后开始制动（P0347 为去磁时间），向电动机注入直流制动电流，电动机快速停止，在制动时间内保持电动机转子轴处于静止状态。直流制动过程如图 6-46 所示。

图 6-46　直流制动示意图

变频器设定参数有：使能直流制动（P1230=1）、直流制动电流（P1232）、制动时间（P1233）、直流制动的起始频率（P1234）等。如果减速时间太短，则可能出现直流母线过电压的故障（F0002）。

注意：直流制动仅能用于异步电动机，常用于离心机、电锯、磨床、运输机等，不适用于静止悬挂负载。实施直流制动时，电动机转子轴的机械能转换成热能，为了避免传动系统过热，不能频繁制动或长时间制动。

此外，在较低频率下，直流制动过程的受控性能不好，在制动期间将不能控制传动系统的速度，因此进行参数设置和传动系统设计时，应尽可能利用实际负载进行试验。

5）复合制动。复合制动是指当接收到 OFF1/OFF3 停车命令时，变频器按 OFF1/OFF3 的斜坡函数曲线减速，在输出的交流电上叠加一定的直流，叠加直流电流的强度由额定电流的百分比来确定。

复合制动主要应用于 U/f 控制方式下的快速停车（如减速时间为 1s）以及转动惯量较大

的机电传动系统的"受控制动停车",其目的是使电动机以更好的动态减速特性完成停车。

注意:当已选择"直流制动""捕捉再启动"或"矢量控制方式"等功能时,复合制动功能会被系统自动禁止。

6)能耗制动。能耗制动需安装外部制动电阻。变频器通过制动单元和制动电阻,将电动机回馈的能量以热能的形式消耗掉。能耗制动的相关参数有:P1237=1~5(能耗制动的工作停止周期)。

对于一些大惯量负载系统,在一定工作状态下(如起重机、牵引传动、皮带运输机等带负载重力下降的情况下),电动机将运行于再生方式,电动机的再生能量会回馈到变频器的直流中间电路上,可能会引起变频器的直流回路电压升高。因此,在复合制动或能耗制动中,可通过设定参数P1240=1,启动"直流电压控制器"功能,对直流回路的电压进行动态控制,自动增加斜坡下降时间,避免大惯量负载系统制动时变频器因直流回路过电压而发生保护性跳闸。

6.4　基本操作

6.4.1　基本操作面板

如图6-47所示,MM440变频器在标准供货方式时装有状态显示板(SDP)、基本操作板(BOP)和高级操作板(AOP),是作为选装件供货的。对于很多用户来说,利用SDP和变频器出厂的默认设置值,就可以使变频器成功地投入运行。

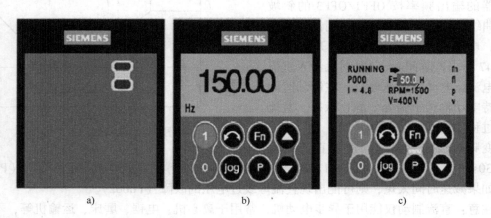

图6-47　MM440变频器的人机接口

a)状态显示板(SDP)　b)基本操作板(BOP)　c)高级操作板(AOP)

如果工厂的默认设置值不适合用户的设备情况,可以利用BOP或AOP或基于PC的调试(启动)工具"Drive Monitor"或"STARTER"来修改参数,使之与控制要求相匹配。相关的软件在随变频器供货的CD-ROM中可以找到。

下面介绍基本操作板BOP的使用方法。基本操作板BOP(Basic Operator Panel)是MM440变频器的选装件,由按键和5位LCD显示器组成,用于设置变频器的参数。显示器可以显示参数号r××××和P××××、参数值及其单位、报警信息A××××、故障信息F××××以及设定值、实际值、PID 反馈信息等。

MM440 变频器在默认设定值的情况下，用 BOP 控制电动机的功能是被禁止的。如果要用 BOP 进行控制，控制命令源参数 P0700 应设置为 1，频率设定源参数 P1000 也应设置为 1。

1）基本操作面板 BOP 的外观如图 6-48 所示。

图 6-48　基本操作面板 BOP 的外观

2）基本操作面板 BOP 的显示信息及各个按键的功能见表 6-6。

表 6-6　基本操作面板 BOP 的显示信息及各个按键的功能

显示/按键	功能	说　明
P(1) r0000 Hz	状态显示	LCD 显示器可以显示参数号 r××××和 P××××、参数值及其单位、报警信息 A××××、故障信息 F××××以及设定值、实际值、PID 反馈信息等
I	起动电动机	按下该键，起动变频器 P0700＝1 时有效；处于默认设定状态时，该键被锁止，外部操作无效
0	停止电动机	OFF1：按下该键，变频器将按选定的斜坡下降速率减速停车。处于默认值运行时，该键被锁止；当设定 P0700＝1 时，该键有效 OFF2：连续按下该键两次（或按下一次，但时间较长），电动机将在惯性作用下自由停车，该功能总是有效的
↻	改变电动机的运转方向	按下该键可以改变电动机的运转方向。电动机的反向运转用负号（－）表示或用闪烁的小数点表示。处于默认值运行时，该键被锁止；当设定 P0700＝1 时，该键有效
jog	电动机点动	在变频器无输出的情况下按下该键，将使电动机起动，并按预设定的点动频率运行。释放该键时，变频器停车。如果变频器/电动机正在运行，该键无效

（续）

显示/按键	功能	说　　明
 Fn	功能键	1）该键用于浏览辅助信息。变频器运行过程中，在显示任何一个参数时，按下该键并保持不动2s，将显示以下参数值（在变频器运行中，从任何一个参数开始）： ① 直流回路电压（用d表示，单位：V） ② 输出电流（A） ③ 输出频率（Hz） ④ 输出电压（用o表示，单位：V） ⑤ 由P0005选定的数值［如果P0005选择显示上述参数中的任何一个（3、4或5），这里将不再显示］。连续多次按下该键，将轮流显示以上参数 2）跳转功能。在显示任何一个参数（r××××或P××××）时短时间按下该键，将立即跳转到r0000，如果需要的话，可以接着修改其他参数。跳转到r0000后，按此键将返回原来的显示点 3）确认。如果存在报警或故障信息，则按下该键进行确认
 P	访问参数	按下该键即可访问参数，退出设置
 ▲	增加数值	按下该键即可增加面板上显示的参数数值
 ▼	减少数值	按下该键即可减少面板上显示的参数数值
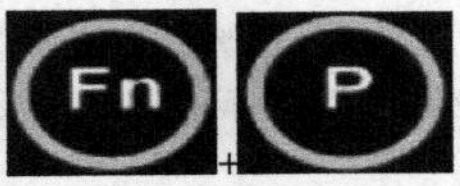 Fn + P	AOP菜单	同时按下这两个按键，可以调出AOP菜单（仅对装备AOP面板的机型有效）

6.4.2　基于BOP的基本操作

1. 用BOP设置参数

以设置P1000的第0组参数为例，设置参数P1000[0] = 1。通过BOP面板设置参数的操作步骤见表6-7。

表6-7　基本操作面板BOP的参数设置

操　作　步　骤	BOP 显示结果
1. 按  P 键，访问参数	 r0000
2. 按  ▲ 键，直到显示 P1000	 P1000
 3. 按 P 键，显示 in000，即 P1000 的第 0 组值	 in000

（续）

操 作 步 骤	BOP 显示结果
4. 按 ⓟ 键，显示当前值 "2"	2
5. 按 ⊙ 键，达到所要求值 "1"	1
6. 按 ⓟ 键，存储当前设置	P 1000
7. 按 Ⓕⓝ 键，显示 r0000	r0000
8 按 ⓟ 键，显示频率	50.00

2. 变频器参数复位

MM440 变频器一般需要经过参数复位、快速调试及功能调试三个步骤进行调试。变频器参数复位，是将变频器的参数恢复到出厂时的默认参数值。在变频器初次调试或者参数设置混乱时，需要执行该操作。

将变频器的参数值复位到工厂默认设置值的操作步骤如图 6-49 所示。

复位之后 MM440 变频器恢复到出厂值，变频器以下面的出厂默认设置值控制电动机的运行。

1）通过数字量输入 DIN1 的 ON/OFF1、DIN2 运转方向的改变、DIN3 的故障确认等控制电动机。

2）通过模拟量输入 AIN1 设定电动机频率。

3）通过数字量输出 DOUT1 进行故障输出，通过数字量输出 DOUT2 进行报警输出等。

4）通过模拟量输出 AOUT 控制电动机的实际运行频率。

5）电动机的控制方式是线性 U/f 特性（P1300＝0）。

6）受控电动机的类型为异步电动机（P0300＝1）。

3. 变频器的快速调试

变频器的快速调试是指通过设置电动机参数和变频器的命令源及频率设定源（图 6-50），从而达到简单快速运转电动机的一种操作模式。

快速调试的基本步骤如图 6-51 所示。

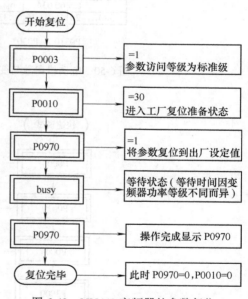

图 6-49　MM440 变频器的参数复位

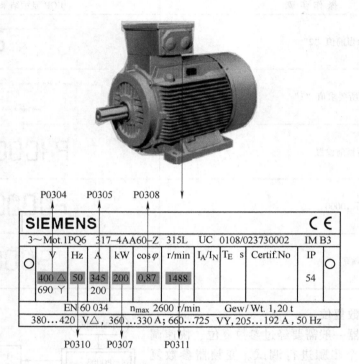

图 6-50　电动机参数与变频器的命令源及频率设定源的对应关系

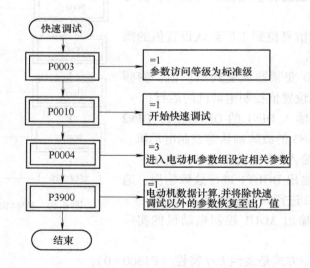

图 6-51　MM440 变频器的快速调试

　　快速调试的完整参数见表 6-8。在完成快速调试后，变频器就可以正常驱动电动机了。变频器运行之前，应将 P0010 设定为 0；如果 P3900 不为 0 时（0 是出厂默认值），P0010 自动复位为 0。

表 6-8　MM440 变频器快速调试参数表

参　　数	参　数　描　述	访问等级
P0003	设置参数访问等级 =1 标准级（只需要设置最基本的参数） =2 扩展级 =3 专家级	—
P0010	=0 准备 =1 开始快速调试 =2 变频器，只用于维修 =29 下载，用 PC 工具传送参数文件 =30 参数复位到出厂设定值 注意： 1）只有在 P0010=1 时，电动机的主要参数才能被修改，如 P0304、P0305 等 2）只有在 P0010=0 时，变频器才能运行	1
P0100	选择电动机的功率单位和电网频率 =0 单位 kW，频率 50Hz =1 单位 hp，频率 60Hz =2 单位 kW，频率 60Hz	1
P0205	变频器应用对象 =0 恒转矩（压缩机、传送带等） =1 变转矩（风机、泵类等） 如果 P0100 设置为 0，则看不到此参数	3
P0300 [0]	选择电动机类型 =1 异步电动机；=2 同步电动机	2
P0304 [0]	电动机的额定电压，注意电动机实际接线方式（Y/△）	1
P0305 [0]	电动机的额定电流 注意电动机实际接线方式（Y/△），若变频器同时驱动多台电动机，则 P0305 的值要大于多台电动机的额定电流之和	1
P0307 [0]	电动机额定功率 如果 P0100=0 或 2，单位是 kW；如果 P0100=1，单位是 hp	1
P0308 [0]	电动机的功率因数	2
P0309 [0]	电动机的额定效率 如果 P0309 设置为 0，则变频器自动计算电动机的效率	2
P0310 [0]	电动机的额定频率 通常为 50/60Hz。对于非标准电动机，则可以根据电动机的铭牌数据进行修改	1
P0311 [0]	电动机的额定速度 在矢量控制方式下，必须准确设置该参数	1
P0320 [0]	电动机的磁化电流，通常取默认值	3
P0335 [0]	电动机的冷却方式 =0 利用电动机轴上风扇自行冷却（自扇冷） =1 利用独立的风扇进行强制冷却	2

（续）

参　　数	参　数　描　述	访问等级
P0640 [0]	电动机的过载因子（过载能力系数） 以电动机额定电流的百分比来限制电动机的过载电流	2
P0700 [0]	选择命令源（起动/停止） =1 键盘输入 =2 I/O 端子控制 =4 经过 BOP 链路（RS232）的 USS 控制 =5 通过 COM 链路（端子 29、30） =6 PROFIBUS/Field Bus 通信链路（CB 通信板） 注意：改变 P0700 的设置，将复位所有的数字输入/输出至出厂设定值	1
P1000 [0]	设置频率设定源 =1 键盘（电动电位器）设定 =2 模拟输入 1 通道（端子 3、4） =3 固定频率 =4 BOP 链路的 USS 控制 =5 COM 链路的 USS 控制（端子 29、30） =6 PROFIBUS（CB 通信板） =7 模拟输入 2 通道（端子 10、11）	1
P1080 [0]	限制电动机运行的最低频率	1
P1082 [0]	限制电动机运行的最高频率	1
P1120 [0]	斜坡上升时间	1
P1121 [0]	斜坡下降时间	1
P1300 [0]	控制方式选择（通常设置值：0、2、20、21） =0 线性特性的 U/f 控制 =1 带磁通电流控制（FCC）的 U/f 控制 =2 带抛物线特性（二次方特性）的 U/f 控制 =3 特性曲线可编程的 U/f 控制 =4 ECO（节能运行）方式的 U/f 控制 =5 用于纺织机械的 U/f 控制 =6 用于纺织机械的带 FCC 功能的 U/f 控制 =19 具有独立电压设定值的 U/f 控制 =20 无传感器的矢量控制 =21 带有传感器的矢量控制 =22 无传感器的矢量-转矩控制 =23 带有传感器的矢量-转矩控制	2
P3900	结束快速调试 =1 电动机数据计算，并将除快速调试以外的参数恢复到工厂设定值 =2 电动机数据计算，并将 I/O 设定恢复到工厂设定值 =3 电动机数据计算，其他参数不进行工厂复位	1

6.4.3　快速修改参数

在设定 MM440 变频器的参数时，为了快速修改参数的数值，可以单独修改显示的每个数字，操作步骤如下。

1）按功能键 **Fn**，最右边的一个数字闪烁。

2）按增减键（ ▲ / ▼ ），修改这位数字的数值。

3）再按功能键 **Fn**，相邻的下一位数字闪烁。

4）执行 2）~4）步，直到显示出所要求的数值。

5）按 **P** 键，退出参数数值的访问级。

6.5　运行控制

6.5.1　基于 BOP 的运行控制

1. MM440 变频器的基本参数

（1）最低频率、最高频率

最低频率 P1080 设定电动机的最低运行频率；最高频率 P1082 设定电动机的最高运行频率。电动机运行在最高频率、最低频率时，不受频率设定值（设定值不为零）的控制；在一定条件下（例如，正在按斜坡函数曲线运行，电流达到极限值），电动机运行的频率可以低于最低频率。

（2）基准频率

基准频率参数 P2000 用于设定模拟 I/O、PID 和串行链路控制器等输入信号所对应的满刻度频率值，参数访问等级为扩展级，默认值为 50Hz。

（3）斜坡上升、下降时间

斜坡上升时间 P1120 是指变频器输出频率从 0Hz 上升到最高频率 P1082 所需的时间；斜坡下降时间 P1121 是指从最高频率 P1082 下降到 0Hz 所需的时间，如图 6-52 所示。

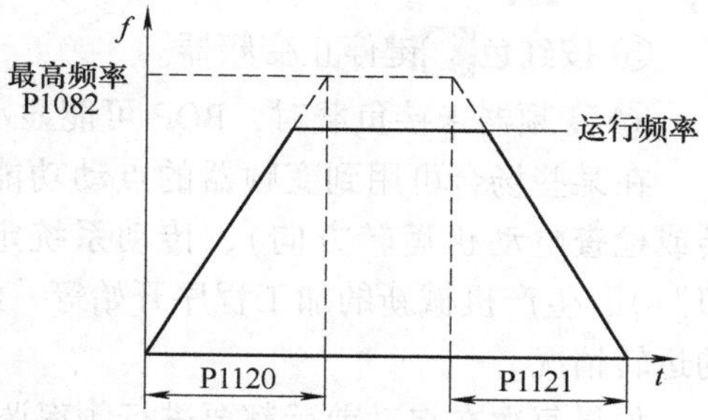

P1120 设置过小可能导致变频器发生过电流现象；P1121 设置过小可能导致变频器发生过电压现象。与此相关的参数有：点动斜坡上升时间（P1060）、点动斜坡下降时间（P1061）和 OFF3 斜坡下降时间（P1135）。

（4）斜坡圆弧设定时间

如图 6-53 所示，斜坡圆弧设定的相关参数有：斜坡上升曲线的起始段圆弧时间（P1130）、斜坡上升曲线的结束段圆弧时间（P1131）、斜坡下降曲线的起始段圆弧时间（P1132）、斜坡下降曲线的结束段圆弧时间（P1133）和平滑圆弧的类型（P1134），参数访问等级为扩展级（P0003=2）。

图 6-52　斜坡上升、下降时间

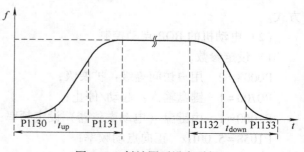

图 6-53　斜坡圆弧设定时间

2. 电动机的 BOP 起动/停止控制

变频器的运行控制由命令源 P0700 及频率设定源 P1000 进行控制。MM440 变频器通过基本操作面板（BOP）上的键盘进行起动、停止、正转、反转、点动及复位等命令操作，同时通过 BOP 的增减键 🔼/🔽 设定电动机的运行频率。

设定 MM440 变频器的参数 P0700 应选择 BOP 操作方式，变频器在接通电源时就可通过操作键盘来控制变频器的运行。

（1）电动机的 BOP 正、反转控制

1）设定参数。

P0010 = 0　运行准备；

P0700 = 1　键盘输入：起动/停止；

P1000 = 1　由键盘（电动电位器）设定频率；

P0003 = 2　用户访问等级：扩展级；

P1040 = 5.00Hz　键盘（电动电位计）设定值，默认值为 5.00Hz。

2）操作步骤。

① 设定完参数，按 🅵🅽 键返回 r0000，再按 🅿 键显示频率，BOP 显示 0.00Hz 与给定频率 5.00Hz 之间交替闪烁。

② 按绿色 🅸 键，起动变频器，变频器运行到 P1040 设定的频率值（5.00Hz）。

③ 电动机起动时按 🔼/🔽 键来改变运行频率。

④ 按 🔄 键改变电动机的运转方向，反转输出时 BOP 上显示负号 "–"。

⑤ 按红色 🅾 键停止变频器。

⑥ 变频器未接负载时，BOP 可能显示 "A0922" 报警。

在某些场合可用到变频器的点动功能，如电动机和变频器功能的调试检查（第一次运转或检查电动机运转方向）、传动系统定位/传动负载进入特定位置（如机床刀具的"对刀"）、生产机械新的加工程序开始等，经常需要对电动机进行点动控制，以便观察各部位的运转情况。

如果每次在点动前后都要进行频率调整，则既麻烦，又浪费时间。因此，变频器可以根据生产机械的特点和要求，预先一次性地设定一个"点动频率"，每次点动时都在该频率下运行，而不必变动已经设定完毕的给定频率。

可通过操作面板（BOP 的 🅹🅾🅶 键）、数字输入 DIN、串行接口来选择电动机的点动工作方式。

（2）电动机的 BOP 点动控制

1）设定参数。

P0003 = 2　用户访问等级：扩展级；

P0700 = 1　键盘输入：起动/停止；

P1000 = 1　由键盘（电动电位器）设定频率；

P1058 = 5.00Hz　正向点动频率；

P1059 = 5.00Hz　反向点动频率。

2）操作步骤。

① 设定完参数，按 [Fn] 键返回 r0000，再按 [P] 键显示频率，BOP 显示 0.00Hz 与给定频率 5.00Hz 交替闪烁。

② 按 [jog] 键点动运行，运行频率由 P1058 设定，默认值为"5.00Hz"。

③ 按 [↻] 键改变电动机的运转方向，反转输出时 BOP 上显示"-5.00Hz"。

④ 改动设定 P1058=6.50Hz，P1059=7.00Hz，变频器以 P1058 的设定值点动正转或反转运行。

3. 注意事项

1）变频器通电前要检查电源电路，主电路的进线端接电源 L1、L2、L3，出线端接电动机，变频器及电动机应有可靠的接地保护。

2）初步调试，尽量在变频器空载时调试或只进行电动机空载调试，利用点动功能调试变频器传动系统。

3）根据电动机铭牌数据设定电动机参数及控制参数，起动电动机运行，观察电动机的运转方向、噪声、振动等情况是否正常。

6.5.2　基于数字量的运行控制

1. MM440 变频器的数字量

MM440 变频器有 6+2 个数字量输入接口（可将 2 路模拟量输入口扩展设定为 2 个数字量输入接口）和 3 组数字量输出接口（图 6-40）。数字输入接口用于接收外部控制信号并控制变频器的运行状态。数字量具有编程功能，可通过参数直接赋予功能或用 BICO 技术自由编程，数字量输入接口的功能用参数 P0701~P0708 设置，见表 6-9。

表 6-9　数字量输入接口参数 P0701~P0708 的设置

设置值	参 数 描 述	设置值	参 数 描 述
0	禁止数字输入	14	MOP（电动电位器）降速（降低频率）
1	ON/OFF1（接通正转/停车命令 1）	15	固定频率设定值（直接选择）
2	ON Reverse/OFF1（接通反转/停车命令 1）	16	固定频率设定值（直接选择+ON 命令）
3	OFF2（停车命令 2）	17	固定频率设定值［二进制编码的十进制数（BCD 码）选择+ON 命令］
4	OFF3（停车命令 3）		
9	故障确认	21	机旁/远程控制
10	正向点动	25	引入直流制动
11	反向点动	29	由外部信号触发跳闸
12	反转	33	禁止附加频率设定值
13	MOP（电动电位器）升速（升高频率）	99	使能 BICO 参数化

数字量输入可通过参数 P0725 选择 PNP 或 NPN 输入，P0725 默认值为 PNP 输入，低电平有效；数字量输出接口用于显示变频器实时状态和监控外部装置，如变频器准备、运行、故障、停车、报警及电动机过载等状态监视。数字量接线图如图 6-54 所示。

数字量输出接口的功能由参数 P0731~P0733 定义，见表 6-10。

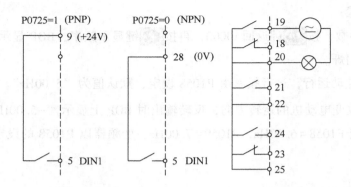

图 6-54　MM440 变频器的数字 I/O 口接线图

表 6-10　数字量输出接口参数 P0731 ~ P0733 的设置

设置值	参 数 描 述	设置值	参 数 描 述
52.0	变频器准备	52.E	电动机正向运行
52.1	变频器运行准备就绪	52.F	变频器过载
52.2	变频器正在运行	53.0	引入直流制动
52.3	变频器故障	53.1	变频器频率 $f\_act > P2167$（f_off）
52.4	OFF2 停车命令有效	53.2	变频器频率 $f\_act > P1080$（f_min）
52.5	OFF3 停车命令有效	53.3	实际电流 $r0027 \geqslant P2170$
52.6	禁止合闸	53.4	实际频率 $f\_act > P2155$（f_1）
52.7	变频器报警	53.5	实际频率 $f\_act \leqslant P2155$（f_l）
52.8	设定值/实际值偏差过大	53.6	实际频率 $f\_act \geqslant$ 设定值
52.9	PZD（过程数据）控制	53.7	实际直流回路电压 $r0026 < P2172$
52.A	已达到最高频率	53.8	实际直流回路电压 $r0026 > P2172$
52.B	电动机电流极限报警	53.A	PID 控制器输出 $r2294 = P2292$（PID_min）
52.C	电动机抱闸（MHB）投入	53.B	PID 控制器输出 $r2294 = P2291$（PID_max）
52.D	电动机过载		

2. 电动机的数字量正转控制

使用 MM440 变频器的出厂默认设定值即可控制电动机的运行，电动机的起动/停止命令由数字量输入端 DIN1 输入，电动机的转速（对应于变频器输出频率）由模拟输入 1 通道（AIN1）设定。

使用 MM440 变频器的数字量控制功能对电动机实施正转起动/停止控制的过程如下。

（1）操作步骤

如图 6-55 和图 6-56 所示，用接触器 QA2 控制变频器的正转运行，QA2 的动合触点接在端子"5"（Din1）与端子"9"（24V）之间，频率由电位器 R_p 接输入端 Ain1（3、4）设定，数字量输出端 DOUT1（18、19、20）的默认功能为"变频器故障"（P0731 = 52.3）。当变频器故障时，"18""20"端断开，接触器 QA2 失电，变频器停止运行。

如图 6-56 所示，按下起动按钮 SF2，接触器的主触点 QA1 闭合，变频器主电路得电。按下起动按钮 SF4，接触器 QA2 接通，设定 MM440 为"I/O 端子控制"（参数 P0700 = 2），电动机正转运行；按下停止按钮 SF3，停止变频器运行，按下停止按钮 SF1，接触器 QA1 线圈失电断开，变频器断电。

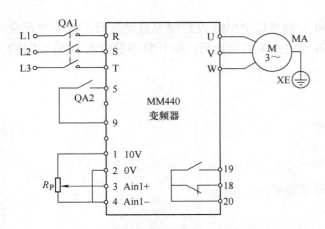

图 6-55　用接触器控制 MM440 变频器的
正转运行电路（主电路）

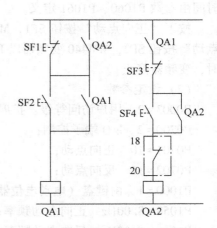

图 6-56　用接触器控制 MM440 变频器的
正转运行电路（控制电路）

只有在接触器 QA1 已经动作、变频器已经通电的状态下电动机才能运行。与停止按钮 SF1（动断）并联的 QA2 的动合触点用于防止电动机在运行状态下通过 QA1 直接停机。

（2）设定参数

P0003 = 2　用户访问等级：扩展级；

P0700 = 2　I/O 端子控制；

P0701 = 2　ON/OFF1（接通正转/停车命令 1）；

P0731 = 52.3　变频器故障；

P1000 = 2　模拟输入 1 通道（端子 3、4）；

P1080 = 20Hz　最低频率；

P1082 = 50Hz　最高频率；

P1120 = 6s　斜坡上升时间；

P1121 = 6s　斜坡下降时间。

3. 电动机的数字量点动控制

MM440 变频器除了可以用 BOP 键盘的 ⊙ 键进行电动机的点动控制之外，还可以通过使用外部数字量输入进行电动机的点动控制，改变相应的参数值即可改变数字量输入端子的功能。如图 6-57 所示，用两个按钮控制电动机正向、反向点动运行。

（1）操作步骤

MM440 变频器的数字量输入 DIN1（"5" 端）接按钮 SF1，用 SF1 控制电

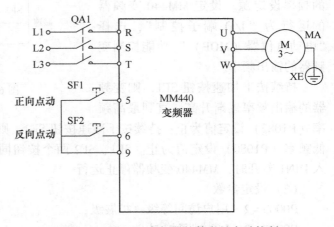

图 6-57　MM440 变频器的数字量点动控制

动机"正向点动"的起动/停止；DIN2（"6"端）接按钮 SF2，用 SF2 控制电动机"反向点动"的起动/停止。点动频率由 BOP 键盘设定（参数 P1058、P1059）；点动斜坡上升、下降时间由参数 P1060、P1061 定义。

按下"正向点动"按钮 SF1，MM440 变频器以 P1058 设定频率点动运行；按下"反向点动"按钮 SF2，MM440 变频器以 P1059 设定频率点动运行。断开数字量输入 DIN1、DIN2 时，变频器停止。

（2）设定参数

P0003 = 2　用户访问等级：扩展级；

P0700 = 2　I/O 端子控制；

P0701 = 10　正向点动；

P0702 = 11　反向点动；

P1000 = 1　由键盘（电动电位器）设定频率；

P1058 = 8.00Hz　正向点动频率；

P1059 = 6.00Hz　反向点动频率；

P1060 = 6.00s　点动斜坡上升时间；

P1061 = 6.00s　点动斜坡下降时间。

4. 电动机的 MOP 功能控制

MM440 变频器设有电动电位器（Motor Potentiometer，MOP）功能。

MOP 功能模拟电位器，用于设定变频器输出频率，以实现远程设定频率、遥控加减速的目的。MOP 功能可通过操作面板、数字量输入及串行通信接口来选择实现。

以数字量输入端子选择 MOP 功能的操作，如图 6-58 所示。

（1）操作步骤

用开关或自锁按钮 SF0 控制 DIN1（"5"端子），作为变频器的起动/停止控制命令源，DIN2（"6"端子）和 DIN3（"7"端子）为变频器的频率设定源。设定 MM440 变频器的运行为"I/O 端子控制"，选择"电动电位器（MOP）"功能控制变频器的输出频率。

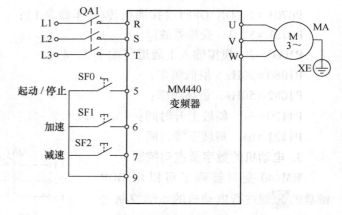

图 6-58　电动机的 MOP 加减速控制

持续按下加速按钮 SF1，则变频器的输出频率逐渐升高，直到最高频率（P1082）设定值为止；持续按下减速按钮 SF2，则变频器的输出频率逐渐降低，直到最低频率（P1080）设定值为止。SF1、SF2 两个按钮同时按下时，设定值被锁定。数字量输入 DIN1 断开时，MM440 变频器停止运行。

（2）设定参数

P0003 = 2　用户访问等级：扩展级；

P0700 = 2　I/O 端子控制；

P0701 = 1 　ON/OFF1（接通正转/停车命令1）；

P0702 = 13 　MOP（电动电位器）升速（升高频率）；

P0703 = 14 　MOP（电动电位器）减速（降低频率）；

P1000 = 1 　由键盘（电动电位器）设定频率；

P1080 = 20.00Hz 　最低频率；

P1082 = 50.00Hz 　最高频率。

6.5.3　基于模拟量的运行控制

实际应用中的各种测量仪表、传感器、智能控制器等的输入/输出信号为模拟量电压及电流信号，电压信号有 0～5V、1～5V、0～10V 等规格，电流信号有 0～20mA、4～20mA 等规格。MM440 变频器内部带有 A-D 转换器和 D-A 转换器，可以接收传感器、仪表的模拟量输入信号，也可以输出与变频器实际测量值相对应的模拟量信号。

1. MM440 变频器的模拟量输入

MM440 变频器有两路模拟量输入通道：通道 1（ADC1）和通道 2（ADC2），分别对应于两路模拟量输入接口 AIN1（3、4）和 AIN2（10、11）。

每个模拟量输入通道的输入类型可用如图 6-59 所示的 I/O 板上的两个拨码开关（拨码开关又称为 DIP 开关。DIP 取自英文 Double In-line Package 的三个首字母，意为双列直插式封装。DIP 开关主要用于在电路板上实现控制电路的选择、通断）和参数 P0756 来选择。P0756 可以设定是模拟量电压输入还是模拟量电流输入，拨码开关的选择必须与 P0756 的设定选择相一致。

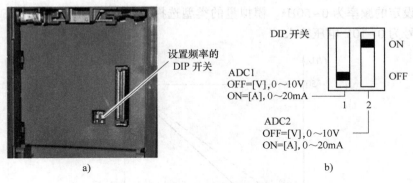

图 6-59　模拟量的类型选择拨码开关

a）拨码开关的位置　b）拨码开关特写

参数 P0756 定义模拟量输入的类型：

P0756 = 0 　单极电压输入（0～10V）；

P0756 = 1 　单极电压输入带监控（0～10V）；

P0756 = 2 　单极电流输入（0～20mA）；

P0756 = 3 　单极电流输入带监控（0～20mA）；

P0756 = 4 　双极电压输入（−10～+10V）。

双极电压输入仅能用于模拟量输入通道 1（ADC1）。

模拟量电压/电流输入接线图如图 6-60 所示，定标图如图 6-61 所示。图 6-61 中横坐标轴为输入信号的类型（电压或电流），纵坐标轴为频率值的 100% 定标。

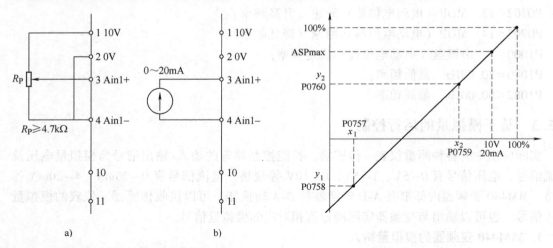

图 6-60　模拟量输入接线图　　　　　　　图 6-61　模拟量输入定标图
a）模拟量电压输入　b）模拟量电流输入

　　模拟量输入通道（ADC）有多个功能单元，这些功能单元用参数定义，如定义模拟量输入的滤波（PT1 滤波器）时间参数 P0753、定标参数 P0757~P0760、模拟量输入死区参数 P0761 等。

　　模拟量输入通道 1（ADC1）定标举例如图 6-62 所示，模拟量输入通道 1 输入 2~10V 的电压信号，设定的频率为 0~50Hz。模拟量的类型选择拨码开关 DIP1 拨至 OFF 位置，选择频率设定信号为 0~10V 电压输入。

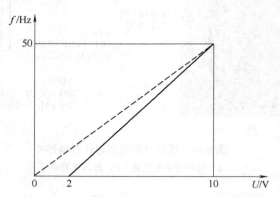

图 6-62　模拟量输入通道 1（ADC1）定标举例

　　实现图 6-62 的定标，需要设定的功能参数见表 6-11。

表 6-11　模拟量输入通道 1（ADC1）功能参数的设定

参数号码	设定值	参数功能	参数号码	设定值	参数功能
P0756 [0]	0	单极电压输入（0~10V）	P0759 [0]	10	电压 10V 对应频率值 100% 的标度，即 50Hz
P0757 [0]	2	电压 2V 对应频率值 0% 的标度，即 0Hz	P0760 [0]	100%	
P0758 [0]	0%		P0761 [0]	2	死区宽度（单位为 V 或 mA）

2. MM440 变频器的模拟量输出

MM440 变频器有两路模拟量输出通道，即 DAC1 和 DAC2，分别对应两路模拟量输出接口 AOUT1（12、13）和 AOUT2（26、27），可以通过功能参数设定，测量频率、电流、电压、转矩、负荷率、功率及 PID 控制时的目标值和反馈值等。模拟量输出通道（DAC1 和 DAC2）的类型由参数 P0776 定义。

P0776＝0　电流输出（0~20mA）；

P0776＝1　电压输出（0~10V）。

模拟量输出电压/电流的输出定标图如图 6-63 所示。由图 6-63 可以看出，横坐标轴为频率值的 100% 定标，纵坐标轴定义输出类型（电流或电压），这点与模拟量输入不同。其他相关参数有：定标参数 P0777~P0780、定义模拟量输入的滤波（PT1 滤波器）时间参数 P0773、定义模拟量输出死区参数 P0781 等。

模拟量输出通道 1（DAC1）的定标举例如图 6-64 所示，模拟量输入通道 1 输入 4~20mA 的电流信号，设定的频率为 0~50Hz。

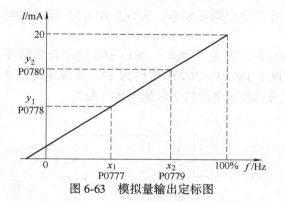

图 6-63　模拟量输出定标图

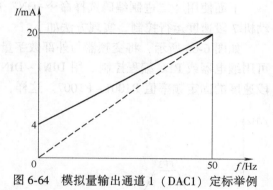

图 6-64　模拟量输出通道 1（DAC1）定标举例

实现图 6-64 所示的定标，需要设定的功能参数见表 6-12。

表 6-12　模拟量输出通道 1（DAC1）功能参数的设定

参 数 号 码	设定值	参 数 功 能	参 数 号 码	设定值	参 数 功 能
P0776 [0]	0	电流输出（0~20mA）	P0779 [0]	100%	50Hz（频率值 100% 的标度）对应的输出电流为 20mA
P0777 [0]	0%	0Hz（频率值 0% 的标度）对应的输出电流为 4mA	P0780 [0]	20	
P0778 [0]	4		P0781 [0]	4	死区宽度（单位为 V 或 mA）

注：模拟量输入/输出的通道用功能参数的变址 [×] 来选择，[0] 选择模拟量通道 1，而 [1] 选择模拟量通道 2，如 P0761 [1] 表示 ADC2 的死区宽度。

6.5.4　多段速度控制

在工业生产中，由于生产工艺的要求，许多生产机械需要在不同转速下运行，如车床主轴、龙门刨床的主运动、高炉加料料斗的提升等，利用变频器的多段速度控制功能即可实现上述要求。MM440 变频器的多段速度控制功能可以通过数字量输入端子设定实现，一般用 PLC 控制变频器数字量输入端子的 ON/OFF 状态。

1. MM440 变频器的固定频率

MM440 变频器使用固定频率实现多段速度控制功能，最多可以设定 15 段速度（频率）

控制，设置频率源参数 P1000 = 3，命令源为数字量输入端 DIN（由参数 P0701 ~ P0706 定义功能），用数字量输入端子 DIN 选择固定频率组合，实现电动机多段速度运行。

MM440 变频器有以下三种方法选择固定频率，并用参数 P1001 ~ P1015 设定固定频率值。

（1）直接选择（P0701 ~ P0706 = 15）

该方法为一个数字量输入选择一个固定频率。如果有几个固定频率输入同时被激活，选定的频率是它们的总和。例如，当 DIN1 与 DIN2 同时为 ON 时，运行频率 FF = FF1+FF2。

（2）直接选择命令+ON（P0701 ~ P0706 = 16）

该方法可选定固定频率，又带有起动命令。在这种操作方式下，一个数字量输入选择一个固定频率。如果有几个固定频率输入同时被激活，选定的频率也是它们的总和。

（3）二进制编码选择命令+ON（P0701 ~ P0704 = 17）

使用二进制编码方式选择固定频率，MM440 变频器有 6+2 个数字量输入端子，4 个数字量输入端子最多可以选择 15 个固定频率。

2. 电动机多段速度运行控制

下面使用 "二进制编码选择命令+ON" 的方式设定固定频率，实现如图 6-65 所示的电动机 7 段速度运行控制。实现方法如下。

如图 6-66 所示，将变频器与外部数字量连接好。开关（触点）SF1 ~ SF3 的闭合和断开可用继电器或 PLC 编程控制。用 DIN1 ~ DIN3 设定 P0701 ~ P0703 值均为 17，并设定对应 7 段速度的固定频率值 P1001 ~ P1007。这样，就可以实现电动机 7 段速度运行控制。

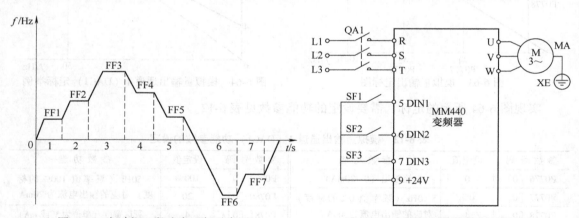

图 6-65　电动机 7 段速度运行示意图　　　　图 6-66　变频器与外部数字量的连接

电动机正、反向运动既可以用数字量输入端子来控制，也可以用固定频率（参数 P1001 ~ P10015）设置值的正、负值来确定，设定频率值为负值时电动机反转。

7 段固定频率控制状态及参数设置见表 6-13（15 段速依次类推）。

表 6-13　7 段固定频率控制状态及参数设置

固定频率（段速）	DIN3	DIN2	DIN1	参　　数	设定值/Hz
OFF	0	0	0	P1000	3
FF1	0	0	1	P1001	10
FF2	0	1	0	P1002	20

（续）

固定频率（段速）	DIN3	DIN2	DIN1	参　　数	设定值/Hz
FF3	0	1	1	P1003	35
FF4	1	0	0	P1004	25
FF5	1	0	1	P1005	12
FF6	1	1	0	P1006	−30
FF7	1	1	1	P1007	−18

6.6　变频器的工程应用

6.6.1　变频器在机床主轴调速系统中的应用

某机床的主轴变速采用 MM440 变频器控制，而变频器的运行则由机床主轴控制器发出的机床主轴命令控制。

1. 机床主轴控制器与 MM440 变频器的连接

主轴控制器发出的机床主轴控制命令有控制转速的模拟量信号和控制主轴正转、反转、运行、故障报警及频率到达等的数字量信号，将各路信号与变频器相连接，连接端子及接口如图 6-67 所示。

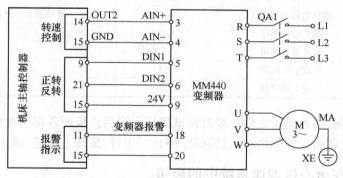

图 6-67　机床主轴控制器与变频器的连接

2. MM440 变频器的连接调试

（1）复位及快速调试

接通变频器三相（380V）输入电源，按照前述方法，用 MM440 变频器的基本操作面板（BOP）进行变频器调试。首先，把变频器所有参数复位为出厂时的默认设置值，然后进行快速调试，将参数 P0010 设置为 "1"，根据电动机铭牌设置电动机参数。

电动机额定电压 P0304 = 380V；

电动机额定电流 P0305 = 1.5A；

电动机额定功率 P0307 = 0.55kW；

电动机额定频率 P0310 = 50.00Hz；

电动机额定转速 P0311 = 1390r/min。

将参数 P3900 设置为 "1"，使变频器自动执行必要的电动机其他参数计算，并使除快速调试外的其余参数恢复为默认设置值，自动将P0010参数设置为"0"，快速调试结束后，变频器准备就绪。

（2）主轴电动机试运转

在快速调试之后，采用变频器的"点动"功能进行电动机和变频器功能的调试检查，检查电动机运转方向、变速情况、运转噪声等情况，点动设定参数如下。

P0700 = 1BOP　　起动/停止；

P1000 = 1BOP　　设定频率；

P1058 = 5.00Hz　正向点动频率；

P1059 = 5.00Hz　反向点动频率。

（3）主轴电动机运转

在点动试运行正常之后，修改命令源、频率设定源、斜坡上升/下降时间等，功能参数的设定值根据实际控制要求更改。主要功能参数设置见表6-14。

表 6-14　变频器功能参数设置

参　　数	功　　能	默　认　值	对　应　端　子
P0700	I/O 端子起动/停止	2	—
P0701	正转/停止	1	数字量输入 DIN1，"5"
P0702	反转/停止	12	数字量输入 DIN2，"6"
P0731	变频器故障	52.3	数字量输出 RELAY1，"18、19、20"
P1000	模拟量输入通道 1	2	模拟量输入 AIN1，"3、4"
P1080	最低运行频率	0	
P1082	最高运行频率	50	
P1120	斜坡上升时间	5	
P1121	斜坡下降时间	5	

在完成变频器的参数设置之后，经过调试确认无误后，接通各部分电源，便可由机床主轴控制器发布的控制命令控制电动机的起动/停止、正转/反转、加速/减速运行等。

6.6.2　变频器在离心机调速系统中的应用

本节以在空心水泥电线杆成型过程中，对驱动离心机的三相异步电动机进行变频调速为例，介绍 MM440 变频器在离心机调速系统中的应用。

1. 混凝土离心成型法简介

自 1915 年澳大利亚人 Walter Reginald Hume 发明混凝土离心成型法以来，混凝土离心成型法在管桩、电线杆、市政排水管及水井护圈等空心钢筋混凝土构件的生产领域得到了广泛的应用。

混凝土离心成型法

混凝土离心成型法是将装有笼筋和混凝土的模具放在离心机上高速回转，在离心力作用下，使混凝土分布于模具的内壁，混凝土中多余的水分被挤出，使混凝土紧致、密实、成型。

离心机（图 6-68 和图 6-69）通过电动机带动主动轴转动，使离心机主动轮转动。主动轮通过与模具（亦称管模或钢模，图 6-70 和图 6-71）、从动轮（亦称滚轮、拖轮或跑轮）接触产生的摩擦力带动模具转动，在模具沿模具中心线自转的过程中，混凝土在自身离心力的作用下，沿模具内壁均匀分布，并在模具的不断离心过程中逐渐密实，通过低速、中低速、中速、中高速及高速等阶段实现离心成型（在离心成型过程中，模具内混凝土的形态变化如图 6-72 所示），最终使混凝土与笼筋有效结合，形成初步的混凝土构件。此后，再经高温蒸汽保温、去除多余的水分，即可得到成品混凝土制品。

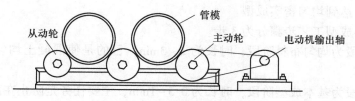

图 6-68　离心机结构示意图

图 6-69　钢筋混凝土（水泥）制品离心浇筑机实物

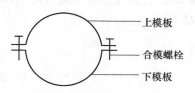

图 6-70　模具结构示意图

图 6-71　模具实物

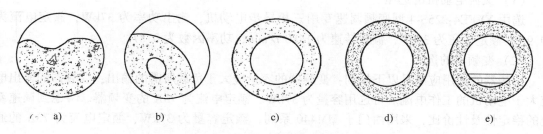

图 6-72　模具内混凝土形态的变化

a）离心前　b）低速　c）低中速　d）高速　e）离心后

2. 空心水泥电线杆成型过程

在空心水泥电线杆成型过程中，当电动机带动模具（钢模）回转产生的离心力等于或稍大于混凝土的自重时，混凝土就能克服重力的影响，远离旋转中心产生沉降，分布于模具四周而不致塌落。当速度继续升高时，离心力使混凝土混合物中的各种材料颗粒（砂石）沿离心力的方向挤向模具四周，达到均匀密实成型。

变频器在空心
水泥电线杆
成型中的应用

电线杆离心成型工艺步骤分为 3 步。

1）低速阶段为均匀布料阶段，时长为 2~3min，目的是使混凝土均匀分布到钢模内壁四周而不致塌落。

2）中速阶段为基本成型阶段，时长为 0.5~1min，主要任务是防止在离心过程中，混凝土的结构遭到破坏。中速阶段也是从低速向高速转变的一个短时过渡阶段。

3）高速阶段为成型阶段，时长为 6~15min，主要任务是将混凝土沿离心力方向挤向内模具四周，达到均匀密实成型，并排除多余的砂浆和水分。

各阶段的运行速度和运行时间视不同规格和型号的电线杆而有所不同，其运行速度如图 6-73 所示。

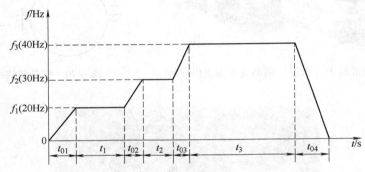

图 6-73　运行速度

t_{01}、t_{02}、t_{03}—斜坡上升时间（s）　t_{04}—斜坡下降时间（s）　t_1—低速运行阶段（s）
t_2—中速运行阶段（s）　t_3—高速运行阶段（s）　f_1—低速运行频率（20Hz）
f_2—中速运行频率（30Hz）　f_3—高速运行频率（40Hz）

3. 变频调速系统设计

（1）交流电动机的选型

选用 YVFE4-225S-4 型变频调速专用三相异步电动机，输出功率为 37kW，额定电流为 69.9A，额定电压为 380V，额定转速为 1480 r/min，功率因数为 0.87。

（2）变频器的选用

变频器的选用应满足以下规则：变频器的容量应大于负载所需的输出；变频器的输出电流大于电动机的工作电流。可选用容量为 37kW、额定电流为 75A 的变频器。考虑到调速系统的稳定性及性价比，采用西门子 MM440 系列，额定容量为 37kW、额定电流为 75A 的通用变频器。

该变频器采用高性能矢量控制技术，提供低速高转矩输出和良好的动态特性，同时具备超强的过载能力（可以控制电动机从静止到平滑起动期间提供持续 3s、200% 的过载能力）。

（3）变频器参数的设置

变频器参数的设置见表6-15。由于负载为大惯性负载，在系统停车时，为防止因惯性而出现回馈制动使泵升电压过高的现象，加入制动电阻，斜坡下降时间设定长一些。本系统采用西门子公司生产的与37kW三相异步电动机配套的制动电阻，型号为6SE6400-4BD22-2EA0，功率为2.2kW。

表 6-15　变频器的各项参数设置

参 数 号	参 数 值	说　　明
P3900	3	快速调试
P0100	0	功率以kW为单位，频率为50Hz
P0300	1	电动机类型选择（异步电动机）
P0304	380	电动机额定电压（V）
P0305	69.9	电动机额定电流（A）
P0307	37	电动机额定功率（kW）
P0308	0.87	电动机的功率因数
P0309	92.5%	电动机额定效率
P0310	50	电动机额定频率（Hz）
P0311	1480	电动机额定转速（r/min）
P3900	1	快速调试结束
P0700	2	命令源选择"由端子排输入"
P1000	23	变频器频率设定值来源于固定频率和模拟量叠加
P1080	0	电动机运行的最低频率（Hz）
P1082	45	电动机运行的最高频率（Hz）
P1120	5	斜坡上升时间（s）
P1121	20	斜坡下降时间（s）
P1060	5	点动斜坡上升时间（s）
P1061	5	点动斜坡下降时间（s）
P1300	20	变频器的运行方式为无速度反馈的矢量控制
P0701	16	Din1 选择固定频率1运行
P0702	16	Din2 选择固定频率2运行
P0703	16	Din3 选择固定频率3运行
P0705	1	Din5 控制变频器的起/停
P0706	10	Din6 正向点动
P1001	20	固定频率1，20Hz
P1002	30	固定频率2，30Hz
P1003	40	固定频率3，40Hz
P1058	10	正向点动频率，10Hz
P0731	52.3	变频器故障指示

4. 硬件电路设计

为保证生产工艺标准的统一，电动机在低、中、高速段的速度采用变频器设定的固定频率，按时间控制原则由外接时间继电器控制转速的切换。

另外，为防止由于模具差异在运行中出现跳动而带来的影响和对转速调整的要求，系统用模拟量输入作为附加给定，与固定频率设定相叠加，以满足不同型号模具的特殊要求，调速系统硬件电路如图 6-74 所示。

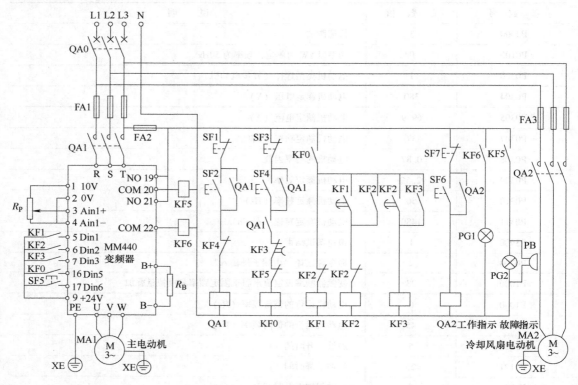

图 6-74　调速系统硬件电路

系统开机运行之前，操作人员应先按下风机工作按钮 SF6，使冷却风扇电动机 MA2 得电运转，为主电动机 MA1 提供可靠的冷却。

制动电阻 R_B 自带的热敏开关 KF4 与接触器 QA1 线圈串联，当制动电阻 R_B 过热时，热敏电阻开关的动断触点 KF4 断开，使接触器 QA1 线圈失电，切断变频器电源。当按下起动按钮 SF4 后，变频器按照时间继电器 KF1、KF2、KF3 的整定时间依次切换，控制电动机 MA 进入低、中、高速运行，工艺流程执行完毕后自动停止，等待下一次运行。

需要点动调试设备时，按动点动按钮 SF5 即可。变频器工作中若发生故障，由中间继电器 KF5 输出故障信号——故障指示灯 PG2 点亮，同时，故障报警蜂鸣器 PB 发出蜂鸣声，并使电动机停转。变频器正常工作时由中间继电器 KF6 给出工作指示，工作指示灯 PG1 点亮。

由于系统在设置参数 P1300 时，采用的是无速度反馈的矢量控制方式，在这种方式下，用固有的滑差补偿对电动机的速度进行控制，可以得到大的转矩、改善瞬态响应特性、具有优良的速度稳定性，而且在低频时可以提高电动机的输出转矩。

思考与实训

1. 选择题

1）对笼型异步电动机而言，在基频以下进行变频调速时，呈现（　　）调速特性；在基频以上进行变频调速时，呈现（　　）调速特性。

（A）恒转速　　　　（B）恒转矩　　　　（C）恒功率　　　　（D）恒电流

2）变频器中逆变器采用的功率开关器件种类很多，从变频器的发展历程来看，变频器的起步始于（　　），变频器的普及应归功于（　　），变频器性能指标的提高全靠（　　），而变频器容量的进一步提升则有赖于（　　）和（　　）。

（A）IGBT　　　（B）IEGT　　　（C）GTR　　　（D）SCR　　　（E）IGCT

2. 问答题

1）简述变频调速的基本原理。

2）简述变频器逆变电路 PWM 调制的基本控制思想。

3）按控制方式不同，变频器可分为哪几类？各适用于哪些场合？

3. 实操题

1）在实验室（实习车间），现场观察有哪些机电设备采用了变频器，并指出变频器与电源系统、电动机之间的接线关系。

2）在实验室（实习车间），现场观察、分析变频器的操作面板的构成，并进行变频器基本操作训练。

第7章 控制用电动机

- 了解控制用电动机的类别与适用范畴
- 熟悉各种控制用电动机的结构组成和工作特点
- 能够根据控制系统的实际需要合理选择、使用控制用电动机

随着自动控制系统和数字控制系统的不断发展，在一般旋转电动机的基础上衍生出多种具有特殊性能的小功率电动机，用于实现各种控制功能。在自动控制系统和数字控制系统中作为执行元件、检测元件、解算元件的小功率电动机称为控制用电动机，简称控制电机。

本章在一般旋转电动机的理论基础上，简明扼要地介绍几种在数字控制系统中用于转换和传递控制信号的控制用电动机——交直流伺服电动机、步进电动机、直线电动机、自整角机及旋转变压器的基本结构、工作原理及应用。

7.1 伺服与伺服电动机

7.1.1 伺服与伺服系统

1. 伺服

伺服（Servo）一词来自拉丁文 Servus，等同于英文 Slave（奴仆），本意是指奴仆（Slave）严格按照主人（Master）的要求和指令行事，并且行动迅速，不折不扣（严格贯彻主令信号的指示）地给主人提供无微不至的贴心服务，后引申为在控制系统中提供优质的服务。

2. 伺服系统

伺服系统（Servo System）又称随动系统，意为能够精确地跟随或复现某个生产或动作过程的反馈控制系统。在机电传动控制领域，将物体的位置、方位、状态等被控输出量能够跟随输入目标（或给定值）的变化而变化的自动控制系统，称为伺服系统，亦称伺服控制系统。

伺服系统的主要任务是，按照控制指令的要求，对功率进行放大、变换与调控等处理，使驱动装置输出的力矩、速度和位置等参数得到精准的控制。

7.1.2 伺服电动机

1. 伺服电动机的作用

在伺服系统中作为执行元件的电动机，称为伺服电动机（图2-4）。伺服电动机将输入的电压信号变换成转矩和速度输出，以驱动控制对象。输入的电压信号称为控制信号或控制

电压，改变控制电压可以改变伺服电动机的转速和转向。

2. 对伺服电动机的要求

在伺服系统中，伺服电动机是关键部件，它接收数控系统的进给指令信号，并将其转变为角位移或直线位移，从而实现系统所要求的运动。伺服电动机应满足以下要求：

1) 输出精度高。输出要有足够高的精度，即实际位移与指令要求的位移之差要尽可能小。

2) 过载能力强。具有较长时间的、较强的抗过载能力，以满足低速大转矩的要求。一般要求直流伺服电动机能够耐受数分钟内过载 4~6 倍而不发生损坏。

3) 调速范围宽。调速范围要尽可能宽，且从最低速到最高速的调速运行过程中，均能平滑运转，转矩波动小，特别是在低速（0.1r/min 甚至更低）时，系统运行速度应平稳，无"爬行"现象。

注：在伺服驱动系统中，将由于机件磨损或控制水平不佳导致的、时断时续的系统运行速度不均匀现象，称为爬行。

4) 适应能力强。能适应频繁的起动、制动和反转运行而不出现损坏。

伺服电动机按使用的电源性质不同，可分为直流伺服电动机和交流伺服电动机两大类。

7.2　直流伺服电动机

7.2.1　普通直流伺服电动机

1. 工作原理

从本质上讲，直流伺服电动机（图 7-1）就是一台微型的他励直流电动机，其结构、原理与他励直流电动机完全相同。按励磁方式不同，直流伺服电动机可分为他励式和永磁式两种。他励直流电动机的励磁绕组和电枢绕组是分开的，励磁电流 I_f 由励磁电路单独提供，与电枢电流 I_a 无关（图 7-2）。

图 7-1　他励直流伺服电动机

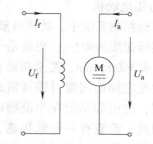

图 7-2　他励直流伺服电动机电路

2. 控制方法

对直流伺服电动机的控制，核心内容是对其转速的控制。由电机学可知，直流伺服电动机的转速为

$$n = \frac{U_a - I_a R_a}{C_e \Phi} \tag{7-1}$$

式中，n 为电动机的转速（r/min）；U_a 为电枢电压（V）；I_a 为电枢电流（A）；R_a 为电枢回路总电阻（Ω）；C_e 为电动势常数；Φ 为每极主磁通（Wb）。

由式（7-1）可知，改变电枢电压和励磁磁通都可以改变电动机的转速。因而，对直流伺服电动机转速的控制，有电枢控制和磁场控制两种基本方法。

改变电枢电压的大小，以实现对直流伺服电动机转速的控制，称为电枢控制；改变励磁电压大小，进而改变每极主磁通的大小，最终实现对直流伺服电动机转速的控制，称为磁场控制。后者的控制性能不如前者，因此很少采用。

直流伺服电动机主要采用电枢电压控制方式，即通过改变直流伺服电动机电枢电压的大小和极性来控制伺服电动机的转速和转向，因此，直流伺服电动机的驱动电源必须是可控的直流电源。

直流伺服电动机的可控直流电源主要有两大类——晶闸管相控整流器和直流脉宽调制变换器。晶闸管相控整流器的电源内阻较高，电磁时间常数大，谐波较多，应用较少；而直流脉宽调制变换器具有主电路相对简单、开关频率高、谐波少、效率高、系统频带宽、稳速精度高等一系列优点，应用日益广泛。

3. 工作特点

直流伺服电动机有许多优点，如起动转矩大、调速范围广、机械特性和调节特性线性度好、控制方便等，因此获得了广泛的应用。

但是，由于直流伺服电动机转子铁心的存在，加上铁心有齿有槽，因而带来性能上的缺陷——转动惯量大，机电时间常数较大，灵敏度差；低速转矩波动较大，运转平稳性欠佳；换向火花大，维护工作量大，使用寿命短，无线电干扰大等，使其在应用上受到了一定的限制。

目前，已在普通直流伺服电动机的基础上开发出直流力矩电动机和低惯量直流伺服电动机等特种直流伺服电动机。

7.2.2 特种直流伺服电动机

1. 直流力矩电动机

在某些自动控制系统中，被控对象的运动速度相对来说是比较低的。例如某型防空雷达天线的最高旋转速度为90°/s，也就是15r/min。一般来说，普通直流伺服电动机的额定转速为1500r/min或3000r/min，甚至高达6000r/min。这时需要用齿轮减速后再去驱动雷达天线旋转。但是齿轮之间的间隙对提高雷达自动控制系统的性能指标不利，会引起系统在小范围内的振荡并降低系统的刚度。因此，希望有一种低转速、大转矩的电动机来直接驱动被控对象。

直流力矩电动机（DC Torque Motor，图7-3）就是为满足直接驱动低转速、大转矩负载的需要而设计制造的特种直流伺服电动机。

直流力矩电动机能够长期在堵转或低速状态下稳定运行，因而不需经过齿轮减速而能直接驱动负载。它具有反应速度快、转矩和转速波动小、能在低转速下稳定

图7-3　稀土永磁直流力矩电动机

运行、机械特性和调节特性的线性度好等优点，特别适用于在位置伺服系统和低速伺服系统中作为执行元件，也适用于需要转矩调节、转矩反馈并需要一定张力的场合。目前，直流力矩电动机的输出转矩已能达到几千 N·m，空载转速仅为 10r/min 左右。

直流力矩电动机为了能在相同的体积和电枢电压下，产生比较大的转矩和较低的转速，一般做成圆盘状结构，电枢长径比一般为 0.2 左右。从结构合理性来考虑，一般做成永磁多极式。同时，为了减少转矩和转速的波动，一般都选用较多的槽数、换向片数和串联导体数的电动机。

作为一种低转速、大转矩的特种伺服电动机，直流力矩电动机在高精度位置伺服系统和低速控制系统中，特别是在防空雷达的伺服驱动系统（图 7-4）中得到了广泛应用，并取得了令人满意的效果。

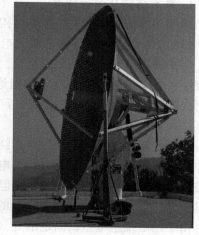

图 7-4 用直流力矩电动机驱动防空雷达天线

2. 低惯量直流伺服电动机

空心杯电动机（Drag-cup Motor/Core-less Motor）在结构上突破了传统电动机的转子结构形式，采用的是无铁心转子，由于其形状与空心玻璃杯极为相似，故称为空心杯形转子（图 7-5）。这种转子结构彻底消除了由于铁心形成涡流而造成的电能损耗，同时其重量和转动惯量大幅降低，从而减少了转子自身的机械能损耗。

采用空心杯形转子结构的直流伺服电动机称为杯形转子直流伺服电动机，又称为动圈式直流伺服电动机。杯形转子直流伺服电动机具有以下优点：转动惯量小，有超低惯量电动机之称；灵敏度高，机电时间常数很小（最小在 1ms 以下）；损耗小，效率高；力矩波动小，低速运转平稳，噪声低；换向性能好，寿命长（可达 3000~5000h，甚至高达 10000h）。

图 7-5 空心杯形转子

杯形转子直流伺服电动机多用于高精度自动控制系统及测量装置等设备中，如电视、摄像机、录音机、函数记录仪以及数控机床等。

7.3 交流异步伺服电动机

传统的交流伺服电动机是指两相异步伺服电动机，由于受性能限制，其主要应用于几十瓦以下的小功率场合。近年来，三相异步电动机以及永磁同步电动机的伺服性能大为改进，采用三相异步电动机及永磁同步电动机的交流伺服系统在高性能领域中的应用日益广泛。

本节首先对传统的两相异步伺服电动机进行讨论，然后对三相异步电动机矢量控制技术及其伺服控制系统进行介绍。关于永磁同步伺服电动机的内容将在 7.4 节进行阐述。

7.3.1　两相异步伺服电动机

1. 基本结构及运行特点

两相异步伺服电动机的基本结构、工作原理与普通异步电动机相似。

如图 7-6 所示，从结构上看，电动机由定子和转子两大部分构成，定子铁心中安放多相交流绕组，转子绕组为自行闭合的多相对称绕组。电动机运行时，定子绕组通入交流电流，产生旋转磁场，在闭合的转子绕组中感应电动势、产生转子电流，转子电流与磁场相互作用产生电磁转矩。

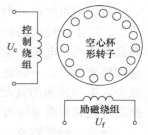

为了控制方便，定子采用两相绕组，在空间上相差90°电角度。其中一相为励磁绕组，运行时接至电压为U_f的交流电源上；另一相为控制绕组，施加与U_f频率相同，但幅值大小可调或相位可调的控制电压U_c，通过U_c控制伺服电动机的起动、停止及调速运行。

图 7-6　两相异步伺服
电动机结构示意图

由于励磁绕组电压U_f固定不变，而控制电压U_c是变化的，故通常情况下两相绕组中的电流不对称，电动机中的气隙磁场也不是圆形旋转磁场，而是椭圆形旋转磁场。

2. 两相异步伺服电动机的转子结构

两相异步伺服电动机常用的转子结构形式有笼型转子和非磁性空心杯形转子两种。

目前广泛采用的是笼型转子伺服电动机，只有在要求转动惯量小、响应速度快，以及运转非常平稳的某些特殊场合（如积分电路等），才采用非磁性空心杯形转子伺服电动机。

两相异步伺服电动机除了在转子结构上与普通异步电动机有所不同之外，为了得到尽可能接近线性的机械特性，并实现无自转能力，两相异步伺服电动机必须具有足够大的转子电阻，这是其与普通异步电动机相比的另外一个重要特点。

3. 两相异步伺服电动机的控制方式

两相异步伺服电动机运行时，其励磁绕组接到电压为U_f的交流电源上，通过改变控制绕组电压U_c的大小或相位控制伺服电动机的起动、停止及运行转速。因此，两相异步伺服电动机的控制方式有幅值控制、相位控制和幅值-相位控制三种。

1）幅值控制。采用幅值控制时，励磁绕组电压U_f始终保持额定值不变，通过调节控制绕组电压U_c的大小来改变电动机的转速，实现调速，而控制电压U_c与励磁电压U_f之间的相位角始终保持90°电角度。当控制电压U_c为零时，电动机停止转动。

2）相位控制。采用相位控制时，控制绕组和励磁绕组的电压大小均保持额定值不变，仅通过调节控制电压U_c的相位，即改变控制电压U_c与励磁电压U_f之间的相位角，实现对电动机的控制。当相位角为0°时，两相绕组产生的气隙合成磁场为脉振磁场，电动机停止转动。

3）幅值-相位控制。幅值-相位控制方式是将励磁绕组串联电容器之后，再接到交流电源上，而控制绕组电压U_c的相位始终与交流电源相同，通过调节控制电压U_c的幅值来改变电动机的转速，进而实现调速。

当调节控制绕组电压U_c的幅值改变电动机转速时，由于转子绕组的耦合作用，励磁绕组电流会发生变化，使励磁绕组电压U_f以及串联电容器上的电压也随之改变，因此控制绕组电压U_c和励磁绕组电压U_f的大小以及它们之间的相位角都会随之改变，故称为幅值-相位控制，亦称电容器控制。

幅值-相位控制方式不需要复杂的移相装置，利用串联电容器就能在单相交流电源上获得控制电压 U_c 和励磁电压 U_f 的分相，设备结构简单、成本较低，是一种在机电传动控制领域中应用最多的控制方式。

7.3.2　三相异步伺服电动机

1. 三相异步电动机由驱动到伺服的华丽转身

在过去相当长的一个时期内，三相异步电动机由于调速性能不佳，主要用于普通的恒速驱动场合，并单纯作为驱动用电动机使用（其具体的结构原理、运行特点已在第 2 章做过详细分析）。但随着变频调速技术（关于变频调速及变频器的基本原理、运行特点已在第 6 章做过详细分析）的发展，特别是矢量控制技术的日渐成熟和广泛应用，三相异步电动机的伺服性能大为提高。

目前，采用矢量控制的三相异步电动机伺服驱动系统，无论是静态性能，还是动态性能，都已达到甚至超过直流伺服驱动系统。在高性能伺服驱动领域，采用矢量控制的三相异步伺服电动机正在取代直流伺服电动机。

2. 三相异步伺服电动机的控制难点

普通的变频调速控制方法虽能实现三相异步电动机的变速驱动，但就动态性能而言，与直流伺服电动机相比尚有明显差距。原因在于普通的控制方法无法对异步电动机的动态转矩进行有效控制，而对动态转矩的有效控制是决定电动机动态性能的关键。

对于直流伺服电动机而言，其电磁转矩为

$$T_e = C_t \Phi I_a \tag{7-2}$$

若电刷置于磁极几何中性线上，主磁通 Φ 与电枢电流 I_a 所产生的电枢反应磁动势在空间相互垂直，在不计磁路饱和的影响时，它们之间没有耦合关系，互不影响，并且可以分别独立地进行调节。特别是当保持磁通 Φ 恒定不变时，通过对电枢电流 I_a 的控制，即可实现对动态转矩的有效控制，从而实现良好的动态性能。

但在异步电动机中，情况则要复杂得多。异步电动机的电磁转矩并不与定子电流的大小成正比，其定子电流中既有产生转矩的有功分量，又有产生磁场的励磁分量，二者纠缠在一起，而且二者都随着电动机运行状态的变化而变化，因此要在动态过程中准确地控制异步电动机的电磁转矩就变得十分困难。矢量控制理论为解决这一问题提供了一套行之有效的方法。

3. 三相异步伺服电动机的矢量控制

三相异步伺服电动机矢量控制（Vector Control）的基本控制思想是，借助于坐标变换，把三相异步电动机等效转换成旋转坐标系中的他励直流电动机，在一个适当选择的旋转坐标系中，三相异步电动机具有与他励直流电动机相似的转矩公式，且其定子电流中的转矩分量与励磁分量可以实现解耦（分别相当于他励直流电动机中的电枢电流和励磁电流），并可十分方便地分别加以控制，进而获得良好的动态性能。

采用矢量控制方法，使得三相异步电动机可以像他励直流电动机一样进行有效控制，从而使三相异步电动机获得与直流伺服电动机相似的动态性能，进而变身为三相异步伺服电动机。

7.4　无刷永磁伺服电动机

7.4.1　概述

无刷永磁伺服电动机（Brush-less Permanent Magnetic Servo Motor）也称为交流永磁伺服电动机（AC Permanent Magnetic Servo Motor），通常是指由永磁同步电动机和相应的驱动系统、控制系统（驱动控制器）组成的无刷永磁电动机伺服系统，其本质上是一种自控变频同步电动机系统，有时也仅指永磁同步电动机本体。

1. 基本结构

如图 7-7 所示，无刷永磁伺服电动机就电动机本体而言是一种采用永磁体励磁的多相同步电动机，其定子结构与普通同步电动机或异步电动机基本相同，而转子方面则用永磁体取代了电励磁同步电动机转子的励磁绕组。

永磁体材料主要有两大类，其一是合金永磁材料，如钕铁硼（$Nd_2Fe_{14}B$）、钐钴（SmCo）、铝镍钴（AlNiCo）等；其二是铁氧体永磁材料（Ferrite）。

图 7-7　无刷永磁伺服电动机（交流永磁伺服电动机）

转子结构是无刷永磁伺服电动机与其他电动机最主要的区别，该结构对其运行性能、控制系统、制造工艺和适用场合等均具有重要影响。

2. 供电方式与调速系统

（1）供电方式

由恒频电源供电的永磁同步电动机仅适用于在要求恒速运转的场合作为驱动用电动机使用。为了解决电动机的起动问题，其转子上需要装设笼型起动绕组（亦称阻尼绕组），利用笼型起动绕组感应产生的异步转矩将电动机加速到接近同步转速，然后由永磁体产生的同步转矩将转子牵入同步状态。

对于伺服电动机而言，一个基本要求是其转速能在宽广的范围内做连续、平滑调节，因此无刷永磁伺服电动机通常由变频电源供电，采用变频调速技术实现转速调节。采用变频电源供电的永磁同步伺服电动机，由于供电频率由低频开始逐渐升高，可以直接利用同步转矩使电动机完成起动，故其转子上一般不再设置起动绕组。

（2）自控变频调速系统

所谓自控变频，是指为同步电动机供电的变频装置，能够根据电动机转子磁极的空间位置，自行控制输出电流（电压）的频率和相位，以满足调速要求。也就是说，在自控变频方式中所用的变频装置是非独立的，变频装置输出电流（电压）的频率和相位受反映转子磁极空间位置的转子位置信号的控制。

自控变频是一种定子绕组供电电源的频率和相位能够自动跟踪转子磁极空间位置的闭环控制方式。由于电动机输入电流的频率始终与转子的转速保持同步，因此，采用自控变频方式的同步电动机不会出现振荡和失步现象，故亦称自同步电动机。

同步电动机的转子位置信号通常由与电动机同轴安装的转子位置检测器提供。由于变频装置的输出电源频率由转子转速决定，所以当需要调速时不能直接以频率作为控制变量，而是通过改变变频装置的输出电压、输出电流的大小，以改变电动机的电磁转矩，进而改变电动机的转速。

（3）无刷永磁电动机的自控变频伺服系统

无刷永磁伺服电动机通常采用自控变频方式，其伺服系统的典型结构如图 7-8 所示。

该系统主要由永磁同步电动机 SM、转子位置检测器 PS、变频装置（逆变器）和控制器四部分组成。由转子位置检测器产生电动机转子磁极的空间位置信号，并将其提供给控制器。控制器根据来自外部（如上位控制机等）的控制信号和来自位置传感器的转子位置信号，产生变频装置中各功率开关器件的通断信号，由逆变器将输入的直流电转换成具有相应频率和相位的交流电，驱动伺服电动机运行。

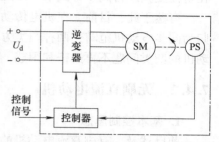

图 7-8　无刷永磁电动机自控变频
伺服系统的组成（逆变器供电）

不难看出，由转子位置检测器产生的电动机转子磁极空间位置信号是作为反馈信号存在的。

3. 分类与比较

（1）无刷永磁伺服电动机的分类

目前，广泛使用的无刷永磁伺服电动机有两大类，其一是无刷直流电动机，其二是正弦波永磁同步电动机。

两者之间的最大区别在于，无刷直流电动机（Brush-less DC Motor，BLDCM）定子绕组中的感应电动势为梯形波，为了产生恒定转矩，定子绕组中应通入方波电流。因此，无刷直流电动机也称为梯形波永磁同步电动机或方波永磁同步电动机。

正弦波永磁同步电动机简称永磁同步电动机（Permanent Magnet Synchronous Motor，PMSM），其定子绕组的感应电动势为正弦波，为了产生恒定转矩，定子绕组应通入正弦波电流。

（2）两种电动机在结构上的差别

为了得到不同的感应电动势波形，两种电动机在转子结构、充磁方式、定子绕组等方面都略有差别。

此外，两种电动机在转矩产生方式与运行原理、分析方法与数学模型、控制策略与控制系统、工作特性与运行性能等方面也存在很大差异。

正弦波永磁同步电动机是由电励磁同步电动机衍生、发展而来的，其技术出发点是用永磁体取代电励磁同步电动机的转子励磁绕组。因此，其运行原理、分析方法、运行性能等与普通电励磁同步电动机基本相同，只是由于采用永磁体励磁和自控变频方式而带来了一些新的特点。

无刷直流电动机是由直流电动机发展而来的，其技术出发点是用由转子位置检测器和逆变器（或变频器）构成的电子换向器取代有刷直流电动机中的机械式换向器，将输入的直流电转换成交变的方波电流输入多相电枢绕组，进而驱动电动机运转。因此，其转矩产生方式、控制方法和运行性能等更接近直流电动机。由于省去了传统的机械式换向器和电刷，代之以电子换向器，故得名为无刷直流电动机。

（3）关于无刷直流电动机的归类问题

如前所述，无刷直流电动机是由有刷直流电动机发展而来的，本应归属于直流电动机。但从另一方面看，就电动机本体而言，无刷直流电动机与正弦波永磁同步电动机差别并不大；从控制系统的角度看，无刷直流电动机也是由逆变器（或变频器）供电的，并且工作在自控变频或自同步方式下。因此，无刷直流电动机又属于一种自控变频同步电动机。

有鉴于此，目前，在机电传动控制领域，既有人将其归为直流电动机范畴，也有人将其归为同步电动机范畴，两种归类方法都是正确的。只有了解了上述原因，才会对无刷直流电动机的归类问题不再迷茫和困惑。

7.4.2　无刷直流电动机

1. 基本控制思想

前已述及，有刷直流电动机的磁极通常在定子上，电枢绕组位于转子上。由电源向电枢绕组提供的电流为直流，而为了能产生大小、方向均保持不变的电磁转矩，每一主磁极下电枢绕组元件边中的电流方向应相同并保持不变，但因每一元件边均随转子的旋转而轮流经过N、S极，故每一元件边中的电流方向必须相应交替变化，即必须为交变电流。

在有刷直流电动机中，把外部输入的直流电变换成电枢绕组中的交变电流是借助电刷和机械式换向器完成的，每当一个元件边经过几何中性线由N极转到S极或由S极转到N极时，通过电刷和机械式换向器使绕组电流改变方向。

无刷直流电动机的转矩产生机理与有刷直流电动机是一致的。如图7-9所示，为了消除电刷和机械式换向器，在无刷直流电动机中将直流电动机反装，即将永磁体磁极放在转子上，而电枢绕组成为静止的定子绕组。

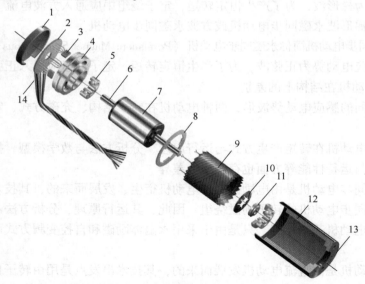

图 7-9　无刷直流电动机

1—后端盖　2、8—印制电路板　3—霍尔效应式转子位置传感器　4—轴承支承架　5—球轴承　6—轴　7—永磁体
9—定子绕组　10—弹簧垫圈　11—隔板　12—定子铁心　13—壳体　14—电源导线

　　随着转子的旋转, 定子绕组的各线圈边也将轮流经过 N 极和 S 极, 为了使定子绕组中的电流方向能随其线圈边所处的磁场极性交替变化, 需将定子绕组与功率开关器件构成的逆变器连接, 并安装转子位置传感器, 以检测转子磁极的空间位置。由转子磁极的空间位置可以确定电枢绕组各线圈边所处磁场的极性, 并据此控制逆变器中各个功率开关器件的通断, 就可以控制电枢绕组的导通情况及绕组电流的方向。显然, 在这里转子位置传感器和逆变器起到了 "电子换向器" 的作用。

2. 电枢绕组及其与逆变器的连接

　　有刷直流电动机的电枢绕组通常元件数很多, 相当于一个相数较多的多相绕组, 而在无刷直流电动机中, 相数的增加会造成逆变器中功率开关器件数量增多, 电路变得复杂, 成本增高, 可靠性变差。在机电传动控制领域, 最常见的是三相无刷直流电动机, 也有采用二相、四相和五相的。

　　目前, 广泛应用的三相无刷直流电动机星形全桥接法如图 7-10 所示。

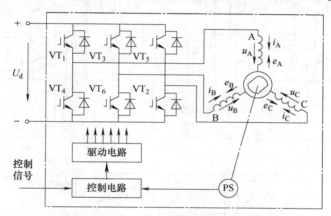

图 7-10　三相无刷直流电动机的绕组连接方式（星形全桥接法）

3. 工作原理

　　下面以图 7-10 所示的星形全桥接法三相无刷直流电动机为例, 对无刷直流电动机的具体工作情况做进一步阐述。为便于分析, 在图 7-10 中还给出了各电量的正方向。

　　假设电动机为 2 极, 定子为三相整距集中绕组, 转子采用表面式结构, 永磁体宽度为 $120°$ 电角度, 转子以电角速度 ω_r 按逆时针方向旋转, 如图 7-11 所示。

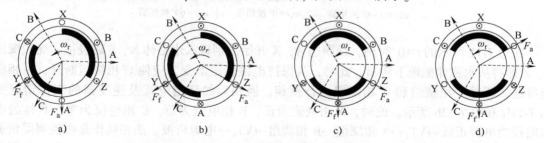

图 7-11　不同时刻的绕组导通情况与电枢磁动势

a）$\omega_r t = 0°$ 换相前　b）$\omega_r t = 0°$ 换相后　c）$\omega_r t = 60°$ 换相前　d）$\omega_r t = 60°$ 换相后

工作情况分析：以转子处于图 7-11a 所示位置时作为 $\omega_r t = 0°$ 时刻，即转子空间位置角 $\theta_r = \omega_r t = 0°$ 时刻，此时转子磁极轴线领先 B 相绕组轴线90°电角度（B 相绕组的两个线圈边恰好在转子磁极轴线处），由于假定永磁体宽度为120°，A 相绕组的导体即将转入永磁体磁极下，而 C 相绕组的导体即将由永磁体磁极下转出。显然，在该时刻之前，线圈边 Y、C 在 N 极下，而线圈边 B、Z 在 S 极下。为产生逆时针方向的电磁转矩，绕组电流应如图 7-11a 所示，B 相电流为负，C 相电流为正。与此相适应，此时逆变器中各功率开关器件的通断情况及电流路径如图 7-12a 所示，VT$_5$、VT$_6$ 同时导通，而其他功率开关器件均处于关断状态。来自直流电源的电流由 C 相流入，由 B 相流出。由于 A 相的上、下桥臂均不导通，故 A 相绕组的电流为零。此时，电流的路径为电源正极→VT$_5$→C 相绕组→B 相绕组→VT$_6$→电源负极。

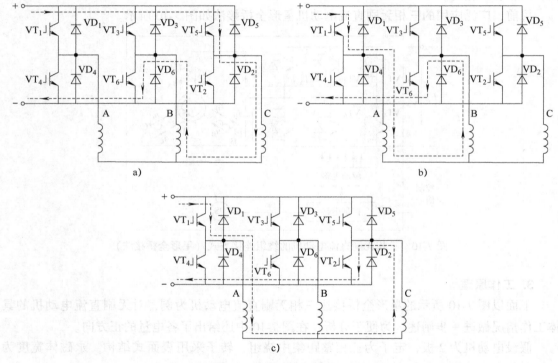

图 7-12　不同时刻的电流路径

a）$\omega_r t = 0°$ 换相前　b）$\omega_r t = 0°$ 换相后　c）$\omega_r t = 60°$ 换相后

在图 7-11 所示的 $t = 0°$ 时刻，线圈边 A、X 开始分别转入永磁体 N、S 磁极下，而线圈边 C、Z 即将从永磁体磁极下转出。此时，为保持电磁转矩不变，应使 C 相绕组断开，A 相绕组导通，即对 C 相绕组和 A 相绕组进行换相。换相后的绕组电流及逆变器的工作情况如图 7-11b 和图 7-12b 所示。此时，A 相电流为正，B 相电流为负，C 相电流为零，具体的电流路径为电源正极→VT$_1$→A 相绕组→B 相绕组→VT$_6$→电源负极。换相动作是由控制器根据转子位置检测器提供的转子位置信号，发出相应的指令信号，使逆变器中的功率开关器件 VT$_5$ 关断、VT$_1$ 导通实现的。

在转子由图 7-11b 所示的位置转过60°之前，保持定子绕组的导通情况不变，若绕组电流保持恒定，则电动机的电磁转矩也将保持恒定不变。当转子转过60°到达图 7-11c 所示位置时，B 相绕组的线圈边即将从永磁体下转出，而 C 相绕组线圈边 Z、C 即将分别进入永磁体 N、S 磁极下。此时，由控制器根据转子位置检测器提供的转子位置信号，发出相应的指令信号，使逆变器中的功率开关器件 VT_6 关断、VT_2 导通，电流由 B 相换到 C 相，而 A 相绕组的导通情况不变。换相后的绕组电流及逆变器的工作情况如图 7-11d 和图 7-12c 所示。此时，电流由 A 相流入，C 相流出，B 相电流为零，具体的电流路径为电源正极→VT_1→A 相绕组→C 相绕组→VT_2→电源负极。

以此类推，转子每转过60°电角度，就进行一次换相，使绕组导通情况改变一次。转子转过一对磁极，对应于360°电角度，需进行 6 次换相，相应地定子绕组有 6 种导通状态，而在每个60°区间都只有两相绕组同时导通，另外一相绕组电流为零，这种工作方式常称为二相导通三相六状态。由上述分析不难得出，各个60°区间同时导通的功率开关器件依次为 VT_6、VT_1→VT_1、VT_2→VT_2、VT_3→VT_3、VT_4→VT_4、VT_5→VT_5、VT_6。

由此可见，根据转子磁极的空间位置，通过逆变器改变绕组电流的通断情况，实现绕组电流换相，在直流电流一定的情况下，只要主磁极所覆盖的空间足够宽，则在任何时刻永磁体磁极所覆盖的线圈边中的电流方向及电流大小均将保持不变，导体所受电磁力在转子上产生的反作用转矩大小、方向也将保持不变，也就能驱动转子沿着既定方向持续不断地旋转。

4. 转子位置检测器

（1）作用与分类

转子位置检测器（Rotor Position Detector）亦称转子位置传感器，用于检测转子的位置和转速，并将其作为反馈信号，构成闭环控制系统。

在伺服系统中，常用的转子位置检测器有霍尔效应式传感器、感应同步器、旋转变压器、脉冲编码器（旋转编码器）、光栅、磁栅等。

（2）霍尔效应

如图 7-13 所示，当电流垂直于外磁场通过半导体基片时，载流子受洛伦兹力的影响将发生偏转，在垂直于电流和磁场的方向会产生一个附加电场，从而在半导体基片的两端产生电势差，这一现象被称为霍尔效应，这个电势差被称为霍尔电势差或霍尔电压。

霍尔效应（Hall Effect）是电磁效应的一种，是美国物理学家霍尔（Hall）于1879 年在研究金属的导电机理时发现的，故名霍尔效应。

研究表明，霍尔电压的大小与通过的

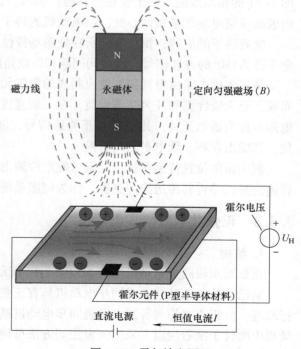

图 7-13 霍尔效应原理

电流 I 和磁感应强度 B 成正比，可用下式表示：

$$U_H = \frac{R_H}{d} IB \tag{7-3}$$

式中，U_H 为霍尔电压（V）；R_H 为霍尔系数；d 为半导体基片厚度（m）；I 为电流（A）；B 为磁感应强度（T）。

由式（7-3）可知，当通过的电流 I 为一定值时，霍尔电压 U_H 随磁感应强度 B 的大小而变化；同时还可看出，霍尔电压 U_H 的大小与磁通的变化速率无关。

（3）霍尔位置传感器

在三相无刷直流电动机运行过程中，转子每转过60°电角度，定子绕组导通状态就改变一次，即发生一次换相，具体的换相时刻是从转子位置检测器提供的转子位置信号导出的。由于转子每转过一对磁极（对应于360°电角度），转子位置传感器只需提供 6 个依次间隔60°的转子位置信息，对位置信号的分辨率要求不高，故通常采用低成本的以光电耦合器作为检测元件的光电式位置传感器或以霍尔集成电路作为检测元件的磁敏式位置传感器（常称作霍尔位置传感器）。

其中，基于霍尔效应原理制造的霍尔位置传感器具有价格低廉、结构简单、体积小等优点，近年来在无刷直流电动机中应用较多。

霍尔位置传感器由霍尔式转子位置传感器和霍尔集成电路两部分构成。

霍尔式转子位置传感器通常包括永磁检测转子（位置传感器转子）和位置传感器定子两个部分。永磁检测转子与电动机的转子同轴安装，并具有与电动机转子相同的极对数；位置传感器定子部分主要由 3 只固定在定子上、空间依次相隔120°电角度的霍尔开关（亦即图 7-9 中的霍尔效应式转子位置传感器）构成，也可直接将霍尔开关安放在电动机定子铁心内表面或绕组端部紧靠铁心处，以电动机的转子兼作位置传感器转子，使结构进一步简化。

随着转子的旋转，霍尔开关所在处磁场极性交替变化，每只霍尔开关的输出均为高、低电平各为180°的方波信号，因空间间隔120°电角度，三路位置信号也依次相差120°电角度。

霍尔集成电路由根据霍尔效应制成的霍尔元件与相应的信号放大、整形等附加电路集成而成，分为线性型和开关型两大类，在无刷直流电动机中一般使用开关型。开关型霍尔集成电路也称为霍尔开关，其输出为开关量信号，随着元件所在处磁场极性和磁感应强度的变化，其输出在高、低电平之间转换。

利用霍尔位置传感器就可以很方便地检测出电动机转子轴在任一时刻的转角位置信息和转速信息，并将其传送给控制器，作为伺服系统的转角位置反馈信号和转速反馈信号使用。

7.4.3　正弦波永磁同步电动机

1. 结构

正弦波永磁同步电动机的结构如图 7-14 所示。

前已述及，正弦波永磁同步电动机具有正弦波的感应电动势波形和绕组电流波形，其运行原理、分析方法等与普通电励磁同步电动机基本相同，只是用永磁体取代了电励磁同步电动机中的转子励磁绕组。采用矢量控制方法可使正弦波永磁同步电动机获得很高的静态和动态性能。

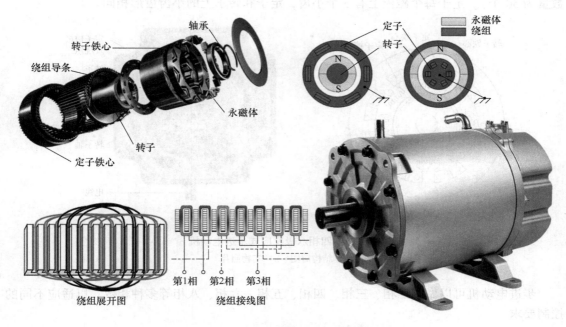

图 7-14 正弦波永磁同步电动机的结构

2. 正弦波永磁同步电动机与其他伺服电动机的比较

与三相感应伺服电动机相比，正弦波永磁同步电动机体积小、重量轻、效率高，转子无发热问题，控制系统也较简单；与无刷直流电动机相比，正弦波永磁同步电动机的转矩脉动较小，因此在高性能伺服驱动领域得到了广泛的应用，尤其是在数控机床、工业机器人等小功率场合，正弦波永磁同步电动机比三相异步伺服电动机应用更为广泛。

7.5 步进电动机

步进电动机（Stepping Motor，图 2-5）是一种基于电磁原理将电脉冲信号转换成相应的角位移或线位移的控制用电动机。在数字控制系统中，步进电动机作为执行元件，每输入一个脉冲，步进电动机就转过一定的角度或前进一步。因此，步进电动机又称为脉冲电动机。

步进电动机种类繁多，按运行方式可分为旋转型和直线型两大类。而旋转型步进电动机又可分为反应式、永磁式和感应式三种。其中，反应式步进电动机具有惯量小、反应快、速度高的优点，因而应用广泛。

7.5.1 概述

1. 基本结构

四相八极反应式步进电动机的典型结构如图 7-15 所示。定子铁心和转子铁心均由多片硅钢片叠压而成，在面向气隙的定子、转子铁心表面上加工有齿距相等的小齿。定子为凸极结构，每极上套有一个集中绕组（控制绕组），相对两极的绕组串联构成一相。转子上只有齿槽，没有绕组。系统工作要求不同，转子上小齿的齿数也不同（图 7-15 所示的转子小齿数量为 50 个）。定子每个磁极上有 5 个小齿，定子和转子上的小齿齿形相同。

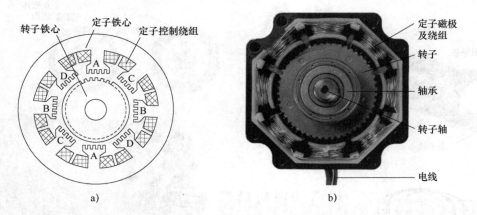

图 7-15　四相八极反应式步进电动机
a）结构简图　b）实物照片

步进电动机可以做成二相、三相、四相、五相、六相、八相等多种相数，以适应不同的控制要求。

2. 运行控制

下面以三相反应式步进电动机为例，分析其工作原理。为方便起见，假定转子具有均匀分布的 4 个小齿。

（1）单三拍控制

图 7-16 为三相反应式步进电动机以单三拍控制方式运行时的工作原理图。

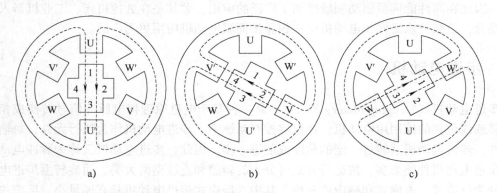

图 7-16　步进电动机以单三拍控制方式运行时的工作原理图
a）U 相通电　b）V 相通电　c）W 相通电

当 U 相控制绕组先通入电脉冲时，U、U′成为电磁铁的 N、S 极。

由于磁通要沿着磁阻最小的路径闭合，这将使转子齿 1、3 和定子极 U、U′对齐，即产生 U、U′轴线方向的磁通，如图 7-16a 所示。

U 相电脉冲结束后，接着 V 相通入电脉冲。由于同样的原因，转子齿 2、4 和定子磁极 V、V′对齐，如图 7-16b 所示，此时转子沿顺时针方向转过30°。

V 相电脉冲结束，随后 W 相控制绕组通电，使转子齿 1、3 和定子磁极 W、W′对齐，转子又在空间顺时针转过30°，如图 7-16c 所示。

如果按照 U→V→W→U→…的顺序周而复始、循环往复地通电，则转子将按顺时针方向一步一步地转动，每步转过30°，该角度称为步距角。

电动机的转速取决于电脉冲的频率，电脉冲的频率越高，则步进电动机的转速就越高。若按 U→W→V→U→…的顺序通电，则步进电动机将反向转动。三相控制绕组的通电顺序及电脉冲频率的大小通常由电子逻辑电路（亦称驱动电路或驱动控制器）来实现。

上述通电方式称为单三拍控制。"单"是指每次只有一相控制绕组通电；"三拍"是指经过三次切换控制绕组的电脉冲完成一个循环。

步进电动机采用单三拍控制方式运行时，在一相绕组断电的瞬间，另一相绕组刚开始通电，容易造成失步。此外，由于单一控制绕组吸引转子，也容易使转子在平衡位置附近产生振荡。因此，采用单三拍控制方式的步进电动机，其运行稳定性较差，在实际生产中很少采用。

（2）六拍控制

所谓六拍控制，是指按照 U→UV→V→VW→W→WU→U→…顺序进行通电，即 U 相控制绕组先行通电，而后 U、V 两相控制绕组同时通电，然后断开 U 相控制绕组，由 V 相控制绕组单独通电。此后，再使 V、W 两相控制绕组同时通电。依次循环往复地进行下去，如图 7-17 所示。

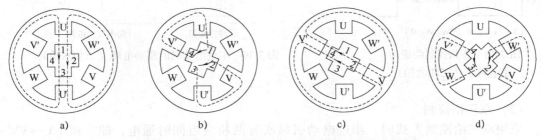

图 7-17　三相六拍控制方式时步进电动机的工作原理图

a) U 相通电　b) UV 相通电　c) V 相通电　d) VW 相通电

这样，各相控制绕组每转换一次，步进电动机就沿着顺时针方向旋转15°，即步距角为15°。

若改变各相控制绕组的通电顺序（即反过来），则步进电动机将沿着逆时针方向旋转。

在上述控制方式下，三相定子绕组经六次转换完成一个循环，故称为"六拍"控制。采用六拍控制方式时，由于在电脉冲转换过程中，始终有一相绕组处于通电状态，故步进电动机的工作比较稳定。

采用三相六拍控制方式时，各相控制绕组的通电顺序如图 7-18 所示。

步进电动机必须配备专用的驱动电路才能正常工作。步进电动机的驱动电路由脉冲分配器和功率放大电路两部分组成，如图 7-19 所示。

图 7-19 中的输入脉冲来自控制装置（根据工作机构的动作要求产生相应的脉冲输出），输出端 A、B、C 经功率放大电路与步进电动机三相绕组 U、V、W 相连。当某一输出端为

高电平时，与其对应的功率晶体管 VT 导通，相应的绕组通电；若有两个输出端同为高电平，则与之对应的两相绕组同时通电。

与 U、V、W 三相绕组并联连接的二极管 VD$_1$、VD$_2$、VD$_3$ 作为续流二极管使用，其作用是在绕组断电、出现瞬时过电压时，为瞬时过电压提供电流通路，以免损坏功率晶体管 VT。

脉冲分配器由三个 D 触发器组成。只要在开始时利用 D 触发器的置 1 端或置 0 端将三个 D 触发器的初始状态预置成六种通电状态中的一种，输入脉冲后，该脉冲分配器的输出波形就按照图 7-19 所示的规律变化，从而使步进电动机按照控制装置输出的控制脉冲运转。

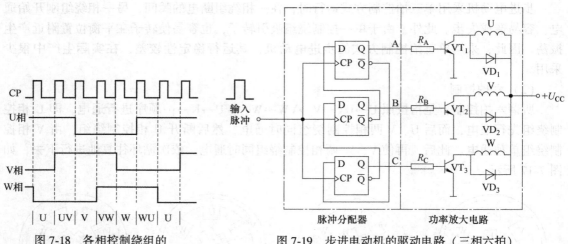

图 7-18　各相控制绕组的　　　　　　　　图 7-19　步进电动机的驱动电路（三相六拍）
　　　通电顺序（三相六拍）

（3）双三拍控制

采用双三拍控制方式时，步进电动机每次有两相绕组同时通电，即按照 UV→VW→WU→UV→…的顺序进行通电。在双三拍控制方式下，步进电动机的转子位置与六拍控制方式时两相绕组同时通电时的情况一样，如图 7-17b、d 所示。所以，按双三拍控制方式通电运行时，其步距角和单三拍控制方式相同，仍然是30°。

在实际应用中，为了提高伺服系统的控制精度，往往将步进电动机的转子做成多齿结构，从而使步进电动机的步距角缩小至3°或1.5°。

步进电动机的步距角 θ_s（机械角度）可按下式计算：

$$\theta_s = \frac{360°}{Z_r m} \tag{7-4}$$

式中，Z_r 为转子齿数；m 为运行拍数。

如果脉冲频率为 f（单位为 Hz），并将步距角 θ_s 引入转速表达式，则连续通入控制脉冲时，步进电动机的转速为

$$n = \frac{60f}{Z_r m} = \frac{60f}{Z_r m} \frac{360°}{360°} = \frac{\theta_s}{6°} f \tag{7-5}$$

由此可见，步进电动机的转速与脉冲频率成正比，并与频率同步。步进电动机除了做成

三相外，也可以做成四相、六相或更多的相数。

由上面两式可知，电动机的相数及转子齿数越多，步距角也就越小，脉冲频率一定时转速也越低。但相数越多，相应的脉冲电源（驱动控制器电路）越复杂，造价也越高，所以步进电动机一般最多做到六相，只有个别电动机才做成更多的相数。

7.5.2　主要技术指标

1. 最大静转矩

最大静转矩 T_{sm} 是指在规定的通电相数下，步进电动机矩-角特性（控制绕组通电状态不变时，电磁转矩与转子偏转角的关系，称为矩-角特性）曲线上的转矩最大值。通常在步进电动机技术指标中所规定的最大静转矩是指一相绕组通上额定电流时的最大转矩值。

按最大静转矩的大小可将步进电动机分为伺服步进电动机和功率步进电动机两大类。伺服步进电动机的输出转矩较小，有时需要经过液压力矩放大器或伺服功率放大系统放大后再去驱动负载，而功率步进电动机可直接驱动较大的负载，从而使系统简化，传动精度得以提高。

2. 步距角

步进电动机的定子和转子都是多齿结构，绕组相数越多，齿数越多，步距角 θ_s 越小，位置精度也就越高。常见的步进电动机的步距角有 3°（全步)/1.5°（半步）、1.5°/0.75°、3.6°/1.8°等多种。

步距角的大小直接影响步进电动机的起动频率和运行频率。相同尺寸的步进电动机，步距角越小的起动、运行频率越高。

3. 步距误差

步距误差 $\Delta\theta_s$ 是指理论步距角与实际步距角之差，它直接影响执行部件的定位精度。这种误差主要是由齿距制造误差、定子与转子间气隙不均匀以及各相电磁转矩不均匀等因素造成的。

由于步进电动机运转一周后又会回到原来位置，所以步进电动机的步距误差不会无限积累。伺服步进电动机的步距误差一般为 $\pm10' \sim \pm15'$，功率步进电动机的步距误差一般为 $\pm20' \sim \pm25'$。

4. 起动频率和起动频率特性

起动频率 f_{st} 是指步进电动机能够不"失步"起动的最高脉冲频率。通常，在步进电动机的使用说明书中都会给出空载起动频率和负载起动频率。但在实际使用中，步进电动机大多是在有负载情况下起动的，所以也会给出步进电动机的起动矩-频特性（在给定驱动电源的条件下，负载转动惯量一定时，起动频率 f_{st} 与负载转矩 T_L 之间的函数关系 $f_{st}=f(T_L)$，称为步进电动机的起动矩-频特性），以便确定负载起动频率。

起动频率 f_{st} 是步进电动机的重要性能指标之一。一般来说，伺服步进电动机的 f_{st} 为 1000~2000Hz，功率步进电动机的 f_{st} 为 500~800Hz。

5. 运行频率和运行矩-频特性

运行频率 f_{ru} 是指步进电动机起动后，驱动控制器控制脉冲频率连续上升而步进电动机不发生失步的最高频率。运行频率的高低与负载阻力矩的大小有关。

在步进电动机驱动负载工作过程中，动态转矩 T_{dm} 与电源脉冲频率 f 之间的函数关系 $T_{dm} = f(f)$，称为步进电动机的运行矩-频特性。

在一定的频率范围内，随着电源脉冲频率的升高，步进电动机的功率和转速都相应的增大。但超出一定范围之后，随着电源脉冲频率的持续升高，步进电动机的输出转矩会快速下降，驱动负载的能力也会快速下降。

在步进电动机的产品说明书中，都会给出运行频率和运行矩-频特性曲线，以便工程师正确选用步进电动机。

6. 自锁能力

当控制脉冲停止输入后，且让最后一个脉冲控制的绕组继续通入直流电时，步进电动机的转子可以停在最后一个脉冲控制的角位移的终点位置上保持不动。也就是说，步进电动机可以实现停转时的转子定位，亦即步进电动机具有自锁能力。

综上所述，步进电动机的工作特点如下：步进电动机的转速既不受电压波动和负载变化的影响，也不受环境条件变化的影响，只与电源脉冲频率成正比，且其步距角没有积累误差，同时还能很方便地实现起动、停车、正反转控制和调速。因此，步进电动机在对控制精度要求不高的各种开环数字控制系统中得到了广泛的应用。

7.5.3　步进电动机的驱动与应用

1. 步进电动机的驱动电路

步进电动机的驱动电路完成由弱电到强电的转换和放大，即将逻辑电平信号变换成电动机绕组所需的具有一定功率的脉冲信号。驱动电路性能的好坏在很大程度上决定了电动机潜力是否能充分发挥。步进电动机驱动电路的一般结构如图 7-20 所示。在实际应用中，多将步进电动机的驱动电路和控制电路做成一个电路总成，称为驱动控制器。

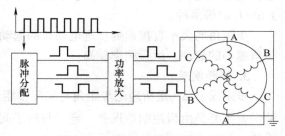

图 7-20　步进电动机的驱动电路

2. 步进电动机的应用

图 7-21 是步进电动机在数控线切割机中的应用情况。

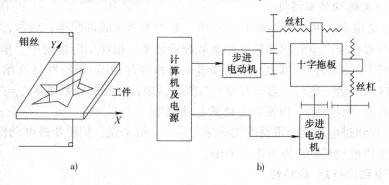

a)　　　　　　　　　　　　　　b)

图 7-21　步进电动机在数控线切割机中的应用

a）被加工工件固定在十字托板上　　b）数控线切割机工作原理示意图

数控线切割机是采用专门计算机进行控制，并利用钼丝与被加工工件之间电火花放电所产生的电蚀现象来加工复杂形状的金属冲模或零件的一种专用机床。在加工过程中，钼丝的位置是固定不动的，而被加工工件固定在十字拖板上（图7-21a），通过十字拖板的纵横运动，对被加工工件进行切割。

数控线切割机的工作原理如图7-21b所示。在加工工件时，先根据图样上被加工工件的形状、尺寸和加工工序编制计算机控制程序，并将该控制程序存入计算机，计算机对每一方向的步进电动机给出控制电脉冲（这里十字拖板 X、Y 方向的两根丝杠分别由两台步进电动机驱动），控制两台步进电动机运转，通过传动装置来驱动十字拖板按加工要求连续移动进行加工，从而切割出符合要求的工件。

7.5.4 步进电动机与交流伺服电动机的性能比较

1. 控制精度不同

两相混合式步进电动机的步距角一般为1.8°/0.9°，五相混合式步进电动机的步距角一般为0.72°/0.36°。某些高性能步进电动机采用细分驱动技术后，其步距角更小。

交流伺服电动机的控制精度由电动机转子轴后端的转子位置检测器（如旋转编码器等）予以保证，其控制精度要比步进电动机高得多（可达步进电动机的几百分之一）。

2. 低频特性不同

步进电动机在低速运行时易出现低频振动现象。交流伺服电动机运转非常平稳，即使在低速运行时也不会出现振动现象。

3. 矩-频特性不同

步进电动机的输出转矩随转速升高而下降，且在较高转速时会急剧下降，所以其最高工作转速一般在 300~600r/min。交流伺服电动机为恒转矩输出，即在其额定转速（一般为2000r/min 或 3000r/min）以内，都能输出额定转矩，在额定转速以上为恒功率输出。

4. 过载能力不同

步进电动机一般不具有过载能力，而交流伺服电动机具有较强的过载能力。

5. 运行性能不同

步进电动机的控制为多开环控制，起动频率过高时易出现失步现象；负载过大时易出现堵转现象；停车时若转速过高，则易出现过冲现象。交流伺服驱动系统为闭环控制，驱动控制器可直接对电动机的旋转编码器反馈信号进行采样，在驱动控制器内部构成位置控制环和速度控制环，一般不会出现步进电动机的失步或过冲的现象，控制性能更为可靠。

6. 速度响应性能不同

步进电动机从静止加速到工作转速（一般为每分钟几百转）需要 200~400ms，而交流伺服系统从静止加速到其额定转速3000r/min 仅需几毫秒。由于交流伺服电动机速度响应性能好，故其更适用于要求快速起动-快速停车的场合。

综上所述，交流伺服系统在许多性能方面都优于步进电动机。但在某些对技术指标要求不高的场合也常用步进电动机来做执行电动机，以求降低系统造价。在控制系统设计过程中要综合考虑控制要求、总体成本等因素，遵循工程经济学原理，选用适当的控制电动机，以获得最优的性价比。

7.6　自整角机

7.6.1　概述

1. 作用

自整角机（Selsyn，图7-22）是一种能将转角变换成电压信号或将电压信号变换成转角，以实现角度传输、变换和指示的微型电动机。自整角机多用于测量或控制远距离设备的角度位置，也可在随动系统中用作机械设备之间的角度联动装置，以使机械上互不相连的两根或两根以上转轴保持同步偏转（或旋转），这种性能称为自整步特性。

在伺服系统中，通常将两台或多台自整角机组合使用。产生信号一方所用的自整角机称为发送机，接收信号一方所用的自整角机称为接收机。自整角机广泛应用于冶金、航海等位置、方位同步指示系统和火炮、雷达的伺服系统中。

2. 分类

根据在控制系统中的作用不同，自整角机可分为控制式和力矩式两大类。

图7-22　自整角机

控制式自整角机接收机的转轴不能直接驱动负载（无力矩输出），当发送机和接收机转子之间存在角度差（即失调角）时，接收机将输出与失调角呈正弦关系的电压，将此电压加到伺服放大器，用经伺服放大器放大后的电压来控制伺服电动机，再驱动负载。由于接收机是工作在变压器状态的，因此常称其为自整角变压器。用控制式自整角机构成的系统为闭环系统，多用于负载较大及对精度要求较高的随动系统。

力矩式自整角接收机直接驱动转轴上的机械负载，属于开环系统，多用于对角度传输精度要求不高的系统中。限于篇幅，本书只介绍控制式自整角机的应用。

7.6.2　自整角机的应用

1. 构建自整角机与伺服机构的组合系统

在自动控制系统中，广泛采用控制式自整角机与伺服机构组成的组合系统。控制式自整角机的工作原理如图7-23所示。

ZKF（自控发）为控制式自整角机的发送机，ZKB（自控变）为控制式自整角机的接收机，因其基于变压器原理工作，也称为自整角变压器。在自整角机控制系统中，通常以S_1相绕组轴线与励磁绕组轴线之间的夹角作为转子的位置角（图7-23中的θ_1和θ_2）。将这两个轴线重合的位置称为基准零位，将S_1相称为基准相，并规定顺时针方向转角为正。两个转子的转角之差（$\theta_1-\theta_2$）称为转角差δ，即$\delta=\theta_1-\theta_2$，并将转角差δ为零的位置称为协调位置。

在图7-23中，ZKF和ZKB的整步绕组对应连接，ZKF的转子励磁绕组（R_1—R_2）接单

相交流电源 U_f 励磁，从而产生脉振磁场。在脉振磁场的作用下，由电工学原理可知，ZKB 的转子绕组（R'_1—R'_2）将产生输出电压 E_2。

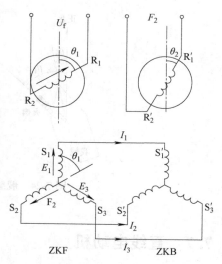

在实际使用中，为使 ZKB 转子绕组的输出电压 E_2 与转角差 δ 呈现正弦变化规律，往往需要把转子由先前规定的起始协调位置（即 S'_1 的位置）转过 90° 电角度，即将 ZKB 转子绕组的输出电压为零的转子位置作为新的初始协调位置，而将转子偏离该位置的角度 γ 称为失调角（Misalignment Angle）。在数值上，$\delta = \theta_1 - \theta_2 = \gamma - 90°$，亦即失调角 $\gamma = \theta_1 - \theta_2 + 90°$。

由电工学原理可知，此时，ZKB 转子绕组的输出电压与失调角之间有如下关系：

$$E_2 = E_{2max} \cos(\gamma - 90°) = E_{2max} \sin\gamma \qquad (7-6)$$

式中，E_2 为 ZKB 转子绕组的输出电压（V）；E_{2max} 为 ZKB 转子绕组输出电压的幅值（V），当自整角机的参数一定时，其值为常数；γ 为失调角（rad）。

图 7-23 控制式自整角机的工作原理图

在实际使用中，可将 ZKB 的转子绕组的输出电压 E_2 接到伺服放大器的输入端，经放大后再加到伺服电动机的控制绕组，用来驱动负载。

同时，伺服电动机还经过减速装置带动 ZKB 的转子随同负载一起转动，使失调角减小，ZKB 的输出电压也随之减小。当达到协调位置时，失调角减小到零，ZKB 的输出电压为零，伺服电动机停止转动。若 ZKF 根据控制指令继续转动，则将再次出现失调角，ZKB 的转子亦将随之同步转动。

2. 控制式自整角机的差分运行

在随动系统中，有时需要传递两个转轴的角度和（或角度差）。在控制式自整角机系统中，在 ZKF 和 ZKB 之间串入一台差分发送机 ZKC（自控差），使之做差分运行，即可满足上述要求。

舰载火炮就是基于自整角机的差分运行原理实现对目标的自动锁定的。如图 7-24 所示，军舰在海上执行作战任务时，θ_1（取为 45°）是目标（敌舰）相对于正北方向的方位角，将 θ_1 作为控制式自整角机发送机 ZKF 的输入角；θ_2（取为 15°）是军舰（我舰）航向相对于正北方向的方位角（即我舰的方位角），将 θ_2 作为差分发送机 ZKC 的输入角，则控制式自整角机变压器 ZKB 的输出电动势为

$$E_2 = E_{2max} \sin(\theta_1 - \theta_2) = E_{2max} \sin 30° \qquad (7-7)$$

伺服电动机（图 7-24 中未示出）在 E_2 的作用下，驱动舰载火炮炮塔回转机构转动。由于 ZKB 的转轴与炮塔回转机构的转轴耦合，当火炮相对于罗盘方位角转过（$\theta_1 - \theta_2$）时，自整角变压器 ZKB 也转过了（$\theta_1 - \theta_2$），此时，自整角机变压器 ZKB 的输出电动势为 E_2 为零，伺服电动机停止转动，舰炮的炮口正好对准目标（敌舰）。由此可见，在海战中，尽管我舰航向、敌舰航向都在不断发生变化，但我舰的舰载火炮却始终能自动对准敌舰，并可随时开炮、将其歼灭。

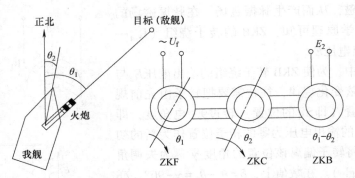

图 7-24　舰载火炮对目标（敌舰）的自动锁定原理

7.7　直线电动机

7.7.1　概述

1. 结构

能够直接产生直线运动的电动机称为直线电动机（Linear Motor），亦称线性电动机。

直线电动机在结构上可看作是由旋转电动机沿径向切开、拉直演变而成的（图 7-25）。直线电动机包括定子和动子两个主要部分，分别与旋转电动机的定子和转子相对应。在电磁力作用下，动子带动外界负载运动、做功。

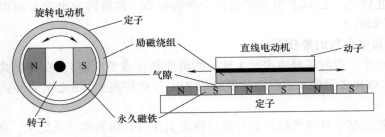

图 7-25　直线电动机的演变

与旋转电动机一样，改变直线电动机一次绕组（定子）的通电顺序，可改变直线电动机的运动方向。在实际应用中，也可将二次绕组固定不动，而让一次绕组运动。

2. 分类

直线电动机按工作原理分可为直流直线电动机、交流直线异步电动机、直线步进电动机和交流直线同步电动机等多种；按照结构形式不同，又可分为平板型、圆筒型和圆盘型等多种。

7.7.2　直线电动机的应用

对于做直线运行的生产机械，直线电动机可省去一套将旋转运动转换成直线运动的中间转换机构，可提高传动精度并简化系统结构；同时，直线电动机加、减速速度快，响应性好，可实现快速起动和正反向运动。

直线电动机广泛应用于数控机床的进给系统，高速磁悬浮列车的牵引，潜射导弹、鱼雷的发射，各种冲击、碰撞试验机的驱动，阀门的开闭、门窗的开合及机械手的驱动等。航空母舰舰载机的电磁弹射系统，就是基于直线电动机原理工作的（图 7-26）。

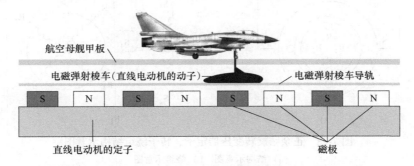

图 7-26　基于直线电动机原理的航空母舰舰载机电磁弹射系统

7.8　旋转变压器

7.8.1　概述

1. 作用

旋转变压器（Resolver，图 7-27）是一种在自动控制系统中用于精密控制的微型电动机，又称同步分解器。从物理本质看，可以认为旋转变压器（简称旋变）是一种可以旋转的变压器，这种变压器的一、二次绕组分别放置在定子和转子上。当在旋转变压器的一次侧施加交流电压励磁时，其二次侧的输出电压将与转子的转角保持某种严格的函数关系，从而实现角度的检测、解算或传输等功能。

2. 工作原理

旋转变压器的定子、转子铁心均采用高磁导率的铁镍软磁合金片或高性能磁钢片冲剪叠压而成，在定子铁心的内圆周和转子铁心的外圆周都加工有均布的齿槽。在定子铁心内圆周的均布齿槽内放置一组空间轴线互相垂直、结构完全相同的定子绕组；在转子铁心外圆周的均布齿槽内放置一组空间轴线互相垂直、结构完全相同的转子绕组，即定子绕组和转子绕组均为两相对称绕组。

图 7-27　旋转变压器

如图 7-28 所示，S_1—S_2 为定子励磁绕组（接受励磁电压，励磁频率多为 400Hz、3000Hz、5000Hz 等），S_3—S_4 为定子交轴绕组，励磁绕组与交轴绕组在结构上完全相同，在定子铁心齿槽中彼此互差90°对称放置；R_1—R_2 为转子余弦输出绕组，R_3—R_4 为转子正弦输出绕组，正弦输出绕组与余弦输出绕组在结构上完全相同，在转子铁心齿槽中彼此互差90°对称放置。

正弦输出绕组的输出电压与转子转角呈正弦函数关系；余弦绕组的输出电压与转子转角

呈余弦函数关系。励磁绕组的励磁电压U_f、正弦输出绕组的输出电压U_{sin}、余弦输出绕组的输出电压U_{cos}与转子转角θ的关系如图7-29所示。

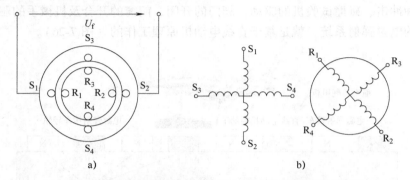

图 7-28   正余弦旋转变压器定子、转子绕组结构示意图

a）结构示意图   b）绕组示意图

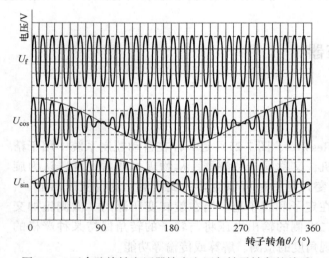

图 7-29   正余弦旋转变压器输出电压与转子转角的关系

旋转变压器输出的是模拟信号，一般需要通过专用的旋转变压器转换电路——旋转变压器-数字转换器（Resolver-to-Digital Converter，RDC），将其转变成数字信号，再供伺服系统使用。

7.8.2   旋转变压器的应用

旋转变压器的检测精度比自整角机高，且对环境的耐受能力更强，可靠性更高。因此，旋转变压器被广泛应用在高精度随动系统中作为角度信号检测元件，在解算装置中作为解算元件，在数字控制系统中作为轴角编码器等。

目前，在电动汽车稀土永磁交流同步伺服电动机速度控制系统（图7-30）中，广泛采用旋转变压器作为电动机转子位置和转速检测元件。在该系统中，旋转变压器的作用体现在两个方面：其一，检测电动机转子位置；其二，检测电动机转子的转速信号，以便形成速度负反馈。

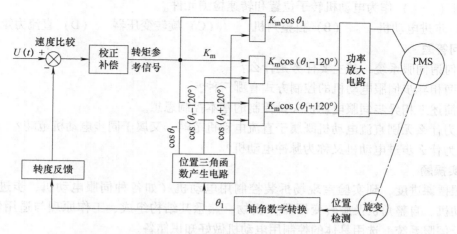

图 7-30　电动汽车稀土永磁交流同步伺服电动机速度控制系统框图

为提高电动汽车在各种恶劣行驶工况下可靠性，主流电动汽车大多采用可变磁阻式无刷旋转变压器（图 7-31 和图 7-32），并借助旋转变压器-数字转换器（RDC）将其转变成数字信号，再供伺服系统使用。

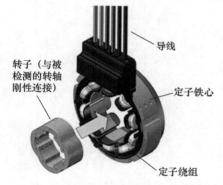

图 7-31　可变磁阻式无刷旋转变压器结构　　　图 7-32　可变磁阻式无刷旋转变压器实物

思考与实训

1. 选择题

1）作为一种低转速、大转矩的特种伺服电动机，（　　）在高精度位置伺服系统和低速控制系统中，特别是在防空雷达的伺服驱动系统中得到了广泛应用。

（A）步进电动机　　　（B）自整角机　　　（C）旋转变压器　　　（D）直流力矩电动机

2）舰载火炮是基于（　　）的差分运行原理实现对目标的自动锁定的。

（A）步进电动机　　　（B）自整角机　　　（C）旋转变压器　　　（D）直流力矩电动机

3）航母舰载机的电磁弹射系统，就是基于（　　）原理工作的。

（A）步进电动机　　　（B）自整角机　　　（C）直线电动机　　　（D）直流力矩电动机

4）目前，在电动汽车稀土永磁交流同步伺服电动机速度控制系统中，广泛采用可变磁阻式无刷（　　　）作为电动机转子位置和转速检测元件。

  （A）步进电动机　　　　（B）自整角机　　　　（C）旋转变压器　　　（D）直流力矩电动机

2. 问答题

1）何谓伺服系统，其主要任务是什么？

2）两相异步伺服电动机的控制方式有哪三种？

3）简述三相异步伺服电动机矢量控制的基本控制思想。

4）为什么无刷直流电动机既属于直流电动机范畴，又属于同步电动机范畴？

5）为什么步进电动机又称为脉冲电动机？

3. 实操题

按照授课进度，到实验室现场拆装控制用电动机（如各种伺服电动机、步进电动机、直线电动机、自整角机及旋转变压器）实物，熟悉其结构组成、工作原理与适用领域，为将来设计伺服系统，选用具体的控制用电动机做好知识储备。

参 考 文 献

[1] 王永华. 现代电气控制及 PLC 应用技术 [M]. 6 版. 北京：北京航空航天大学出版社，2020.

[2] 鲁远栋，张明军，程艳婷，等. 机床电气控制技术 [M]. 2 版. 北京：电子工业出版社，2013.

[3] 孙蓓，张志义. 机电传动控制 [M]. 2 版. 北京：机械工业出版社，2015.

[4] 杨一平. 变频器原理与应用 [M]. 长沙：国防科技大学出版社，2009.

[5] 汤蕴璆. 电机学 [M]. 5 版. 北京：机械工业出版社，2014.

[6] 秦曾煌. 电工学：上册 [M]. 7 版. 北京：高等教育出版社，2009.

[7] 王振臣，齐占庆. 机床电气控制技术 [M]. 5 版. 北京：机械工业出版社，2013.

[8] 王得胜，韩红彪. 电气控制系统设计 [M]. 北京：电子工业出版社，2011.

[9] 沈兵. 电气制图规则应用指南 [M]. 北京：中国标准出版社，2009.

[10] 郭汀. 电气制图用文字符号应用指南 [M]. 北京：中国标准出版社，2009.

[11] 蔡文举. 基于 S7-200 和 MM440 的变频恒压供水系统设计 [J]. 变频器世界，2009（7）：82-85.

[12] 王浩. 机床电气控制与 PLC [M]. 2 版. 北京：机械工业出版社，2019.

[13] 冯清秀，邓星钟. 机电传动控制 [M]. 5 版. 武汉：华中科技大学出版社，2011.

[14] 王建民，朱常青，王兴华. 控制电机 [M]. 3 版. 北京：机械工业出版社，2020.

[15] 王成元，夏家宽，孙宜标. 现代电机控制技术 [M]. 2 版. 北京：机械工业出版社，2014.

[16] 潘月斗，楚子林. 现代交流电机控制技术 [M]. 北京：机械工业出版社，2018.

[17] 王烈准，孙吴松. S7-1200 PLC 应用技术项目教程 [M]. 北京：机械工业出版社，2022.

[18] 廖常初. S7-1200 PLC 应用教程 [M]. 2 版. 北京：机械工业出版社，2020.

[19] 侍寿永. 西门子 S7-1200 PLC 编程及应用教程 [M]. 2 版. 北京：机械工业出版社，2021.